高等职业教育系列教材

电机拖动与控制

第2版

张　勇　陈　梅　主编

徐余法　主审

机 械 工 业 出 版 社

本书（第2版）在2001年出版的同名教材基础上修订而成，主要内容包括电机原理、电力拖动、电气控制三大部分，共分11章。第1、2章主要阐述直流电机基本理论及结构、直流电动机的电力拖动运行；第3章主要阐述变压器的基本原理、常用变压器及其应用；第4、5章主要阐述三相异步电动机基本理论及结构、三相异步电动机的电力拖动运行；第6章主要阐述其他电机的结构、原理及特性；第7章主要阐述常用低压电器的分类、结构、动作原理、符号及选择；第8章主要阐述继电—接触器控制基本电路；第9、10章主要阐述常用机械设备的电气控制，对常见故障分析也做了较详尽的阐述；第11章主要阐述继电器控制系统的设计。本书在内容的选择和问题的阐述上突出了高职高专应用型人才培养的需求，力求做到以应用为主、够用为度。

本书既体现了新颖性、理论性和系统性，又突出了实用性，适合高等职业院校机、电类专业作为教材使用，也可作为同类专业大、中专学校的教材或参考用书。

本书配套授课电子课件，需要的教师可登录www.cmpedu.com免费注册，审核通过后下载，或联系编辑索取（QQ：1239258369，电话：010-88379739）。

图书在版编目（CIP）数据

电机拖动与控制 / 张勇，陈梅主编. —2版. —北京：机械工业出版社，2016.2（2023.8重印）

高等职业教育系列教材

ISBN 978-7-111-53002-2

Ⅰ. ①电… Ⅱ. ①张… ②陈… Ⅲ. ①电机－电力传动－高等职业教育－教材 ②电机－控制系统－高等职业教育－教材 Ⅳ. ①TM30

中国版本图书馆CIP数据核字（2016）第031015号

机械工业出版社（北京市百万庄大街22号 邮政编码100037）

责任编辑：李文轶　　责任校对：张艳霞

责任印制：单爱军

北京虎彩文化传播有限公司印刷

2023年8月第2版第9次印刷

184mm×260mm · 15.75印张 · 390千字

标准书号：ISBN 978-7-111-53002-2

定价：39.00元

电话服务　　网络服务

客服电话：010-88361066　机工官网：www.cmpbook.com

010-88379833　机工官博：weibo.com/cmp1952

010-68326294　金书网：www.golden-book.com

封底无防伪标均为盗版　机工教育服务网：www.cmpedu.com

高等职业教育系列教材机电专业
编委会成员名单

出版说明

《国家职业教育改革实施方案》（又称“职教20条”）指出：到2022年，职业院校教学条件基本达标，一大批普通本科高等学校向应用型转变，建设50所高水平高等职业学校和150个骨干专业（群）；建成覆盖大部分行业领域、具有国际先进水平的中国职业教育标准体系；从2019年开始，在职业院校、应用型本科高校启动“学历证书+若干职业技能等级证书”制度试点（即1+X证书制度试点）工作。在此背景下，机械工业出版社组织国内80余所职业院校（其中大部分院校入选“双高”计划）的院校领导和骨干教师展开专业和课程建设研讨，以适应新时代职业教育发展要求和教学需求为目标，规划并出版了“高等职业教育系列教材”丛书。

该系列教材以岗位需求为导向，涵盖计算机、电子、自动化和机电等专业，由院校和企业合作开发，多由具有丰富教学经验和实践经验的“双师型”教师编写，并邀请专家审定大纲和审读书稿，致力于打造充分适应新时代职业教育教学模式、满足职业院校教学改革和专业建设需求、体现工学结合特点的精品化教材。

归纳起来，本系列教材具有以下特点：

1）充分体现规划性和系统性。系列教材由机械工业出版社发起，定期组织相关领域专家、院校领导、骨干教师和企业代表召开编委会年会和专业研讨会，在研究专业和课程建设的基础上，规划教材选题，审定教材大纲，组织人员编写，并经专家审核后出版。整个教材开发过程以质量为先，严谨高效，为建立高质量、高水平的专业教材体系奠定了基础。

2）工学结合，围绕学生职业技能设计教材内容和编写形式。基础课程教材在保持扎实理论基础的同时，增加实训、习题、知识拓展以及立体化配套资源；专业课程教材突出理论和实践相统一，注重以企业真实生产项目、典型工作任务、案例等为载体组织教学单元，采用项目导向、任务驱动等编写模式，强调实践性。

3）教材内容科学先进，教材编排展现力强。系列教材紧随技术和经济的发展而更新，及时将新知识、新技术、新工艺和新案例等引入教材；同时注重吸收最新的教学理念，并积极支持新专业的教材建设。教材编排注重图、文、表并茂，生动活泼，形式新颖；名称、名词、术语等均符合国家有关技术质量标准和规范。

4）注重立体化资源建设。系列教材针对部分课程特点，力求通过随书二维码等形式，将教学视频、仿真动画、案例拓展、习题试卷及解答等教学资源融入到教材中，使学生学习课上课下相结合，为高素质技能型人才的培养提供更多的教学手段。

由于我国高等职业教育改革和发展的速度很快，加之我们的水平和经验有限，因此在教材的编写和出版过程中难免出现疏漏。恳请使用本系列教材的师生及时向我们反馈相关信息，以利于我们今后不断提高教材的出版质量，为广大师生提供更多、更适用的教材。

机械工业出版社

第1版前言

本书是高等职业技术学校机电类专业“电机拖动与控制”课程的教材。它是根据目前高等职业技术的要求，为适应职业教育改革和发展的需要而编写的。在编写过程中，充分考虑了职业技术教育的特点，坚持科学性、实用性、综合性和新颖性。

本教材将电机原理、电力拖动基础、工厂电气控制设备三本教材的内容进行了有机组合，在学习电工基础等课程的基础上进行授课，并为调速系统、可编程序控制器等后续课程打好基础。通过本课程的学习，能掌握一般直流电机、变压器和三相异步电动机的工作原理、结构特点和电磁能量关系；掌握交、直流电动机的起动、调速、制动的工作原理和控制方法，并能具有对一般电机及控制的维护、选择、设计及故障排除能力。

本书的特点是：注重应用，删除了较为繁琐的数学推导，着重于电机在电力拖动系统中的应用，并把电机、电力拖动与控制系统的维护、故障分析合为一体，力求深入浅出，通俗易懂。书中电气器件图形、文字符号均采用了国家新的标准。

本书由张勇任主编，并编写第10、13章；陶若冰（副主编）编写第1、3章；余健敏编写第2章；顾旭编写第4、8章；杨天明编写第5、9章；徐建俊编写第6章；范郁宝编写第7章；陈红编写第11章；孙琳编写第12、14章。

本书由邵良成高级讲师审稿，并得到了高职高专机电专业教材编委会的指导。

由于编者水平有限，本书难免存在缺点和错误，恳望读者提出批评和指教。

编　者

第 2 版前言

本书（第 2 版）在 2001 年出版的同名教材基础上修订而成。根据本书的读者定位和近年来电力拖动、电气控制技术的发展情况，此次再版在一定程度上对原书的内容进行了较大规模的修订、调整，增加了部分章节的内容（如本书的第 1.6、3.3.4、4.2、4.5、5.6、6.6、6.7、11.7 节等），删改了部分章节的内容（如原书的第 1.6、1.7 节、第 9 章及第 10 章等），将原教材的第 1、2 章内容合并为第 1 章，第 7、8 章内容合并为第 6 章，第 11 章分为第 7 章和第 8 章。本次再版的指导思想是在内容的选择和问题的阐述上充分突出高职高专应用型人才培养的需求，力求做到深入浅出，通俗易懂，以应用为主、够用为度，希望能更好地满足读者的需要。

本书由上海电机学院张勇、陈梅主编。其中陶若冰（副主编）、余健敏编写第 1、2 章，顾旭、范郁宝编写第 3、6 章，杨天明编写第 4 章，徐建俊编写第 5 章，陈红编写第 7、8 章，孙琳编写第 9、11 章，张勇编写第 10 章。在修订中，第 1～6 章电机拖动部分由陈梅修订与统稿，第 7～11 章电气控制部分由张勇修订与统稿。

本书由上海第二工业大学徐余法教授担任主审。徐余法教授认真审阅了再版修订稿，并提出了许多宝贵的意见，在此深表谢意。

在本书再版之际，衷心感谢高等职业教育系列教材机电专业编委会全体编委在本书第 1 版的编写与出版过程中提供的帮助与指导，感谢原书的参编作者在原书的编写与出版过程中所给予的帮助。

由于编者水平有限，书中的不足之处在所难免，恳望读者批评和指正。

编　者

目　录

第1章　直流电机基本理论及结构

直流电机是实现直流电能和机械能相互转换的电气设备。其中将直流电能转换为机械能的叫作直流电动机，将机械能转换为直流电能的叫作直流发电机。

直流电机的主要优点是起动性能和调速性能好，过载能力大，因此，应用于对起动和调速性能要求较高的生产机械。例如大型机床、电力机车、内燃机车、城市电车、电梯、轧钢机、矿井卷扬机、船舶机械、造纸机和纺织机等都广泛采用直流电动机作为原动机。

直流电机的主要缺点是存在电流换向问题。由于这个问题的存在，使其结构、生产工艺复杂化，且使用有色金属多，价格昂贵，运行可靠性差。随着近年电力电子学和微电子学的迅速发展，在很多领域内，直流电动机将逐步为交流调速电动机所取代，直流发电机则正在被电力电子器件整流装置所取代。不过在今后一个相当长的时期内，直流电机仍将在许多场合继续发挥作用。

本章主要分析直流电机的基本理论及结构。

1.1　直流电机的基本工作原理

1.1.1　直流电动机的基本工作原理

直流电动机的工作原理，可以用一个简单的模型来说明。图 1-1 是一台最简单的直流电动机的模型。N 和 S 是一对固定的磁极，可以是电磁铁，也可以是永久磁铁，磁极之间有一个可以转动的金属圆柱体，称为电枢铁心。铁心表面固定一个用绝缘导体构成的电枢线圈 *abcd*，线圈的两端分别接到相互绝缘的两个弧形铜片上，弧形铜片称为换向片，它们的组合体称为换向器，换向器是跟转轴一起转动的，在换向器上放置固定不动而与换向片滑动接触的电刷 A 和 B，线圈 *abcd* 通过换向器和电刷接通外电路。电枢铁心、电枢线圈和换向器构成的整体称为电枢。

此模型作为直流电动机运行时，将直流电源加于电刷 A 和 B。例如将电源正极加于电刷 A，电源负极加于电刷 B，则线圈 *abcd* 中流过电流，在导体 *ab* 中，电流由 *a* 流向 *b*。在导体 *cd* 中，电流由 *c* 流向 *d*。载流导体 *ab* 和 *cd* 均处于 N、S 极之间的磁场当中，受到电磁力的作用，电磁力的方向用左手定则确定，可知这一对电磁力形成一个转矩，称为电磁转矩，转矩的方向为逆时针方向，使整个电枢逆时针方向旋转。当电枢旋转180°，导体 *cd* 转到 N 极下，*ab* 转到 S 极下，如图 1-1b 所示。由于电流仍从电刷 A 流入，使 *cd* 中的电流变为由 *d* 流向 *c*，而 *ab* 中的电流由 *b* 流向 *a*，从电刷 B 流出，用左手定则判别可知，电磁转矩的方向仍是逆时针方向。

由此可见，加于直流电动机的直流电源，借助于换向器和电刷的作用，使直流电动机电枢线圈中流过电流的方向是交变的，从而使电枢产生的电磁转矩的方向恒定不变，确保直流电动机朝确定的方向连续旋转。这就是直流电动机的基本工作原理。

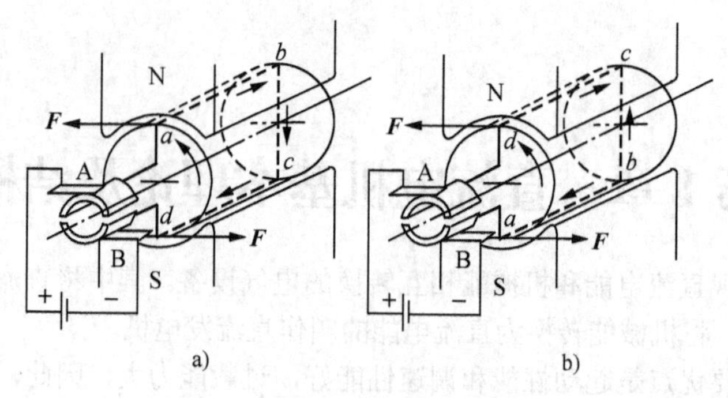

图 1-1　直流电动机的工作原理

实际的直流电动机，电枢圆周上均匀地嵌放许多线圈，相应的换向器由许多换向片组成，使电枢线圈所产生的总的电磁转矩足够大并且比较均匀，电动机的转速也就比较均匀。

1.1.2　直流发电机的基本工作原理

直流发电机的模型与直流电动机相同，不同的是电刷上不加直流电压，而是用原动机拖动电枢朝某一方向，例如朝逆时针方向，旋转，如图 1-2 所示。这时导体 *ab* 和 *cd* 分别切割 N 极和 S 极下的磁感应线，产生感应电动势，电动势的方向用右手定则确定。在图 1-2 中，导体 *a* 中电动势的方向由 *b* 指向 *a*，导体 *cd* 中电动势的方向由 *d* 指向 *c*，所以电刷 A 为正极性，电刷 B 为负极性。电枢旋转180° 时导体 *cd* 转至 N 极下，感应电动势的方向由 *c* 指向 *d*，电刷 A 与 *d* 所连接换向片接触，仍为正极性；导体 *ab* 转至 S 极下，感应电动势的方向变为由 *a* 指向 *b*，电刷 B 与 *a* 所连接换向片接触，仍为负极性。可见，直流发电机电枢线圈中的感应电动势的方向是交变的，而通过换向器和电刷的作用，在电刷 A、B 两端输出的电动势是方向不变的直流电动势。若在电刷 A、B 之间接上负载（如灯泡），发电机就能向负载供给直流电能（灯泡会发亮）。

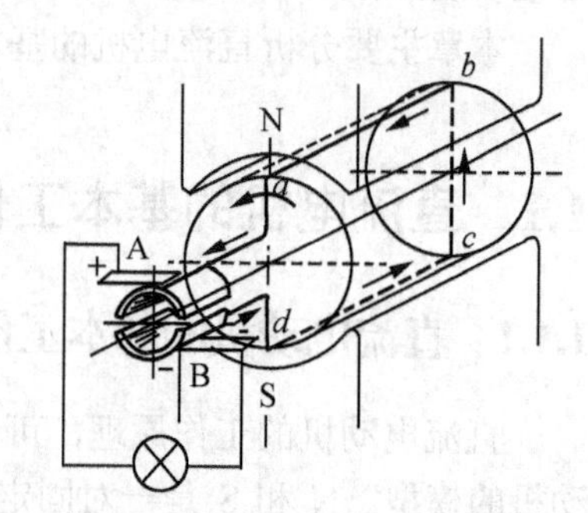

图 1-2　直流发电机的工作原理

从以上分析看出：一台直流电机原则上既可以作为电动机运行，也可以作为发电机运行，电机的实际运行方式取决于外界不同的条件。将直流电源加于电刷，输入电能，将电能转换为机械能，作电动机运行；如用原动机拖动直流电机的电枢旋转，输入机械能，将机械能转换为直流电能，从电刷上引出直流电动势，作发电机运行。同一台电机，既能作为电动机运行，又能作为发电机运行的原理，称为电机的可逆原理。但是在设计电机时，需考虑两者运行的特点有一些差别。例如如果作发电机用，则同一电压等级下发电机比电动机的额定电压值稍高，以补偿从电源至负载沿路的损失。

1.2　直流电机的结构及铭牌

1.2.1　结构

从直流电动机和直流发电机工作原理示意图可以看出，直流电机的结构应由定子和转子两大部分组成。直流电机运行时静止不动的部分称为定子，定子的主要作用是产生磁场。由机座、主磁极、换向极、端盖、轴承和电刷装置等组成。运行时转动的部分称为转子，其主要作用是产生电磁转矩和感应电动势，是直流电机进行能量转换的枢纽，所以通常又称为电枢。由转轴、电枢铁心、电枢绕组、换向器和风扇等组成。定子、转子间因有相对运动，故留有一定的空气隙，气隙大小与电机容量有关。图 1-3 是小型直流电机的纵剖面图，图 1-4 是横剖面示意图。直流电机根据各种不同的用途和产品系列，其结构也是多种多样的，下面对图中各主要结构部件分别作一简单介绍。

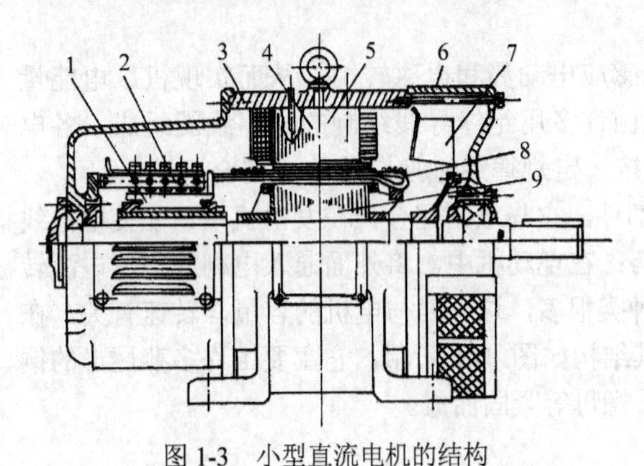

图 1-3　小型直流电机的结构

1—换向器　2—电刷杆　3—机座　4—主磁极　5—换向极　6—端盖　7—风扇　8—电枢绕组　9—电枢铁心

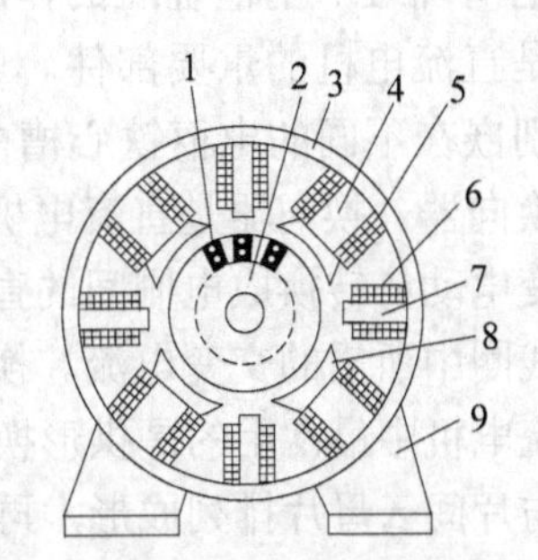

图 1-4　直流电机横剖面示意图

1—电枢绕组　2—电枢铁心　3—机座　4—主磁极铁心　5—励磁绕组　6—换向极绕组　7—换向极铁心　8—主磁极极靴　9—极座底脚

1．定子

直流电机定子主要由机座、主磁极、换向极及电刷装置等部件构成。

（1）机座　直流电机机座是用来固定主磁极、换向极和端盖的，起支撑、保护作用，也作为磁轭，构成了主磁路的闭合路径。机座通常由铸钢或钢板焊接而成，目前由薄钢板或硅钢片制成的叠片机座应用也相当广泛。

（2）主磁极　主磁极的作用是在电机气隙中产生一定分布形状的气隙磁密，主磁极由主磁极铁心和励磁绕组组成。主磁极铁心通常用厚 1～1.5mm 的低碳钢板冲片叠成。绝大多数直流电机的主磁极是由直流电流来励磁的，所以主磁极装有励磁绕组。图 1-5 是主磁极的装配图。

（3）换向极　换向极的作用是改善电机的换向性能。换向极由换向极铁心和换向极绕组构成，如图 1-6 所示。中小型电机的换向极由整块钢制成，而大型电机的则做成钢板叠片磁极。换向极应装在电机两主极间的几何中性线上。换向极绕组应与电枢绕组串联。

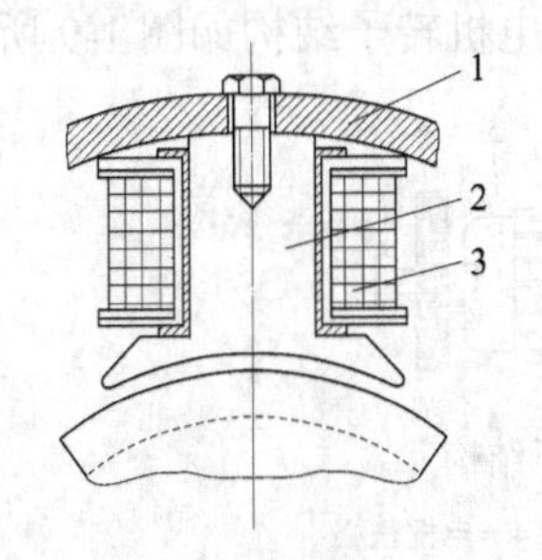

图 1-5　主磁极

1—固定主磁极丝　2—主磁极铁心　3—励磁绕组

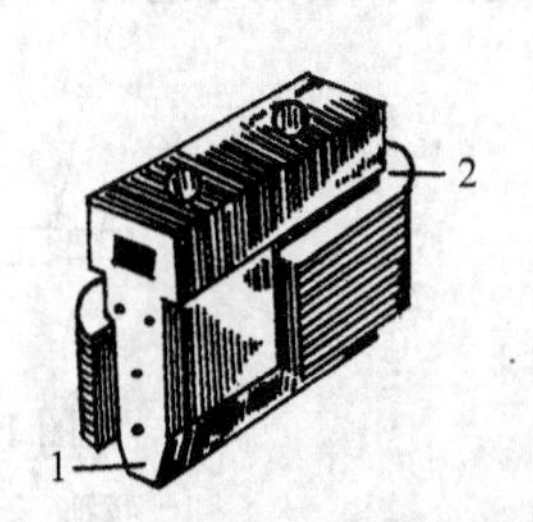

图 1-6　换向极

1—铁心　2—换向极绕组

（4）电刷装置　电刷的作用前面已作介绍。电刷装置就是安装、固定电刷的机构，如图 1-7 所示。电刷装置通常固定在电机的端盖、轴承内盖或者机座上。

2．转子

直流电机转子常称为电枢，主要由电枢铁心、电枢绕组、换向器和转轴等部件构成。

（1）电枢铁心　电枢铁心一方面用来嵌放电枢绕组，另一方面构成主磁路闭合路径。当电枢旋转时，铁心中磁通方向发生变化，会产生涡流与磁滞损耗。为了减少这部分损耗，通常用 0.35～0.5mm 厚的硅钢片经冲剪叠压而制成电枢铁心。电枢铁心外圆上有均匀分布的槽，以嵌放电枢绕组。

（2）电枢绕组　电枢绕组的作用是产生感应电动势和电磁转矩，从而实现机、电能量转换。它是直流电机的重要部件。电枢绕组由许多用绝缘导线绕制的电枢线圈组成，各电枢线圈分别嵌在不同的电枢铁心槽内，两端按一定规律通过换向片构成闭合回路。

（3）换向器　换向器是直流电机的关键部件，它与电刷配合，在发电机中，能使电枢线圈中的交变电动势转换成电刷间的直流电动势；在电动机中，将外面通入电刷的直流电流转换成电枢线圈中所需的交变电流。换向器的种类很多，这主要与电机的容量与转速有关。在中小型直流电机中最常用的是拱形换向器，其结构如图 1-8 所示。它主要由许多燕尾形的铜质换向片与片间云母片排列成形，再由套筒、螺母等紧固而成。

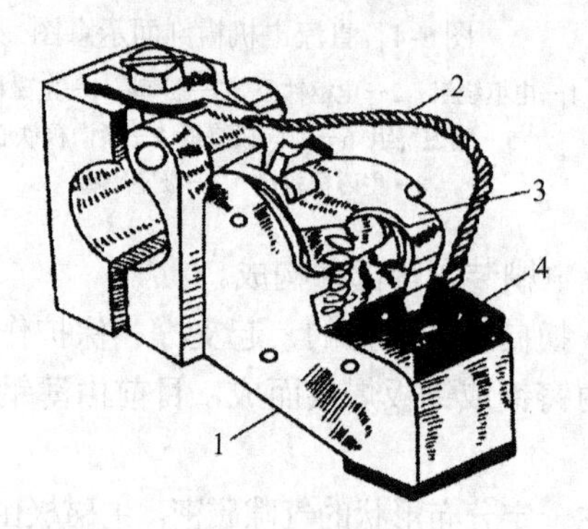

图 1-7　电刷装置

1—刷握　2—铜丝软线
3—压紧弹簧　4—电刷

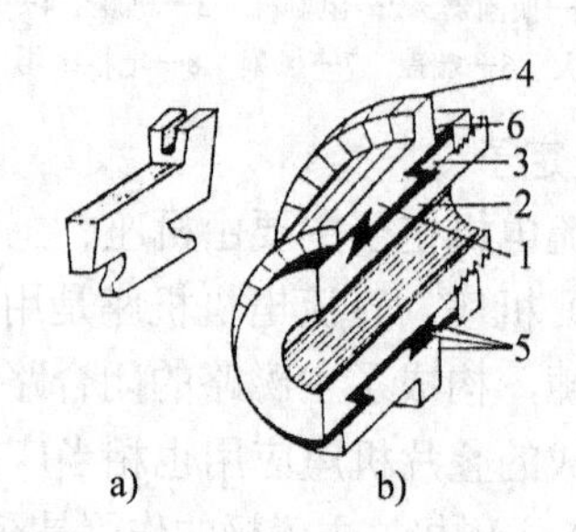

图 1-8　换向器的结构

1—换向片　2—套筒　3—V 形环
4—片间云母　5—云母　6—螺母

（4）转轴、支架和风扇　对于小容量直流电机，电枢铁心就装在转轴上。对于大容量直流电机，为减少硅钢片的消耗和转子重量，轴上装有金属支架，电枢铁心装在支架上，此外，在轴上还装有风扇，以加强对电机的冷却。整个直流电机转子结构如图 1-9 所示。

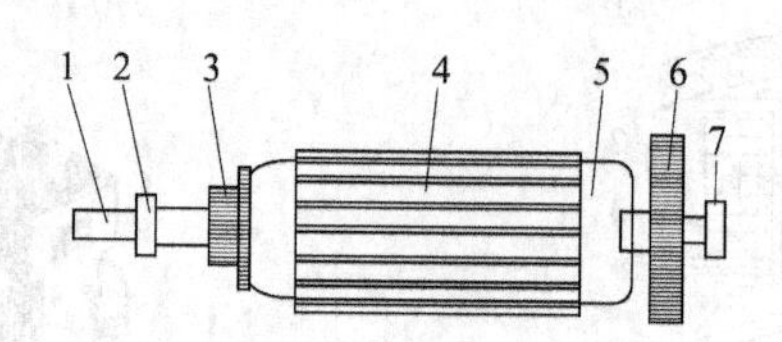

图 1-9　直流电机转子结构

1—转轴　2—轴承　3—换向器　4—电枢铁心
5—电枢绕组　6—风扇　7—轴承

1.2.2 电机的铭牌

电机的铭牌上标明了电机的型号及额定数据，供用户选择和使用电机时参考。

1．铭牌数据

根据国家标准，直流电机的额定数据有：

1）额定容量（功率）P_N（kW）；

2）额定电压 U_N（V）；

3）额定电流 I_N（A）；

4）额定转速 n_N（r/min）；

5）励磁方式和额定励磁电流 I_{fN}（A）。

有些物理量虽然不标在电机铭牌上，但它也是额定值。例如在额定运行状态下的转矩、效率分别称为额定转矩和额定效率等，这些额定数据也叫作铭牌数据。

关于额定容量，对直流发电机而言，是指发电机带额定负载时，电刷端输出的功率；对直流电动机而言，是指电动机带额定负载时，转轴上输出的机械功率。因此，直流发电机的额定容量应为

$$P_N = U_N I_N \tag{1-1}$$

而直流电动机的额定容量为

$$P_N = U_N I_N \eta_N \tag{1-2}$$

式中，η_N 是直流电动机的额定效率。它是直流电动机带额定负载运行时，输出的机械功率与输入的电功率之比。

电动机轴上输出的额定转矩用 T_N 表示，其大小应该是输出的额定机械功率除以转子额定角速度，即

$$T_N = \frac{P_N}{\Omega_N} = \frac{P_N}{\frac{2\pi\ n_N}{60}} = 9.55\frac{P_N}{n_N} \tag{1-3}$$

此式在交流电动机中同样适用。

直流电机运行时，若各个物理量都为额定值，则称为额定运行状态。由于电机是根据额定值设计的，因此，在额定运行状态下工作，电机能可靠地运行，并具有良好的性能。

实际运行中，电机不可能总是工作在额定运行状态，如果运行时电机的负载小于额定容量，称为欠载运行；而运行时电机的负载超过额定容量，称为过载运行。长期的过载或欠载运行都不好。长期过载有可能因过热而损坏电机，长期欠载则运行效率不高，浪费容量。为此，在选择电机时，应根据负载的要求，尽可能让电机工作在额定状态。

【例 1-1】 一台直流电动机其额定功率 P_N=160kW，额定电压 U_N = 220V，额定效率 η_N = 90%，额定转速 n_N =1500r/min，求该电动机额定运行状态时的输入功率、额定电流及额定转矩各是多少。

解：额定输入功率

$$P_1 = \frac{P_N}{\eta_N} = \left(\frac{160}{0.9}\right)\text{kW} = 177.8\,\text{kW}$$

额定电流 $$I_N = \frac{P_N}{U_N \eta_N} = \left(\frac{160 \times 10^3}{220 \times 0.9}\right) A = 808.1\,A$$

额定转矩 $$T_N = 9.55\frac{P_N}{n_N} = \left(9.55\frac{160 \times 10^3}{1500}\right) N \cdot m = 1018.7\,N \cdot m$$

2．国产直流电机产品的型号

为了满足各行各业的不同要求，电机被制造成不同型号的系列产品，所谓同系列电机，就是指用途基本相同，结构和形状基本相似，技术要求基本相同，功率、电压、转速、中心高、铁心长度和安装尺寸等都有一定的标准等级的电机。其中使用范围广，产量大的一般用途电机作为基本系列。为满足某些特殊用途的要求，在基本系列的基础上作部分改动则形成派生系列电机。

电机产品的型号一般用大写印刷体的汉语拼音字母和阿拉伯数字表示。其中汉语拼音字母是根据电机的全名称选择有代表意义的汉字，再从该字的拼音中得到，例如

$$Z_A—112/2—1$$

其中 Z——直流电动机；

A——设计系列号；

112——中心高 112mm；

2——极数；

1——1 号铁心。

国产的直流电机种类很多，Z 系列是一般用途的小型直流电机，其中 Z_2 系列有电动机、发电机和调压发电机。Z_3 系列是在 Z_2 系列的基础上发展而成的，用途与 Z_2 系列相同，但性能有所改善。Z_4 系列直流电机是 20 世纪 80 年代研制的新一代一般用途的小型直流电机，该机采用八角形全叠片机座，适用于整流电源供电，具有调速范围广、转动惯量小及过载能力大等优点。

此外，还有许多直流电机系列，可在使用时查电机产品目录或有关电机手册。

1.3 直流电机的电枢绕组

绕组是由元件构成的，一个元件由两条元件边和端接线组成。元件边放在槽内，能切割磁感应线而产生感应电动势，叫作“有效边”，端接线放在槽外，不切割磁感应线，仅作为连接线用。为便于嵌线，每个元件的一个元件边放在某一个槽的上层（称为上层边），另一个元件边则放在另一个槽的下层（称为下层边），如图 1-10 所示。

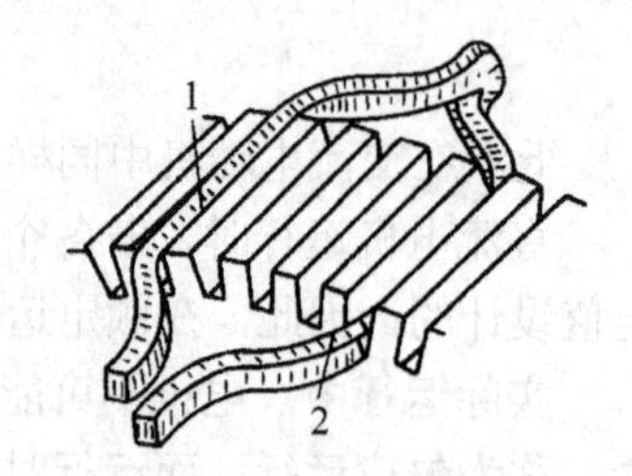

图 1-10 绕组元件在槽内的放置

1—上层元件边 2—下层元件边

1.3.1 电枢绕组的常用术语

1．实槽与虚槽

电机电枢上实际开出的槽叫作实槽。电机往往有较多的元件来构成电枢绕组，但由于制造工艺等原因，电枢铁心开的槽数不能够太多。通常在每个槽的上、下层各放置若干个元件边，如图 1-11 所示。为了明确说明每个元件边所处的位置，引入“虚槽”概念。所谓“虚槽”，

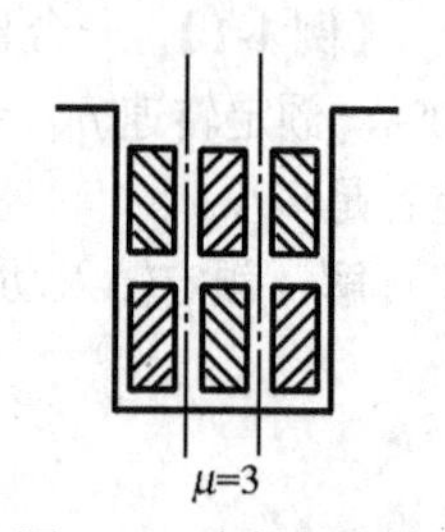

图 1-11 实槽与虚槽

即单元槽。设槽内每层有 μ 个虚槽，每个虚槽的上、下层各有一个元件边。图中所示情况μ=3。若实槽数为 Q，虚槽数为 Q_{μ}，则 $Q_{\mu}=\mu Q$。以后在说明元件的空间分布情况时，用虚槽作为计算单位。

2．元件数、换向片数与虚槽数

因为每个元件有两个元件边，而每一个换向片连接两个元件边，又因为每个虚槽包含两个元件边，所以一般来讲，绕组的元件数 S 、换向片数 K 和虚槽数 Q_{μ} 三者应相等，即

$$S=K=Q_{\mu}=\mu Q \tag{1-4}$$

3．极距

极距就是沿电枢表面圆周上相邻两磁极间的距离，用长度表示为

$$\tau=\frac{\pi D_{a}}{2p} \tag{1-5}$$

若用虚槽数表示为

$$\tau=\frac{Q_{\mu}}{2p} \tag{1-6}$$

式中　D_{a}——电枢外径（m）；

p——磁极对数。

4．绕组节距

绕组节距通常都用虚槽数或换向片数表示，如图 1-12 所示。

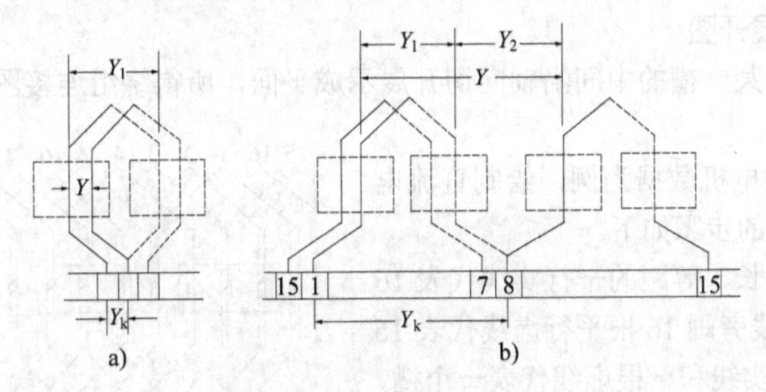

图 1-12　电枢绕组的节距

a) 单叠绕组　b) 单波绕组

（1）第一节距 Y_1　同一个元件的两个有效边之间的距离称为第一节距。在电机中为了获得较大的感应电动势，应等于或接近于一个极距，由于极距不一定是整数，而 Y_1 必须是整数，所以应使

$$Y_{1}=\frac{Q_{\mu}}{2p}\pm\varepsilon=\text{整数} \tag{1-7}$$

若$\varepsilon=0$，则$Y_1=\tau$，称为整距绕组；若$\varepsilon\neq0$，当$Y_1>\tau$时，称为长距绕组；当$Y_1<\tau$时，称为短距绕组。

（2）合成节距Y　相串联的两个元件的对应边之间的节距称为合成节距。它表示每串联一个元件后，绕组在电枢表面前进或后退了多少个虚槽，是反映不同形式绕组的一个重要标志。

（3）换向器节距 Y_k　一个元件的两个出线端所连接的换向片之间的距离称为换向器节距。由于元件数等于换向片数，因此元件边在电枢表面前进或后退多少个虚槽，其出线端在换向片上也必然前进或后退多少个换向片，所以换向器节距等于合成节距，即

$$Y = Y_k \tag{1-8}$$

（4）第二节距Y_2　它表示相串联的两个元件中，第一个元件的下层边与第二个元件的上层边之间的距离。

1.3.2 单叠绕组

后一个元件的端节部分紧叠在前一个元件的端节部分上，这种绕组称为叠绕组。当叠绕组的换向器节距 Y_k=1 时称为单叠绕组，如图 1-12a 所示。

下面举例说明单叠绕组的连接规律和特点。

一台直流电机 $Q_\mu = K = S$ =16，$2p = 4$，μ =1 接成单叠绕组。

1. 计算节距

第一节距

$$Y_1 = \frac{Q_\mu}{2p} \pm \varepsilon = \frac{16}{4} = 4$$

换向器节距和合成节距

$$Y_k = Y = 1$$

第二节距，由图 1-12 可知，对于单叠绕组

$$Y_2 = Y_1 - Y = 4 - 1 = 3$$

2. 绘制绕组展开图

假想把电枢从某一槽的中间沿轴向切开展示成平面，所得绕组连接图称为绕组展开图，如图 1-13 所示。

以上面说明的电机数据为例，绘制直流电机单叠绕组展开图的步骤如下。

1）画 16 根等长、等距的平行实线代表 16 个槽的上层，在实线旁画 16 根平行虚线代表 16 个槽的下层。一根实线和一根虚线代表一个槽，编上槽号，如图 1-13 所示。

2）按节距 Y_1 连接一个元件。例如将 1 号元件上层边放在 1 号槽的上层，其下层边应放在 $1+Y_1$=1+4=5 槽号的下层。由于一般情况下，元件是左右对称的，为此，可把 1 号槽的上层（实线）和 5 号槽的下层（虚线）用左右对称的端接部分连成 1 号元件。注意首端和末端之间相隔一片换向片宽度，为使图形规整起见，取换向片宽度等于一个槽距，从而画出与 1 号元件首端相连的 1 号换向片和相邻的与末端相连的 2 号换向片，并依次画出 3～16 号换向片。显然，元件号、上层边所在槽号和该元件首端所连换向片的编号相同。

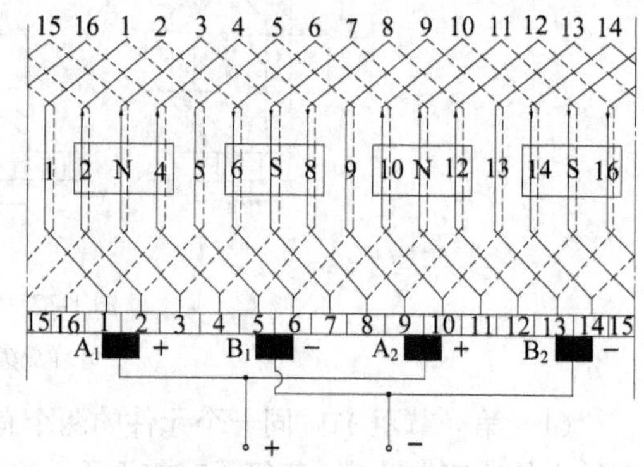

图 1-13　单叠绕组展开图

3）画 1 号元件的平行线，可以依次画出 2～16 号元件，从而将 16 个元件通过 16 片换向片连成一个闭合的回路。

4）单叠绕组的展开图已经画成，但为帮助理解绕组工作原理和电刷位置的确定，一般在展开图上还应画出磁极和电刷。

5）画磁极。本例有 4 个主磁极，在圆周上应该均匀分布，即相邻磁极中心之间应间隔 4

个槽。设某一瞬间，4 个磁极中心分别对准 3、7、11、15 槽，并且主磁极宽度约为极距的 0.6～0.7 倍（之间），画出 4 个磁极，如图 1-13 所示。依次标出极性 N、S、N、S，一般假设磁极在电枢绕组的上面。

6）画电刷。电刷组数也就是刷杆数等于极数（本例中为 4），必须均匀分布在换向器表面圆周上，相互间隔 $16/4=4$ 片换向片。为使被电刷短路的元件中感应电动势最小，正负电刷之间引出的电动势最大，由图 1-13 分析可看出：当元件左右对称时，电刷中心线应对准磁极中心线。图中设电刷宽度等于一片换向片的宽度。

3．单叠绕组连接顺序表

绕组展开图比较直观，但画起来比较麻烦，为简便起见，绕组连接规律也可用连接顺序表来表示。本例的连接顺序表如图 1-14 所示。表中上排数字同时代表上层元件边的元件号、槽号和换向片号，下排带“′”的数字代表下层元件边所在的槽号。

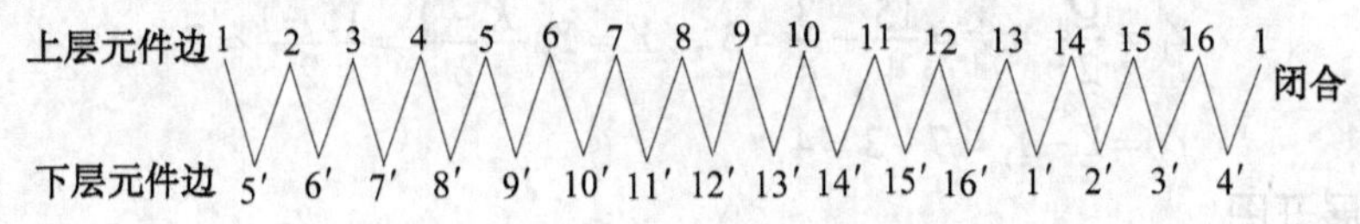

图 1-14　单叠绕组连接顺序表

4．单叠绕组的并联支路图

保持图 1-14 中各元件的连接顺序不变，将此瞬间不与电刷接触的换向片省去不画，可以得到图 1-15 所示的并联支路图。对照图 1-15 和图 1-13，可以看出单叠绕组的连接规律是将同一磁极下的各个元件串联起来组成一条支路。所以，单叠绕组的并联支路对数 a 总等于极对数 p，即

$$a=p$$

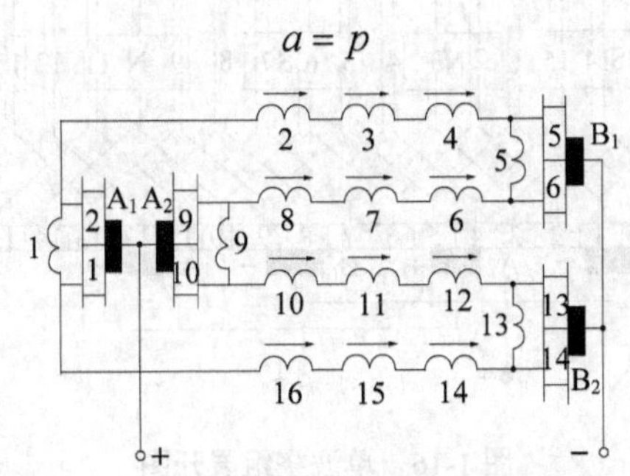

图 1-15　单叠绕组并联支路图

5．单叠绕组的特点

（1）同一磁极下的各元件串联起来组成一条支路，并联支路对数等于极对数，即 $a=p$。

（2）当元件形状左右对称，电刷在换向器表面的位置对准磁极中心线时，正、负电刷短路元件中的感应电动势最小。

（3）电刷个数等于极数。

1.3.3　单波绕组

单波绕组的元件如图 1-12b 所示，首末端之间的距离接近两个极距，$Y_k>Y_1$，两个元件串联起来成波浪形，故称为波绕组。p 个元件串联后，其末尾应该落在起始换向片前一片的位置，

才能继续串联其余元件，为此，换向器节距必须满足以下关系

$$pY_{\mathrm{k}} = K-1$$

换向器节距

$$Y_{\mathrm{k}} = \frac{K-1}{p} = 整数 \tag{1-9}$$

合成节距

$$Y = Y_{\mathrm{k}}$$

第二节距

$$Y_2 = Y - Y_1$$

第一节距Y_1的确定原则与单叠绕组相同。

下面再以一例说明单波绕组的连接规律和特点。

一台直流电机：$Q_{\mu} = S = K = 15$，$2p = 4$，$\mu = 1$接成单波绕组。

1. 计算节距

$$Y_1 = \frac{Q_{\mu}}{2p} \pm \varepsilon = \frac{15}{4} - \frac{3}{4} = 3\text{，}\quad Y = Y_{\mathrm{k}}\ \frac{K-1}{p} = \frac{15-1}{2} = 7$$

$$Y_2 = Y - Y_1 = 7-3 = 4$$

2. 绘制展开图

绘制单波绕组展开图的步骤与单叠绕组相同，本例的展开图如图1-16所示。电刷在换向器表面上的位置也是在主磁极的中心线上。要注意的是因为本例的极距不是整数，所以相邻主磁极中心线之间的距离不是整数，相邻电刷中心线之间的距离用换向片数表示时也不是整数。

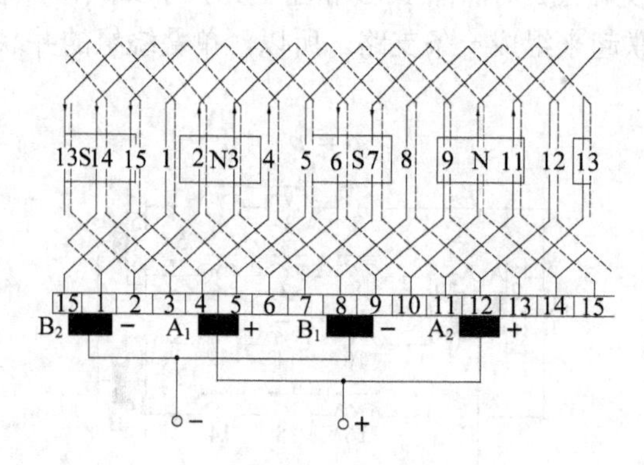

图1-16　单波绕组展开图

3. 单波绕组的连接顺序表

按图1-16所示的连接规律可得相应的连接顺序表，如图1-17所示。

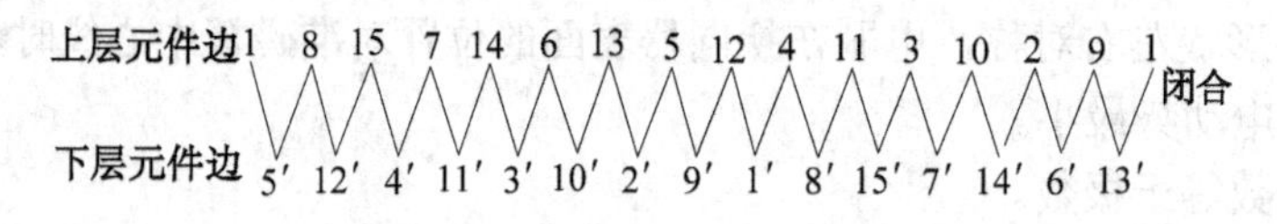

图1-17　单波绕组连接顺序表

4. 绕组的并联支路图

按图1-17中各元件的连接顺序，将此刻不与电刷接触的换向片省去不画，可以得单波绕

组的并联支路图，如图1-18所示。将并联支路与展开图对照分析可知：单波绕组是将同一极性磁极下所有的元件串联起来组成的一条支路，由于磁极极性只有N和S两种，所以单波绕组的并联支路数总是恒定的，并联支路对数恒等于1。

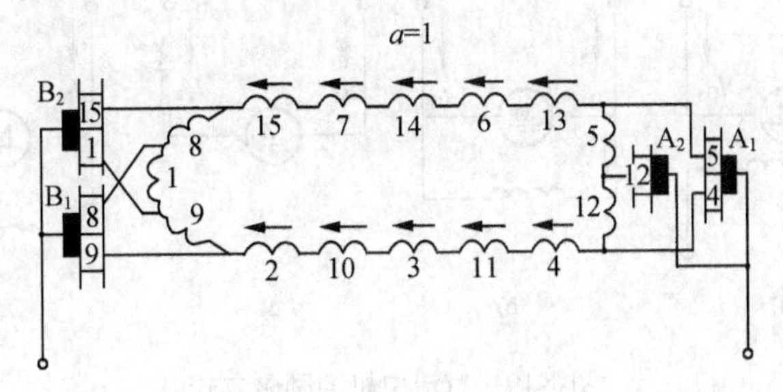

图1-18 单波绕组并联支路图

5. 单波绕组的特点

1）上层边位于同一极性磁极下的所有元件串联起来组成一条支路，并联支路对数恒等于1，与极对数无关。

2）当元件形状左右对称、电刷在换向器表面上的位置对准主磁极中心线时，支路电动势最大。

3）单从支路数来看，单波绕组可以只要两组电刷，但为了减少换向器的轴向长度，降低成本，仍按主极数来装置电刷，称为全额电刷。在单波绕组中，电枢电动势仍等于支路电动势，电枢电流也等于支路电流之和，即

$$I_{\mathrm{a}}=2ai_{\mathrm{a}}$$

单叠绕组与单波绕组的主要区别在于并联支路对数的多少。单叠绕组可以通过增加极对数来增加并联支路对数。适用于低电压大电流的电机；单波绕组的并联支路对数 a =1，但每条支路串联的元件数较多，故适用于小电流较高电压的电机。

1.4 直流电机的磁场与基本公式

直流电机运行时除了主磁场外，若电枢绕组中有电流流过，还将产生电枢磁场。这两个磁场在气隙中相互影响，相互叠加，合成了气隙磁场，它直接影响电枢电动势和电磁转矩的大小。要了解气隙磁场的情况，就要首先了解主磁场和电枢磁场，然后再进行合成。

1.4.1 直流电机的励磁方式

主磁极励磁绕组中通以直流励磁电流产生的磁通势称为励磁磁通势，励磁磁通势产生的磁场称为励磁磁场，又称为主磁场。励磁绕组的供电方式称为励磁方式，按励磁方式可以分为他励、并励、串励和复励直流电机。不同励磁方式的直流电机有很大的差异，如图1-19为各种励磁方式的接线图。

1. 他励直流电机

他励式直流电机的励磁绕组和电枢分别由两个不同的电源供电，这两个电源的电压可以相同，也可以不同，其接线图如图 1-19a 所示。永磁式直流电机也可归属这一类。他励式直

流电机的励磁电流与电枢电流无关，不受电枢回路的影响。这种励磁方式的直流电机具有较硬的机械特性，一般用于大型和精密直流电机驱动系统中。

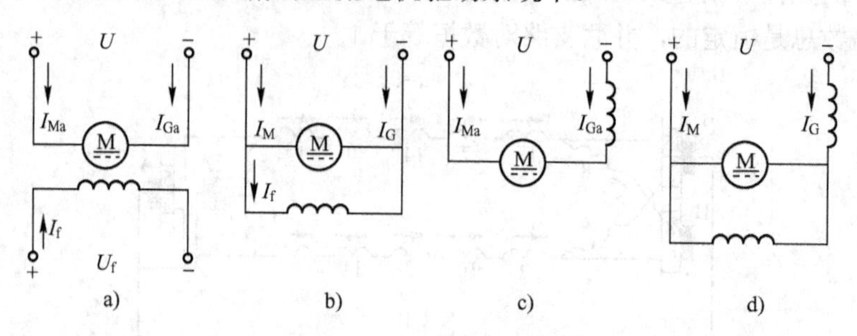

图 1-19　直流电机的励磁方式

a) 他励直流电机　b) 并励直流电机　c) 串励直流电机　d) 复励直流电机

2. 并励直流电机

并励直流电机的励磁绕组与电枢绕组并联，其励磁回路上所加的电压就是电枢电路两端的电压，如图 1-19b 所示。并励、串励、复励发电机均属于由发电机本身供给励磁电流的自励发电机。并励式直流电机的特性与他励式基本相同，但比他励式节省了一个电源，并励式直流电机一般用于恒压系统，中小型直流电机多为并励式。

3. 串励直流电机

串励直流电机是将励磁绕组和电枢绕组串联起来，如图 1-19c 所示。串励式直流电机具有很大的起动转矩，但其机械特性很软，且空载时有极高的转速，串励式直流电机不允许空载或轻载运行。串励式直流电机常用于要求很大起动转矩且转速允许有较大变化的负载、如电瓶车、起货机、起锚机、电车、电传动机车等。

4. 复励直流电机

复励直流电机的主磁极上装有两个励磁绕组，一个绕组与电枢绕组并联，另一个与电枢绕组串联，如图 1-19d 所示。若串联绕组产生的磁通势与并励绕组产生的磁通势方向相同，则称为积复励；若这两个磁通势方向相反，则称为差复励。积复励式直流电机具有较大的起动转矩，其机械特性较软，介于并励式、串励式之间；多用于要求起动转矩较大，转速变化不大的负载，如拖动空气压缩机、冶金辅助传动机械等。差复励式直流电机起动转矩小，但其机械特性较硬，有时还可能出现上翘特性；一般用于起动转矩小，而要求转速平稳的小型恒压驱动系统中。复励式直流电机不能用于可逆驱动系统中。

1.4.2　直流电机的磁场

1. 空载时的主磁场

电机的空载是指发电机不输出电功率，电动机不输出机械功率，这时电枢电流很小，电枢磁动势也很小，所以电机空载时的气隙磁场就可以看作是主磁场。

考虑到磁极的对称性，这里只讨论一对极的情况。其空载磁场的分布如图 1-20 所示。磁通从 N 极出来，分成两路：一路经过气隙、电枢齿、电枢轭进入 S 极，再经过定子轭回到 N 极形成一个闭合回路，这部分磁通同时和电枢绕组、励磁绕组相连，电枢转动时，能在电枢绕组中产生感应电动势，一旦电枢绕组中有电流流过，能够产生电磁转矩，这路磁通称为主磁通Φ。另一路磁通不经过电枢而直接经过气隙进入磁轭或相邻的磁极，形成闭合回路，它不与电枢绕组匝链，因而不能在电枢绕组中产生感应电动势和电磁转矩，称为漏磁通Φ_s。漏磁通回路的气隙与主磁通相比要大出许多，磁导较小，因而漏磁通要比主磁通小得多，一般漏磁通占主磁通的15～20%。

磁通密度B在极靴下分布情况如图1-21所示。由图可见，在极靴下气隙小，气隙中各点磁通密度自极尖处开始显著减小，至两极间的几何中性线处磁通密度为零。磁通密度B按梯形波分布。

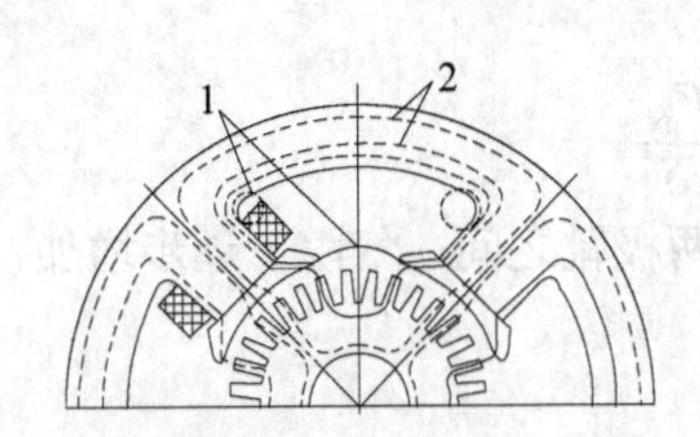

图1-20　直流电机的磁通及其分布

1—漏磁通　2—主磁通

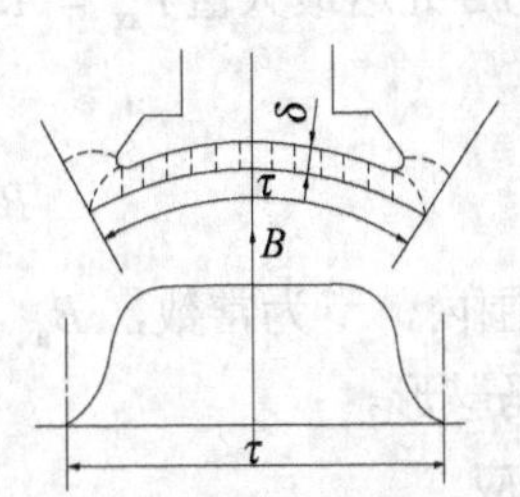

图1-21　直流电机空载时气隙中的磁通密度分布

电机磁极的几何中性线是指主磁极N极和S极的机械分界线。而把N极与S极磁场为零处的分界线称作物理中性线。显然空载时，几何中性线处的磁场也为零，即空载时物理中性线与几何中性线重合。

2. 负载时的电枢磁场

电机负载运行时，电枢绕组中有电流流过，它将产生一个电枢磁场。电枢磁场的磁感应线分布如图1-22a中虚线所示，在磁极轴线处，电枢磁场为零。

若电枢绕组的总导体数为N，导体中的电流（即支路电流）为i_a，电枢直径为D_a，并将图1-22a展开为图1-22b，以电枢磁场为零处O点为坐标原点，距原点$\pm x$处取一闭合回路，根据全电流定律，可知作用在这个闭合回路上的磁动势为

$$2x\frac{Ni_a}{\pi D_a}=2xA \tag{1-10}$$

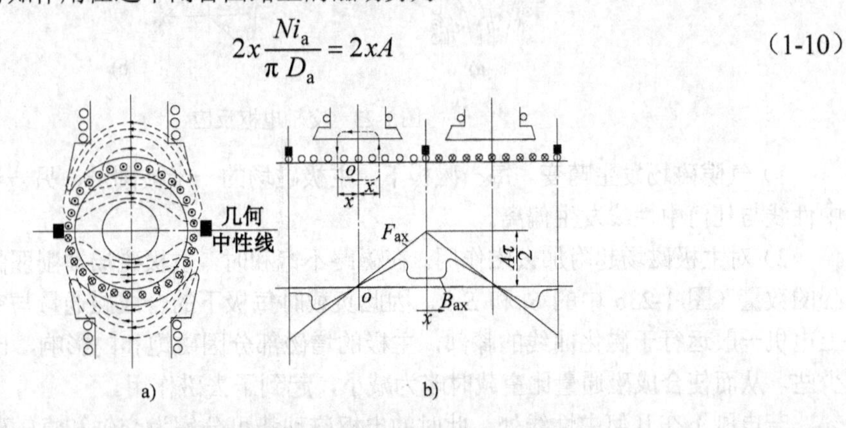

图1-22　电刷在几何中性线上的电枢磁动势和磁场

a) 电枢磁场　b) 电枢磁动势和磁场的分布

式中，A是电枢线负载，表示电枢圆周单位长度上的安培数。

若略去铁心中磁阻不计，那么磁动势就全部消耗在两个气隙中，故离原点 x 处一个气隙所消耗的磁动势为

$$F_{ax}=\frac{2xA}{2}=Ax \tag{1-11}$$

上式说明，电枢表面上不同 x 处的电枢磁动势的大小是不同的，它与 x 成正比。若规定电枢磁动势由电枢指向主极为正，则根据式（1-11）可以画出电枢磁动势的分布曲线，称为电枢磁动势曲线，如图 1-22b 中的三角波。在正负两个电刷的中点处，电枢磁动势为零。在电刷轴线 $x=\tau/2$ 处达最大值 $F_{ax}=A\tau/2$，在忽略铁心磁阻的情况下，在极靴下任一点的电枢磁通密度为

$$B_{ax}=\mu_0 H_{ax}=\mu_0\frac{F_{ax}}{\delta} \tag{1-12}$$

在极靴范围内，δ 为常数，B_{ax} 是一条直线，在两极靴之间，气隙 δ 逐步增加，磁通密度 B_{ax} 曲线呈马鞍形。

3. 电枢反应

有负载时电枢磁动势对主磁极的影响叫作电枢反应。电刷在几何中性线处时，电枢磁场和主极磁场相互垂直，此时的电枢反应叫作交轴电枢反应。下面就来分析交轴电枢反应。

利用叠加原理，将图 1-21 和图 1-22 画在一起，形成图 1-23，将空载时主极磁通密度 B_{ox} 与负载时电枢磁通密度 B_{ax} 逐点相加，便得到负载时气隙中的磁场 B_{bx} 分布曲线，比较 B_{ox} 与 B_{bx} 可以看出，交轴电枢反应的性质有以下两点。

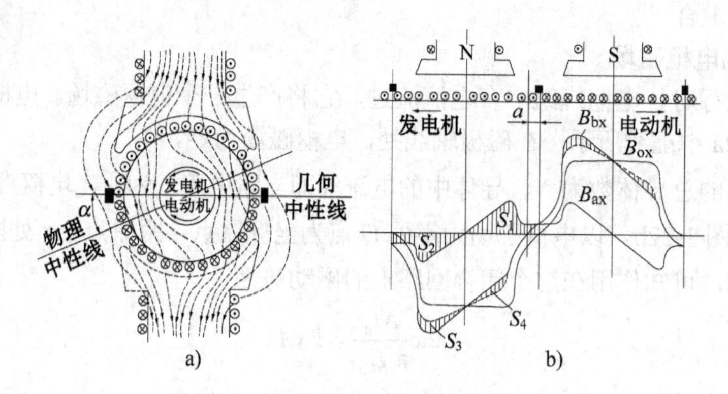

图 1-23　交轴电枢反应

1）气隙磁场发生畸变。每一磁极下，主极磁场的一半被削弱，另一半被加强。此时物理中性线与几何中性线发生偏离。

2）对主极磁场起附加去磁作用。在磁路不饱和时，主极磁场被削弱的数量恰好等于被加强的数量（图 1-23b 中的 S_1 和 S_2），因此负载时每极下的合成磁通量与空载时相同。但实际上电机一般运行于磁化曲线的膝部，主极的增磁部分因磁饱和的影响，比不饱和时增加得要少些，从而使合成磁通量比空载时略为减小，起到了去磁作用。

若电刷不在几何中性线处，此时的电枢磁动势可分解为交轴和直轴磁动势两部分，产生的电枢反应除交轴电枢反应外，还存在直轴电枢反应。由于直轴电枢磁动势与主极轴线重合，将对主极磁场起增磁或去磁作用。可见电刷的位置对于直流电机的运行性能影响极大，通常为了电机的换向，不允许利用移动电刷来达到增磁的目的。

1.4.3 电枢绕组的感应电动势与电磁转矩

直流电机运行时，电枢绕组在气隙磁场中作切割磁场运动，会产生感应电动势；同时，由于电枢绕组中又有电流流通，因此会产生电磁转矩。这种同时存在于直流发电机和电动机中电枢绕组的感应电动势和电磁转矩对电机的运行起着重要的作用。下面对电枢绕组的感应电动势（以下简称电枢电动势）及电磁转矩进行分析。

1. 电枢电动势

电枢电动势是指直流电机正、负电刷之间的感应电动势，也就是电枢绕组每条支路的感应电动势，即一条支路中各元件感应电动势之和。

电枢旋转时，电枢元件也随之旋转，由于气隙合成磁密在一个极下的分布不均匀，因此，导体中的感应电动势的大小是变化的。但是在任何时候，电枢绕组中每一条支路所包含的元件数量是不变的，同一支路中各元件产生的感应电动势方向是相同的。因此可以先求出一根导体在气隙磁场中产生的平均感应电动势，再乘上一条支路的总导体数，就可计算出支路电动势即电枢电动势了。通过计算，电机感应电动势表达式为

$$E_{\mathrm{a}} = \frac{pN}{60a}\Phi n = C_{\mathrm{e}}\Phi n \tag{1-13}$$

式中 N——电枢总导体数；

a——电枢绕组并联支路对数；

$C_{\mathrm{e}} = \dfrac{pN}{60a}$——电动势常数；

Φ——气隙每极磁通（Wb）；

n——电机的转速（r/min）。

可见，对于已经制造好的直流电机，其感应电动势大小正比于每极磁通Φ和转速n，感应电动势的方向由电机转向和主磁场方向决定。

2. 电磁转矩

在直流电机中，电磁转矩是由电枢电流与气隙磁场相互作用产生的电磁力所形成的。由于电枢绕组中各元件所产生的电磁转矩是同方向的，因此可以根据电磁理论先求出一根导体在气隙磁场中所产生的平均电磁力和电磁转矩，然后再乘以电枢总导体数，就可计算出电枢的总电磁转矩了。通过计算，电机的总电磁转矩为

$$T_{\mathrm{em}} = \frac{pN}{2\pi a}\Phi I_{\mathrm{a}} = C_{\mathrm{T}}\Phi I_{\mathrm{a}} \tag{1-14}$$

式中 $C_{\mathrm{T}} = \dfrac{pN}{2\pi a}$——转矩常数。

可见，对于已经制造好的直流电机，其电磁转矩大小正比于每极磁通Φ和电枢电流 I_{a}，方向由主磁场方向和电枢电流方向决定。在同一台电机中，电枢电动势常数和转矩常数是恒定的，两者之间有如下关系式

$$C_{\mathrm{T}} = 9.55C_{\mathrm{e}} \tag{1-15}$$

电枢电动势和电磁转矩同时存在于发电机和电动机中，但所起作用却各不相同。在图 1-2 所示的直流发电机工作原理图中，转速 n 的方向是原动机的拖动方向，电枢电动势的方向是从电刷 B→d→c→b→a→电刷 A；若接上负载，通过外电路负载形成的电枢电流方向是从电

刷 A→负载→电刷 B→d→c→b→a→电刷 A；可以看出电枢电动势与电枢电流方向相同。再根据左手定则确定电磁转矩的方向。此时，电磁转矩与转向相反，即与原动机的输入转矩方向相反，起制动作用。在图 1-1 所示的直流电动机工作原理图中，外电源通过电刷加在电枢绕组上的电枢电流方向是从电刷 A→a→b→c→d→电刷 B，根据左手定则确定的电枢电动势方向是从电刷 B→d→c→b→a→电刷 A，正好与电枢电流方向相反。由以上分析可以得出这样一个结论，电枢电动势在直流发电机中对外电路来说相当于电源电动势，与电流同方向；在直流电动机中则相当于反电动势，与电流方向相反，电磁转矩在直流发电机中是制动转矩，与转向相反；在直流电动机中则是驱动转矩，与转向同方向。

电枢电动势的方向由电机的转向和主磁场方向决定，其中只要有一个方向改变，电动势方向也就随之改变了。电磁转矩的方向由电枢电流和主极磁场的方向决定，同样，只要改变其中的一个方向，电磁转矩方向将随之改变，而两个方向同时改变时，则电磁转矩方向不变。

【例 1-2】 一台直流发电机 $2p=4$，$2a=2$，31 槽，每槽元件数为 12，$E=115\text{V}$，额定转速 $n_N=1450\text{r/min}$。求：

（1）每极磁通。

（2）此发电机作为电动机使用，当电枢电流为 800A 时，能产生多大电磁转矩。

解：

（1）

$$C_e=\frac{pN}{60a}=\frac{2\times31\times12}{60\times1}=12.4$$

$$\Phi=\frac{E}{C_e n_N}=\left(\frac{115}{12.4\times1450}\right)\text{Wb}=6.4\times10^{-3}\text{ Wb}$$

（2）

$$C_T=9.55C_e=118.42$$

$$T_{em}=C_T\Phi I_a=(118.42\times6.4\times10^{-3}\times800)\text{N}\cdot\text{m}=606.3\text{N}\cdot\text{m}$$

【例 1-3】 上题电机的数据，当每极磁通量不变时：

（1）电机转速降低至 1000r/min 时，电枢感应电动势为多少？

（2）电枢电流减小到 500A 时，电枢产生的电磁转矩为多大？

解： 代入式（1-13）及式（1-14）计算如下。

（1）$E'_a=C_e\Phi n'_N=(12.4\times6.4\times10^{-3}\times1000)\text{V}=79.36\text{ V}$

（2）$T_{em}=C_T\Phi I'_a=(118.42\times6.4\times10^{-3}\times500)\ \text{N}\cdot\text{m}=378.94\text{ N}\cdot\text{m}$

1.4.4 直流电机的基本方程

1. 直流电动机的基本方程

图 1-24 为一台他励直流电动机的示意图。接通直流电源时，励磁绕组中流过励磁电流 I_f，建立主磁场，电枢绕组串流过电枢电流 I_a，一方面形成电枢磁动势 F_a，通过电枢反应使气隙磁场发生改变，另一方面使电枢元件导体中流过支路电流 i_a，与气隙合成磁场作用产生电磁转矩 T_{em}，使电枢朝 T_{em} 方向以转速 n 旋转。电枢旋转时，电枢导体又切割气隙合成磁场，产生电枢电动势 E_a。在电动机中，此电动势的方向与电枢电流 I_a 的方向相反，称为反电动势。当电动机稳态运行时，有几个平衡关系，分别用

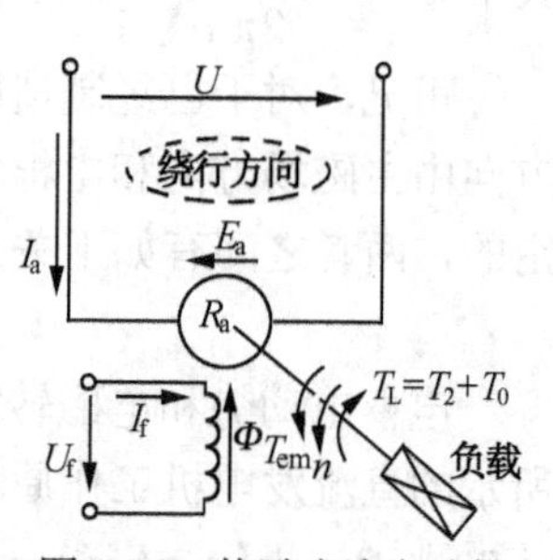

图 1-24 他励直流电动机

方程式表示。

（1）电压平衡方程式

根据图 1-24 中用电动机惯例所设各量的正方向，用基尔霍夫电压定律可以列出电压平衡方程式

$$U = E_a + I_a R_a \tag{1-16}$$

式中 R_a 为电枢回路电阻，其中包括电刷和换向器之间的接触电阻。此式表明：直流电动机在电动机运行状态下的电枢电动势 E_a 总小于端电压 U 。

（2）转矩平衡方程式

稳态运行时，作用在电动机轴上的转矩有 3 个。一个是电磁转矩 T_{em} ，方向与转速 n 相同，为拖动转矩；一个是电动机空载损耗转矩 T_0，是电动机空载运行时的制动转矩，方向总与转速 n 相反，还有一个是轴上所带生产机械的转矩 T_2，一般为制动转矩。稳态运行时的转矩平衡关系式为拖动转矩等于总的制动转矩，即

$$T_{em} = T_2 + T_0 \tag{1-17}$$

（3）功率平衡方程式

将式（1-16）两边乘以电枢电流 I_a ，得

$$UI_a = E_a I_a + I_a{}^2 R_a$$

可以写成

$$P_1 = P_{em} + p_{Cua} \tag{1-18}$$

式中 $P_1 = UI_a$ ——电动机从电源输入的电功率（kW）；

$P_{em} = E_a I_a$——电磁功率；

$p_{Cua} = I_a^2 R_a$——电枢回路的铜损耗。

（4）电磁功率

$$P_{em} = E_a I_a = \frac{pN}{2\pi a}\Phi I_a \frac{2\pi n}{60} = T_{em}\Omega \tag{1-19}$$

式中 $\Omega = \dfrac{2\pi n}{60}$ ——电动机的机械角速度（rad/s）。

从式（1-19）中 $P_{em} = E_a I_a$ 可知，电磁功率具有电功率性质；从 $P_{em} = T_{em}\Omega$ 可知，电磁功率又具有机械功率性质。实质上电磁功率是电动机由电能转换为机械能的那一部分功率。

将式（1-17）两边乘以机械角速度Ω，得

$$T_{em}\Omega = T_2\Omega + T_0\Omega$$

可写成

$$P_{em} = P_2 + p_0 = P_2 + p_m + p_{Fe} \tag{1-20}$$

式中 $P_{em} = T_{em}\Omega$ ——电磁功率（kW）；

$P_2 = T_2\Omega$ ——轴上输出的机械功率（kW）；

$p_0 = T_0\Omega$ ——空载损耗，包括机械损耗 p_m 和铁损耗 p_{Fe} 。

由式（1-18）和式（1-20）可以作出他励直流电动机的功率流程图，如图 1-25 所示。

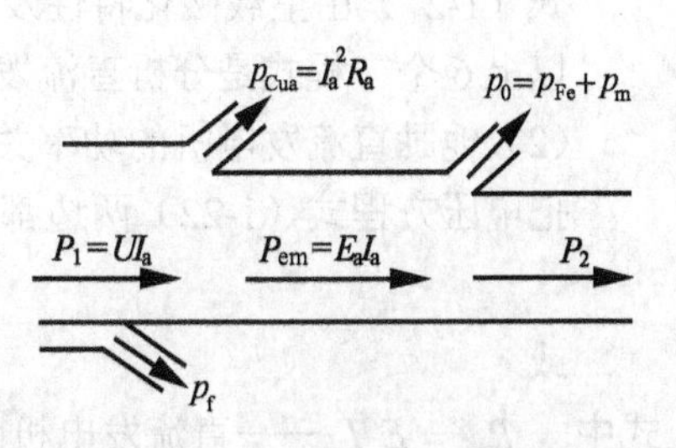

图 1-25 他励直流电动机功率流程图

他励直流电动机的功率平衡方程式

$$P_1 = P_2 + p_{Cua} + p_{Fe} + p_m = P_2 + \sum p \qquad (1\text{-}21)$$

式中 $\sum p = p_{Cua} + p_{Fe} + p_m$ ——他励直流电动机的总损耗。

2. 直流发电机的基本方程

（1）平衡方程式

他励发电机的励磁绕组电流是由其他直流电源提供的，其电枢在原动机拖动下旋转（输入机械能），与励磁绕组提供的磁场相互作用，通过换向器，对外输送直流电能。

如图 1-26 所示，假定发电机电枢在原动机拖动下，按逆时针方向旋转，n 是电枢转速，T_1 是原动机的拖动转矩，T_{em} 是电枢的电磁转矩，T_0 是空载转矩，E_a 是电枢感应电动势。U 是发电机接负载时输出的端电压，I_a 是电枢电流，U_f 、I_f 分别是励磁绕组的励磁电压和励磁电流，Φ 是励磁绕组提供的主磁通。

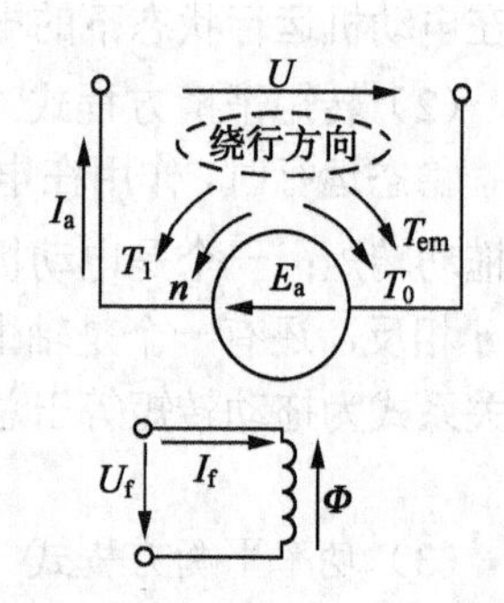

图 1-26　他励直流发电机示意图

按照图示各电量给定的正方向，可以写出直流发电机在稳态运行时的电枢回路方程式

$$E_a = U + I_a R_a \qquad (1\text{-}22)$$

式中 R_a 是电枢回路总的等效电阻，其中包括电枢绕组电阻、电刷接触电阻等。电枢电动势为

$$E_a = C_e \Phi n \qquad (1\text{-}23)$$

当发电机不接负载 R_L 时，I_a=0、E_a=U；当接上负载时，电枢回路就有电流 I_a，这时电枢会产生电磁转矩 T_{em}。按左手定则判定，T_{em} 与拖动转矩 T_1 方向相反，是制动转矩，即

$$T_{em} = C_T \Phi I_a \qquad (1\text{-}24)$$

事实上，发电机在实际工作中，机械损耗及电枢铁损等也看作是制动性转矩，通常称为空载转矩 T_0。这样，转矩的关系式为

$$T_1 = T_{em} + T_0 \qquad (1\text{-}25)$$

励磁回路的电流为

$$I_f = \frac{U_f}{R_f} \qquad (1\text{-}26)$$

气隙磁通为

$$\Phi = f(I_f, I_a) \qquad (1\text{-}27)$$

式（1-27）由空载磁化特性及电枢反应而定，说明主磁通 Φ 也受电枢电流 I_a 影响。

以上 6 个方程式是分析直流发电机的基本关系式，其中前 4 个方程用得较多。

（2）他励直流发电机的功率关系

把电压方程式（1-22）两边都乘以 I_a，得到

$$E_a I_a = U I_a + I_a^2 R_a$$

或

$$P_{em} = P_2 + p_{Cua} \qquad (1\text{-}28)$$

式中 $P_{em} = E_a I_a$ ——直流发电机的电磁功率（kW）；

$P_2 = U I_a$ ——发电机输给负载的电功率（kW）；

$p_{Cua} = I_a^2 R_a$ ——发电机电枢回路所有绕组的总铜损耗，包括接触电刷的总电损耗。

把转矩方程式（1-25）两边乘以角速度 Ω，得

$$T_1\Omega = T_{em}\Omega + T_0\Omega$$

或

$$P_1 = P_{em} + p_0 \tag{1-29}$$

式中 $P_1 = T_1\Omega$ ——原动机输给发电机的机械功率（kW）；

$P_{em} = T_{em}\Omega$ ——发电机的电磁功率（kW）；

$p_0 = T_0\Omega = p_m + p_{Fe}$ ——发电机空载损耗功率。

其中 p_m 包括轴承及电刷摩擦和冷却风扇等损耗，称为机械损耗，p_{Fe} 是主磁通在磁路的铁磁材料中的损耗，称为铁损耗。

根据式（1-28）、式（1-29）可得到

$$P_1 = P_{em} + p_0 = P_2 + p_{Cua} + p_m + p_{Fe} \tag{1-30}$$

由式（1-30）可画出直流发电机的功率流程图如图 1-27 所示。

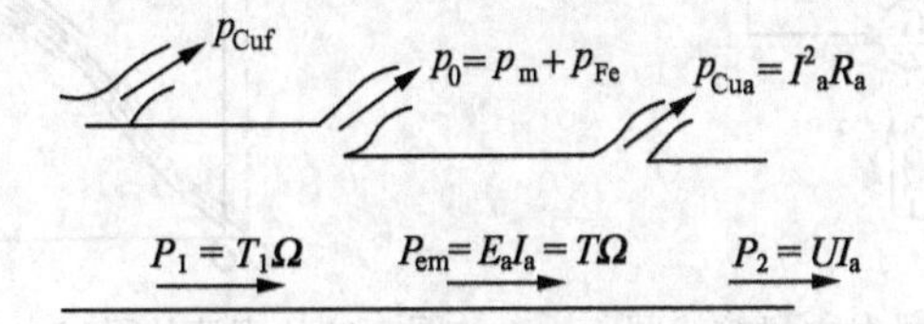

图 1-27 他励直流发电机功率流程图

p_{Cuf} 称为励磁功率。他励发电机由其他直流电源供给；若为并励发电机，则应由并励发电机本身提供。所以，总损耗应为

$$\Sigma p = p_{Cuf} + p_m + p_{Fe} + p_{Cua} + p_s$$

其中 p_s 是前几项损耗中没有考虑到的杂散损耗，称为附加损耗，通常取 $p_s = 0.005P_N$。

发电机效率 η 为

$$\eta = \frac{P_2}{P_1} = 1 - \frac{\Sigma p}{p_2 + \Sigma p} \tag{1-31}$$

额定负载时直流发电机的效率与电机的容量有关。10kW 以下，η 约为 75～85%；10kW 以上的电机，η 约为（85～90）%；100～1000kW 的电机，η 约为 88～93%。但效率高的电机，相应制造所消耗的材料要多。

1.5 直流发电机的运行特性

1.5.1 他励直流发电机的运行特性

从前面分析可知，直流发电机稳态运行主要取决于：①电机的端电压；②励磁电流；③负载电流；④电机的转速。电机运行的特性中，比较重要的有空载特性和外特性等。通常可用特性曲线来表示，即用一定的方法，设某几个参数保持不变，用曲线来表示电机某两个参数之间的关系。这样的曲线称为电机的特性曲线。

1. 空载特性

直流发电机的空载特性可用其空载特性曲线来表示。空载特性曲线是指当电机转速为常

数，电流 $I_a=0$ 时，发电机端电压 U_0 与励磁电流 I_f 的关系曲线 $U=f(I_f)$。

空载特性曲线可以用实验的方法求得，图 1-28 是直流他励发电机空载特性的接线图。

实验中，将电机转速 n 保持额定转速不变，调节 R_{pf} 使励磁电流变化。这时电机端电压随 I_f 的变化而变化，如图 1-29 所示。从实验可以发现，当励磁电流 I_f 达到额定值时，虽然 I_f 变化较大，但端电压变化已减少，说明磁路已进入饱和区。当 $I_f=0$ 时（励磁回路断开），电枢绕组两端有一个数值不大的电压，约为额定电压的 2～4%，称为剩磁电压，它是电枢绕组切割磁场的剩磁磁通而产生的。两根曲线不重合是因为磁路的铁磁物质中有磁滞的缘故，一般在计算时，是以上升分支和下降分支间的一条平均曲线作为空载特性曲线（图中的虚线）。在应用空载特性曲线时，常将纵坐标左移一段距离。如图中的虚线纵坐标，使平均曲线的坐标相交在 O' 点，这样做更方便些。

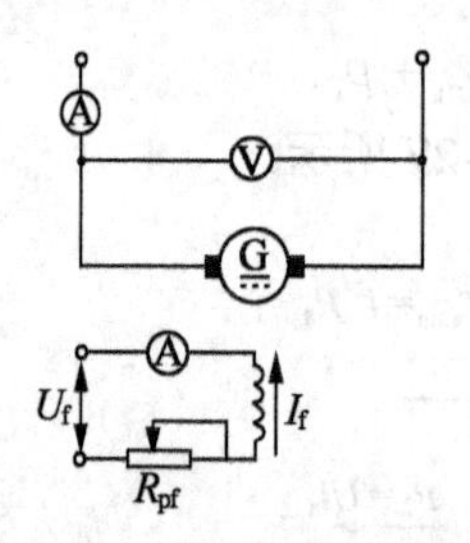

图 1-28　直流他励发电机接线图

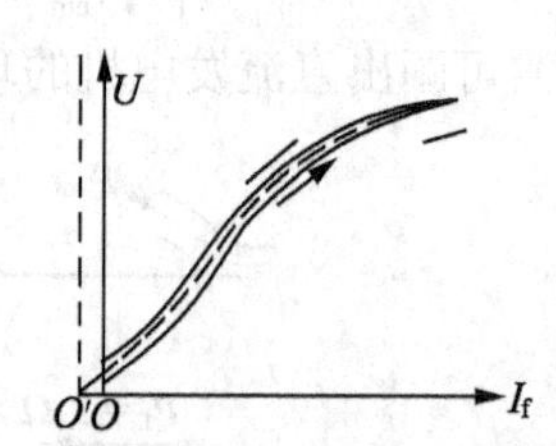

图 1-29　直流他励发电机空载特性曲线

发电机空载时，电枢电流为零，此时的端电压用 U_0 表示，它等于电枢电动势 E_a。所以空载特性也是电枢空载电动势和励磁电流之间的关系，即 $E_{a0}=f(I_f)$。因 $E_{a0}=C_e\Phi n$，当 n 为常数时，电枢电动势 E_{a0} 与气隙磁通 Φ 成正比，而励磁磁动势 E_f 与励磁电流 I_f 成正比，因此空载特性曲线 $E_{a0}=f(I_f)$ 和电机的空载磁化曲线 $\Phi=f(E_f)$ 曲线形状相似。

空载特性曲线的起始部分，因励磁电流不大，磁路磁通未饱和，E_{a0} 与 I_f 近似为线性关系。随着励磁电流增加，磁路磁通逐渐饱和。这时磁通 Φ 或电枢电动势 E_{a0} 随励磁电流 I_f 的变化越来越小，所以电机额定工作时电枢电动势应位于空载特性曲线的浅饱和区。如果在曲线起始的线性区，当磁动势有一个很小的变化（通常是由于电枢反应引起的）时，就会引起电枢电动势和端电压的较大变化，这对一般要求在恒定电压下工作的负载来说是不合适的；而如果在曲线的深饱和区，将需要很大的励磁电流来提供深饱和磁动势，电机绕组的用料将增加，成本提高，显然这也是不可取的。

空载特性曲线在鉴定发电机的性能方面有着重要意义。它也可以在设计电机时，根据磁路的磁化特性，由计算方法求出，如果改变转速 n，空载特性曲线就随 n 成正比变化。

2. 外特性

直流发电机的外特性，是在转速不变、励磁电流不变时，端电压与负载电流之间的关系，即当 $n=$ 常数，$I_f=$ 常数时，$U=f(I_a)$ 的关系。

外特性曲线同样可用实验的方法求得。先让发电机以额定转速旋转，调节励磁电阻 R_{pf}，并使发电机带上负载。在 $I_a=I_{aN}$ 时，$U=U_N$，$I_f=I_{fN}$，保持 $I_f=I_{fN}$，$n=n_N$ 不变，调节 I_a 大小，就可得到如图 1-30 所示的直流发电机外特性曲线。

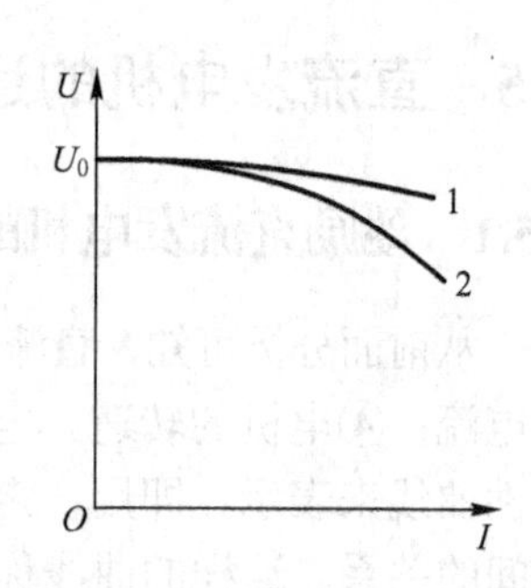

图 1-30　直流发电机外特性曲线
1—他励　2—并励

从图中可以看到，当负载电流减少时，端电压升高；负载电流增加时，则端电压下降；去掉负载（$I_a=0$）时，端电压为空载电压 $U=U_0$。

外特性曲线说明随着发电机的负载增加，其端电压要下降，下降的原因一般有两个：①电机电枢反应的去磁效应。电机接负载后引起的电枢反应是去磁效应，它使气隙磁通减少，引起电枢电动势（$E_a=C_e\Phi n$）下降，负载电流增加，去磁效应也增加；②电枢回路的电阻压降（包括电刷压降）。电机接负载后，端电压 U 总是小于电枢电动势 E_a。不过，他励发电机随着 I_a 从零增加到 I_N 时，端电压下降不是很多。工程上称这种变化不大的特性为硬特性。外特性曲线的软硬，通常用电压变化率表示，按国家技术标准规定，在 $I_f=I_{fN}$，$n=n_N$ 保持不变时，他励发电机的负载从额定值过渡到零，其端电压从 U_N 升高到 U_0 时的变化率为

$$\Delta U=\frac{U_0-U_N}{U_N}\times 100\% \tag{1-32}$$

一般他励发电机的 ΔU 约为 5～10%。

1.5.2 并励直流发电机

图 1-31 所示是并励直流发电机的接线图。它的励磁绕组与电枢绕组并联，励磁电流取自发电机本身，所以又称为“自励发电机”。

1. 并励直流发电机的自励条件

图 1-32 中曲线 1 是电机空载特性曲线，即 $E_0=f(I_f)$，曲线 2 是励磁回路的伏安特性的关系，即 $U=f(I_f)$。由于负载电流 $I=0$，电枢电流 $I_a=I_f$，此值较小，可以认为 $U\approx E_0$。

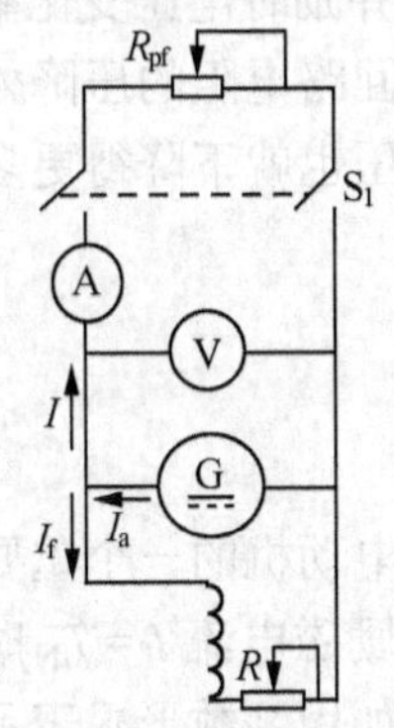

图 1-31　并励直流发电机的接线图

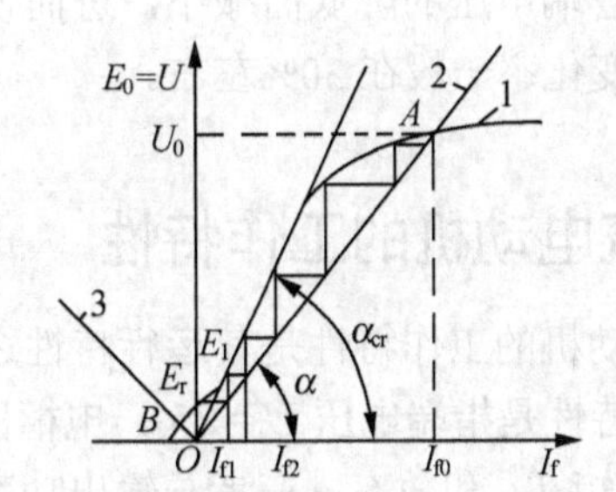

图 1-32　并励直流发电机电压建立过程

1—空载特性　2、3—励磁回路的伏安特性

并励直流发电机电压建立过程为：当原动机拖动发电机以额定转速 n_N 旋转时，因为主磁极有剩磁 Φ_r，电枢绕组切割此剩磁磁通产生电枢电动势 E_r；此 E_r 在励磁回路中产生励磁电流 I_{f1}。如果极性正确，I_{f1} 在磁路里产生的磁通将同剩磁磁通 Φ_r 方向一致，这样主磁路里的总磁通将增加为 Φ_1（$\Phi_1>\Phi_r$），于是电枢绕组切割 Φ_1 产生电枢电动势 E_1（$E_1>E_r$），E_1 又产生 I_{f2} 的励磁电流（$I_{f2}>I_{f1}$）。如此不断，当 Φ 趋于饱和时，E 也趋于稳定，直到工作点 A 时，由 U_0 产生的励磁电流为 I_{f1}，而 I_{f0} 也是产生 U_0 所需的励磁电流，因此 A 点是个稳定工作点。整个过程如图 1-32 所示。并励直流发电机这种自己建立工作电压的过程叫作自励。

如励磁绕组接法与上述情况相反，使 E_r 产生的励磁电流所建立的磁通方向与剩磁方向相反。那么不但不能提高电机磁路里的磁通，相反会削弱剩磁磁通，所以电机不能自励。

图 1-32 中曲线 2 的斜率为

$$\tan\alpha = \frac{U_0}{I_{f0}} = \frac{I_{f0}(r_f + R)}{I_{f0}} = (r_f + R)$$

式中　r_f——励磁绕组的电阻（Ω）；

R——励磁回路外串的电阻（Ω）。

当 R 增加时，α 角增大。从图 1-32 看出，当α 大于α_{cr}时，不能建立发电机电压。我们把对应α_{cr} 的励磁回路的总电阻称作临界电阻，用 R_{cr}表示，即

$$R_{cr}=\tan\alpha_{cr}$$

综上所述，并励发电机的自励条件有 3 个：

1）电机必须有剩磁。如电机失去剩磁或剩磁太弱，可用外部直流电源给励磁绕组通一下电流，即“充磁”。

2）励磁绕组的接线与电枢旋转方向必须正确配合，以使励磁电流产生的磁通方向与剩磁方向一致。

3）励磁回路的总电阻应小于与电机转速相对应的临界电阻。

2. 运行特性

（1）空载特性

并励直流发电机的空载特性曲线，一般指用他励方法试验得出的 $E_0 = f(I_f)$ 曲线。

（2）外特性

并励直流发电机的外特性如图 1-30 中曲线 2 所示。可见并励时电压变化率较他励时大得多。原因是在并励发电机中，除了电枢反应去磁效应和电枢回路电阻的压降外，由于它的励磁电流将随着端电压的降低而减小，进而使磁通减小，端电压也就下降得更多一些。并励发电机的电压变化率一般在 30%左右。

1.6　直流电动机的工作特性

直流电动机的工作特性是其运行特性之一，是选用直流电动机的一个重要依据。直流电动机的工作特性是指端电压 $U = U_N$，电枢回路无外加电阻，励磁电流 $I_f= I_{fN}$时，电动机的转速 n、电磁转矩 T_{em}和效率 η 三者与输出功率 P_2之间的关系。如用函数形式表示，即为 n, T_{em}, $\eta = f(P_2)$。在实际运行中，因 P_2是输出的机械功率不太容易测量，但电枢电流 I_a可以直接测量，且 I_a随着 P_2 的增加而增大，两者增加的趋势差不多，故将工作特性表示为 n, T_{em}, $\eta = f(I_a)$。

直流电动机的工作特性因励磁方式不同差别很大，但他励和并励直流电动机的工作特性相近，下面着重讨论常用的他励直流电动机的工作特性。由于串励直流电动机的工作特性很有特点，因此也作简单介绍。

1.6.1　他励直流电动机的工作特性

他励直流电动机的工作特性可以通过实验测得，其接线图如图 1-33 所示。

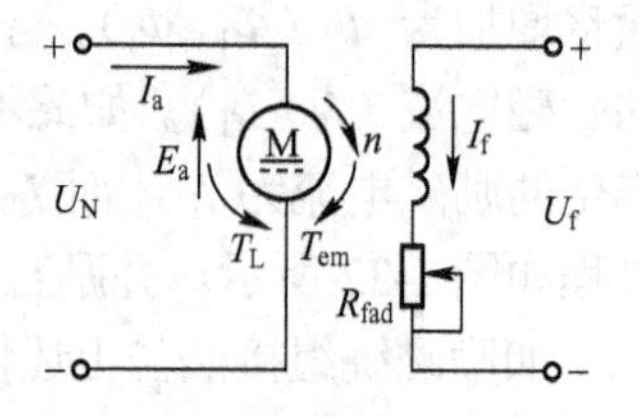

图 1-33　他励直流电动机接线图

1. 转速特性

转速特性即当 $U = U_N$，$I_f= I_{fN}$时，$n=f(I_a)$的关系曲线。把

电动势平衡方程式 $U = E_a + I_a R_a$ 中的 E_a 用公式 $E_a = C_e \Phi n$ 代入，解出转速

$$n = \frac{U_N}{C_e \Phi} - \frac{R_a}{C_e \Phi} I_a \tag{1-33}$$

此即为他励直流电动机的转速公式，如忽略电枢反应的去磁作用，则与 Φ 与 I_a 无关，是一个常数，上式可写成下列直线方程式

$$n = n_0 - \beta I_a$$

式中，n_0 为理想空载转速，$n_0 = U_N/(C_e\Phi)$，即 $I_a = 0$ 时的转速；β 为直线斜率，$\beta = R_a/(C_e\Phi)$。

显然，转速特性曲线 $n=f(I_a)$是一条向下倾斜的直线，其斜率为 β。实际上直流电动机的磁路总是设计得比较饱和的，当电动机的输出功率 P_2 增加，电枢电流 I_a 相应增加时，电枢反应的去磁作用会使理想空载转速趋向上升。为了保证电动机稳定运行，在电动机结构上采取了一些措施，使他励直流电动机具有略微下降的特性，如图 1-34 中曲线 n 所示。

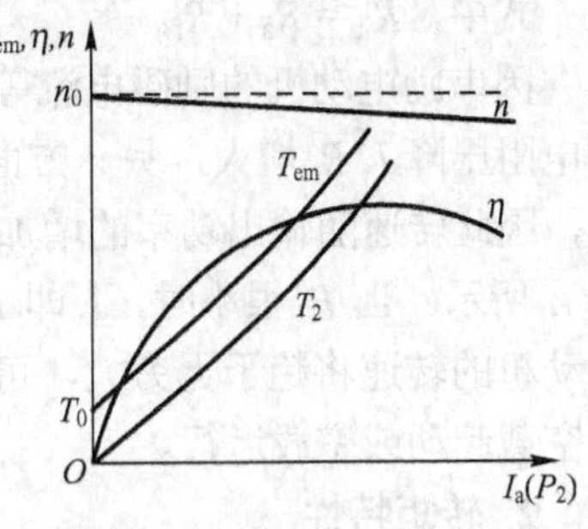

图 1-34　他励直流电动机的工作特性

2. 转矩特性

转矩特性是当 $U = U_N$，$I_f = I_{fN}$ 时，$T_{em}=f(I_a)$的关系曲线。

由图 1-34 可见，当负载 P_2 增大时，他励直流电动机的转速特性是一条略为下降的直线，也就是说，P_2 变化时转速 n 基本不变。由此可得其空载转矩 T_0 在 P_2 变化时也基本不变，而 $T_2 = P_2/\Omega = P_2/(2\pi n/60)$，当 n 基本不变时 T_2 与 P_2 成正比，是一条过原点的直线。因此根据 $T_{em} = T_2 + T_0$ 即可得到 $T_{em}=f(I_a)$也是一条直线，如图 1-34 中的 T_{em} 曲线所示。因实际上当 P_2 增加时转速 n 有所下降，所以 T_{em} 和 T_2 曲线并不完全是直线，而是略微向上翘起，图 1-34 中的两曲线表示了这种趋势。

3. 效率特性

效率特性是当 $U = U_N$，$I_f = I_{fN}$ 时，$\eta=f(I_a)$的关系曲线。直流电动机的效率是指输出功率与输入功率之比的百分值，他励直流电动机的效率为

$$\eta = \frac{P_2}{P_1} \times 100\% = \left(1 - \frac{\Sigma p}{p_1}\right) \times 100\%$$

式中　Σp 表示各种损耗之和。

当 $U = U_N$，$I_f = I_{fN}$ 时，他励直流电动机的气隙磁通和转速随负载变化很小，可以认为铁损耗 p_{Fe} 和机械损耗 p_m 是不变的，称 $p_{Fe}+p_m$ 为不变损耗。电枢回路的铜损耗 p_{Cua} 是随着负载电流 I_a 变化而变化的量，称为可变损耗。当可变损耗等于不变损耗时，电动机的效率最高，这一结论具有普遍意义，对其他电动机也同样适用。最高效率一般出现在 3/4 额定功率左右，在额定功率时，一般中小型电动机的效率在 75%～85%之间，大型电动机的效率约在 85%～94%之间。

1.6.2　串励直流电动机的工作特性

串励直流电动机的接线如图 1-35 所示，串励电动机的特点是励磁绕组与电枢绕组串联，$I_f = I_a$。气隙主磁场随 I_a 的变化而变化。在求取工作特性时，应保持 U=常数、$R= R_a$。

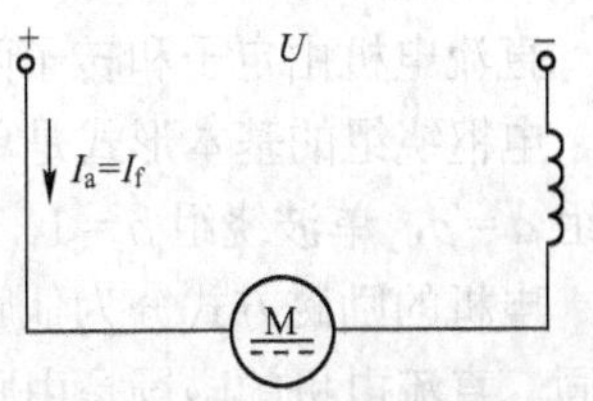

图 1-35　串励直流电动机接线图

1. 转速特性

串励电动机的转速公式为

$$n = \frac{U_N}{C_e\Phi} - \frac{R_a}{C_e\Phi}I_a$$

式中，$R'_a = R_a + R_f$。

因串励电动机的励磁电流等于电枢电流，当 P_2 增大时 I_a 也增大，这一方面使电枢回路的总电阻压降 $I_a R_a$ 增大，另一方面使磁通增大。由转速公式可知，这两方面的作用都使转速降低，因此转速随输出功率的增加而迅速下降。这是串励电动机的特点之一，如图 1-36 中的曲线 n 所示。当 P_2 很小时，I_a 即 I_f 很小，电动机转速将很高。空载时，Φ 趋近于 0，理论上，电动机的转速将趋于无穷大，可使转子遭到破坏，甚至造成人身事故。因此串励电动机不允许空载起动或空载运行。

2. 转矩特性

因为 $T_{em}= C_T\Phi I_a$ 代入，当磁路未饱和时，磁通 Φ 正比于 I_a，因此电磁转矩 T_{em} 正比于 I_a^2，说明串励电动机的电磁转矩随着 I_a 的增加而迅速上升，故 $T_{em}=f(I_a)$ 是一条抛物线。随着 P_2 的增加磁路饱和，此时转矩特性比抛物线上升得慢，如图 1-36 中的曲线 T_{em} 所示。综合以上分析，串励电动机具有较大的起动转矩；当负载转矩增加时，电动机转速会自动减小，从而使功率变化不大，电动机就不至于因负载转矩增大而过载太多，因此串励电动机常用于电力机车等负载。

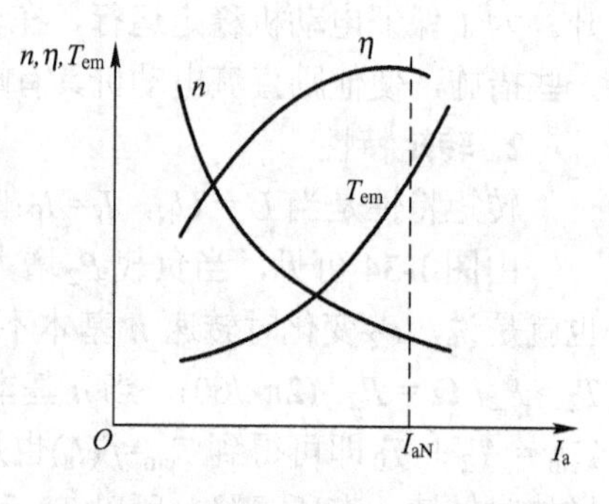

图 1-36　串励直流电动机特性曲线

3. 效率特性

串励电动机的效率特性和他励电动机相似，如图 1-36 中的曲线所示。但必须指出，串励电动机的铁损耗将随 I_a 的增大而略有增大，而机械损耗则随 I_a 的增大而减小，因此基本 $p_0= p_{Fe}+p_m$ 上保持不变；但励磁损耗随 I_a 的变化而变化，并列入可变损耗中去，故当 $p_0= p_{Fe}+p_m= I_a^2 R'_a$ 时，串励电动机的效率达到最大值。

1.7　小结

直流电机的基本原理建立在电和磁相互作用的基础上，可应用电磁感应基本定律结合换向器和电刷的作用来理解，直流发电机是将机械能转变为直流电能，直流电动机则是将直流电能转变为机械能。一台直流电机既可作为发电机运行，也可作为电动机运行，这就是电机运行的可逆性。

直流电机由定子和转子两部分组成。主磁极、电枢绕组和换向器是直流电机最基本的部件。电枢绕组的基本形式是单叠绕组和单波绕组，其连接规律不同，支路对数也不同。单叠绕组 $a = p$，单波绕组 $a = 1$。

电机的励磁方式分为他励、并励、串励和复励四种。采用不同的励磁方式，电机的特性不同。直流电机的磁场是由励磁绕组和电枢绕组共同产生的，电机空载时，只有励磁电流建立的主磁场；负载时，电枢绕组有电枢电流流过产生电枢磁场，对主磁场的分布和大小都有影响，称为电枢反应。电枢反应不仅使主磁场发生畸变，而且还有一定的去磁作用。无论是电动机还是发电机，负载运行时，电枢绕组都产生感应电动势和电磁转矩：$E_a = C_e\Phi n$，E_a与每极磁通Φ和转速n成正比；$T_{em}= C_T\Phi I_a$，T_{em}与每极磁通Φ及电枢电流I_a成正比。

直流电机的平衡方程式表达了电机内部各物理量的电磁关系。各物理量之间的关系可用电压平衡方程式、转矩平衡方程式和功率平衡方程式表示。电机作为电动机和发电机运行时的能量转换关系不同，它们的平衡方程式也不一样。

根据直流发电机平衡方程式可以求出直流发电机的运行特性。他励直流发电机空载特性反映了电机空载时电枢端电压与励磁电流之间的关系，是鉴定发电机的重要依据；外特性反映了电机负载特性，他励直流发电机具有较硬的负载特性。并励发电机的自励必须满足三个条件：（1）电机必须有剩磁；（2）励磁绕组与电枢两端并联的极性必须正确；（3）励磁回路的总电阻必须小于该转速下的临界电阻。

根据平衡方程式，可以求得直流电动机的转速特性、转矩特性和效率特性。他励电动机的负载变化时，转速变化很小；电磁转矩基本上正比于电枢电流的变化。并励电动机的特性与他励电动机相类似。串励电动机的特性与他励电动机的特性明显不同。串励电动机的负载变化时，励磁电流及主磁通同时改变，所以负载变化时转速变化很大，电磁转矩在磁路不饱和时正比于电枢电流的平方。

1.8 习题

1. 直流电机的换向器在发电机和电动机中各起什么作用？

2. 直流电机铭牌上的功率是指什么功率？

3. 如何改变直流发电机的电枢电动势的方向？如何改变直流电动机电磁转矩的方向？

4. 什么叫电枢反应？电枢反应的性质如何？

5. 何谓交轴电枢反应？它对直流电机气隙磁场有什么影响？

6. 一台直流发电机数据为：额定功率 P_N=10kW，额定电压 U_N=230V，额定转速 n_N=2850r/min，额定效率η_N=0.85。求它的额定电流及额定负载时的输入功率。

7. 一台直流电动机的额定数据为：额定功率 P_N=17kW，额定电压 U_N=220V，额定转速 n_N=2850r/min，额定效率η_N=0.83。求它的额定电流及额定负载时的输入功率。

8. 已知直流电机的极对数p=2，虚槽数Q_μ=22，元件数及换向片数均为22，连成单叠绕组。计算各绕组的节距，画出绕组展开图及磁极和电刷的位置，并求出其并联支路数。

9. 已知直流电机的极对数p=2，虚槽数、元件数及换向片数均为19，连成单波绕组。计算各绕组节距，画出绕组展开图及磁极和电刷的位置，求并联支路数。

10. 直流电机的励磁方式有哪些？各有什么特点？

11. 画出各种励磁方式的直流发电机的原理图。

12. 一台直流电机的极对数$p = 3$，单叠绕组，电枢绕组总导体数$N = 398$，气隙每极磁通Φ=3.5×10^{-2}Wb，当转速分别为n = 1500r/min及n = 500r/min时，求电枢绕组的感应电动势。

13. 一台4极直流发电机，电枢绕组为单叠整距绕组，每极磁通Φ=3.5×10^{-2}Wb，电枢总导体数N=152，求当转速n = 1200r/min时的空载电动势E_a。若改为单波绕组，其他条件不变，则当空载电动势为210V时，发电机转速应为多少？若保持每条支路的电流I_a = 50A不变，求电枢绕组为单叠和单波时，发电机的电磁转矩各为多少？

14. 直流发电机有哪几种特性曲线？其定义和意义各是什么？

15. 说出并励发电机的自励过程和自励条件。

16. 把一台他励发电机的转速提高 20%，其空载电压会提高多少（励磁电流不变）？如果是并励，则电压比他励升高得多还是少（励磁电阻不变）？

17. 一台额定功率 $P_N = 20kW$ 的并励直流发电机，其额定电压 $U_N = 230V$，额定转速 n_N=1500r/min，电枢回路总电阻 R_a=0.156Ω，励磁回路总电阻 R_f = 73.3Ω。已知机械损耗和铁损耗 p_m+p_{Fe}=1kW，求额定负载情况下各绕组的铜损耗、电磁功率、总损耗、输入功率及效率各为多少？

18. 串励直流电动机的转速特性与他励直流电动机的转速特性有何不同？为什么串励直流电动机不允许空载运行？

19. 为什么电车和电气机车上多采用串励直流电动机？

20. 一台并励直流电动机，U_N = 220V，I_N = 80A，R_a = 0.1Ω，励磁额定电压 U_f = 220V，励磁绕组电阻 R_f = 88.8Ω，附加损耗为额定功率的 1%，η_N = 85%。试求：（1）电动机的额定输入功率；（2）额定输出功率；（3）总损耗；（4）电枢回路总铜损耗；（5）励磁绕组铜损耗；（6）附加损耗；（7）机械损耗和铁损耗之和。

第2章　直流电动机的电力拖动运行

在电力拖动系统中，电动机是原动机，起主导作用；生产机械是负载。电动机的机械特性与负载的转矩特性是研究电力拖动的基础。电动机的起动和制动特性是衡量电动机运行性能的一项重要指标。本章以应用最为广泛的他励直流电动机拖动系统为典型，重点分析直流电动机的机械特性，起动、制动和调速过程中电流和转矩的变化规律，然后正确选择起、制动和调速方法，并掌握基本计算方法。

2.1　电力拖动系统的运动方程式

2.1.1　电力拖动系统的组成

用各种原动机带动生产机械的工作机构运转，完成一定生产任务的过程称为拖动。用电动机作为原动机的拖动称为电力拖动。

电力拖动系统一般是由电动机、生产机械的工作机构、传动机构、控制设备以及电源五部分组成，如图2-1所示。

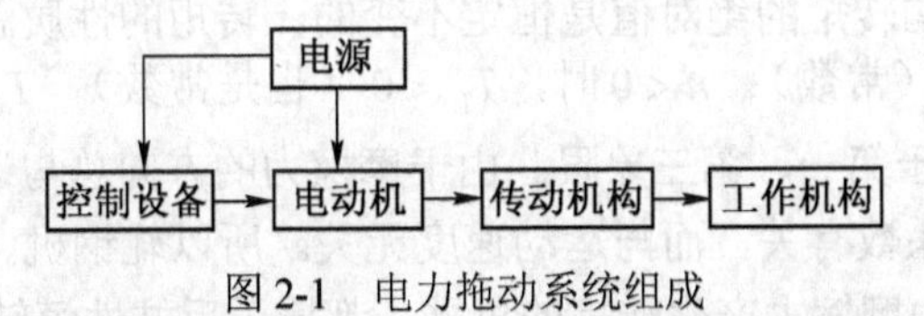

图2-1　电力拖动系统组成

现代化生产中，多数生产机械都采用电力拖动，其主要原因是：①电能的传输和分配非常方便；②电动机的效率高；③电动机的种类和规格很多，它们具有各种各样的特性，能很好地满足大多数生产机械的不同要求；④电力拖动系统的操作和控制都比较简便，可以实现自动控制和远距离操作等。

2.1.2　电力拖动系统的运动方程

如图 2-2 所示为单轴电力拖动系统，电动机直接与生产机械的工作机构相连接，电动机与负载用同一个轴，以同一转速运行。图中标出的最主要的物理量有：n为电动机转速，T_{em}为电动机电磁转矩，T_L为负载转矩。由于电动机负载运行时，一般情况下$T_L >> T_0$，故可忽略T_0（T_0为电动机空载转矩）。图中还标注了各量的正方向（按电动机惯例），若转速、电磁转矩、负载转矩都为正值时，那么电磁转矩是拖动性质的转矩，负载转矩则属制动性质的转矩。单轴电力拖动系统中，电磁转矩、负载转矩与转速变化的关系用运动方程式描述为

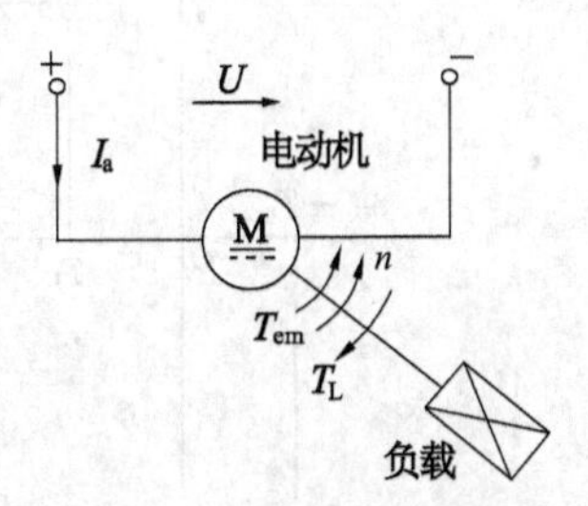

图2-2　单轴电力拖动系统

$$T_{em} - T_L = \frac{GD^2}{375}\frac{dn}{dt} \tag{2-1}$$

式中GD^2是转动部分的飞轮矩，它是一个物理量，表示拖动系统的机械惯性。375 是一个系数。

T_{em}与T_L正负号的规定：T_{em}的方向与旋转方向一致时取同号；T_L方向与旋转方向相反时取同号。即T与n同向取同号，反向取异号；T_L与n反向取同号，同向取异号。

通常称（$T_{em} - T_L$）为动转矩。动转矩等于零时，系统处于恒转速运行的稳态；动转矩大于零时，系统处于加速运动的过渡过程中；动转矩小于零时，系统处于减速运动的过渡过程中。

实际的电力拖动系统，大多是电动机通过传动机构与工作机构相连。为了简化多轴系统的分析计算，通常把负载转矩和系统飞轮矩折算到电动机轴上来，变多轴系统为单轴系统。具体折算方法可参阅有关电力拖动书籍。在以后的分析计算中通常认为负载转矩已经折算到电动机轴上。

2.2 负载的机械特性

生产机械工作机构的负载转矩T_L与转速之间的关系，即$n = f(T_L)$称为负载的机械特性。生产机械品种繁多，它们的机械特性各不相同，但根据统计分析，可以归纳为以下三类。

2.2.1 恒转矩负载的机械特性

1．反抗性恒转矩负载的机械特性

它的特点是工作机构转矩的绝对值是恒定不变的，转矩的性质总是阻碍运动的制动性转矩。即$n > 0$时，$T_L > 0$（常数）；$n < 0$时，$T_L < 0$（也是常数），T_L的绝对值相等。其机械特性如图 2-3 所示，位于第一、第三象限。由于摩擦力的方向总与运动方向相反，摩擦力的大小只与正压力和摩擦系数有关，而与运动速度无关。所以轧钢机、电车平地行驶、机床的刀架平移和行走机构等由摩擦力产生转矩的机械，都属于反抗性恒转矩负载。

2．位能性恒转矩负载的机械特性

它的特点是工作机构转矩的绝对值是恒定的，而且方向不变（与运动方向无关），总是重力作用方向。当$n > 0$时，$T_L > 0$，是阻碍运动的制动性转矩；当$n < 0$时，$T_L > 0$，是帮助运动的拖动性转矩，其机械特性如图 2-4 所示，位于第一、第四象限。起重机提升和下放重物就属于这个类型。

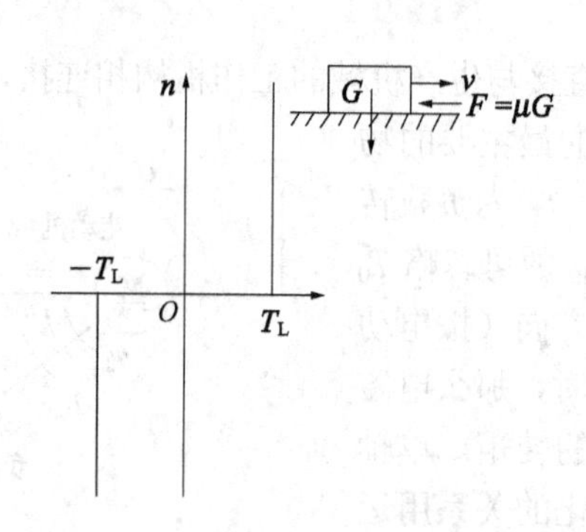

图 2-3　反抗性恒转矩负载的机械特性

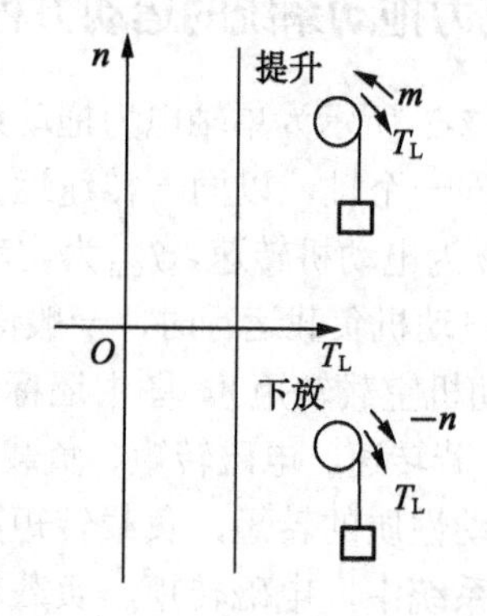

图 2-4　位能性恒转矩负载的机械特性

2.2.2 泵类负载的机械特性

水泵、油泵、通风机（煤气压送机）和螺旋桨等，其转矩的大小与转速的平方成正比，即$T_{\mathrm{L}} \propto n^2$，转矩特性如图 2-5 所示。

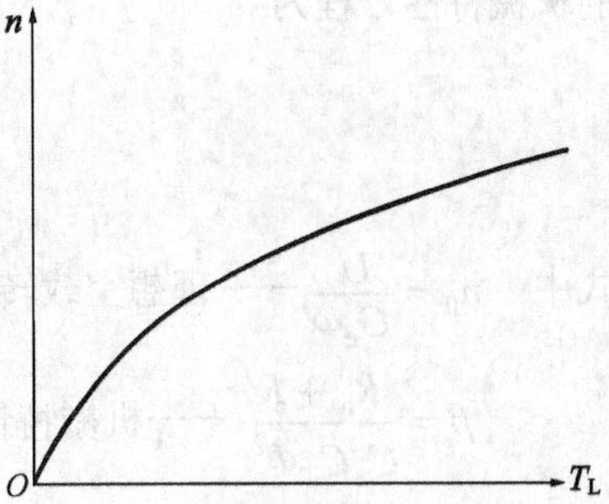

图 2-5 泵类负载的机械特性

2.2.3 恒功率负载的机械特性

某些车床，在粗加工时，切削量大，切削阻力大，这时宜用低速；在精加工时，切削量小，切削阻力小，往往用高速。因此，在不同转速下，负载转矩基本上与转速成反比，而机械功率

$$P_2 = T_{\mathrm{L}}\Omega = T_{\mathrm{L}} \frac{2\pi n}{60} = 常数$$

称为恒功率负载，其负载转矩特性如图 2-6 所示。轧钢机轧制钢板时，工件小时需要高速度低转矩，工件大时需要低速度高转矩，这种工艺要求也是恒功率负载。

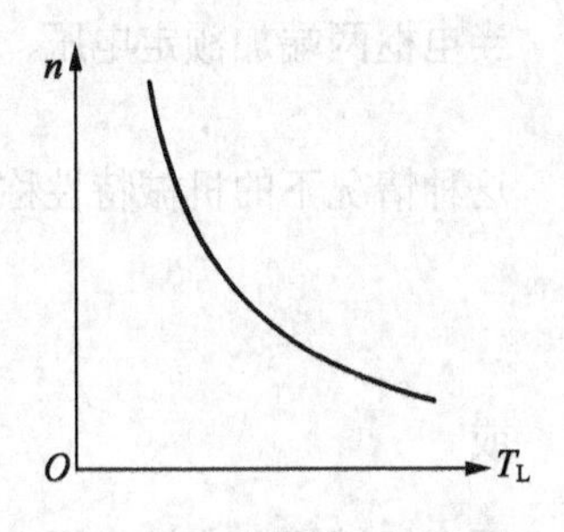

图 2-6 恒功率负载的机械特性

以上恒转矩负载、泵类负载及恒功率负载，都是从各种实际负载中概括出来的典型的负载形式，实际上的负载可能是以某种典型为主，或某几种典型的结合。例如水泵，主要是泵类负载特性，但是轴承摩擦又是反抗性恒转矩负载特性，只是运行时后者数值较小而已。再例如起重机在提升和下放重物时，一般主要是位能性恒转矩负载。

2.3 他励直流电动机的机械特性

电动机的机械特性是指电动机的转速n与电磁转矩T_{em}之间的关系$n = f(T_{\mathrm{em}})$。它是电动机机械性能的主要表现，也是电动机最重要的特性。因为将电动机的机械特性$n = f(T_{\mathrm{em}})$与生产机械工作机构的负载机械特性$n = f(T_{\mathrm{L}})$ 用运动方程式

$$T_{\mathrm{em}} - T_{\mathrm{L}} = \frac{GD^2}{375} \frac{\mathrm{d}n}{\mathrm{d}t}$$

联系起来，就可对电力拖动系统稳态运行和动态过程进行分析和计算。

本节先导出直流电动机的机械特性方程式$n = f(T_{\mathrm{em}})$，再根据方程式分析他励直流电动机在各种不同情况下的机械特性。

2.3.1 机械特性方程

在他励直流电动机的电枢电路中串入一个附加电阻R，电枢电压为U，磁通为Φ，根据电压平衡方程式，则有

$$n = \frac{U}{C_{\mathrm{e}}\Phi} - \frac{R_{\mathrm{a}} + R}{C_{\mathrm{e}}\Phi} I_{\mathrm{a}} \tag{2-2}$$

又根据电磁转矩公式 $T_{em} = C_T \Phi I_a$ 得 $I_a = \dfrac{T_{em}}{C_T \Phi}$，将此式代入上式中，得他励直流电动机的机械特性方程为

$$n = \frac{U}{C_e \Phi} - \frac{(R_a + R)T_{em}}{C_e C_T \Phi^2} = n_0 - \beta T_{em} \tag{2-3}$$

式中 $n_0 = \dfrac{U}{C_e \Phi}$——理想空载转速（r/min）；

$\beta = \dfrac{R_a + R}{C_e C_T \Phi^2}$——机械特性的斜率。

式（2-2）也称为用电流表示的机械特性方程。当 $\Phi = \Phi_N$ = 常数时，用此式计算他励直流电动机的机械特性，要比用式（2-3）计算简便，而且 I_a 也较 T_{em} 易测量，故常用。

2.3.2 固有机械特性

当电枢两端加额定电压、气隙每极磁通量为额定值、电枢回路不串电阻时，即

$$U = U_N, \Phi = \Phi_N, R = 0$$

这种情况下的机械特性称为固有机械特性。其表达式为

$$n = \frac{U_N}{C_e \Phi_N} - \frac{R_a}{C_e C_T \Phi_N^2} T_{em} \tag{2-4}$$

或

$$n = \frac{U_N}{C_e \Phi_N} - \frac{R_a}{C_e \Phi_N} I_a \tag{2-5}$$

固有机械特性曲线如图 2-7 所示。

他励直流电动机固有机械特性具有以下几个特点。

1）随着电磁转矩 T_{em} 的增大，转速 n 降低，其特性是略向下倾斜的直线。

2）当 $T_{em} = 0$ 时，$n = n_0 = \dfrac{U_N}{C_e \Phi_N}$ 为理想空载转速。

3）机械特性斜率 $\beta = \dfrac{R_a}{C_e C_T \Phi_N^2}$，其值很小，特性较平，习惯上称为硬特性。

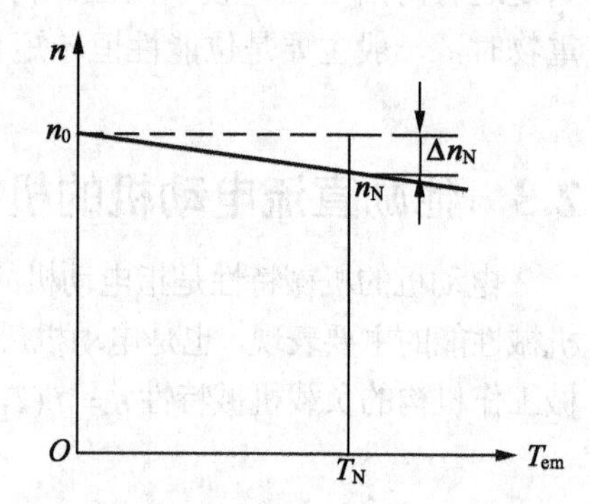

图 2-7 他励直流电动机固有机械特性

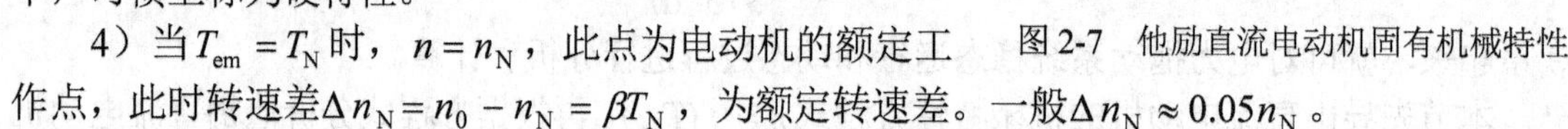

4）当 $T_{em} = T_N$ 时，$n = n_N$，此点为电动机的额定工作点，此时转速差 $\Delta n_N = n_0 - n_N = \beta T_N$，为额定转速差。一般 $\Delta n_N \approx 0.05 n_N$。

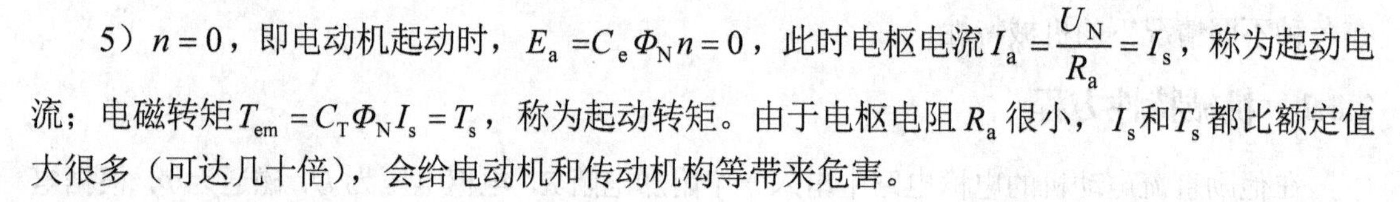

5）$n = 0$，即电动机起动时，$E_a = C_e \Phi_N n = 0$，此时电枢电流 $I_a = \dfrac{U_N}{R_a} = I_s$，称为起动电流；电磁转矩 $T_{em} = C_T \Phi_N I_s = T_s$，称为起动转矩。由于电枢电阻 R_a 很小，I_s 和 T_s 都比额定值大很多（可达几十倍），会给电动机和传动机构等带来危害。

2.3.3 人为机械特性

一台电动机只有一条固有机械特性，对于某一负载转矩，只有一个固定的转速，这显然

无法达到实际拖动对转速变化的要求。为了满足生产机械加工工艺的要求，例如起动、调速和制动等到各种工作状态的要求，还需要人为地改变电动机的参数，如电枢电压、电枢回路电阻和气隙每极磁通，相应地便得到三种人为机械特性。

1．电枢回路串电阻 R 时的人为机械特性

电枢加额定电压 U_{N}，每极磁通为额定值 Φ_{N}，电枢回路串入电阻 R 后的人为机械特性表达式为

$$n=\frac{U_{\mathrm{N}}}{C_{\mathrm{e}}\Phi_{\mathrm{N}}}-\frac{R_{\mathrm{a}}+R}{C_{\mathrm{e}}C_{\mathrm{T}}\Phi_{\mathrm{N}}^{2}}T_{\mathrm{em}} \tag{2-6}$$

电枢串入不同电阻（R）值时的人为机械特性曲线如图 2-8 所示。电枢回路串电阻人为机械特性有下列特点。

1）理想空载转速 $n_0=\dfrac{U_{\mathrm{N}}}{C_{\mathrm{e}}\Phi_{\mathrm{N}}}$ 与固有机械特性的相同，即 R 改变时，n_0 不变。

2）特性斜率 β 与电枢回路串入的电阻有关，R 增大，β 也增大。故电枢回路串电阻的人为机械特性是通过理想空载点的一簇放射形直线。

2．改变电枢电压的人为机械特性

保持每极磁通额定值不变，电枢回路不串电阻，只改变电枢电压大小及方向的人为机械特性如图 2-9 所示。

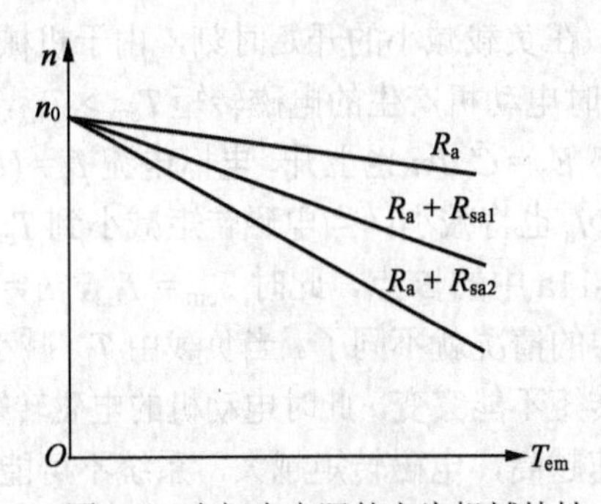

图 2-8　电枢串电阻的人为机械特性

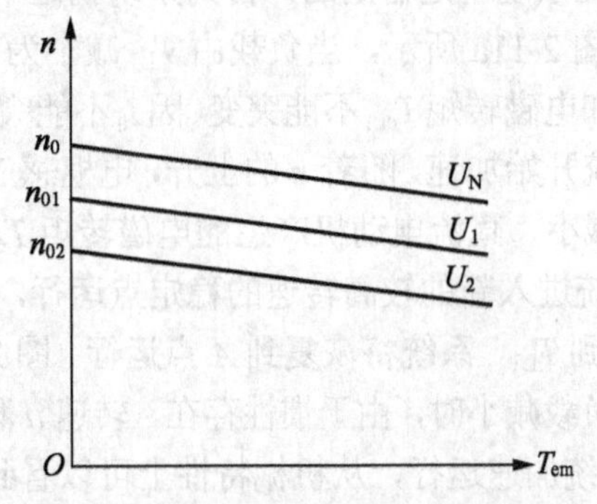

图 2-9　改变电枢电压的人为机械特性

改变电枢电压人为机械特性的特点如下。

1）理想空载转速 n_0 与电枢电压 U 成正比，即 $n_0\propto U$，且 U 为负时，n_0 也为负。

2）特性斜率不变，与固有机械特性相同。因而改变电枢电压 U 的人为机械特性是一组平行于固有机械特性的直线。

3．减弱磁通的人为机械特性

减弱磁通的方法是通过减小励磁电流（如增大励磁回路调节电阻）来实现的。电枢电压为额定值不变，电枢回路不串电阻，仅改变每极磁通的人为机械特性表达式为

$$n=\frac{U_{\mathrm{N}}}{C_{\mathrm{e}}\Phi_{\mathrm{N}}}-\frac{R_{\mathrm{a}}+R}{C_{\mathrm{e}}C_{\mathrm{T}}\Phi_{\mathrm{N}}^{2}}T_{\mathrm{em}} \tag{2-7}$$

其特点是理想空载转速随磁通的减弱而上升，机械特性斜率 β 则与每极磁通 Φ 的平方成反比而增大，机械特性变软。不同磁通时的人为机械特性如图 2-10 所示。对于一般

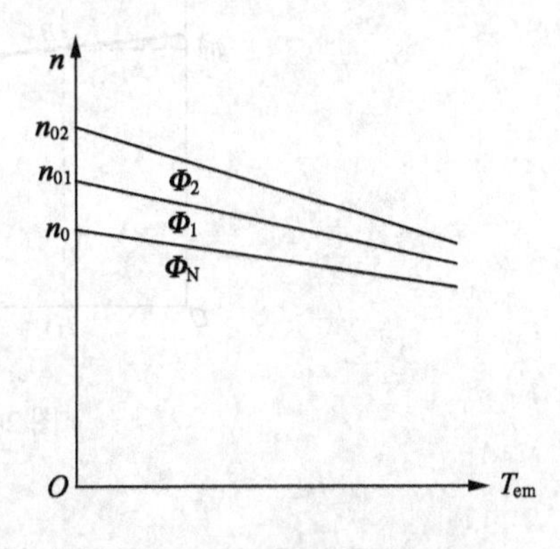

图 2-10　减弱磁通的人为机械特性

电动机，当$\Phi=\Phi_N$时，磁路已经饱和，再要增加磁通已不容易，所以人为机械特性一般只能在$\Phi=\Phi_N$的基础上减弱磁通。值得注意的是，他励直流电动机起动和运行过程中，绝不允许励磁回路断开。

2.3.4 电力拖动系统稳定运行的条件

电力拖动系统的运行情况可由运动方程来描述，即

$$T_{em}-T_L=J\frac{d\Omega}{dt} \tag{2-8}$$

由上式可知，当系统恒速旋转时，必有$T_{em}-T_L=0$，因为只有$T_{em}=T_L$，且作用方向相反时，$J(d\Omega/dt)=0$，系统才能在某一速度实现恒速旋转。即电力拖动系统平衡状态出现在机械特性和负载特性的交点：直流电动机的机械特性$n=f(T_{em})$与生产机械的负载特性$n=f(T_L)$在同一坐标系中应交于点$T_{em}=T_L$，如图2-11a中的A或B点所示。

如果系统在运行过程中能保持上述条件，即机械特性和负载特性都不发生变化，则转速就是恒定不变的。但系统在实际运行过程中，往往受到各种干扰，如电源电压波动、负载变化等，扰动作用的结果引起机械特性改变，或者引起负载特性改变，从而破坏了原来的转矩平衡条件。若系统具有在扰动消除后自动恢复到原有平衡点或移到新的平衡点稳定运行的能力，则此系统就是稳定的，否则系统就是不稳定的。

如图2-11a所示，当负载由T_{L1}减小为T_{L2}时，在负载减小的开始时刻，由于机械惯性，转速n和电磁转矩T_{em}不能突变（因I_a不能突变），此时电动机产生的电磁转矩$T_{em}>T_{L2}$，$J(d\Omega/dt)>0$，系统开始加速，随着n的上升，电枢感应电动势$E_a=C_e\Phi n$也上升，电枢电流$I_a=(U_N-E_a)/R_a$将减小，直流电动机产生的电磁转矩$T_{em}=C_T\Phi I_a$也将减小；当电磁转矩减小到$T_{em}=T_{L2}$时，系统进入新的较高转速的稳定点运行，即图2-11a中的B点，此时$T_{em}=T_{L2}$，$n=n_B$。如T_L恢复到T_{L1}，系统将恢复到A点运行。图2-11b中的情况就不同了。当负载由T_{L1}减小到T_{L2}时，在负载减小时，由于惯性存在，转速n和电磁转矩不能突变，此时电动机的电磁转矩$T_{em}>T_{L2}$，系统加速运行，从机械特性上可以看到，转速越高，电磁转矩越大，系统不可能到达B点稳定运行，而是越过A点不断加速，导致电动机或系统损坏。因而图2-11b为不稳定运行的情况，其机械特性呈上翘趋势。

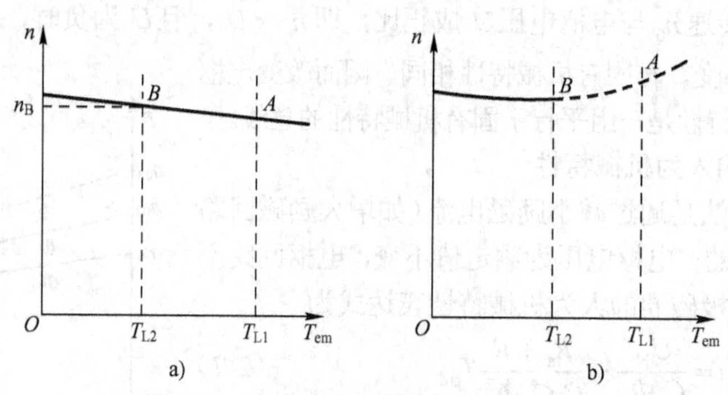

图2-11 电力拖动系统稳定运行的条件

a) 稳定运行 b) 不稳定运行

由上面分析可知，对于恒转矩负载，要使系统稳定运行，电动机需有下垂的机械特性，

如果电动机的机械特性上翘，则系统不能稳定运行。如用数学公式表示，则系统稳定运行的必要条件是

$$\frac{\mathrm{d}\boldsymbol{T}_{\mathbf{em}}}{\mathrm{d}\boldsymbol{n}}<0 \tag{2-9}$$

由于这种情况下 $\mathrm{d}T_{\mathrm{L}}/\mathrm{d}n=0$，所以可以推广到一般情况，即电力拖动系统稳定运行的条件是

$$\frac{\mathrm{d}\boldsymbol{T}_{\mathbf{em}}}{\mathrm{d}\boldsymbol{n}}<\frac{\mathrm{d}\boldsymbol{T}_{\mathbf{L}}}{\mathrm{d}\boldsymbol{n}} \tag{2-10}$$

2.4 他励电动机的起动和反转

2.4.1 起动转矩和起动电流

要正确使用一台电动机，首先碰到的问题是怎样把它开动起来。要使电动机起动的过程达到最优的要求，应考虑的问题包括以下几个方面：①起动电流 I_{s} 的大小；②起动转矩 T_{s} 的大小；③起动时间的长短；④起动过程是否平滑，即加速是否均匀；⑤起动过程的能量损耗和发热量的大小；⑥起动设备是否简单和可靠性如何。

在上述这些问题中，起动电流和起动转矩两项是主要的。

为了提高生产率，尽量缩短起动过程的时间，首先要求电动机应有足够大的起动转矩。根据运动方程式

$$T_{\mathrm{s}}-T_{\mathrm{L}}=\frac{GD^{2}}{375}\frac{\mathrm{d}n}{\mathrm{d}t} \tag{2-11}$$

电动机起动的电磁转矩 T_{s} 应大于静态转矩 T_{L}，才能使电动机获得足够大的动态转矩和加速度而运行起来。从 $T_{\mathrm{s}}=C_{\mathrm{T}}\Phi I_{\mathrm{s}}$ 来看，要使 T_{s} 足够大，就要求磁通 Φ 及起动时电枢电流足够大。因此在起动时，首先要注意的是将励磁电路中外接的励磁调节变阻器全部切除，使励磁电流达到最大值，保证磁通 Φ 为最大。

要求起动转矩和起动电流足够大，但并非越大越好，过大的起动电流将使电网电压波动，电动机换向困难，甚至产生环火；而且由于电动机产生的起动转矩过大，可能损坏电动机的传动机构等。所以起动电流也不能太大。

现在将电动机接到 $U=U_{\mathrm{N}}$ 的电网中直接起动，看起动电流是否满足上述要求。

在起动开始的瞬间，先接通励磁电路，并调节励磁电流为最大，然后再将电枢绕组接上电源。在此瞬间电动机由于惯性仍保持静止状态，即 $n=0$，反电动势 $E_{\mathrm{a}}=0$。这时电网电压直接加到电枢内电阻 R_{a} 上，即

$$U_{\mathrm{N}}=E_{\mathrm{a}}+I_{\mathrm{s}}R_{\mathrm{a}}=I_{\mathrm{s}}R_{\mathrm{a}} \tag{2-12}$$

因为电枢内电阻 R_{a} 很小，所以起动电流就很大。例如ZZJ-82型电动机，P_{N}=100kW，U_{N}=220V，I_{N} = 500A，R_{a} = 0.0123 Ω。如将电动机直接接入电网起动，起动瞬间电流 $I_{\mathrm{s}}=\frac{U_{\mathrm{N}}}{R_{\mathrm{a}}}=17900\mathrm{A}$，约为额定电流的36倍。这样大的电枢电流显然是不允许的。因此除极小容量电动机外，不允许全电压直接起动。为此在起动时必须设法限制电枢电流。一般 Z_2 型直流电动机的瞬时过载电流按规定不得超过额定电流的1.5～2倍，对于专为起重机、轧钢机、冶金辅助机械等设计的ZZJ型和ZZY型电动机不超过额定电流的2.5～3倍。

为了限制起动电流，一般采用电枢回路串电阻起动和减压起动的方法。

2.4.2 电枢回路串电阻起动

1．起动过程

为了限制起动电流，起动时在电枢回路内串入起动电阻。起动电阻是一个多级切换的可变电阻，一般在转速上升过程中逐级短接切除。下面以三级电阻起动为例说明起动过程。

起动开始瞬间，串入全部起动电阻，使起动电流不超过允许值。

$$I_{s1}=\frac{U_N}{R_a+r_1+r_2+r_3}=\frac{U_N}{R_{s1}} \tag{2-13}$$

式中，$R_{s1}=R_a+r_1+r_2+r_3$为电枢回路总电阻。

对应于I_{s1}的起动转矩为T_{s1}，加速转矩（T_s-T_L）使转速上升，起动过程的机械特性如图 2-12 所示，工作点由起始点 Q 沿电枢总电阻为 R_{s1} 的人为特性上升，电枢电动势随之增大，而电枢电流和电磁转矩随之减小。至图中 A 点，起动电流和起动转矩下降至I_{s2} 和T_{s2}，因T_{s2}与T_L 之差已经很小，加速已经很慢。为加速起动过程，应切除第一段起动电阻r_1，此时电流I_{s2} 称为切换电流。切换后，电枢回路总电阻变为$R_{s2}=R_a+r_2+r_3$。由于机械惯性的影响，电阻切换瞬间电动机转速和反电动势不能突变，电枢回路总电阻减小将使起动电流和起动转矩突增，拖动系统的工作点由 A 点过渡到电枢总电阻为R_{s2} 的特性上的 B 点。再依次切除起动电阻R_{s2}、R_{s3}，相应地，电动机工作点就从 B 点到 D 点，最后稳定运行在 F 点，电动机起动结束。

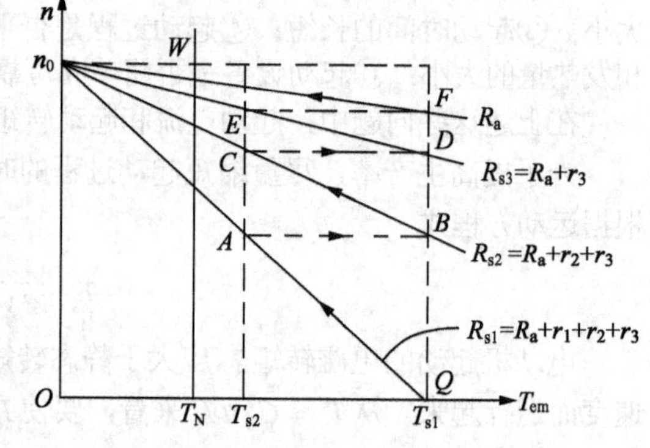

图 2-12　三级电阻起动的机械特性

这种起动方法广泛应用于中小型直流电动机。技术标准规定，额定功率小于 2kW 的直流电动机，允许采用一级起动电阻起动，功率大于 2kW 的，应采用多级电阻起动或降低电枢电压起动。

2．起动电阻的计算

起动电阻计算的主要任务包括选定最大起动电流I_{s1} 和切换电流I_{s2}，确定适当的起动级数m，计算各分段电阻的阻值和功率等。除工艺上对起动转矩或电流有特殊要求的情况之外，一般均按起动级数较少、起动过程较快的原则设计计算。

技术标准规定，一般直流电动机的起动电流应限制在额定电流的 2.5 倍以内，相应的起动转矩为额定转矩的 2～2.5 倍。因此，一般选取最大起动电流为

$$I_{s1}=(1.5\sim2.2)I_N$$

选定了I_{s1} 之后，根据式（2-13）即可求出第一级起动时电枢回路应有的总电阻R_{s1}

$$R_{s1}=U_N/I_{s1} \tag{2-14}$$

一般说来，若I_{s1} 取得大些、I_{s2} 取得小些，则起动级数可以少些。但是，为尽量缩短起动时间，要求各级起动过程均为加速运行状态，故I_{s2} 必须大于负载电流I_L。I_{s2} 一般在下述范围内选取：$I_{s2}=(1.1\sim1.3)I_L$。

起动级数m 可根据控制设备来选取，也可根据经验试选，一般不超过六级为宜。

对于如图 2-12 所示的三级起动，考虑到第一段电阻 r_1 切除前后（$A \to B$），电枢反电动势保持不变，即 $U_N - I_{s2}R_{s1} = U_N - I_{s1}R_{s2}$，故有 $I_{s2}R_{s1} = I_{s1}R_{s2}$，或者

$$\frac{R_{s1}}{R_{s2}} = \frac{I_{s1}}{I_{s2}}$$

同理，根据 r_2 和 r_3 切除前后电动势不变，可得到

$$\frac{R_{s2}}{R_{s3}} = \frac{I_{s1}}{I_{s2}}，\quad \frac{R_{s3}}{R_a} = \frac{I_{s1}}{I_{s2}}$$

因此，对于三级电阻起动可得

$$\frac{R_{s1}}{R_{s2}} = \frac{R_{s2}}{R_{s3}} = \frac{R_{s3}}{R_a} = \lambda \tag{2-15}$$

式中　λ ——起动电流比。

由此得各级起动总电阻

$$\left.\begin{aligned} R_{s3} &= \lambda R_a \\ R_{s2} &= \lambda R_{s3} = \lambda^2 R_a \\ R_{s1} &= \lambda R_{s2} = \lambda^3 R_a \end{aligned}\right\} \tag{2-16}$$

分段起动电阻数值

$$\left.\begin{aligned} r_3 &= R_{s3} - R_a = (\lambda - 1)R_a \\ r_2 &= R_{s2} - R_{s3} = \lambda r_3 \\ r_1 &= R_{s1} - R_{s2} = \lambda r_2 \end{aligned}\right\} \tag{2-17}$$

推广到一般情况，若起动级数为 m 级，则

$$R_{s1} = \lambda^m R_a$$

于是得

$$\lambda = \sqrt[m]{R_{s1} / R_a} \tag{2-18}$$

一般情况下，计算起动电阻可按以下步骤进行：

1）确定最大起动电流 I_{s1}。

2）求出 $R_{s1} = \dfrac{U_N}{I_{s1}}$。

3）选择起动级数（通常可试取 $m = 3$）。

4）求出起动电流比 $\lambda = \sqrt[m]{R_{s1} / R_a}$。

5）求出切换电流 $I_{s2} = \dfrac{I_{s1}}{\lambda}$，如果 $I_{s2} > 1.1I_N$ 即可。否则，应重新选取 m（或在容许范围内重选 I_{s1}），至满足 $I_{s2} = (1.1 \sim 1.3)I_L$ 或 $I_{s2} = (1.1 \sim 1.3)I_N$ 为止。

6）λ 值确定后，按式（2-17）算出各分段电阻值。

7）各段电阻的额定功率可按下式估算：

$$P_r = I_{s1}I_{s2}r \tag{2-19}$$

一些特殊用途起动电阻的详细设计和计算可参阅有关资料和手册。

2.4.3　减压起动

当他励直流电动机的电枢回路由专用可调压电源供电时，可用降低电压方法来限制最

大起动电流，起动电流将随电枢电压降低的程度成正比地减小。起动前先调好励磁，然后把电源电压由低向高调节，最低电压所对应的人为特性上的起动转矩 $T_{s1} > T_{s2}$ 时，电动机就开始起动。起动后，随着转速上升，可相应提高电压，以获得需要的加速转矩，起动过程的机械特性如图 2-13 所示。

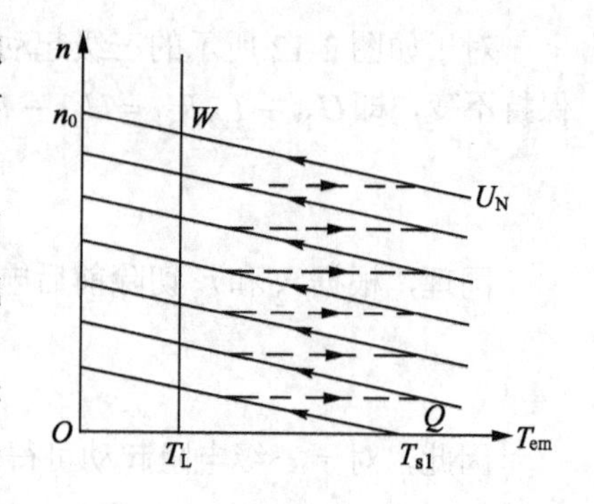

图 2-13　减压起动机械特性

在手动调节电源电压时应注意电压不能升得太快，否则会产生较大的冲击电流。在实际的拖动系统中，电压的升高是由自动控制环节自动调节的，它能保证电压连续升高，并在整个起动过程中保持电枢电流为最大允许值，从而使系统在恒定的加速转矩下迅速起动，是一种比较理想的起动方法。

减压起动过程中能量损耗很少，起动平滑，但需要专用电源设备，多用于要求经常起动的场合和大中型电动机的起动。

2.4.4　直流电动机的反转

电力拖动系统在工作过程中，常常需要改变转动方向，为此需要电动机反方向起动和运行，即需要改变电动机产生的电磁转矩的方向。因为电磁转矩是由主磁极磁通与电枢电流相互作用而产生的，根据左手定则，任意改变两者之一时，作用力方向就改变。所以，改变转向的方法有两个：一个是电枢绕组两端极性不变，而将励磁绕组反接；另一个是励磁绕组极性不变而将电枢绕组反接。

【例 2-1】 某他励直流电动机额定功率 $P_N = 96\text{kW}$，额定电压 $U_N = 440\text{V}$，额定电流 $I_N = 250\text{A}$，额定转速 $n_N = 500\text{r/min}$，电枢回路电阻 $R_a = 0.078\Omega$，拖动额定恒转矩负载运行，忽略空载转矩。

（1）若采用电枢回路串电阻起动，起动电流 $I_{s1} = 2I_N$ 时，计算应串入的电阻值及起动转矩。

（2）若采用减压起动，条件同上，电压应降至多少?计算起动转矩。

解：（1）电枢回路串电阻起动

应串电阻　$$R_s = \frac{U_N}{I_{s1}} - R_a = \left(\frac{440}{2\times 250} - 0.078\right)\Omega = 0.802\Omega$$

额定转矩　$$T_N \approx 9.55\frac{P_N}{n_N} = \left(9.55\times\frac{96\times 10^3}{500}\right)\text{N}\cdot\text{m} = 1833.5\,\text{N}\cdot\text{m}$$

起动转矩　$$T_s = 2T_N = (2\times 1833.5)\,\text{N}\cdot\text{m} = 3667\,\text{N}\cdot\text{m}$$

（2）减压起动

起动电压　$$U_s = I_s R_a = (2\times 250\times 0.078)\text{V} = 39\text{V}$$

起动转矩　$$T_s = 2T_N = 3667\,\text{N}\cdot\text{m}$$

2.5　他励直流电动机的制动

在一些生产机械中，有时为了限制电动机转速的升高（例如电车下坡），有时需要电动机很快地减速或停车（如可逆转式轧机），以及紧急停车等，需要进行制动。

制动的方法有机械的（用抱闸）和电磁的。电磁制动是通过使电动机产生与旋转方向相反的电磁转矩的方法而获得的。电磁制动的优点是制动转矩大，制动强度比较容易控制。在电力拖动系统中多采用这种方法，或者与机械制动配合使用。

电动机的电磁制动方法可分为下列三种：①能耗制动；②反接制动，它又可分为倒拉反接和电源反接制动两种；③回馈制动，又称为再生发电制动。

2.5.1 能耗制动

如图 2-14a 所示，开关合在 1 的位置时，电机作电动机状态运行。电动势、电流、转矩和转动方向如该图所示。将开关合到 2 的位置，电动机被切断了电源而接到一个制动电阻 R_Z 上。在此瞬间，在拖动系统机械惯性作用下，电动机继续旋转，n 来不及改变。由于励磁保持不变，因此电枢仍具有感应电动势 E_a，其方向和大小与处于电动机状态时相同。由于$U=0$，所以电动机的电流为

$$I_a=\frac{U-E_a}{R}=-\frac{E_a}{R}$$

式中的负号说明电流与原来电动机运行状态的方向相反(图 2-14b)，这个电流叫作制动电流。制动电流所产生的电磁转矩和原来的方向相反，变为制动转矩，使电动机很快减速至停转。

电动机在能耗制动过程中，已转变为发电机运行。和正常发电机不同的是电机依靠系统本身的动能发电，把动能转变成电能，消耗在电枢回路的电阻上。

在能耗制动时，因$U=0$，$n_0=0$，因此电动机的机械特性方程变为

$$n=-\frac{R}{C_e\Phi}I_a=-\frac{R}{C_eC_T\Phi^2}T_{em} \tag{2-20}$$

式中　$R=R_a+R_z$。

能耗制动对应的机械特性曲线如图 2-15 所示。

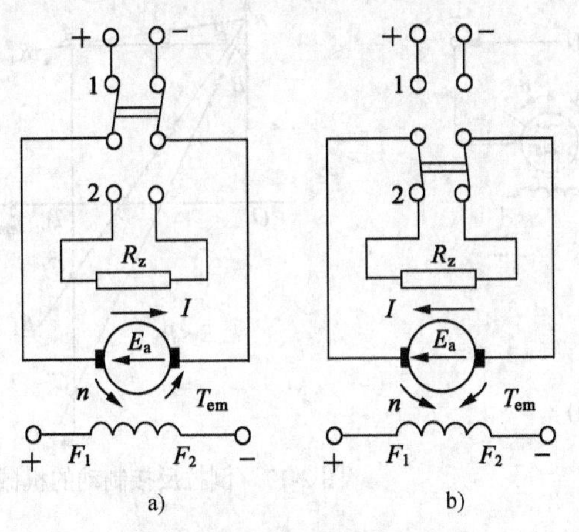

图 2-14　电动机运行状态

a) 电动机状态　b) 能耗制动状态

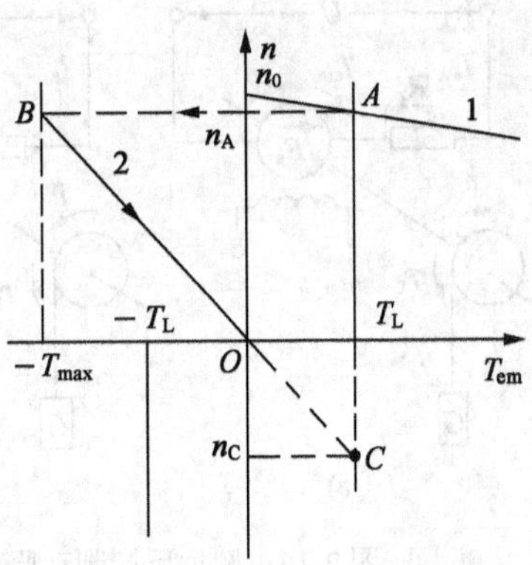

图 2-15　能耗制动的机械特性

如果制动前，电机工作在电动机状态，在固有特性曲线上的 A 点，开始制动时，n 来不及改变，工作点过渡到能耗制动特性上的 B 点。在电磁制动转矩及负载制动转矩共同作用下，电动机很快减速。当转速下降时，电动机的电动势 E_a 减小，制动电流 I_a 随之减小，电磁制动

转矩也随之减小。当转速减小至零时，电动势、电流和电磁制动转矩也减小至零。如果负载为反抗性负载，则旋转系统到此停止。如果负载为位能性负载（吊车），则在位能负载转矩作用下，电动机将被拖动反方向旋转，此时 n、E_a、I_a 及 T_{em} 的方向均与图 2-14b 所示的方向相反，机械特性延伸到第四象限（图 2-15 虚线）。转速稳定在 C 点时，电动机运行在反向能耗制动状态下，等速下放重物。为了避免过大的制动电流对系统带来的不利影响，通常限制最大制动电流不超过（2～2.5）I_N，即

$$R = R_a + R_z \geqslant \frac{E_a}{(2 \sim 2.5)I_N} \approx \frac{E_a}{(2 \sim 2.5)I_N}$$

$$R_z = \frac{C_e \Phi_N n}{(2 \sim 2.5)I_N} - R_a \tag{2-21}$$

式中　E_a——制动开始时电动机的电动势（V）；

n——制动开始时电动机的转速（r/min）。

2.5.2　倒拉反接制动

当电动机被外力拖动向着与它的接线应有的旋转方向相反的方向旋转时，便成为反接运转。这里仍用起重装置来说明，图 2-16a 中电动机正在提升负载，它的接线是使电动机逆时针方向旋转，此时电动机稳定运行于图 2-17 所示固有特性曲线上 A 点。

若以大电阻 R_z 串联到电枢电路中，使电枢电流大大减小，电动机便转到对应于该电阻的人为特性曲线上的 B 点。由于这时电动机的电磁转矩小于负载转矩，电动机的转速下降，转速与转矩的变化沿着该电阻的人为特性曲线箭头所示方向。当转速降至零时，如电动机电磁转矩仍小于负载转矩，则在负载位能转矩作用下，将电动机倒拉而开始反转，其旋转方向变为下放重物的方向（图 2-16b）。在此情况下，电动机的电动势方向也随之改变，而与电源电压方向相同。

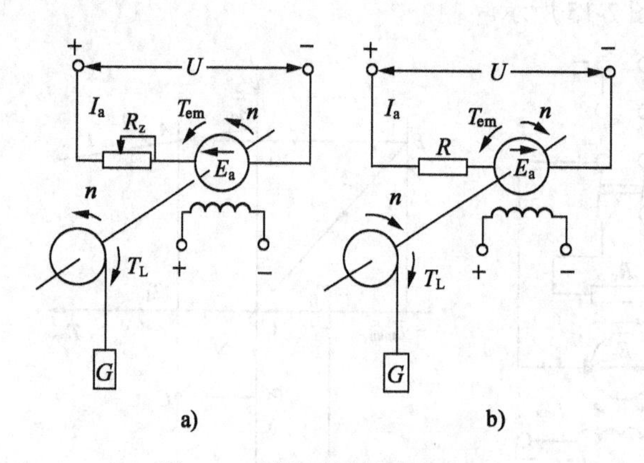

图 2-16　倒拉反接制动原理

a) 电动机运行　b) 倒拉反接制动

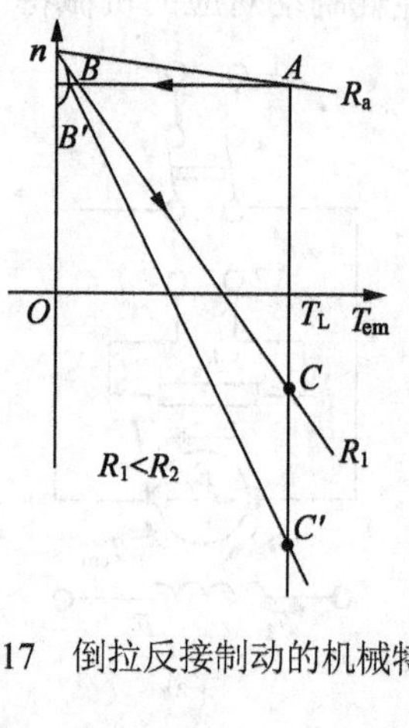

图 2-17　倒拉反接制动的机械特性

由于电枢电流方向未变，所以电动机的电磁转矩方向也未变，但因旋转方向已改变，所以电磁转矩便成为阻碍反向运动的制动转矩。当 $T_{em} = T_L$ 时，电动机的转速最终稳定运行在 C 点。倒拉反接制动时，直流电源仍然向电动机供给电能，而下放重物的位能也变为电能，这两部分电能都消耗在电枢回路内阻 R_a 和制动电阻 R_z 上。由此可知，反接制动在电能利用方

面很不经济。

2.5.3 电源反接制动

如图 2-18 所示为电源反接（或称为电枢反接）制动原理接线图。

当触点 KM1 闭合（KM2 断开），电动机在正常电动状态运行，电动机的旋转方向和电动势方向如图2-18 所示，这时的电枢电流 I_a 和电磁转矩 T_{em} 方向用虚线箭头表示。现将触点 KM2 闭合（KM1 同时断开），这时加到电枢绕组两端电源电压极性便和电动机运行情况相反。因为电动势方向不变，于是外加电压方向便与电动势方向相同，电枢电流方向与电动状态时相反，变为负值，电磁转矩方向也就随之改变（图 2-18 中，用实线箭头表示），起制动作用，使转速迅速下降。这时作用在电枢电路的电压（$U+E_a$）$\approx 2U$，因此必须在反接的同时在电枢电路串入制动电阻 R_z，以限制过大的制动电流（制动电流允许最大值$\leqslant 2.5I_N$）。

电源反接过程的机械特性如图 2-19 所示。在制动前电动机运行在固有特性曲线上的 a 点。当串加电阻并将电源反接瞬间，电动机过渡到电源反接的人为特性曲线 2 的 b 点上。电动机的电磁转矩变为制动转矩，开始反接制动，使电动机沿特性曲线 2 减速。如电动机在 $n=0$ 时（d 点）不立即切断电源，电动机很可能会反向起动，加速到 c 点。为了防止电动机反转，在制动到快停车时，应切除电源，并使用机械抱闸动作将电动机止住。

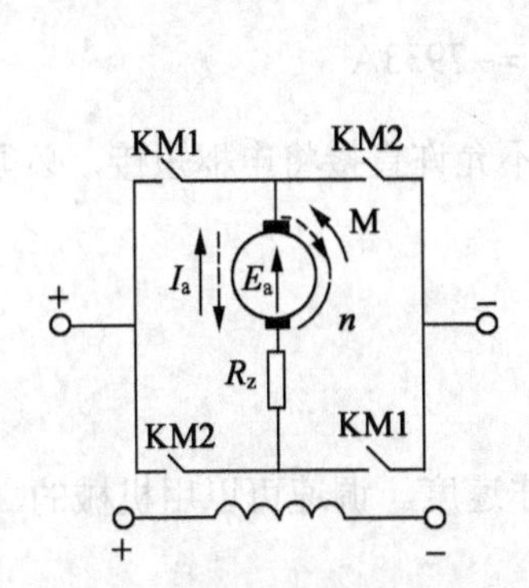

图 2-18 电源反接制动原理接线图

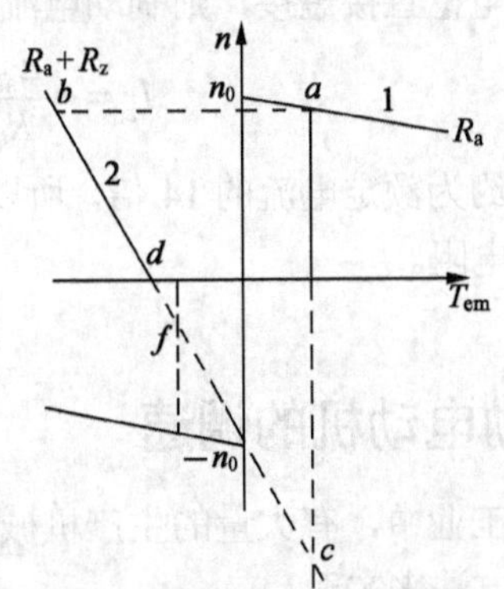

图 2-19 电源反接制动机械特性

2.5.4 回馈制动（再生制动）

若电动机在电动状态运行中，由于某种因素，电动机的转速等于理想空载转速时，电机便处于发电制动状态。所以进入回馈制动的条件是：$n>n_0$（正向回馈，如电车下坡）和$|n|>|n_0|$（反向回馈，如起重机放下重物）。因为当$n>n_0$时，电枢电流与$n<n_0$时的方向相反，由于磁通不变，所以电磁转矩随 I_a 反向而反向，对电动机起制动作用，电动状态时电枢电流由电网的正端流向电动机，而在制动时，电流由电枢流向电网，因而称为回馈制动。

【例 2-2】 Z_2–92 型的直流他励电动机额定数据如下：$P_N=40\text{kW}$，$U_N=220\text{V}$，$I_N=210\text{A}$，$n_N=1000\text{r/min}$，电枢内电阻 $R_a=0.07\Omega$。试求：

（1）在额定负载下进行能耗制动，要使制动电流等于 $2I_N$ 时，电枢应外接多大的电阻？

（2）求出它的机械特性的方程。

（3）如电枢直接短接，制动电流应多大？

解：（1）额定负载时，电动机电动势为

$$E_{aN}=U_N-I_aR_a=(220-210\times0.07)\text{V}=205.3\text{V}$$

按要求

$$I_a=-2I_N=(-2\times210)\text{A}=-420\text{A}$$

能耗制动时，电枢回路总电阻

$$R=-\frac{E_{aN}}{I_a}=\left(\frac{-205.3}{-420}\right)\Omega=0.489\Omega$$

应接入制动电阻

$$R_z=R-R_a=(0.489-0.07)\ \Omega=0.419\Omega$$

（2）电动势系数

$$C_e\Phi_N=\frac{E_{aN}}{n_N}=\frac{205.3}{1000}=0.2053$$

转矩系数

$$C_T\Phi_N=9.55C_e\Phi_N=9.55\times0.2053=1.96$$

所以机械特性方程为

$$n=-\frac{RT_{em}}{C_eC_T\Phi_N^2}=-\frac{0.489T_{em}}{0.2053\times1.96}=-1.215T_{em}$$

（3）如电枢直接短接，则制动电流

$$I_z=-\frac{E_{aN}}{R_a}=\left(-\frac{205.3}{0.07}\right)\text{A}=-2933\text{A}$$

此电流约为额定电流的 14 倍，所以能耗制动时，不允许直接将电枢短接，必须接入一定数值的制动电阻。

2.6 他励电动机的调速

在现代工业中，有大量的生产机械要求能改变工作速度。调速可以用机械的、电气的或机电配合的方法来实现。

电动机速度调节性能的好坏，常用下列各项指标来衡量。

1）调速范围。调速范围是指电动机拖动额定负载时，所能达到的最大转速与最小转速之比。不同的生产机械要求不同的调速范围，例如轧钢机 $D=3\sim120$，龙门刨床 $D=10\sim140$，车床进给机构 $D=5\sim200$ 等。

2）调速的平滑性。电动机的两个相邻调速级的转速之比称为调速的平滑性。φ 称为平滑系数。在一定的范围内，调速级越多，相邻级转速差越小，φ 越接近于 1，平滑性越好。$\varphi=1$ 称为无级调速。

3）调速的稳定性。调速的稳定性是指负载转矩发生变化时，电动机转速随之变化的程度。工程上常用静差率δ来衡量，它是指电动机在某一机械特性上运转时，由理想空载至满载时的转速降对理想空载转速的百分比。

4）调速的经济性。调速的经济性由调速设备的投资及电动机运行时的能量消耗来决定。

5）调速时电动机的容许输出。它是指在电动机得到充分利用的情况下，在调速过程中所能输出的功率和转矩。

2.6.1 电枢回路串电阻调速

以他励直流电动机拖动恒转矩负载为例，保持电源电压及主极磁通为额定值不变，在电枢回路内串入不同的电阻时，电动机将稳定运行于较低的转速。转速变化过程可用图 2-20 所示的机械特性来说明。调速前系统稳定运行于负载机械特性与电动机固有特性的点 A，转速为 n_A。在电枢回路串入电阻 R_1 瞬间，因转速及反电动势不能突变，电枢电流及电磁转矩相应地减小，工作点由 A 过渡到 A'。因这时 $T_{A'} < T_L$，根据运动方程式，系统将减速，工作点由 A' 沿串电阻 R_1 特性下移，随着转速的下降，反电动势减小，I_a 和 T_{em} 逐渐增加，直至 B 点，$T_B = T_L$ 恢复转矩平衡，系统以较低的转速 n_B 稳定运行。同理，若在电枢回路串入更大的电阻 R_2，则系统将进一步降速并以更低的转速 n_C 稳定运行。

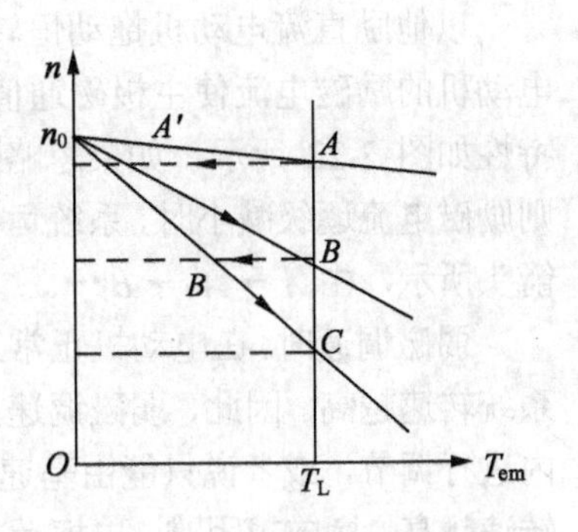

图 2-20 电枢回路串电阻调速

电枢回路串电阻调速时，所串电阻越大，稳定运行转速越低。所以，这种方法只能在低于额定转速的范围内调速，一般称为由基速（额定转速）向下调速。

电枢回路串联电阻后，机械特性变软，系统转速受负载波动的影响较大，而且在空载和轻载时能够调速的范围非常有限，调速效果不明显。另一方面，因调速电阻容量较大，一般多采用电器开关分级控制，不能连续调节，只能有级调速。同时，所串的调速电阻器上通过很大的电枢电流，会产生很大的功率损耗。转速越低，需串入电阻值越大，损耗越大，这样将使电动机的效率大为降低。

因此，电枢回路串电阻调速多用于对调速性能要求不高，而且是不经常调速的设备上，如起重机、运输牵引机械等。

2.6.2 降低电源电压调速

以他励直流电动机拖动恒转矩负载为例，保持主极磁通为额定值不变，电枢回路不串电阻，降低电源电压 U 时，电动机拖动负载稳定运行于较低的转速上。降压调速的机械特性如图 2-21 所示，电压由 U_N 开始逐级下降时工作点的变动情况如图中箭头所示，由 $A \to A' \to B \cdots$。

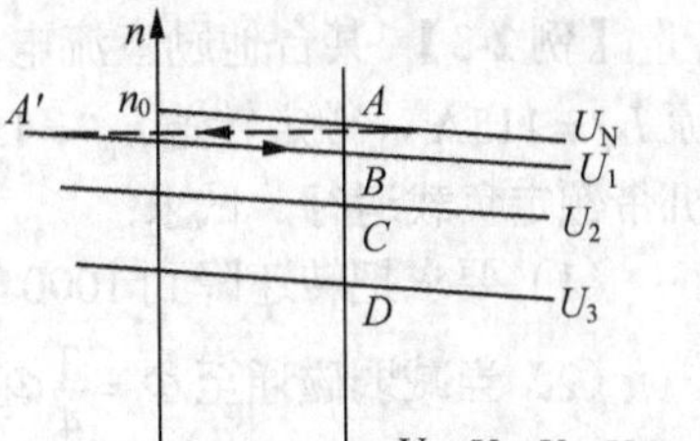

图 2-21 降低电源电压调速

降压调速时，加在电枢上的电压一般不超过额定电压 U_N，所以降压调速也只能在低于额定转速的范围内进行调节，或者说只能由基速向下调速。

降低电源电压调速时，电动机机械特性的硬度不变，因此，在低速运行时，转速受负载波动的影响也很小，速度的稳定性较好。而且，不管拖动哪一类负载，只要电源电压可以连续调节，系统的转速就可以连续变化，这种调速称为无级调速。与电枢串电阻调速相比，降压调速的性能要优越得多，而且电枢电路中没有附加的电阻损耗，电动机的效率高。

因此，降压调速多用于对调速性能要求较高的设备上，如造纸机、轧钢机、龙门刨床等。

2.6.3 弱磁调速

以他励直流电动机拖动恒转矩负载为例，保持电枢电压不变，电枢回路不串电阻，减小电动机的励磁电流使主极磁通值减弱，则电动机拖动负载运行的转速升高，弱磁调速的机械特性如图 2-22 所示，如果忽略磁通变化的电磁过渡过程，则励磁电流逐级减小时，系统运行工作点的变动过程如图中箭头所示，由 $A \to A' \to B \cdots$。

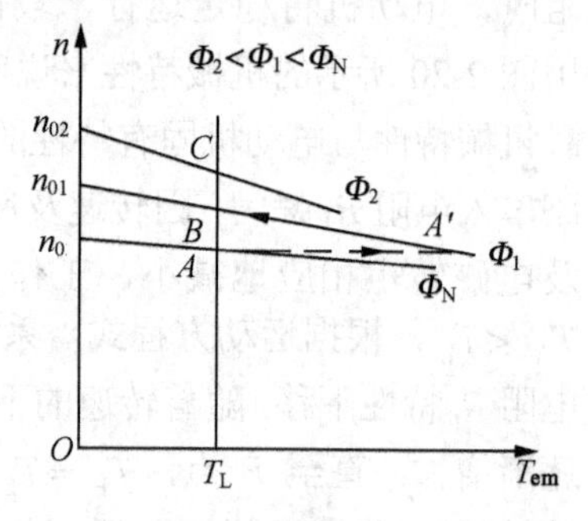

图 2-22 减弱磁通调速

弱磁调速时，在电动机正常工作范围内，主极磁通越弱，系统转速越高。因此，弱磁调速只能在高于额定转速的范围内进行调节，或者说只能由基速向上调速。但是，电动机的转速越高，换向越困难，电枢反应和换向元件中电流的去磁效应对于转速稳定性的影响较大。所以，弱磁调速所能达到的最高转速受到换向能力、电枢机械强度和稳定性等因素的限制，转速不能升得太高，一般用途的 Z_2 系列电动机弱磁调速时的最高转速可达额定转速的 1.2～3 倍。为扩大调速范围而设计的 ZT_2 系列广调速电动机容许的最高转速可达额定转速的 3～4 倍。

弱磁调速是在电流较小的励磁回路中进行调节的，而励磁电流通常只有额定电流的（2～5）%，因此调速时能量损耗很小。而且，由于励磁调节电阻容量很小，控制很方便，可以连续调节电阻值，实现转速连续调节的无级调速。

在实际的他励直流电动机调速系统中，为了获得更大的调速范围，常常把降压和弱磁这两种基本调速方法配合起来使用。以额定转速为基速，采用降压向下调速和弱磁向上调速相结合的双向调速方法，从而在极宽广的范围内实现平滑的无级调速，而且调速时损耗较小，运行效率较高。

【例 2-3】 某台他励直流电动机，额定功率 $P_N = 220\text{kW}$，额定电压 $U_N = 220\text{V}$，额定电流 $I_N = 115\text{A}$，额定转速 $n_N = 1500\,\text{r/min}$，电枢回路电阻 $R_a = 0.1\Omega$，忽略空载转矩 T_0，电动机带额定负载运行，试求：

（1）要求把转速降到 $1000\,\text{r/min}$，可有几种方法，并求出它们的参数。

（2）当减弱磁通至 $\Phi = \frac{3}{4}\Phi_N$ 时，拖动恒转矩负载时，求电动机稳定转速和电枢电流。能否长期运行？为什么？如果拖动恒功率负载，情况又怎样？

解：（1）把转速降到 1000r/min，可有两种方法：1）电枢回路串电阻；2）降低电枢电压。

1）计算电枢串入电阻的数值

$$C_e\Phi_N = \frac{U_N - I_N R_a}{n_N} = \frac{220 - 115 \times 0.1}{1500} = 0.139$$

电枢串电阻为 R，则有

$$R = \frac{U_N - C_e\Phi_N n}{I_N} - R_a = \left(\frac{220 - 0.139 \times 1000}{115} - 0.1\right)\Omega = 0.604\Omega$$

2）计算降低后的电枢电压数值

$$U = C_e \Phi_N n + I_N R_a = (0.139 \times 1000 + 115 \times 0.1)\text{V} = 150.5\text{V}$$

（2）$\Phi = \frac{3}{4}\Phi_N$ 时，电动机的转速和电枢电流的计算

根据电磁转矩公式　$T_{em} = C_T \Phi I_a$

拖动恒转矩负载　$T_{em} = T_L =$ 常数

则有

$$I_a = \frac{\Phi_N}{\Phi} I_N = \frac{\Phi_N}{\frac{3}{4}\Phi_N} I_N = \left(\frac{4}{3} \times 115\right)\text{A} = 153\,\text{A}$$

电动机转速

$$n = \frac{U_N - I_a R_a}{C_e \Phi} = \left(\frac{200 - 153 \times 0.1}{\frac{3}{4} \times 0.139}\right)\text{r/min} = 1964\,\text{r/min}$$

可见，由于电动机的电枢电流 $I_a > I_N$，故不能长期运行。

如果拖动恒功率负载，由于此时电枢电流

$$I = I_N = \text{常数}$$

则电动机转速

$$n = \frac{U_N - I_a R_a}{C_e \Phi} = \left(\frac{220 - 115 \times 0.1}{\frac{3}{4} \times 0.139}\right)\text{r/min} = 2000\text{r/min}$$

故电动机可以长期运行（未考虑最高转速的限制）。

2.7 直流电机的故障分析及维护

直流电机和其他电机一样，在使用前应按产品使用维护说明书认真检查，以避免发生故障、损坏电机和有关设备。

要使电机具有良好的绝缘性并延长它的使用寿命，保持电机的内外清洁是非常重要的。电机必须安装在清洁的地点，防止腐蚀性气体对电机的损害。防护式电机不应装在多灰尘的地方，过多的灰尘不但降低绝缘性，也使换向器急剧磨损。电机必须牢固安装在稳固的基础上，应将电机的振动减至最小限度。电机上所有紧固零件（螺栓、螺母等）、端盖盖板、出线盒盖等均需拧紧。

在使用直流电机时，应经常观察电机的换向情况，包括在运转中和起动过程中的换向情况，还应注意电机各部分是否有过热情况。

在运行中，直流电机的故障是多种多样的，产生故障的原因较为复杂，并且互相影响。当直流电机发生故障时，首先要对电机的电源、线路、辅助设备（如磁场变阻器、开关等）和电机所带负载进行仔细的检查，看它们是否正常，然后再从电机机械方面加以检查，如检查电刷架是否有松动、电刷接触是否良好、轴承转动是否灵活等。就直流电机的内部故障来说，多数故障会从换向火花增大和运行性能异常反映出来，所以要分析故障产生的原因，就必须仔细观察换向火花的显现情况和运行时出现的其他异常情况，通过认真地分析，根

据直流电机内部的基本规律和积累的经验做出判断，找出原因。

2.7.1 直流电机运行时的换向故障

直流电机的换向情况可以反映出电机运行是否正常，良好的换向，可使电机安全可靠的运行和延长它的寿命。一般直流电机的内部故障，多数会引起换向出现有害的火花或火花增大，严重时灼伤换向器表面，甚至妨碍直流电机的正常运行。以下就机械方面和由机械引起的电气方面、电枢绕组、定子绕组、电源等影响换向恶化的主要原因做一概要的分析，并介绍一些基本维护方法。

1. 机械原因

直流电机的电刷和换向器的连接属于滑动接触。因此，保持良好的滑动接触，才可能有良好的换向，但腐蚀性气体、大气压力、相对湿度、电机振动、电刷和换向器装配质量等因素都对电刷和换向器的滑动接触情况有影响，当因电机振动、电刷和换向器的机械原因使电刷和换向器的滑动接触不良时，就会在电刷和换向器之间产生有害的火花或使火花增大。

（1）电机振动　电机振动对换向的影响是由电枢振动的振幅和频率高低所决定的。当电枢向某一方向振动时，就把电刷往径向推出，由于电刷具有惯性以及与刷盒边缘的摩擦，不能随电枢振动保持和换向器的正常接触，于是电刷就在换向器表面跳动。随着电机转速的增高，振动越大，电刷在换向器表面跳动越大。电机的振动大多是由于电枢两端的平衡块脱落或位置移动造成电枢的不平衡，或是在电枢绕组修理后未进行平衡引起的。一般说来，对低速运行的电机，电枢应进行静平衡；对高速运行的电机，电枢必须进行动平衡；所加平衡块必须牢靠地固定在电枢上。

（2）换向器　换向器是直流电机的关键部件，要求其表面光洁圆整，没有局部变形。在换向良好的情况下，长期运转的换向器表面与电刷接触的部分将形成一层坚硬的褐色薄膜。这层薄膜有利于换向并能减少换向器的磨损。当换向器装配质量不良造成变形或片间云母突出，以及受到碰撞，使个别片凸出或凹下、表面有撞击疤痕或毛刺时，电刷就不能在换向器上平稳滑动，使火花增大。换向器表面沾有油腻污物也会使电刷接触不良，而产生火花。

换向器表面如有污物，应用沾有酒精的抹布擦净。换向器表面出现不规则情况时，可在电机旋转的情况下，用与换向器表面吻合的曲面木块垫上细玻璃砂纸来研磨换向器。若仍不能满足换向要求（仍有较大火花），则必须车削换向器外圆，当换向器片间云母突出，应将云母片下刻，下刻深度约为1.5mm左右，过深的下刻易在片间堆积炭粉，造成片间短路。下刻片间云母之后，应研磨换向器外圆，方能使换向器表面光滑。

（3）电刷　为保证电刷和换向器良好的滑动接触，每个电刷表面至少要有3/4与换向器接触，电刷的压力应保持均匀，电刷间弹簧压力相差不超过10%，以避免各电刷通过的电流相差太大，造成个别电刷过热和磨损太快。当电刷弹簧压力不合适、电刷材料不符合要求、电刷型号不一致、电刷与刷盒间配合太紧或太松、刷盒边离换向器表面距离太大时，就易使电刷和换向器滑动接触不良，产生有害的火花。

电刷的弹簧压力应根据不同的电刷确定。一般电机用的D104或D172电刷，压力可取14.7～19.6kPa。同一台电机必须使用同一型号的电刷，因为不同型号的电刷性能不同，通过的电流相差较大，这对换向是不利的。

新更换的电刷需要用较细的玻璃砂纸研磨。经过研磨的电刷，空转半小时后，在负载下工作一段时间，使电刷和换向器进一步密合。在换向器表面初步形成氧化膜后，才能投入正常运行。

2．由机械引起的电气原因

直流电机的电刷通过换向器与几何中线上的导体接触，使电枢元件在被电刷短路的瞬间不切割主磁场的磁通。由于修理时不注意，磁极、刷盒的装配有偏差，造成各磁极极间距离相差太大、各磁极下的气隙很不均匀、电刷不对齐中心（径向式）、电刷沿换向器圆周不等分（一般电机电刷沿换向器圆周等分误差不超过 2mm），也易引起换向时产生有害的火花或火花增大。因此修配时应使各磁极、电刷安装合适、分布均匀，以改善换向情况。电刷架应保持在出厂时规定的位置上，固定牢靠，不要随便移动。电刷架位置变动对直流电机的性能和换向也均有影响。

3．电枢绕组故障

电枢绕组的故障与电机换向情况具有密切的联系，以下就一般中小型电机常见的几种主要故障做一概述。

（1）电枢元件断线或焊接不良　直流电机的电枢绕组是一种闭合绕组，如电枢绕组的个别元件产生断线或与换向器焊接不良，则当该元件转动到电刷下，电流就通过电刷接通，而离开电刷时电流也通过电刷断开，因而在电刷接触和离开的瞬时呈现较大的点状火花，这会使断路元件二侧的换向片灼黑，根据灼黑的换向片可找出断线元件的位置，如图 2-23a 所示。若用电压表检查换向器片间电压，断线元件或与换向器焊接不良的元件二侧的换向片片间电压特别高。

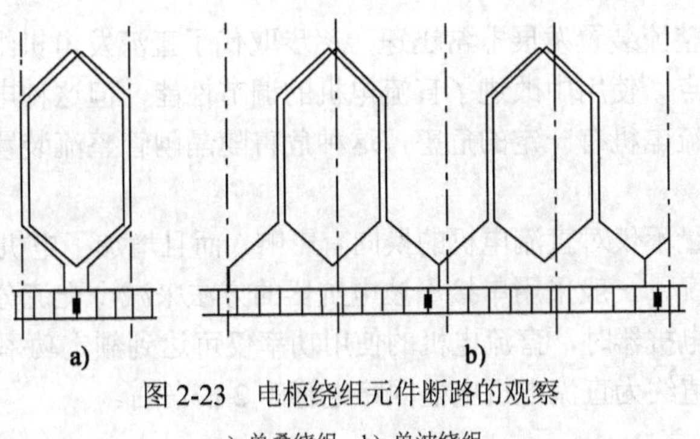

图 2-23　电枢绕组元件断路的观察

a) 单叠绕组　b) 单波绕组

由于电枢绕组的型式不同，表现在换向片灼黑的位置上也有差别。如绕组是连续叠绕的电枢绕组，被灼黑的二换向器片间的元件在换向器上的跨距接近于一对极距，并串联了与电机极对数相同数量的元件后，再回到相邻的换向片上。所以当有一个元件断线或焊接不良时，灼黑的换向片数等于电机的极对数，如图 2-23b 所示为一台四极电机，有二处灼黑点；若电机有 p 对极，用电压表检查片间电压时，则有 p 处相邻换向片间电压猛增。

（2）电枢绕组短路　电枢绕组有短路现象时，电机的空载和负载电流增大。短路元件中产生较大的交变环流，使电枢局部发热，甚至烧毁绕组。在电枢绕组个别地方有短路时，一方面破坏了电枢绕组并联支路间的电路平衡，同时短路元件中的交变环流产生的影响使换向产生有害的火花或火花增大。电枢绕组有一点以上接“地”，就通过“地”形成短路，用电压表检查时，连接短路元件的二换向片片间电压为“0”或很小。电枢绕组短路可能由下列情况引起：换向器片间短路、换向器之间短路、电枢元件匝间短路或上下层间短路等。短路元件的位置可用短路侦察器寻找。

4．定子绕组故障

定子绕组中的换向极和补偿绕组是用来改善电机换向的，所以和电机换向的情况有密切的关系，这些故障有以下几种。

（1）换向极或补偿绕组极性接反　换向极或补偿绕组能克服或补偿电枢反应造成的主磁场波形的畸变，保持电机的物理中心线不因负载变化而产生移动。同时在换向元件中产生足够的换向电动势去抵消电抗电动势。当换向极或补偿绕组极性接反时，则加剧了电枢反应造成的主磁场波形畸变，使换向元件中阻碍换向的电动势加大，使换向火花急剧增大，换向片明显灼黑。

（2）换向极或补偿绕组短路　个别换向极或补偿绕组由于匝间或引线之间相碰而短路时，根据上节所述原因同样会导致火花增大。一般可检查各极的绕组电阻，正常情况下各极绕组电阻间的差别一般不超过5%。

（3）换向极绕组不合适　换向极除抵消电枢反应外，能使电枢元件在换向过程中产生一个换向电动势，大小和电抗电动势相等，方向相反；两者若能互相抵消，则电枢绕组元件在换向过程中不产生附加电流。在电机修理后，若换向情况再三调整还不能满足要求，从电机内部也找不出故障原因，这就可能是由换向极磁场不合适引起的。

5．电源的影响

近年来，晶闸管整流装置发展非常迅速，逐步取代了直流发电机组，它具有维护简单、效率高、重量轻等优点。使用中改进了直流电机的调节性能，但这种电源带来了谐波电流和快速暂态变化，对直流电机有一定的危害，这种危害随晶闸管整流装置的型式及使用方法的不同而变化很大。

电源中的交流分量不仅对直流电机的换向有影响，而且增加了电机的噪声、振动、损耗、发热。为改善这种情况，一般采用串接平波电抗器的方法来减少交流分量。若用单相整流电源供电而不外加平波电抗器时，直流电机的使用功率仅可达到额定功率的50%左右。一般外加平波电抗器的电感值约为直流电机电枢回路电感的2倍左右。

2.7.2　直流电机运行时的性能异常及维护

直流电机运行中的故障除反映出换向恶化外，一般还会表现在转速异常、电流异常和局部过热等几个主要方面。

1．转速异常

一般小型直流电机在额定电压和额定负载时，即使励磁回路中不串电阻，转速也可保持在额定转速的容差范围内。中型直流电机必须接入磁场变阻器，才能保持额定励磁电流，而达到额定转速。当转速发生异常时，可用转速公式$n=\dfrac{U-I_{\mathrm{a}}R_{\mathrm{a}}}{C_{\mathrm{e}}\Phi}$中所表示的有关因素来找原因。

（1）转速偏高　在电源电压正常情况下，转速与主磁通成反比。当励磁绕组中发生短路现象，或个别磁极极性装反时，主磁通量减少，转速就上升。励磁电路中有断线，便没有电流通过，磁极只有剩磁。这时，以对串励电动机来说，励磁线圈断线即电枢开路，与电源脱开，电动机就停止运行；对并励或他励电动机，则转速剧升，有飞车的危险，如所带负载很重，那么电动机速度也不致升高，这时电流剧增，使开关的保护装置动作后跳闸。

（2）转速偏低　电枢电路中连接点接触不良，使电枢电路的电阻压降增大（这在低压、大电流的电机中尤其要引起注意），因为$n \propto (U - I_a R_a)$，在电源电压情况下，这时电机转速就偏低。所以转速偏低时，要检查电枢电路各连接点（包括电刷）的接头焊接是否良好，接触是否可靠。

（3）转速不稳　直流电机在运行中当负载逐步增大时，电枢反应的去磁作用也随之逐步增大。尤其直流电机在弱磁提高转速运行时，电枢反应的去磁作用所占的比例就较大，在电刷偏离中性线或串励绕组接反时，则去磁作用更强，使主磁通更为减少，电机的转速上升，同时电流随转速上升而增大，而电流增大又使电枢反应去磁作用增大，这样恶性循环使电机的转速和电流发生急剧变化，电机不能正常稳定运行。如不及时制止，电机和所接仪表均有损坏的危险。在这种情况下，首先应检查串励绕组极性是否准确，减小励磁电阻并增大励磁回路电流。若电刷没有放在中性线上则应加以调整。

2．电流异常

直流电机运行时，应注意电机所带负载不要超过铭牌规定的额定电流。但在故障的情况下（如机械上有摩擦、轴承太紧、电枢回路中引线相碰或有短路现象、电枢电压太低等），会使电枢电流增大。电机在过负载电流下长时间运行，就易烧毁电机绕组。

3．局部过热

凡电枢绕组中有短路现象时，均会产生局部过热。在小型电机中，有时电枢绕组匝间短路所产生的有害火花并不显著，但局部发热较严重。导体各连接点接触不良也会引起局部过热；换向器上的火花太大，会使换向器过热；电刷接触不良会使电刷过热。当绕组部分长时间局部过热时，会烧毁绕组。在运行中，若发现有绝缘烤糊味或局部过热情况，应及时检查修理。

2.8　小结

运动方程式是分析电力拖动系统的基本公式。电力拖动系统是指电动机和电动机转轴上的负载所组成的整体。当系统稳定运行时，系统满足 $T_{em} = T_L$，电动机的机械特性与负载特性相交，电力拖动系统的运行状态既与电动机的机械特性有关，也与负载特性有关。

电动机的典型负载共有三类四种形式：反抗性恒转矩负载、位能性恒转矩负载、恒功率负载及通风机负载。直流电动机的机械特性是指电动机的旋转速度 n 与电动机电磁转矩之间的函数关系 $n = f(T_{em})$，包括固有特性和人为特性。

直流电动机起动时因电动势 $E_a = 0$，故起动电流很大，易损坏电动机，所以一般不采用直接起动，而应采用电枢回路串电阻起动或降压起动的方法。直流电动机电磁制动的特征是电磁转矩 T_{em} 与转速 n 的方向相反。直流电动机的制动方法有能耗制动、反接制动（电源反接和倒拉反接制动）和回馈制动三类。当直流电动机的负载一定时，降低电动机电枢电压、电枢回路串电阻、减弱电动机的磁通可以对电动机进行调速。

直流电机经常性维护和监视工作，是保证电机正常运行的重要条件。除经常保持电机清洁、不积尘土和油垢外，必须注意监视电机运行中的换向火花、转速、电流温升等的变化是否正常。因为直流电动机的故障都会反映在换向恶化和运行性能的异常变化上。

2.9　习题

1．什么是电力拖动系统？试举出几个实例。

2．电车前进方向为转速正方向，试定性画出电车走平路与下坡时的负载转矩特性。

3．生产机械负载特性归纳起来有哪几种基本类型？

4．他励直流电动机的电磁功率指什么？

5．什么是他励直流电动机的固有机械特性和人为机械特性？分别有何特点？

6．什么叫作静态稳定运行？电力拖动系统静态稳定运行的充分和必要条件是什么？

7．他励直流电动机电枢回路串入电阻后，对理想空载转速大小有何影响？为什么？对机械特性硬度有无影响？为什么？

8．直流电动机为什么不能直接起动？有哪几种起动方法？采用什么起动方法比较好？

9．他励直流电动机起动时，为什么一定要先加励磁电压？如果未加励磁电压（或因励磁绕组断线），而将电枢接通电源，在下面两种情况下会有什么后果：（1）空载起动；（2）负载起动，$T_L=T_N$。

10．他励直流电动机有哪几种调速方法？各有什么优缺点？

11．如何区别直流电动机运行于电动状态还是处于电气制动状态？

12．当提到某台电动机处于制动状态时，是不是仅仅意味着减速停车？反之如果电动机在减速过程中，可否说电动机一定处于制动状态？

13．比较各种电磁制动方法的优缺点，它们各应用在什么地方？

14．一他励直流电动机：$P_N=10kW$，$U_N=220V$，$I_N=53.7A$，$n_N=3000r/min$，试计算：（1）固有机械特性；（2）当电枢回路串入2Ω电阻时的人为特性；（3）当电枢电路端电压$U_a=U_N/2$时的人为特性；（4）当$\Phi=0.8\Phi_N$时的人为特性；（5）画出上述四种情况下的机械特性曲线。

15．他励直流电动机的额定数据为$P_N=17kW$，$U_N=220V$，$I_N=90A$，$n_N=1500r/min$，$R_a=0.147\Omega$，求：

（1）直接起动时的起动电流；

（2）拖动额定负载起动，若采用电枢回路串电阻起动，应串多大的电阻？若采用降低电枢电压起动，电压应降到多少？（顺利起动为条件）

16．一台他励直流电动机，铭牌数据为$P_N=2.2kW$，$U_N=220V$，$I_N=12.6A$，$n_N=1500r/min$，$R_a=0.2402\Omega$，求：

（1）当$I_a=12.6A$时，电动机的转速n；

（2）当$n_N=1500r/min$时，电枢电流I_a。

17．直流电动机起动时，为什么要在电枢电路中接入起动电阻？若把起动电阻留在电枢回路中长期运行，对电动机有什么影响？

18．他励电动机在运行过程中，若励磁绕组断线，会出现什么情况？

19．有一台他励直流电动机，其额定数据如下：$P_N=2.2kW$，$U_N=U_f=110V$，$n_N=1500r/min$，

$\eta_N = 12.6A$，并已知：$R_a = 0.4\Omega$，$R_f = 82.7\Omega$，试求：

（1）额定电枢电流； （2）额定励磁电流；

（3）额定输出转矩； （4）额定电流时的反电动势。

20. 他励直流电动机常用哪几种方法进行调速？它们的主要特点是什么？

21. 一台他励直流电动机 $P_N = 29kW$，$U_N = 440V$，$n_N = 1050r/min$，$R_a = 0.393\Omega$，$I_N = 76.2A$，重物类额定负载。

（1）电动机在能耗制动下运行，转速 $n = 500r/min$，求电枢回路中串接的电阻 R_{Z1}。

（2）电动机在倒拉反接制动下运行，转速 $n = 600r/min$，求电枢回路中串接的电阻 R_{Z2}，以及电网供给的功率 P_1 和电枢回路的总电阻上消耗的功率。

22. 他励直流电动机的额定数据为：$P_N = 29kW$，$U_N = 440V$，$I_N = 76A$，$n_N = 1000r/min$，$R_a = 0.377\Omega$，若忽略空载损耗，（1）电动机以 500r/min 吊起 $T_L = 0.8T_N$ 的负载，求这时接在电枢电路的电阻 R_{ad}；（2）用哪几种方法可使负载（$0.8T_N$）以 500r/min 转速下放？并求出每种方法电枢电路内串接的电阻值；（3）在 500r/min 时起吊负载 $T_L = 0.8T_N$，忽将电枢电压反接，并使电流不超过 $2I_N$，求最后稳定下降的转速。

第3章 变压器

变压器是在电力系统和电子电路中应用广泛的电气设备。它利用电磁感应原理，将一种交流电转变为另一种或两种以上频率相同而数值不同的交变电压。在电能的传输、分配和使用中，变压器是关键设备，具有重要意义。除电力系统外，它在通信、广播、冶金、焊接、电子实验、电气测量及自动控制等方面均有广泛的应用。

本章主要讲述变压器的结构、分类、基本工作原理、运行特性、铭牌等内容。

3.1 变压器的结构及铭牌

变压器是一种静止的电磁装置，它的主要功能是将一种交变电压变为同一频率的另一种或几种电压。它有两个以上彼此在电气方面相互绝缘的绕组（自耦变压器除外），在这些绕组中存在着公共磁通。

变压器的主要组成部分是铁心和绕组。为了改善散热条件，大、中容量的电力变压器的铁心和绕组浸入盛满变压器油的封闭油箱中，各绕组对外线路的连接由绝缘套管引出。为了使变压器安全可靠地运行，还设有储油柜、安全气道、气体继电器等附件，如图3-1所示。

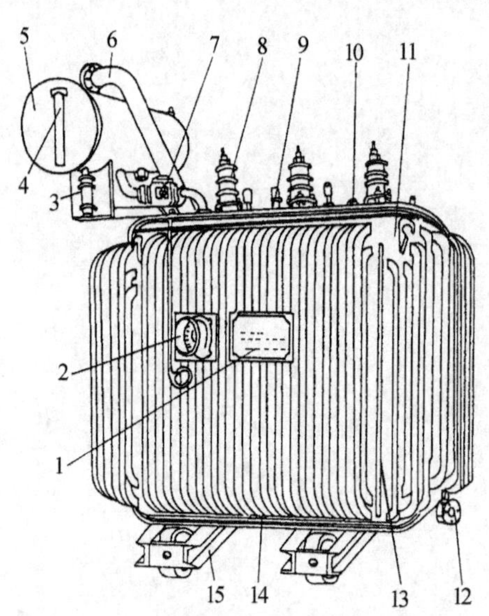

图3-1 三相油浸式电力变压器外形图

1—铭牌 2—信号式温度计 3—吸湿器 4—油标 5—储油柜 6—安全气道 7—气体继电器 8—高压套管 9—低压套管 10—分接开关 11—油箱 12—放油阀门 13—器身 14—接地板 15—小车

3.1.1 铁心

（1）铁心材料 铁心是变压器磁路的主体，铁心分为铁心柱和铁轭两部分。铁心柱上套装绕组，铁轭的作用是使磁路闭合。

（2）铁心结构　按照绕组套入心柱的形式，铁心可分为心式结构和壳式结构两种，如图 3-2 所示。

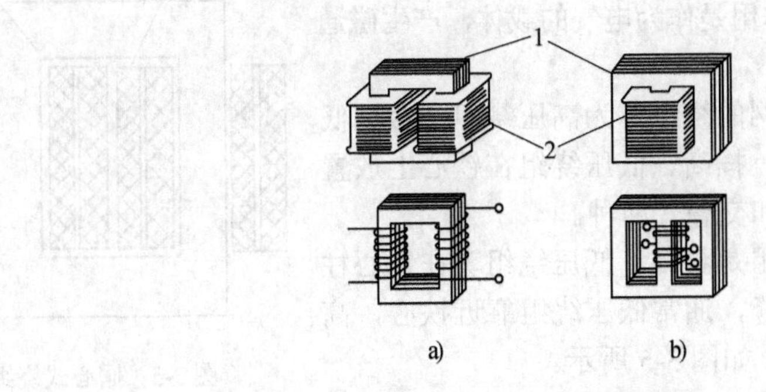

图 3-2　心式和壳式变压器

a) 心式　b) 壳式

1—铁心　2—绕组

（3）铁心叠片形式　大中型变压器的铁心，一般都将硅钢片裁成条状，采用交错叠片的方式叠装而成，使各层磁路的接缝互相错开，这种方法可减少气隙和磁阻，如图 3-3 所示。

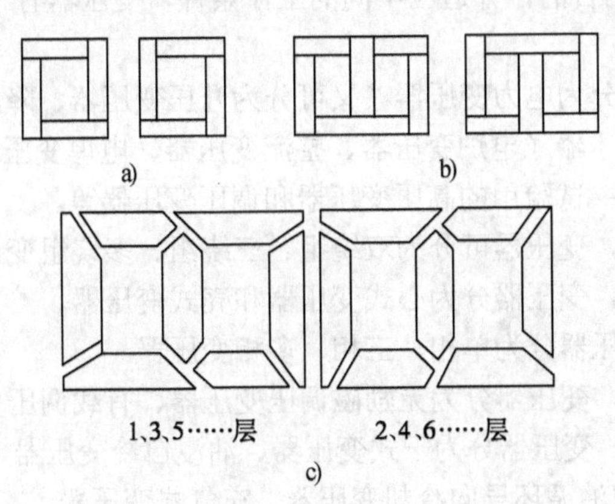

图 3-3　铁心叠片

a) 单相叠装式　b) 三相直缝叠装式　c) 三相斜上接缝叠装式

小型变压器为了简化工艺和减小气隙，常采用 E 字形、F 字形、C 字形和日字形冲压片交替叠装而成，形状如图 3-4 所示。

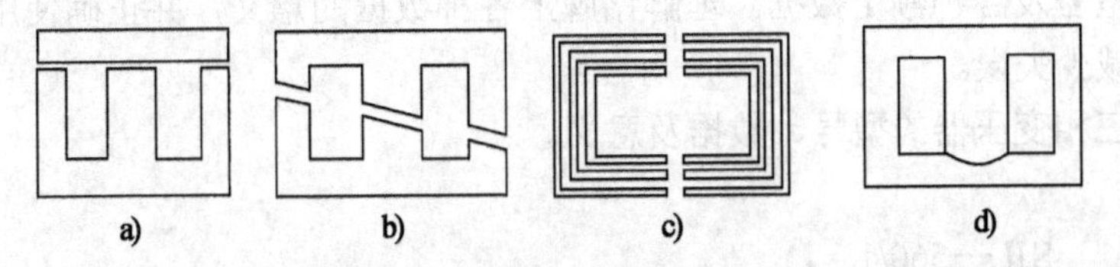

图 3-4　小型变压器的铁心冲压片

a) E 字形　b) F 字形　c) C 字形　d) 日字形

3.1.2　绕组

绕组是变压器的电气部分，一般用绝缘扁（或圆）铜线或绝缘铝线绕制而成。绕组的作用是作为电气的载体，产生磁通和感应电动势。

变压器中，接到高压电网的绕组称为高压绕组，接到低压电网的绕组称为低压绕组。按高、低压绕组在铁心上放置方式的不同，绕组有同心式和交叠式两种。

（1）同心式　同心式绕组是将高、低压绕组套在铁心柱上。为了便于绕组与铁心绝缘，通常低压绕组靠近铁心，高压绕组套装在低压绕组外面，如图 3-5 所示。

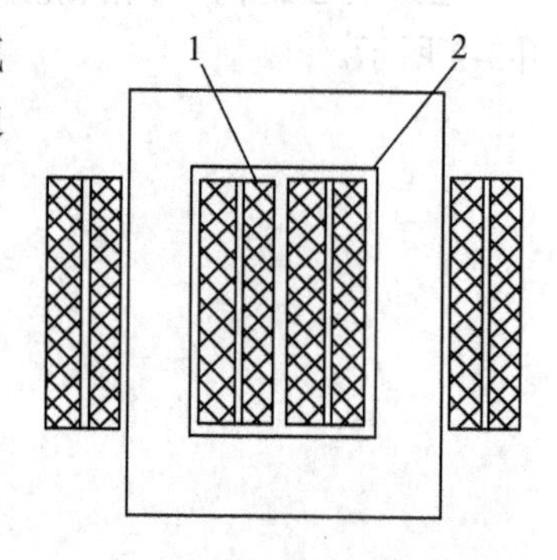

图 3-5　同心式绕组

1—高压绕组　2—低压绕组

（2）交叠式　交叠式绕组又称为饼式绕组，它是高、低压绕组分成若干线饼，沿着铁心柱的高度方向交替排列。为了便于绕线和铁心绝缘，一般最上层和最下层放置低压绕组。

3.1.3　变压器的分类

为了达到不同的使用目的，并适应不同的工作条件，变压器有很多类型，可按以下情况分类。

1）按用途分类，可分为电力变压器（又可分为升压变压器、降压变压器、配电变压器、厂用变压器等）；特种变压器（电炉变压器、整流变压器、电焊变压器等）；仪用互感器（电压互感器、电流互感器）；试验用的高压变压器和调压变压器等。

2）按绕组结构不同，变压器可分为双绕组、三绕组、多绕组变压器和自耦变压器。

3）按铁心结构不同，变压器分为心式变压器和壳式变压器。

4）按相数不同，变压器分为单相、三相、多相变压器。

5）按调压方式不同，变压器分为无励磁调压变压器、有载调压变压器。

6）按冷却方式不同，变压器分为干式变压器、油浸自冷变压器、油浸风冷变压器、强迫油循环冷却变压器，强迫油循环导向冷却变压器、充气式变压器。

7）按容量不同，变压器分为中小型变压器；大型变压器；特大型变压器。

3.1.4　变压器的铭牌

为了使用户对变压器的性能有所了解，制造厂为每一台变压器都安装了一块铭牌，上面标明了变压器型号及各种额定数据。理解铭牌上各种数据的意义，并正确使用变压器，以便运行、维护时减少失误。

下面介绍三相变压器的型号、数据及意义。

1．型号

SJL—560/1

其中　S——表示相数（S 表示三相、D 表示单相）；

J——表示冷却方式（J 为油浸自冷式）；

L——表示绕组为铝线；

560——表示额定容量（kVA）；

1——表示一次绕组额定电压（kV）。

2．额定容量

额定容量表示在额定工作条件下变压器输出功率，是变压器的视在功率，即$S_N = U_N I_{2N}$，也就是输出最大电功率的能力。不能与变压器的实际输出功率与容量相混淆。变压器按容量系列分，有 R8 容量系列和 R10 容量系列两大类。所谓 R8 容量系列，是指容量等级是按 R8=$\sqrt[8]{10} \approx 1.33$倍递增的。所谓 R10 容量系列，是指容量等级是按 R10=$\sqrt[10]{10} \approx 1.26$倍递增的。R10 系列容量的等级较密，便于合理选用，我国新的变压器容量等级采用此系列，如容量 100kVA、125kVA、160kVA、200 kVA、250kVA 等。

3．额定电压

变压器在额定运行情况下，根据绝缘等级和允许温升所规定的一次绕组线电压值，称为一次绕组的额定电压U_{1N}。在一次绕组加额定电压后，二次绕组空载时的线电压值，称为二次绕组的额定电压U_{2N}。

4．额定电流

变压器在额定运行情况下，一、二次绕组长时间工作允许的线电流值，用I_{1N}、I_{2N}表示。

5．额定频率

我国规定标准工业用交流电频率为 50Hz。世界上有些国家规定为 60Hz。

6．温升

温升是指变压器温度与冷却介质温度之差。温升取决于变压器的绝缘等级和散热条件。

3.2 单相变压器

3.2.1 变压器的基本工作原理

从变压器的结构可知，变压器主体是铁心及套在铁心上的绕组。把接交流电源的绕组设定为一次绕组，其匝数用字母N_1表示；把接负载（如灯泡）的绕组设定为二次绕组，其匝数用字母N_2表示，如图 3-6 所示。当一次绕组接通交流电源时，二次绕组接的灯泡就会发光。这是什么道理呢？这需要依据电磁感应原理来说明，穿过电路的磁通量发生变化时，电路中便有感应电动势产生，如果电路闭合，便产生感应电流。说具体些，就是一次绕组接通交流电源时，在绕组中就会有交变电流通过，一次电流交链的交变磁通在一次、二次绕组中都会感应出交变电动势。一次侧电动势是自感电动势，二次侧电动势是互感电动势。二次绕组有了感应电动势，如果接上负载，便可向负载供电，实现能量从一次侧到二次侧的传递。可见变压器从电网吸取能量，依靠电磁感应的作用，以磁通为媒介，将能量传递给负载，这就是变压器传递电能的基本原理。

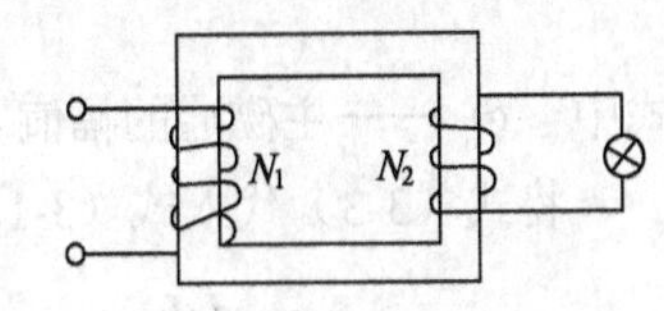

图 3-6　变压器工作原理图

上述流程说明，变压器只能传递交流电能，而不能产生电能；它只能改变交流电压或电流的大小，不改变频率；而在传递过程中几乎不改变电流与电压大小的乘积。

3.2.2 单相变压器的空载运行

1．空载运行时的物理情况

变压器一次绕组接交流电源，二次绕组开路时的运行状态，叫作空载运行，如图 3-7 所示是单相变压器空载运行的示意图。

变压器空载运行时通过一次绕组的电流 i_0 称为空载电流。因为此时变压器的磁通完全由空载电流产生的磁动势 i_0N_1 所激励，所以空载电流也称为励磁电流。

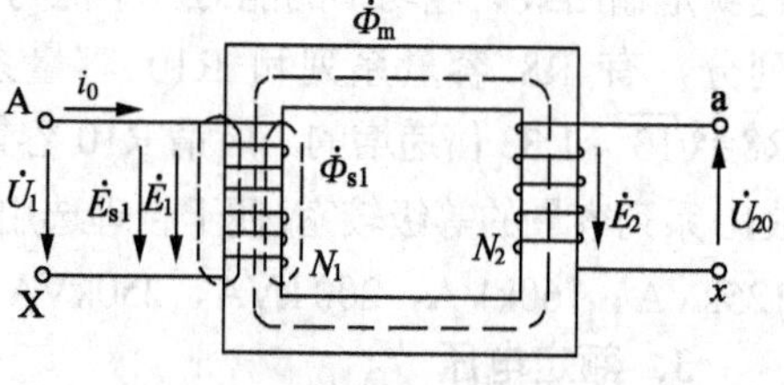

图 3-7　变压器空载运行原理图

变压器空载运行时由一次绕组磁动势产生的磁通如图 3-7 所示。绝大部分磁通经过磁阻很小的铁心闭合，与一次、二次绕组同时交链，称为主磁通，用 $\dot{\Phi}_{\mathrm{m}}$ 表示。很少一部分磁通经过磁阻很大的油或空气闭合，它们仅仅与一次绕组交链，称为一次绕组的漏磁通，用 $\dot{\Phi}_{\mathrm{s1}}$ 表示。交变的主磁通在一次、二次绕组中分别产生感应电动势 $\dot{E}_1$ 和 $\dot{E}_2$，交变的漏磁通在一次绕组中产生感应电动势 $\dot{E}_{\mathrm{s1}}$。

变压器空载运行时，没有电能传递给二次绕组，一次绕组由电源吸取的少量电能全部变成铁心的损耗和绕组的铜损耗，因为此时的铜损耗比铁心损耗小很多，所以变压器空载时输入的电能近似等于变压器的铁损耗。

2．空载运行时的电磁关系及平衡方程

（1）电磁关系　根据电磁感应定律，随时间交变的主磁通在一次、二次绕组中感应的电动势可用下式表示

$$e_1=-N_1\frac{\mathrm{d}\Phi}{\mathrm{d}t} \tag{3-1}$$

$$e_2=-N_2\frac{\mathrm{d}\Phi}{\mathrm{d}t} \tag{3-2}$$

当主磁通 Φ 随时间 t 按正弦规律变化时，设

$$\Phi=\Phi_{\mathrm{m}}\sin\omega t \tag{3-3}$$

式中　Φ_{m}——主磁通的幅值。

将式（3-3）代入式（3-1）和式（3-2），得

$$e_1=-N_1\frac{\mathrm{d}\Phi}{\mathrm{d}t}=-N_1\frac{\mathrm{d}\ (\Phi_{\mathrm{m}}\sin\omega t)}{\mathrm{d}t}=\omega N_1\Phi_{\mathrm{m}}\sin\left(\omega t-\frac{\pi}{2}\right)=E_{1\mathrm{m}}\sin\left(\omega t-\frac{\pi}{2}\right) \tag{3-4}$$

$$e_2=-N_2\frac{\mathrm{d}\Phi}{\mathrm{d}t}=-N_2\frac{\mathrm{d}\ (\Phi_{\mathrm{m}}\sin\omega t)}{\mathrm{d}t}=-\omega N_2\Phi_{\mathrm{m}}\sin\left(\omega t-\frac{\pi}{2}\right)=E_{2\mathrm{m}}\sin\left(\omega t-\frac{\pi}{2}\right) \tag{3-5}$$

由式（3-4）和式（3-5）看出，正弦交变磁通在一、二次绕组中产生的感应电动势也按正弦规律变化，电动势的相位滞后于主磁通 90°，电动势的幅值分别为 $E_{1\mathrm{m}}$ 和 $E_{2\mathrm{m}}$，将式（3-4）和式（3-5）写成相量形式为

$$\dot{E}_1=-\mathrm{j}\frac{\omega N_1}{\sqrt{2}}\dot{\Phi}_{\mathrm{m}}=-\mathrm{j}\frac{2\pi f}{\sqrt{2}}N_1\dot{\Phi}_{\mathrm{m}}=-\mathrm{j}4.44fN_1\dot{\Phi}_{\mathrm{m}}$$

$$\dot{E}_2 = -\mathrm{j}\frac{\omega N_2}{\sqrt{2}}\dot{\Phi}_{\mathrm{m}} = -\mathrm{j}\frac{2\pi f}{\sqrt{2}}N_2\dot{\Phi}_{\mathrm{m}} = -\mathrm{j}4.44fN_2\dot{\Phi}_{\mathrm{m}}$$

电动势的有效值为

$$E_1 = 4.44fN_1\Phi_{\mathrm{m}}$$
$$E_2 = 4.44fN_2\Phi_{\mathrm{m}}$$

变压器的一次绕组电动势与二次绕组电动势之比称为电压比，用 K 表示，即

$$K = \frac{E_1}{E_2} = \frac{N_1}{N_2}$$

可见变压器的电压比等于一、二次绕组的匝数比。因为空载时一次侧电动势与电压近似相等，即 $E_1 \approx U_1$，二次电动势等于开路电压，即 $E_2 = U_{20}$，所以电压比近似等于空载时一、二次电压之比，即

$$K = \frac{E_1}{E_2} \approx \frac{U_1}{U_{20}} \tag{3-6}$$

因此，测出空载时的一、二次电压，就可按照式（3-6）计算电压比。对于三相变压器来说，电压比是一、二次相电动势之比，而不是线电动势之比。

（2）平衡方程

变压器空载运行时，由主磁通 $\dot{\Phi}_{\mathrm{m}}$ 感应产生的一次电动势为

$$\dot{E}_1 = -\mathrm{j}4.44fN_1\dot{\Phi}_{\mathrm{m}}$$

由漏磁通 Φ_{s1} 感应产生的电动势为

$$e_{\mathrm{s1}} = -N_1\frac{\mathrm{d}\Phi_{\mathrm{s1}}}{\mathrm{d}t}$$

因为一次侧漏磁通与空载电流成正比，所以

$$e_{\mathrm{s1}} = -L_{\mathrm{s1}}\frac{\mathrm{d}i_0}{\mathrm{d}t} \tag{3-7}$$

式中　L_{s1}—— 一次绕组的漏电感，是与铁心饱和程度无关的常量。

当空载电流 i_0 用等效正弦波表示时，由式（3-7）得

$$e_{\mathrm{s1}} = \sqrt{2}I_0\omega L_{\mathrm{s1}}\sin\left(\omega t - \frac{\pi}{2}\right)$$

可见由漏磁通感应产生的电动势 $\dot{E}_{\mathrm{s1}}$ 在相位上比空载电流 I_0 滞后 90°，相量形式为

$$\dot{E}_{\mathrm{s1}} = -\mathrm{j}\dot{I}_0\omega L_{\mathrm{s1}} = -\mathrm{j}\dot{I}_0X_1$$

式中　I_0——空载电流有效值（A）；

X_1——一次绕组的漏磁电抗（Ω）；

L_{s1}——一次绕组的漏电感（H）。

一次绕组中共有三部分电动势：由主磁通感应的电动势 $\dot{E}_1$，由漏磁通感应的电动势 $\dot{E}_{\mathrm{s1}}$ 和由电阻压降决定的电动势 $-\dot{I}_0r_1$（r_1 为一次绕组的电阻）。按照规定的正方向，得到一次侧电压平衡方程式

$$\begin{aligned}\dot{U}_1 &= -\dot{E}_1 - \dot{E}_{\mathrm{s1}} + \dot{I}_0r = -\dot{E}_1 + \mathrm{j}\dot{I}_0X_1 + \dot{I}_0r \\ &= -\dot{E}_1 + \dot{I}_0(r + \mathrm{j}X_1) = -\dot{E}_1 + \dot{I}_0z_1\end{aligned} \tag{3-8}$$

式中　$z_1=r+jX_1$——一次绕组的漏阻抗（Ω）。

在一般变压器中，一次绕组的漏阻抗压降I_0z_1比起外加电压U_1来是很小的，约占U_1的1%，可忽略，则式（3-8）可近似为

$$\dot{U}_1\approx-\dot{E}_1$$

上式说明，原边感应电动势与外加电压相平衡。

因为

$$\dot{E}_1=-\mathrm{j}4.44fN_1\dot{\Phi}_\mathrm{m}$$

所以

$$\dot{U}_1\approx-\dot{E}_1=\mathrm{j}4.44fN_1\dot{\Phi}_\mathrm{m}$$

写成有效值为

$$U_1\approx E_1=4.44fN_1\Phi_\mathrm{m}$$

由上式看出，变压器主磁通的大小主要决定于电源电压、电源频率和绕组匝数。

空载运行时变压器二次侧开路，电压与电动势相等，即

$$\dot{U}_{20}=\dot{E}_2=-\mathrm{j}4.44fN_2\dot{\Phi}_\mathrm{m}$$

3. 空载运行时的相量图及等效电路

（1）空载运行时的相量图　根据变压器空载运行时的电压平衡方程式，可以画出变压器空载运行时的相量图，如图3-8所示。其作法如下。

1）在水平位置画出的是主磁通相量$\dot{\Phi}_\mathrm{m}$。

2）一、二次绕组的电动势$\dot{E}_1$和$\dot{E}_2$均滞后于$\dot{\Phi}_\mathrm{m}$ 90°。

3）变压器在建立磁场时，电网除了向其提供无功电流分量$\dot{I}_{0\mathrm{r}}$以产生磁通外，还要向其提供有功电流分量$\dot{I}_{0\mathrm{a}}$以提供铁心损耗所需的有功功率，所以励磁电流$\dot{I}_0$是$\dot{I}_{0\mathrm{a}}$和$\dot{I}_{0\mathrm{r}}$的合成，如图3-8所示。

从相量图3-8可看出，空载电流相量$\dot{I}_0$滞后于电源电压相量$\dot{U}_1$的角度$\varphi_0\approx90°$，功率因数很低，因此，变压器应当避免空载运行。

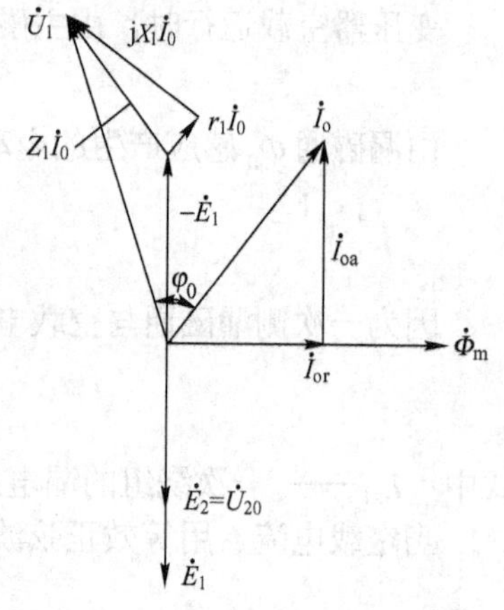

图3-8　变压器空载运行时的相量图

（2）空载运行时的等效电路　变压器的等效电路，就是用简单的交流电路来代替变压器中那种复杂的电磁耦合关系。变压器空载运行时，由式（3-8）得出

$$z=\frac{\dot{U}_1}{\dot{I}_0}=\frac{\dot{I}_0z_1-\dot{E}_1}{\dot{I}_0}=z_1+\frac{-\dot{E}_1}{\dot{I}_0}=z_1+z_m$$

$$\dot{U}_1=\dot{I}_0(z_1+z_\mathrm{m}) \tag{3-9}$$

式中　z——等效阻抗；

z_1——一次绕组漏阻抗，$z_1=r_1+\mathrm{j}X_1$；

z_m——励磁阻抗。

励磁阻抗

$$z_\mathrm{m}=r_\mathrm{m}+\mathrm{j}X_\mathrm{m}$$

式中　r_m——励磁电阻；

X_m——励磁电抗。

式（3-9）表明，变压器空载运行时，相当于将两个串联的阻抗 z_m 和 z_1 接至电压 $\dot{U}_1$ 的电源，其等效电路如图 3-9 所示，其中 r_m 为励磁电阻或铁耗电阻，它是反映铁心损耗的一个等效电阻；X_m 为励磁电抗，表示为主磁通相对应的电抗，是反映铁心磁化性能的一个集中参数。所以 z_m 反映了变压器的铁心损耗和主磁通的效应。由于铁磁材料的磁化曲线是非线性的，即导磁系数随铁心饱和程度的提高而降低，因此 X_m 与 r_m 均不是常量。通常因电源电压变化不大，变压器运行变动范围不大，因此可以认为 z_m 是一个常量，即

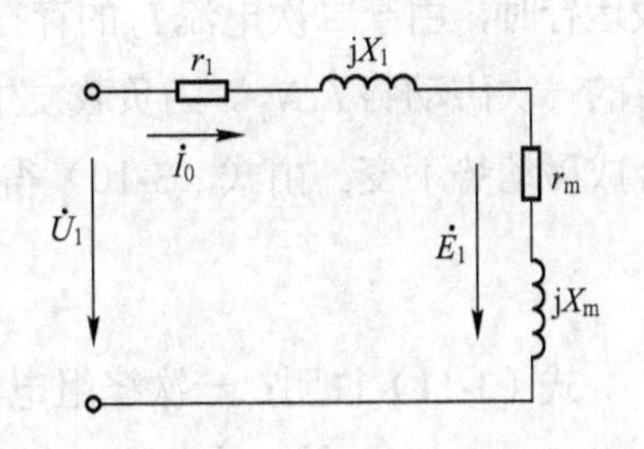

图 3-9　变压器空载运行时的等效电路

$$-\dot{E}_1 = \dot{I}_0 z_m$$

【例 3-1】 一台单相电力变压器的额定容量 S=320kVA，额定电压 U_1/U_2=10kV/0.4kV，额定电流 I_1/I_2=32A/800A，一次绕组电阻 r_1=2.44Ω，励磁电阻 r_m=169Ω，励磁电抗 X_m=4460Ω，X_1=8.24Ω，当一次侧接额定电压而二次侧开路时，计算空载电流、一次电动势及漏阻抗压降的大小。

解：（1）计算空载电流

因为

$$z_1 = \sqrt{r_1^2 + X_1^2} = \left(\sqrt{2.44^2 + 8.24^2}\right)\Omega = 8.59\Omega$$

$$z_m = \sqrt{r_m^2 + X_m^2} = \left(\sqrt{169^2 + 4460^2}\right)\Omega = 4463.2\Omega$$

$$|z_1 + z_m| = 4472.6\Omega$$

所以

$$I_0 = \frac{U_1}{z_1 + z_m} = \left(\frac{10\times 10^3}{4472.6}\right)\text{A} = 2.236\text{A}$$

（2）计算一次电动势

$$E_1 = I_0 z_m = (2.236\times 4463.2)\ \text{V} = 9979.7\ \text{V}$$

（3）计算漏阻抗压降

$$I_0 z_1 = (2.236\times 8.59)\ \text{V} = 19.2\ \text{V}$$

从以上计算结果看出：励磁电流很小，$I_0/I\approx$7%；一次侧电动势与外加电压很接近 $E_1/U_1\approx$99.8%，空载时的漏阻抗压降可以忽略不计；空载功率因数很低，$\cos\varphi_0 = {(r_1 + r_2)}/{(z_1 + z_m)}$ = 0.038，φ_0=87.8°。

3.2.3　单相变压器的负载运行

1．负载运行时的电磁关系

变压器空载运行时，主磁通是由励磁电流 $\dot{I}_0$ 单独建立的。负载运行后，二次电流 $\dot{I}_2$ 也会产生磁动势 $\dot{I}_2 N_2$，此时主磁通 $\dot{\Phi}_m$ 将由一次电流 $\dot{I}_1$ 和二次电流 $\dot{I}_2$ 共同建立，它会不会影响主磁通呢？由前面知道，$\dot{U}_1 \approx -\dot{E}_1$。变压器从空载运行转变到负载运行时，一次电动势并不变化，$\dot{E}_1$ 总是同外加电压 $\dot{U}_1$ 相平衡的，因而主磁通不发生变化。这就说明负载运行时的合成磁动势应等于空载运行时的一次磁动势 $\dot{I}_0 N_1$，即

$$\dot{I}_1 N_1 + \dot{I}_2 N_2 = \dot{I}_0 N_1 \tag{3-10}$$

式（3-10）为变压器负载运行时的磁动势平衡方程式。它说明当变压器由空载转变到负载运行时，由于二次电流 $\dot{I}_2$ 的存在使一次电流由 $\dot{I}_0$ 改变到 $\dot{I}_1$，保持合成磁动势仍然等于空载时的一次磁动势 $\dot{I}_0 N_1$。当负载发生变化时，$\dot{I}_2$ 发生变化，$\dot{I}_1$ 也必然发生相应的变化，以保持合成磁动势不变。由式（3-10）得到

$$\dot{I}_1 = \dot{I}_0 + \left(-\frac{N_2}{N_1}\dot{I}_2\right) \tag{3-11}$$

式（3-11）说明：一次绕组电流 $\dot{I}_1$ 由两个分量组成：一个分量是励磁电流 $\dot{I}_0$ 建立主磁通；另一个分量是 $\left(-\frac{N_2}{N_1}\dot{I}_2\right)$，称作负载分量，用来抵消或平衡二次负载电流 $\dot{I}_2$ 的作用，它是随负载的变化而变化的量。

2．负载运行时的电压平衡方程

实际变压器运行时，$\dot{I}_1 N_1$ 共同建立主磁通，主磁通在一、二次绕组中产生感应电动势 $\dot{E}_1$ 和 $\dot{E}_2$。每个磁动势还应产生只与自身相链的漏磁通 $\dot{\Phi}_{s1}$ 和 $\dot{\Phi}_{s2}$，它们在各自绕组内产生漏磁通电动势为 $\dot{E}_{s1}$ 和 $\dot{E}_{s2}$，如图 3-10 所示，得出变压器负载运行时的一、二次电压平衡方程式

$$\dot{U}_1 = \dot{I}_1 r_1 + \mathrm{j}\dot{I}_1 X_1 - \dot{E}_1 = \dot{I}_1 z_1 - \dot{E}_1$$

$$\dot{U}_2 = \dot{E}_2 - \dot{I}_2 r_2 - \mathrm{j}\dot{I}_2 X_2 = \dot{E}_2 - \dot{I}_2 z_2$$

式中 r_1，r_2—— 一、二次绕组的电阻；

X_1，X_2—— 一、二次绕组的漏电抗；

z_1，z_2—— 一、二次绕组的漏阻抗。

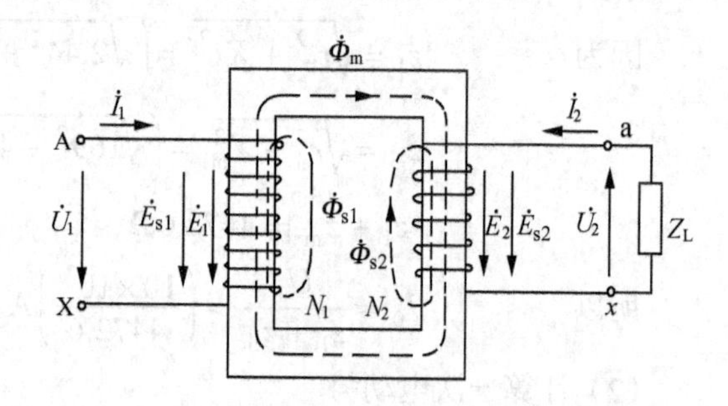

图 3-10 单相变压器负载运行的示意图

负载阻抗上的电压

$$\dot{U}_2 = \dot{I}_2 Z_L$$

3．负载运行时的等效电路和相量图

变压器负载运行时的基本方程式综合了变压器内部的电磁关系。但利用基本方程式进行计算很不方便，因为一、二次绕组之间是通过电磁感应而联系的，它们之间无直接的电路联系，所以需要找出与变压器运行时的电磁过程等效的纯电路，即变压器的等效电路。对变压器的绕组进行折算，就是解决这一问题的重要步骤。

（1）折算 折算就是在不改变其电磁关系与功率关系的原则下，把一次绕组和二次绕组换算成具有相同的匝数。通常是将实际的二次绕组折算成具有一次绕组同样的匝数，简称为二次侧折算到一次侧。折算后的各量都用在符号的右上角加“′”来表示。

1）二次电动势和电压的折算。因折算前后的主磁通没有变化，只是二次绕组的匝数由 N_2 变为 N_1，所以

$$\dot{E}_2' = 4.44 f N_1 \dot{\Phi}_m = 4.44 f \frac{N_1}{N_2} \cdot N_2 \dot{\Phi}_m = K\dot{E}_2$$

同理

$$\dot{U}_2' = K\dot{U}_2$$

2）电流折算。根据折算前后二次磁动势应保持不变，即 $\dot{I}_2' N_1 = \dot{I}_2 N_2$
则

$$\dot{I}_2' = \frac{N_2}{N_1}\dot{I}_2 = \frac{1}{\dfrac{N_1}{N_2}}\dot{I}_2 = \frac{1}{K}\dot{I}_2$$

3）阻抗折算。根据折算后有功损耗与漏磁场的无功功率应保持不变，有

$$I_2'^2 r_2' = I_2^2 r_2 = K^2 r_2$$

可得

$$r_2' = \frac{I_2^2}{I_2'^2} r_2 = K^2 r_2$$

$$X_2' = \frac{{I_2}^2}{{I_2'}^2} X_2 = K^2 X_2$$

折算后，变压器负载运行时的基本方程式变为如下形式：

$$\left.\begin{aligned}
\dot{U}_1 &= -\dot{E}_1 + \dot{I}_1 z_1 \\
\dot{U}_2' &= \dot{E}_2' - \dot{I}_2' z_2' \\
\dot{E}_1 &= \dot{E}_2' = -\dot{I}_0 z_m \\
\dot{I}_1 &+ \dot{I}_2' = \dot{I}_0 \\
\dot{U}_2' &= \dot{I}_2' Z_L'
\end{aligned}\right\} \tag{3-12}$$

（2）等效电路　根据 $\dot{U}_1 = \dot{I}_1 r_1 + \mathrm{j}\dot{I}_1 X_1 - \dot{E}_1$ 可作出一次侧的等效电路，如图 3-11a 所示，根据 $\dot{E}_2' = \dot{I}_2' r_2' + \mathrm{j}\dot{I}_2' X_2'$ 可作出二次侧的等效电路，如图 3-11c 所示，而后再根据 $\dot{E}_1 = -\dot{I}_0 (r_m + \mathrm{j}X_m)$ 可作出励磁部分的等效电路，如图 3-11b 所示。

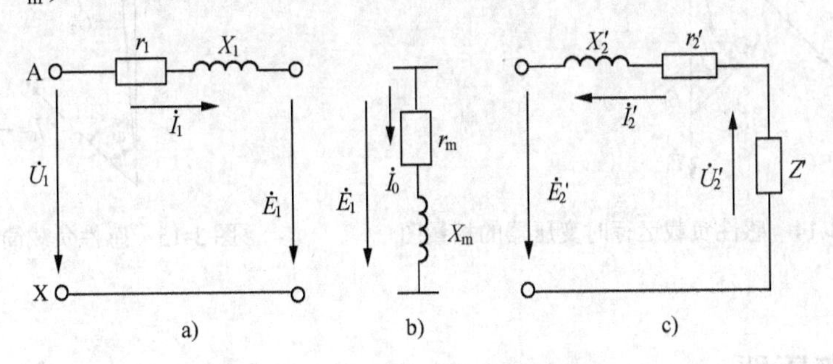

图 3-11　变压器的部分等效电路

a) 一次侧等效　b) 励磁等效电路　c) 二次侧等效电路

由于折算后一、二次绕组的匝数相等，则 $\dot{E}_2' = \dot{E}_1$，磁动势平衡关系已化为等效的电流关系 $\dot{I}_1 + \dot{I}_2' = \dot{I}_0$，故可将图 3-11 中的三部分连在一起，可得到变压器的 T 型等效电路，如图 3-12 所示。

T 型等效电路属于混联电路，运算较麻烦。变压器的空载电流很小，可忽略不计，即去掉励磁支路，便可得到变压器的简化等效电路，如图 3-13 所示。

根据式（3-12）及 T 型等效电路，可以画出变压器负载运行的相量图，如图 3-14 所示。从图中可看出，变压器一次侧电压$\dot{U}_1$与电流$\dot{I}_1$的夹角φ_1，称为变压器负载运行的功率因数角，$\cos\varphi_1$为功率因数。对于运行着的变压器，负载的性质和大小决定了$\dot{U}_1$是领先还是落后于$\dot{I}_1$，决定了φ_1的数值以及$\cos\varphi_1$的大小。

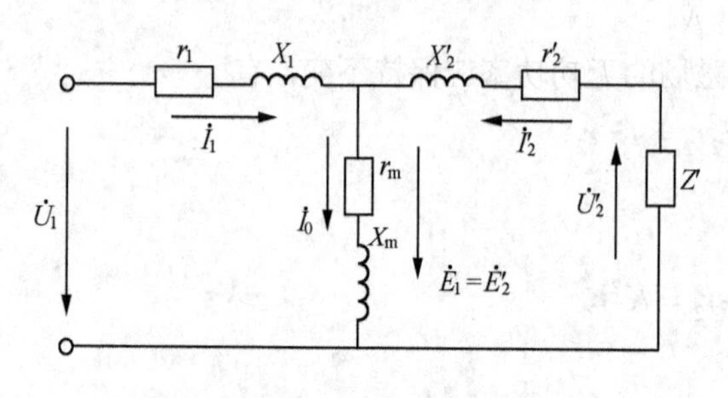

图 3-12　变压器的 T 型等效电路

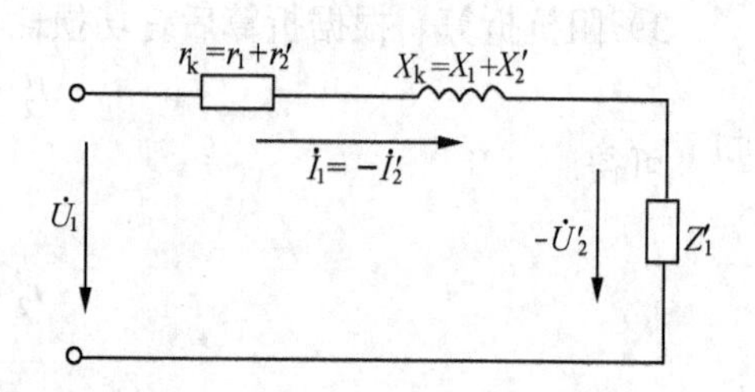

图 3-13　变压器的简化等效电路

根据简化以后的等效电路，可以画出相应的相量图，如图 3-15 所示。

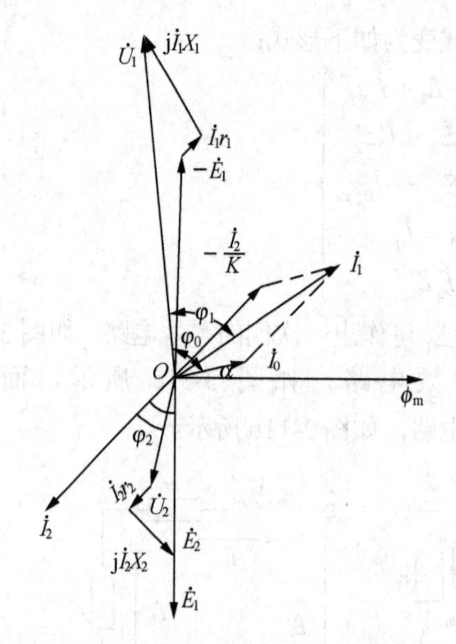

图 3-14　感性负载运行时变压器的相量图

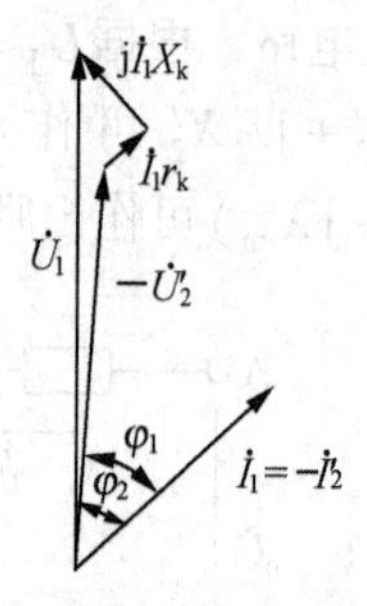

图 3-15　感性负载简化相量图

3.3　三相变压器

3.3.1　三相变压器的磁路系统

三相变压器组是由三个同样的单相变压器组成的，如图 3-16 所示。它的磁路特点是三相磁通各有自己单独的磁路，互不关联。如果外加电压是三相对称的，则三相磁通也一定是对称的。如果三个铁心的材料和尺寸完全一样，三相磁路的磁阻相等，三相空载电流也是对称的。

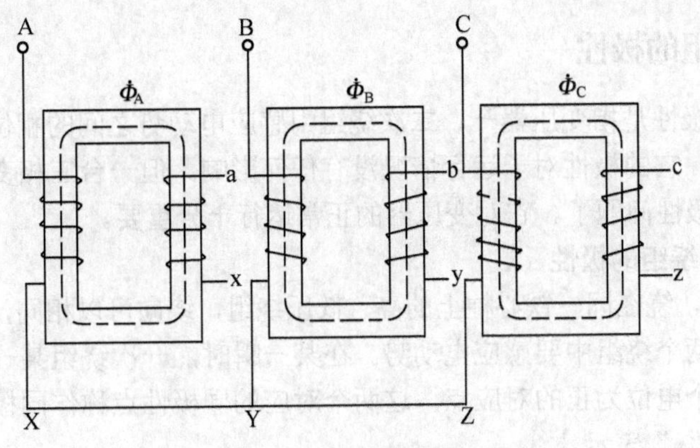

图 3-16　三相变压器组的磁路系统

三相变压器组常用在大容量变压器中，以便于运输和制造。有时为了减少备用容量，也采用这种形式。

3.3.2　三相心式变压器的磁路

用铁轭把三个铁心柱连接在一起，就构成了三相心式变压器的铁心，是由三相变压器组的铁心演变而来的。如图 3-17a 所示。外加三相对称电压时，三相磁通也是对称的，即

$$\dot{\Phi}_A = \dot{\Phi}_m \sin \omega t$$

$$\dot{\Phi}_B = \dot{\Phi}_m \sin(\omega t + 120^\circ)$$

$$\dot{\Phi}_C = \dot{\Phi}_m \sin(\omega t - 120^\circ)$$

故三相磁通之和为

$$\sum \dot{\Phi} = \dot{\Phi}_A + \dot{\Phi}_B + \dot{\Phi}_C = 0$$

由此说明，中心柱无磁通通过。因此，可将中心柱省去变成图 3-17b 所示的形状。实际上为了便于制造，将三个铁心柱布置在同一平面内，于是便可得到常用的三相变压器的铁心，如图 3-17c 所示。

由图 3-17c 可看出，这种铁心的三相磁路是不对称的，B 相磁路比 A、C 两相磁路短。当外加电压对称时，虽然三相磁通基本上是对称的，但是空载电流并不对称，B 相空载电流 I_{0B} 小于 A、C 两相的空载电流 I_{0A}、I_{0C}，由于空载电流只占额定电流的百分之几，所以空载电流不对称，对三相变压器的负载运行的影响很小，可以不予考虑。

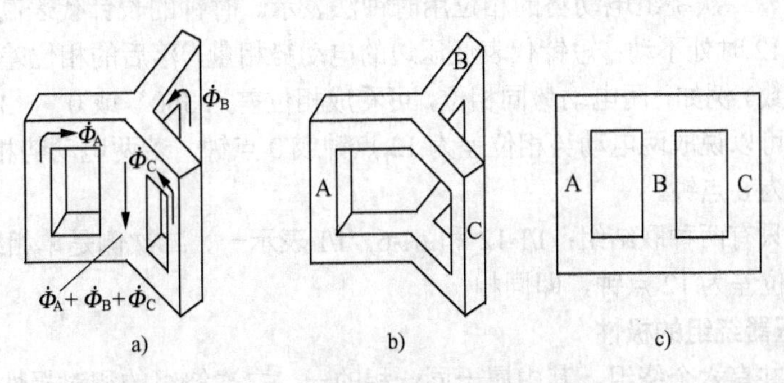

图 3-17　三相心式变压器的磁路系统

3.3.3 变压器绕组的极性

变压器绕组的极性是指变压器一、二次绕组中感应电动势之间的相位关系。当一台单相变压器单独运行时，它的极性对于运行情况没有任何影响。但一台三相变压器运行时，就要考虑变压器绕组的极性问题了。它对变压器的正常运行十分重要。

1．单相变压器绕组的极性

如图 3-18 所示，绕在同一铁心柱上的高、低压绕组，绕向可以相同，也可以相反。铁心中磁通交变时，在两个绕组中要感应电动势。在某一瞬时，一次绕组某一点电位为正，则二次绕组也必然有一个电位为正的对应点，这两个对应的同极性点称作同极性端或同名端。同名端在图上用符号“•”表示。

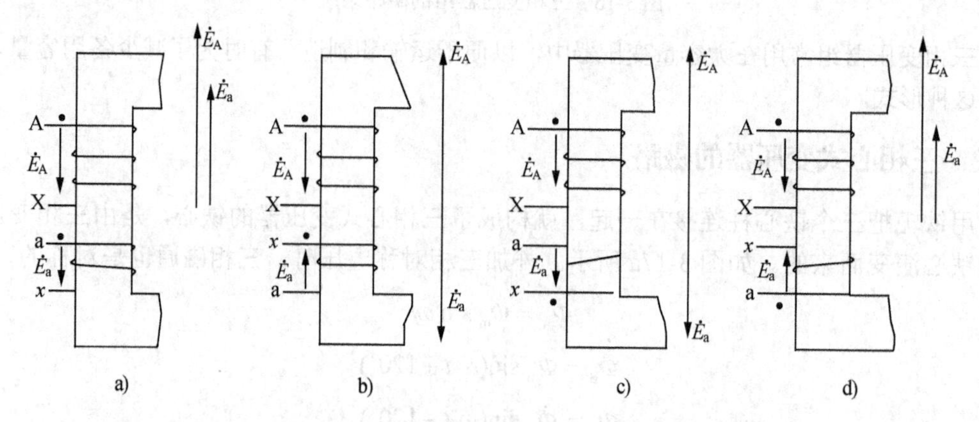

图 3-18 绕组的绕向和标志不同时，一、二次电动势的相位关系

下面我们讨论一、二次绕组中电动势的相位关系。

（1）当绕向相同的一、二次绕组的首端是同名端时，一次电动势相量 $\dot{E}_A$ 与二次电动势相量 $\dot{E}_a$ 同相位。

（2）当绕向相同的一、二次绕组的首端不是同名端时，$\dot{E}_A$ 和 $\dot{E}_a$ 相位相反。

（3）当绕向相反的一、二次绕组的首端不是同名端时，$\dot{E}_A$ 和 $\dot{E}_a$ 相位相反。

（4）当绕向相反的一、二次绕组的首端是同名端时，$\dot{E}_A$ 和 $\dot{E}_a$ 相位相同。

可见，当一、二次绕组的首端是同名端时，一、二次电动势的相位相同；当一、二次绕组的首端不是同名端时，一、二次绕组的电动势的相位相反。

变压器中一、二次绕组电动势的相位用时钟法表示。时钟的长针代表高压边的电动势相量，置于时钟的 12 时处不动；短针代表低压边的电动势相量，落后的相位差除以 30°，即为短针所指的钟点数。例如，两电动势同相位，可看成相位差为 360° 或 0°，360° ÷30° =12，用时钟法表示则可以说成两电动势相位差为 12 点钟或 0 点钟。若两电动势相位差为 180°，用时钟法表示则为 6 点钟。

单相变压器只有两种联结组：I/I-12 和 I/I-6，I/I 表示一、二次侧是单相绕组，12 表示两绕组电动势的相位差为 12 点钟，即同相。

2．三相变压器绕组的极性

三相变压器共有六个绕组，其中属于同一相的一、二次绕组的相对极性可按单相变压器的规定确定。同时还要标明三相变压器三个一次绕组和三个二次绕组的首未端位置，如图 3-19 所示。

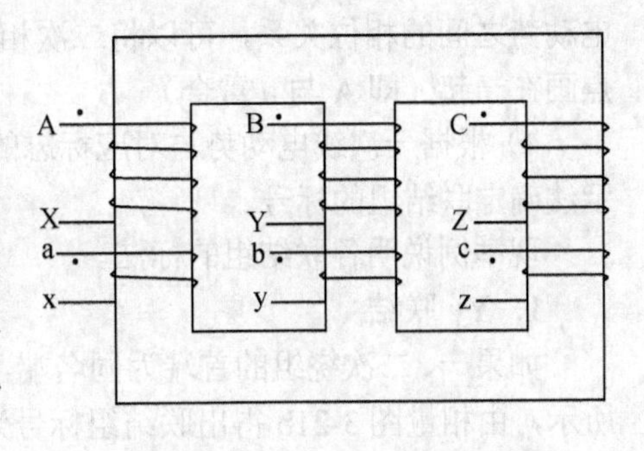

图 3-19 三相变压器各相绕组的标志

当把三相变压器一、二次绕组联结成星形或三角形时，绕组内感应电动势就互差 120°，变压器正常运行。如果当一相绕组接反了，则该相绕组产生的磁通会与另外两相绕组产生的磁通相互抵消，使得变压器空载阻抗变得很小，接入电流后会流过很大的电流而烧坏变压器。

三相绕组的常用联结方法有两种：三角形联结（D）和星形联结（Y）。

三角形联结是把一相的末端和另一相的首端顺次联结起来，称为正序联结，如图 3-20a 所示。有时还会遇到另一种联结顺序，如图 3-20b 所示，称为反序联结。

星形联结是把三相绕组的三个未端连结在一起作为中点，如图 3-20c 所示，当 Y 联结有中点引出线时，用 Y_N 表示。

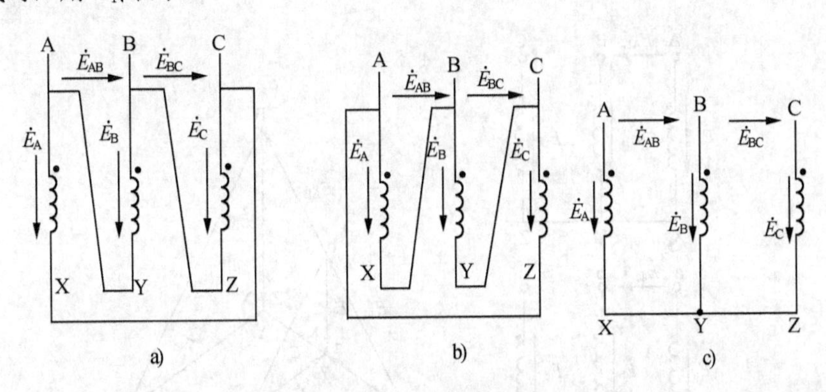

图 3-20 三相绕组的联结法

3.3.4 三相变压器的联结组

在三相系统中，用户关心的是三相变压器一、二次绕组电动势之间的相位差。由于接线方式不同，其相位差也不同，但是不论怎样联结，一、二次绕组电动势间相位差总是 30° 的整数倍。因此，可用时钟表示法来表示它，短针所指的钟点数即为三相变压器联结组别的标号（指向“12”时，标号为“0”）。联结组别的书写形式是：用大写、小写的英文字母依次表示一、二次绕组的接线方式，星形用 Y 或 y 表示，有中线引出时用 Y_N 表示，三角形用 D 或 d 表示；在英文字母后面写出标号数字。

确定联结组的步骤如下。

1）根据绕组联结方法画出绕组联结图，标明一次侧各相绕组的同极性端，根据一次绕组的同极性端标明同一铁心柱上的二次绕组的同名端。

2）标明一次相电动势 $\dot{E}_A$、$\dot{E}_B$、$\dot{E}_C$ 的正方向和二次相电动势 $\dot{E}_a$ 、$\dot{E}_b$ 、$\dot{E}_c$ 的正方向。

3）作一次电动势的相量图。三角形联结时，对应于图 3-20a，$\dot{E}_{AB}=-\dot{E}_B$，对应于图 3-20b，$\dot{E}_{AB}=\dot{E}_A$。星形联结时，$\dot{E}_{AB}=\dot{E}_A-\dot{E}_B$。作二次电动势相量图时，为了便于比较一、二次线

电动势之间的相位关系，可以将二次相电动势 $\dot{E}_a$ 的箭头端点与一次侧相电动势 $\dot{E}_A$ 的箭头端点画在一起（即 A 与 a 重合）。

4）根据一次线电动势与对应标志的二次线电动势（例如 $\dot{E}_{AB}$ 与 $\dot{E}_{ab}$ ）的相位差按时钟表示法确定联结组的标号。

现举例说明各联结组的标法。

1．Yy 联结

如果一、二次绕组的首端为同名端，对应标志的一、二次绕组在同一铁心柱上，如图 3-21a 所示，由相量图 3-21b 得出联结组标号为“0”，因而是 Yy0。如果一、二次绕组首端不是同名端，但对应标志的绕组仍在同一铁心柱上，则得出联结组标号为 6，因而是 Yy6。当一、二次绕组的首端是同名端时，改变二次绕组 AX 与 cz，BY 与 ax，CZ 与 by 分别在同一铁心柱上，使二次线电动势比 Yy12 联结组滞后 120° =4×30°，所以联结组标号为 4，得到 Yy4 联结组。根据同样的道理，当一、二次绕组的首端不是同名端时，改变二次绕组的标志可以得到 Yy10 和 Yy2 两种联结组。可见 Yy 联结一共可以得到六种联结组，因为它们的标号都是偶数，所以称为六种偶数联结组。

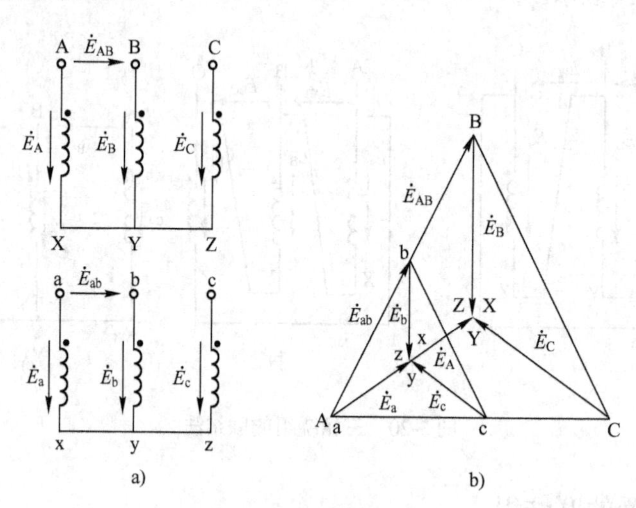

图 3-21　Yy12 联结组

2．Yd 联结

当一、二次绕组的首端是同名端，对应标志的一、二次绕组在同一铁心柱上，如图 3-22a 所示。确定联结组标号的相量图 3-22b 是这样作出的：1）作一次相电动势相量图，并作出一次线电动势相量 $\dot{E}_{AB}$；2）从图 3-22a 看出，二次线电动势 $\dot{E}_{ab}$ 就是相电动势 $-\dot{E}_b$，而 $\dot{E}_b$ 与 $\dot{E}_B$ 同相，所以从相量 $\dot{E}_{AB}$ 的首端作出与 $\dot{E}_B$ 同相的相量，就可得到二次线电动势相量 $\dot{E}_{ab}$。

由图 3-22b 看出，二次线电动势相量 $\dot{E}_{ab}$ 滞后于一次线电动势相量 $\dot{E}_{AB}$ 330° =11×30°，联结组标号为“11”，因而是 Yd11 联结组。改变绕组标志，还可以得到五种联结组，因此，Yd 接法一共可以得到六种奇数联结组。

此外，Dd 接法也可得到六种偶数联结组，Dy 接法也可以得到六种奇数联结组。

3．标准联结组

单相和三相变压器有很多联结组别，为了避免制造和使用时造成混乱，国家标准对单相双绕组电力变压器规定只有一个标准联结组别为 I/I-0，对三相双绕组电力变压器规定了以下五种联结组别：Yy_n0、Yd11、Y_Nd11、Y_Ny0、Yy0。

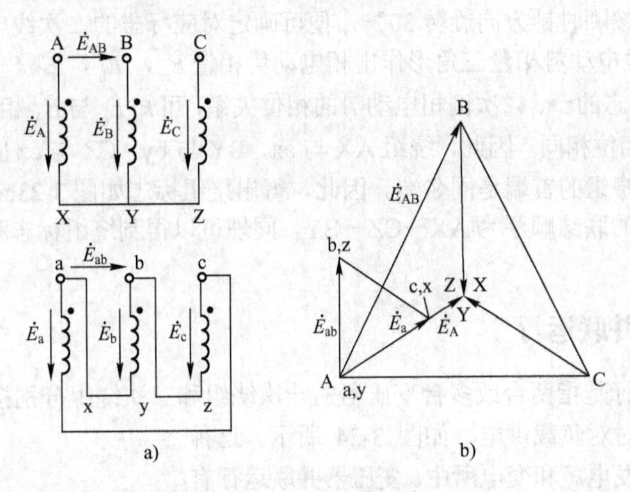

图 3-22　Yd11 联结组

Yy_n0 主要用作配电变压器，其二次侧中线引出作为三相四线制供电，既可用于照明，也可用于动力负载。这种变压器高压边电压不超过 35kV，低压边电压为 400V（单相 230V）。Yd11 用在二次侧超过 400V 的线路中，Y_Nd11 用在 110kV 以上高压输电线路中，其高压侧可以通过中点接地。Y_Ny0 用于一次侧需要接地的场合。Yy0 供三相动力负载。

【例 3-2】 已知三相变压器的联结组标号为 1，求出可能的联结方法。

解：已知联结组标号求出联结方法，是确定联结组的逆求解，这类问题在直流调速系统中可以遇到。因为标号 1 为奇数，所以联结方法必然为 Yd 或 Dy，现按 Yd 接法进行分析。

1）设一次绕组按下列顺序联结：AX→BY→CZ，画出一次电动势相量三角形如图 3-23a 所示。

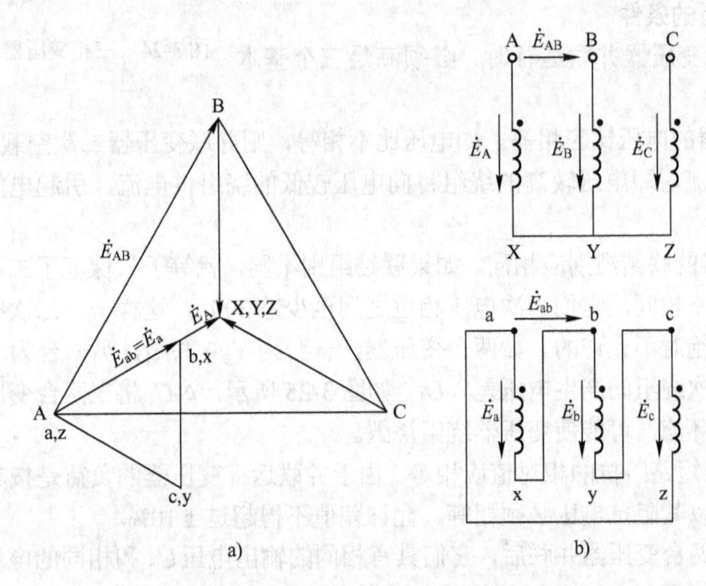

图 3-23　【例 3-2】三相变压器的联结组

2）因为标号为 1，故二次线电动势相量滞后一次线电动势相量角度为 1×30° =30° ，将一次线电动势相量按顺时针方向旋转 30° ，便可确定对应标志的二次线电动势相量的位置。

3）根据二次线电动势相量三角形作出相电动势相量 $\dot{E}_a$ ，$\dot{E}_b$ ，$\dot{E}_c$ 。

4）比较对应标志的一、二次侧相电动势的相位关系，可知 $\dot{E}_a$ 与 $\dot{E}_A$ 相位相同，$\dot{E}_b$ 与 $\dot{E}_B$ 相位相同，$\dot{E}_c$ 与 $\dot{E}_C$ 相位相同。因此，绕组 AX 与 ax，BY 与 by，CZ 与 cz 应当分别在同一铁心柱上，且一、二次绕组的首端是同名端。因此，得出绕组标志如图 3-23b 所示。

如果一次绕组的联结顺序为 AX→CZ→BY，同理可以得到绕组标志和相量图（请读者自己分析）。

3.3.5　变压器的并联运行

变压器并联运行是指两台或多台变压器的一次绕组和二次绕组分别接到一次侧和二次侧的公共母线上，同时对负载供电，如图 3-24 所示。这种运行方式经常用在发电厂和变电所中。变压器并联运行有很多优点，首先可以提高供电的可靠性，当其中一台变压器发生故障时，可将其切除检修，而不致中断供电；其次，可以根据负载的变化来调整投入并联运行的变压器台数，以提高效率；还可以减小装设容量，随着用电量增加分批安装新变压器。但并联台数也不宜过多。

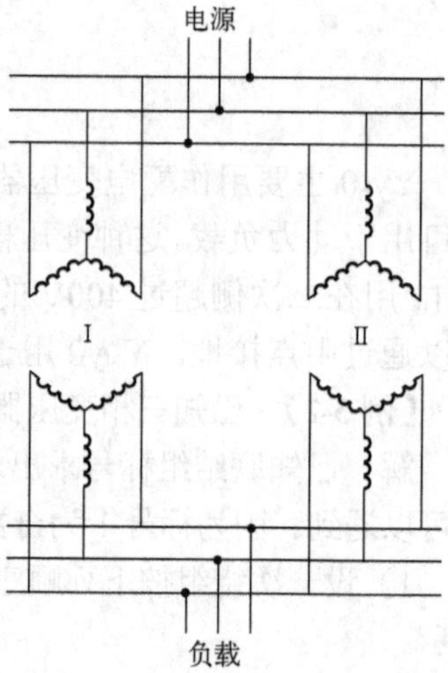

图 3-24　三相变压器并联运行的接线图

1．变压器理想并联运行的条件

1）空载时每一台变压器二次电流都为零，与单独空载运行一样。各台变压器间无环流。

2）负载运行时各台变压器分担的负载电流应与它们的容量成正比。

2．并联运行的条件

两台或多台变压器并联运行时，必须满足三个基本条件。

1）各变压器的电压比应相等。如电压比不相等，则并联变压器二次空载电压也不相等，二次侧将产生环流，即电压较高的绕组将向电压较低的绕组供电流，引起电能损耗，导致绕组过热或烧毁。

2）各变压器的联结组别应相同。如果联结组别不同，就等于只保证了二次额定电压的大小相等，相位却不相同，它们二次电压相位之间至少差 30° ，这样一、二次绕组中将产生极大的环流，这是绝对不允许的。如两台变压器，一台为 Yy0 联结，另一台为 Dy_n11 联结，则在两台变压器二次绕组间产生电压差 ΔU_1，如图 3-25 所示，ΔU_1 将在两台变压器的二次绕组产生一个很大的环流，可能使变压器绕组烧毁。

3）各变压器短路阻抗的相对值应相等。由于并联运行变压器的负荷是按其阻抗电压值成反比分配的，所以其阻抗电压必须相等，允许差值不得超过±10%。

实际上，当两台变压器并联后，它们具有相同的输出电压 $\dot{U}_2$ 和相同的电压降，其等效电路如图 3-26 所示。

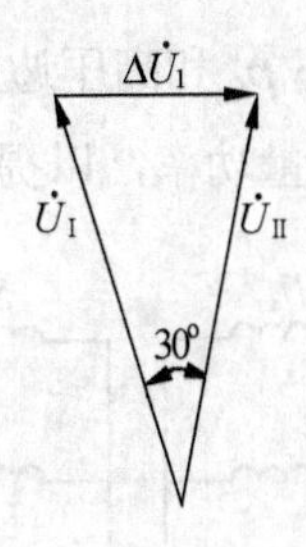

图 3-25　Yy0 与 Dy_n11 并联运行时的二次侧电压差

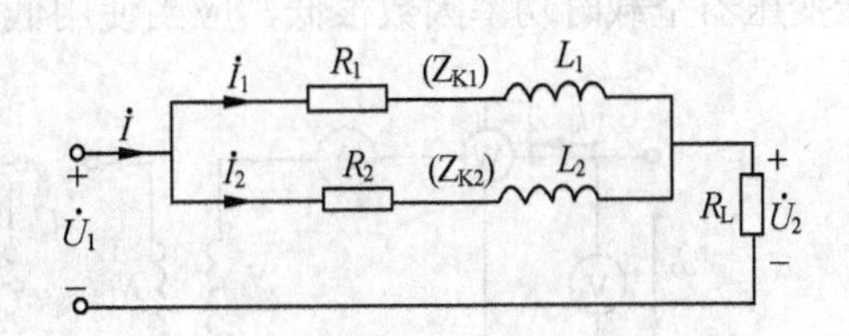

图 3-26　变压器并联运行短路阻抗的作用

即有

$$Z_{K1}I_1 = Z_{K2}I_2$$

所以

$$\frac{I_1}{I_2} = \frac{Z_{K2}}{Z_{K1}}$$

并联运行时，变压器间容量差别越大，离开理想运行的可能性就越大，所以在并联运行的各台变压器中，最大容量和最小容量之比不宜超过 3∶1。

【例 3-3】 有两台变压器并联运行，它们的额定电流分别是 $I_{2NA} = 100A$，$I_{2NB} = 50A$，它们的短路阻抗 $Z_{KA}=Z_{KB}=0.2\Omega$，总负载电流 $I=150A$，求各台变压器的实际负载电流。

解：根据公式

$$\frac{I_A}{I_B} = \frac{Z_{KB}}{Z_{KA}} = \frac{0.2}{0.2} = 1$$

即

$$I_A = I_B$$

总电流

$$I = I_A + I_B = 2I_B$$

所以

$$I_A = I_B = \frac{1}{2}I = \left(\frac{1}{2}\times 150\right)A = 75A$$

这样就造成了变压器 A 轻载，而变压器 B 过载。

3.4　变压器参数的测定

一台变压器在出厂之前，或在检修之后，一般都要做两项基本试验，这就是变压器的空载试验和短路试验。变压器试验的目的是检验变压器的性能是否符合有关标准和技术条件的规定，是否存在影响变压器正常运行的各种缺陷，以及测出变压器的有关数据。

3.4.1　变压器的空载试验

变压器在空载状态下进行的试验称为空载试验。利用空载试验可测定电压比 K，空载电流 I_0，空载损耗（铁损）p_0 和励磁阻抗 z_m。

因为空载试验时负载电流为零，无功率输出，从电源吸取的功率完全用于产生铁损耗 p_{Fe} 和一次绕组铜损耗 $I_0^2 r_1$。当外加电压为额定值时，$I_0^2 r_1 \ll p_{Fe}$，可以认为空载损耗功率等于铁损耗，即 $p_0 = p_{Fe}$。

单相变压器空载试验的接线如图 3-27a 所示，三相变压器空载试验的接线如图 3-27b 所示。一般说来，空载试验可以在高压侧进行，也可以在低压侧进行，但从试验电源、测量仪表和设备、人身安全因素考虑，以在低压侧进行为宜。这就是将高压绕组开路，将低压绕组接到额定频率的电源上，测量低压侧的电压$\dot{U}_2$，空载电流$\dot{I}_0$，空载损耗功率p_0和高压边的开路电压U_{10}。由于变压器空载时功率因数很低，应当使用低功率因数瓦特表测量功率，以提高测量精度。

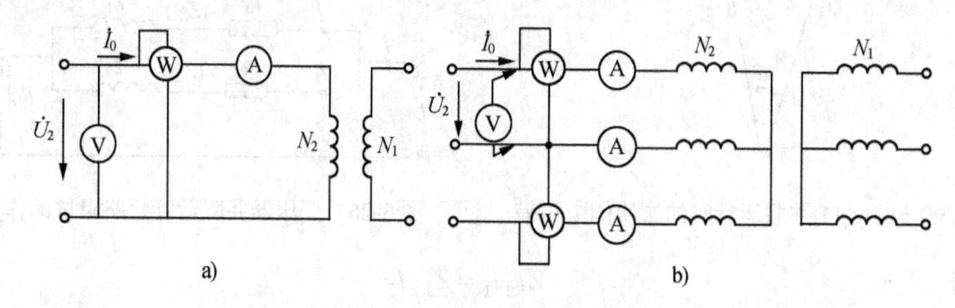

图 3-27　单相变压器空载试验接线图

根据上述试验数据，可以计算出变压器的下列参数

电压比
$$K=\frac{U_{10}}{U_2}$$

励磁阻抗
$$z_{\mathrm{m}}=\left|\frac{\dot{U}_2}{\dot{I}_{20}}-z_2\right|\approx\frac{U_2}{I_{20}}$$

励磁电阻
$$r_{\mathrm{m}}=\frac{p_0}{I_{20}^2}\approx\frac{p_0}{I_{20}^2}$$

励磁电抗
$$X_{\mathrm{m}}=\sqrt{z_{\mathrm{m}}^2-r_{\mathrm{m}}^2}$$

因为励磁阻抗与铁心饱和程度有关，所以空载试验所加的电压应当等于变压器的额定二次电压。如果需要折算到高压边，还应将上述空载试验所得的励磁参数分别乘以电压比K的二次方。三相变压器的参数仍然可以采用上述公式计算，但功率、电流和电压都应该是一相值，算出结果也是同一相值。由于三相磁路不对称，各相空载电流不完全相等，应取三相空载电流的平均值计算。

3.4.2　变压器的短路试验

从变压器的短路试验可以求出铜耗p_{Cu}，短路阻抗z_{k}，短路试验接线如图 3-28 所示。

通过前面讨论，当变压器一次电压 U_1运行时，由简化等效电路，一、二次侧的电流大小为

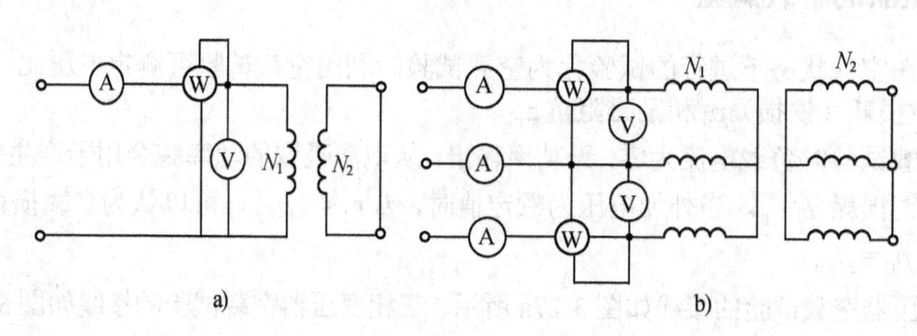

图 3-28　变压器短路试验的接线图

$$\dot{I}_1 = -\dot{I}_2 = \frac{\dot{U}_1}{z_K + Z_L'}$$

在正常运行情况下，$z_K << Z_L'$，电流的大小主要决定于 Z_L' 的值。如果二次侧短路，$Z_L'=0$，这时的电流称为稳态短路电流 $\dot{I}_K$，大小为 $I_K = \frac{U_1}{z_K}$，数值非常大，为额定电流的十几倍甚至 20 倍。这是一种严重故障状态，不允许出现。因此短路试验时，二次侧先短路，一次侧再加电压 $\dot{U}_K << \dot{U}_{1N}$，但应特别注意，电压必须从零逐渐升高，直到 $\dot{I}_K = \dot{I}_{1N}$ 为止，停止升压，再测量 $\dot{I}_K$、$\dot{U}_K$ 及输入功率 p_K。为便于测量，短路试验一般都在高压边做。

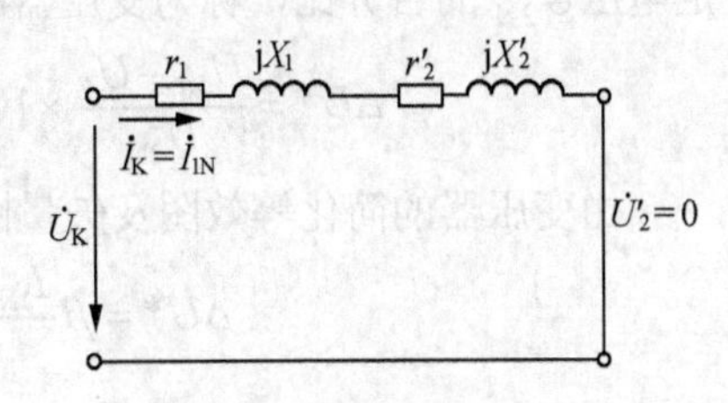

图 3-29　短路试验时的等效电路

因为试验时使用电压很低，所以铁心中的主磁通也很小，故可忽略励磁电流和铁耗，也认为 $z_m \approx \infty$，此时的等效电路如图 3-29 所示。从测量数据可得：

短路阻抗　$z_K = \frac{\dot{U}_K}{\dot{I}_K}$

短路电阻　$r_K = \frac{p_K}{I_K^2}$

短路电抗　$X_K = \sqrt{z_K^2 - r_K^2}$

以上各短路参数等于一次侧参数与二次侧参数折算值之和，即 $z_K = z_1 + z_2'$，$r_K = r_1 + r_2'$，$X_K = X_1 + X_2'$。

国家标准规定，计算变压器性能时，绕组电阻应当换算到 75℃时的值。

对铜线变压器，换算公式为　$r_{K75°C} = r_K \frac{234.5 + 75}{234.5 + \theta}$

对铝线变压器，换算公式为　$r_{K75°C} = r_K \frac{228 + 75}{228 + \theta}$

式中　θ——试验时的室温（℃）。

75℃时的阻抗为　$z_{K75°C} = \sqrt{r_{K75°C}^2 + X_K^2}$

变压器给定的以及铭牌上标注的技术数据中，凡是与短路电阻有关的，都是指换算到 75℃的数值，可直接用来计算性能。在画 T 型等效电路时，可认为 $z_1 = z_2'$，$r_1 = r_2'$，$X_1 = X_2'$。

上述计算公式也适用于三相变压器，但是必须按照一相的值进行计算。

3.5　变压器的运行特性

变压器在负载运行时，一、二次绕组的内阻抗压降随负载变化而变化。负载电流增大时，内阻抗压降增大，二次绕组的端电压变化就大。

变压器在传递功率的过程中，不可避免地要消耗一部分有功功率，即要产生各种损耗。因此，衡量变压器运行性能好坏的标志就是看二次绕组端电压的变化程度和各种损耗的大小，可以用电压变化率和效率两个指标表示。

3.5.1 电压变化率和外特性

一次侧为额定电压及功率因数为一定时，空载与负载时二次电压之差（$U_{20}-U_2$）对额定电压U_{2N}的百分比，称为变压器的电压变化率，用ΔU*表示，即

$$\Delta U^* = \frac{U_{20}-U_2}{U_{2N}}\times 100\% = \frac{U_{2N}-U_2}{U_{2N}}\times 100\% = \frac{U_{1N}-U_2'}{U_{1N}}\times 100\%$$

由变压器的简化等效图及矢量图可知，变压器的电压变化率为

$$\Delta U^* = \beta\frac{I_{1N}r_K\cos\varphi_2 + I_{1N}X_K\sin\varphi_2}{U_{1N}}\times 100\% \tag{3-13}$$

式中 β——变压器的负载系数，$\beta=\frac{I_1}{I_{1N}}=\frac{I_2}{I_{2N}}$；

r_K, X_K——分别为短路电阻和短路电抗。

由式（3-13）可看出，ΔU*的大小与三个因素有关：①变压器负载电流的大小。ΔU*与负载系数β 成正比；②变压器本身阻抗的大小。阻抗越大，ΔU*越大；③与负载的性质即负载的功率因数 $\cos\varphi_2$ 有关。

以上分析也可用变压器的外特性来表示。

变压器的外特性是指一次侧电源电压和负载功率因数均为常数时，二次电压随负载电流变化而变化的关系$U_2=f(I_2)$。不同功率因数时的外特性如图3-30所示。外特性表明，变压器二次电压是随负载电流变化而变化的，二次电压的变化规律与负载性质有关：当负载为纯电阻负载时，φ_2=0，$\cos\varphi_2$=1，$\sin\varphi_2$=0，U_2 较小，外特性下倾不多；当为感性负载时，φ_2>0，$\sin\varphi_2$ 和 $\cos\varphi_2$ 都为正值，ΔU*较大，外特性下倾比纯电阻负载明显；当为容性负载时，φ_2<0，$\cos\varphi_2$>0，$\sin\varphi_2$<0，如$|I_{1N}r_K\cos\varphi_2|<|I_{1N}X_K\sin\varphi_2|$时，Δ$U$*为负值，说明随负载增大二次电压在升高，外特性上翘。

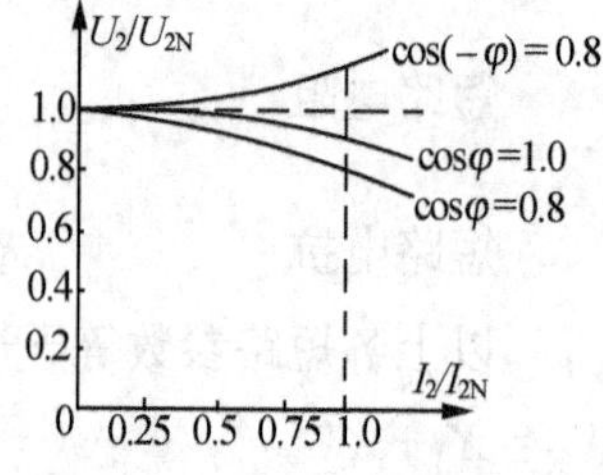

图 3-30 变压器的外特性

3.5.2 效率

变压器在传递功率时，由于本身存在铜耗、铁耗等，使输出功率 P_2 不能与输入功率 P_1 相等。前者与后者之比称为效率，表示为

$$\eta=\frac{P_2}{P_1}\times 100\%$$

确定大容量变压器的效率一般不宜采用直接测量 P_1 和 P_2 的方法，因为为了得到满意的结果，必须以很高的准确度来测量 P_1 和 P_2。这实际上是很难办到的，但如果采用以直接测量变压器损耗功率为基础的间接测量方法，则可以比较简单地确定效率，即根据空载试验和短路试验测出的铁损耗和铜损耗计算效率如下。

$$\eta=\frac{P_2}{P_1}\times 100\% = \frac{P_1-\sum p}{P_1}\times 100\%$$

$$=\left(1-\frac{\sum p}{P_1}\right)\times 100\% = \left(1-\frac{\sum p}{P_2+\sum p}\right)\times 100\% \tag{3-14}$$

在上式中，变压器的总损耗$\sum p$等于铁损耗与铜损耗之和$\sum p = p_{Fe} + p_{Cu}$。假定：①负载运行的铁损耗等于在同一电压下由空载试验测出的损耗，即$p_{Fe} = p_0$；②负载运行时的铜损耗等于负载系数的二次方乘以额定电流下短路试验测定的损耗，即$p_{Cu} = \beta^2 p_{kN}$；③二次电压恒定且为额定值，即$U_2 = U_{2N}$，在此条件下，输出功率为

$$P_2 = U_2 I_2 \cos\varphi_2 = U_{2N} I_{2N} \frac{I_2}{I_{2N}} \cos\varphi_2 = \beta S_N \cos\varphi_2$$

这样式（3-14）变为

$$\eta = \left(1 - \frac{p_0 + \beta^2 p_{kN}}{\beta S_N \cos\varphi_2 + p_0 + \beta^2 p_{kN}}\right) \times 100\% \tag{3-15}$$

当空载损耗p_0，短路损耗p_{kN}和负载功率因数$\cos\varphi_2$已知时，将不同的负载系数β代入式（3-15），便可算出不同负载下的效率η。变压器的效率随负载电流变化而变化的规律称为效率特性，效率特性曲线如图 3-31 所示。从效率特性曲线看出，在某一负载下效率具有最大值。出现最高效率时的负载系数β_m可以用求极值的方法得出：

$$\beta_m = \sqrt{\frac{p_0}{p_{kN}}}$$

上式说明，当$p_0 = \beta^2 p_{kN}$，即变压器的铜耗$\beta^2 p_{kN}$与铁耗p_0相等，也就是可变损耗等于不变损耗时，效率最高。

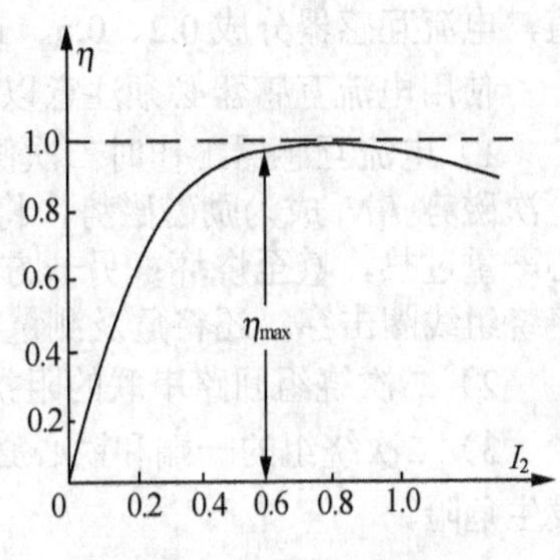

图 3-31　效率特性曲线

3.6　特殊变压器

3.6.1　互感器

电力系统中高电压和大电流不便于测量，通常用特殊变压器把大电流变成小电流，把高电压变成低电压再进行测量。这种用途的变压器就称为互感器。它有电流互感器和电压互感器两种。利用互感器进行测量有很多优点，主要包括：①使测量电路与仪表同高压隔离，保证测量仪表和人身的安全；②便于使测量仪表标准化，可用不同的互感器来扩大仪表的量程；③可以减少测量中的能量损耗，提高测量准确度。所以，在交流电路多种测量以及各种控制和保护电路中，应用大量的互感器。

1. 电流互感器

如图 3-32 所示是电流互感器的原理图。它的一次绕组匝数很少，有的只有一匝（穿母线式），它与被测电流的线路串联；二次绕组匝数很多，接电流表或瓦特表的电流线圈。由于负载阻抗很小，所以电流互感器相当于短路运行的升压变压器，因此，分析变压器的过程基本上适用于电流互感器。但是被测电流不因接入电流互感器而发生变化，因而电流互感器属于一次电流恒定的工作情况，与普通变压器一次电压恒

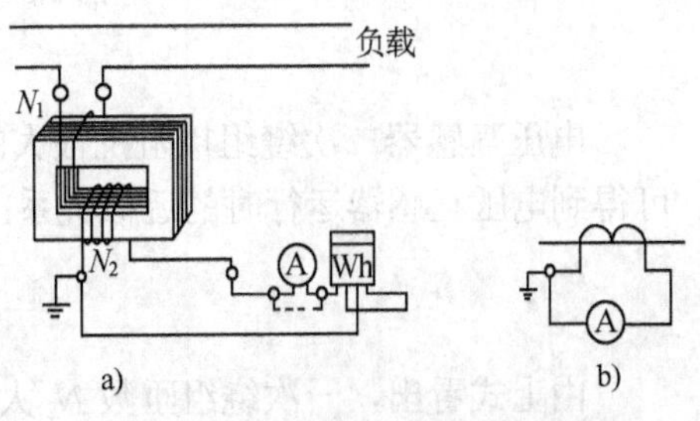

图 3-32　电流互感器的原理接线图

a) 原理接线图　b) 符号图

定的情况不同。

由于电流互感器相当于变压器的短路工作状态。铁心中的磁通量密度很低，忽略励磁电流，由磁势平衡关系可得：

$$\frac{I_1}{I_2}=\frac{N_2}{N_1}=K_{\mathrm{i}}$$

式中 $K_{\mathrm{i}}=\frac{N_2}{N_1}$——电流互感器的额定电流比。

上式表明，在电流互感器中，二次电流与电流比的乘积等于一次电流即被测电流值。例如，电流表读数为3A，电流比为40/5时，则被测电流值为24A。

由于互感器内总有励磁电流，因此总有电流比误差和相位角误差，按电流比误差的相对值，电流互感器分成0.2、0.5、1.0、3.0和10.0五个等级。

使用电流互感器必须注意以下几点。

1）电流互感器工作时二次侧不允许开路，因为开路时，I_2=0，失去二次侧的去磁作用，一次磁势 I_1N_1 成为励磁磁势，将使铁心中磁通密度剧增，这样，一方面使铁心损耗剧增，铁心严重过热，甚至烧坏；另一方面还会在二次绕组产生很高的电压，有时可达数千伏以上，将绕组线圈击穿，还将危及测量人员的安全。

2）二次绕组回路串联的阻抗值不得超过允许值，以免降低测量精度。

3）二次绕组的一端和铁心必须牢固接地，以免当互感器绝缘损伤时一次高压进入二次侧发生危险。

2．电压互感器

电压互感器实际上是一台小容量的降压变压器。它的一次绕组匝数很多，二次绕组匝数较少。工作时，一次绕组并接在需测电压的电路上，二次绕组接电压表或功率表的电压线圈上。电压互感器的原理接线图如图3-33所示。

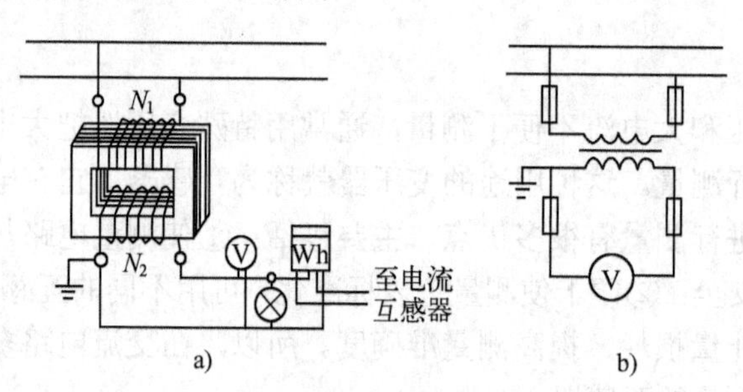

图3-33 电压互感器的原理接线图

a) 接线图 b) 符号图

电压互感器二次绕组接阻抗很大的电压线圈，工作时相当于变压器的空载运行状态。故可得到电压互感器运行时的近似关系：

$$\frac{U_1}{U_2}=\frac{N_1}{N_2}$$

由上式看出，一次绕组匝数 N_1 大于二次绕组匝数 N_2 时，可以将高电压 U_1 转换成低电压 U_2，以便采用低压仪表测量。

电压互感器有两种误差：一种为电压比误差，另一种为相位角误差，按电压比误差的大小，电压互感器的精度可分为0.2、0.5、1.0和3.0四个等级。

使用电压互感器时，应注意以下几点。

1）二次侧不允许短路，否则过大的短路电流将使电压互感器遭到损坏。

2）二次绕组的一端同铁心必须可靠接地，以保证安全。

3）二次侧所接负载阻抗不能过小，否则将使精度降低。

3.6.2　自耦变压器

1. 自耦变压器的特点

普通双绕组变压器，它们的一、二次绕组之间没有电的联系，只有磁的耦合。自耦变压器是一种一、二次绕组既有磁耦合，又有电联系的变压器。自耦变压器是个单线圈变压器，同双绕组变压器有着同样的电磁平衡关系。

2. 自耦变压器的电压关系

如图3-34所示，当AX间外加交流电压$\dot{U}_1$时，由于主磁通的作用，在AX间产生感应电动势$E_1 = 4.44 f N_1 \Phi_m$，而在ax间产生感应电动势$E_2 = 4.44 f N_2 \Phi_m$，如不计算漏阻压降，则

$$\frac{U_1}{U_2} = \frac{E_1}{E_2} = \frac{N_1}{N_2} = K$$

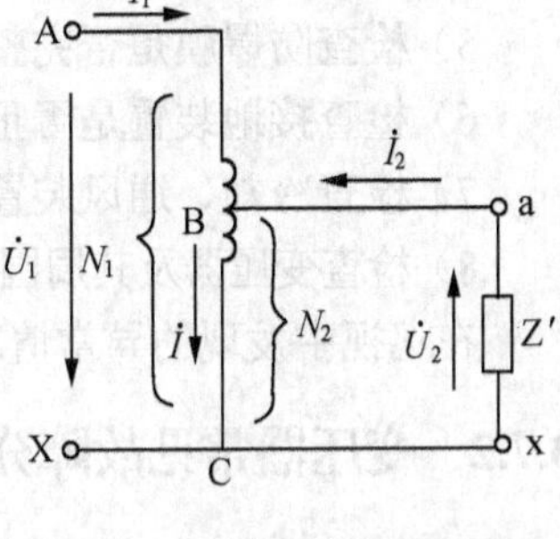

图3-34　自耦变压器原理图

3. 自耦变压器的电流关系

假定电源流入电流为$\dot{I}_1$，负载电流为$\dot{I}_2$，则绕组N_2中的电流$\dot{I} = \dot{I}_1 + \dot{I}_2$。根据磁势平衡式有：$\dot{I}_1\ (N_1 - N_2) + \dot{I}\ N_2 = \dot{I}_0\ N_1$

整理得　　$\dot{I}_1 N_1 + \dot{I}_2 N_2 = \dot{I}_0 N_1$

若忽略空载磁动势，则有：

$$\dot{I}_1 = -\frac{N_2}{N_1}\ \dot{I}_2 = -\frac{1}{K}\ \dot{I}_2$$

上式说明，自耦变压器一、二次电流的大小与绕组匝数成反比，相位相差180°。

4. 自耦变压器的功率

因为在二次绕组中通过的电流$\dot{I} = \dot{I}_1 + \dot{I}_2$，在降压自耦变压器中，电流$I_2 > I_1$，当$I$为正时，$I_2$为负值，此时$I_2 = I_1 + I$。将输出电流$I_2$乘以二次电压$U_2$，即可得到输出的视在功率

$$S_2 = U_2 I_2 = U_2 I_1 + U_2 I$$

式中，$U_2 I_1$是电流I_1直接传到负载的功率，故称为传导功率；而$U_2 I$是通过电磁感应传到负载的功率，故称为电磁功率。自耦变压器二次功率不是全部通过磁耦合关系从一次侧得到，而是有一部分功率直接从电源得到，这是自耦变压器的特点。

3.7　变压器的维护及故障分析

为了保证变压器能安全可靠地运行，在变压器发生异常情况时，能及时发现事故苗头，做出相应处理，将故障消除在萌芽状态，达到防止出现严重故障的目的。因此，对变压器应该做定期巡回检查，严格监察其运行状态，并做好数据记录。

3.7.1 变压器的维护

1）检查变压器的音响是否正常。变压器的正常音响应是均匀的嗡嗡声。如果音响较正常时重，说明变压器过负荷。如果音响尖锐，说明电源电压过高。

2）检查油温是否超过允许值。油浸变压器上层油温一般不应超过 85℃，最高不应超过 95℃。油温过高可能是变压器过负荷引起，也可能是变压器内部故障。

3）检查油枕及瓦斯继电器的油位和油色，检查各密封处有无渗油和漏油现象。油面过高，可能是冷却装置运行不正常或变压器内部故障等所引起；油面过低，可能有渗油漏油现象。变压器油正常时应为透明略带浅黄色。如油色变深变暗，则说明油质变坏。

4）检查瓷套管是否清洁，有无破损裂纹和放电痕迹；检查高低压接头的螺栓是否紧固，有无接触不良和发热现象。

5）检查防爆膜是否完整无损；检查吸湿器是否畅通，硅胶是否吸湿饱和。

6）检查接地装置是否正常。

7）检查冷却、通风装置是否正常。

8）检查变压器及其周围有无其他影响其安全运行的异物（如易燃易爆物等）和异常现象。

在巡视中发现的异常情况，应记入专用记录本内，重要情况应及时汇报上级，请示处理。

3.7.2 变压器常见故障分析

在运行过程中，变压器可能发生各种不同的故障。而造成变压器故障的原因是多方面的，要根据具体情况进行细致分析，并加以恰当处理。变压器常见的故障主要有线圈故障、铁心故障及分接开关、瓷套管故障等。其中，变压器绕组故障最多，占变压器故障的 60%～70%。绕组故障主要有匝间（或层间）短路、对地击穿和线圈相间短路等。其次是铁心故障，约占 15%，铁心故障主要有铁心片间绝缘损坏、铁心片局部短路或局部熔毁、钢片有不正常的响声或噪声等。

1．绕组故障

（1）匝间短路

其故障现象如下：

1）变压器异常发热。

2）气体继电器内气体呈灰白色或蓝色，有跳闸回路动作。

3）油温增高，油有时发出“咕嘟”声。

4）一次电流增高。

5）各相直流电阻不平衡。

6）故障严重时，差动保护动作，供电侧的过电流保护装置也要动作。

故障产生的可能原因如下：

1）变压器进水，水浸入绕组。

2）由于自然损坏、散热不良或长期过负荷造成绝缘老化，在过电流引起的电磁力作用下，造成匝间绝缘损坏。

3）绕组绕制时导线有毛刺，导线焊接不良、导线绝缘不良或线匝排列与换位、绕组压装等不正确，使绝缘受到损坏。

4）由于变压器短路，或其他故障，线圈受到振动与变形而损坏匝间绝缘。

检查与处理方法如下：

1）吊出器身、进行外观检查。

2）测量直流电阻。

3）将器身置于空气中，在绕组上加10%～20%额定电压，如有损坏点则会冒烟。

4）一般需重绕绕组。

（2）线圈断线

其故障现象为：

1）断线处发生电弧使变压器内有放电声。

2）断线的相没有电流。

故障产生的可能原因如下：

1）由于连接不良或安装套管时使引线扭曲断开。

2）导线内部焊接不良或短路应力造成断线。

检查与处理方法如下：

吊出器身进行检查，若因短路造成，则应查明原因，消除故障，重新绕制线圈；若引线断线，则重新接线。

（3）对地击穿和相间短路

其故障现象为：

1）过电流保护装置动作。

2）安全气道爆破、喷油。

3）气体继电器动作。

4）无安全气道与气体继电器的小型变压器油箱变形受损。

故障产生的可能原因如下：

1）主绝缘因老化而有破裂、折断等严重缺陷。

2）绝缘油受潮，使绝缘能力严重下降。

3）短路时造成绕组变形损坏。

4）绕组内有杂物落入。

5）由过电压引起。

6）引线随导电杆转动造成接地。

检查与处理方法如下：

1）吊出器身检查。

2）用绝缘电阻表（兆欧表）测绕组对油箱的绝缘电阻。

3）将油进行简化试验（试验油的击穿电压）。

4）应立即停止运行，重绕绕组。

2．分接开关故障

（1）触头表面熔化与灼伤

其故障现象为：

1）油温升高。

2）气体继电器动作。

3）过电流保护装置动作。
故障产生的可能原因如下：
1）分接开关结构与装配上存在缺陷，造成接触不良。
2）触点压力不够，短路时触点过热。
检查及处理方法：测量各分接头的直流电阻，保证良好接触。
（2）相间触点放电或各分接头放电
其故障现象为：
1）高压熔丝熔断。
2）气体继电器动作，安全气道爆破。
3）变压器油发出“咕嘟”声。
故障产生的可能原因如下：
1）过电压引起。
2）变压器有灰尘或受潮。
3）螺钉松动，触点接触不良，产生爬电烧伤绝缘。
检查及处理方法：吊出器身，用绝缘电阻表进行检查，保证触头间良好接触。
3．套管故障
（1）对地击穿
其故障现象为：高压熔丝熔断。
故障产生的可能原因如下：
1）套管有裂纹或有碰伤。
2）套管表面较脏。
检查与处理方法：平时应注意套管的整洁，故障后必须更换套管。
（2）套管间放电
其故障现象为：高压熔丝熔断。
故障产生的可能原因为：套管间有杂物存在。
检查与处理方法为：更换套管。
4．变压器油故障
油质变坏。
故障现象为：油色变暗。
故障产生的可能原因如下：
1）变压器故障引起放电，造成油分解。
2）变压器油长期受热，氧化严重，使油质恶化。
检查与处理方法为：分析油质，进行过滤或换油。

3.8 小结

变压器是按照电磁感应定律和磁势平衡原理工作的，它是实现电能或电信号传递的一种静止电磁装置。由于一、二次绕组的匝数不同，又由同一主磁通交链，就可以把一个电压等级的电能变换成另一个电压等级的电能。

变压器结构的基本部分是铁心和绕组，铁心构成磁路，绕组构成电路。通过变压器空载及负载运行，分析变压器的工作原理、能量的传递及内部的电磁过程。重点分析了单相变压器空载及负载运行时的平衡方程、相量图及等效电路。

变压器在出厂前及检修后要做空载试验和短路试验，以确定变压器的铁损耗、电压比、空载电流和励磁阻抗，以及变压器的额定铜损耗、短路电流和短路阻抗。变压器的电压调整率表征了负载运行时二次电压的稳定性和供电质量，而效率则表征了变压器运行时的经济性。

三相变压器的磁路系统有两种：各相磁路彼此无关的三相变压器组和各相磁路彼此关联的心式三相变压器。三相变压器的一、二次绕组都可以采用星形联结和三角形联结，三相变压器的联结组通常用时钟表示法。

三相变压器在并联运行时，应满足电压比相等、短路阻抗的相对值相等和联结组别相同三个条件，否则并联运行中的变压器就要损坏。

互感器分为两种：一种为电流互感器，另一种为电压互感器，主要用作测量和保护。电流互感器是将大电流变为小电流；电压互感器是将高电压变为低电压。自耦变压器的一、二次绕组具有共同使用的绕组，两边既有磁的关系，又有电的关系。

3.9 习题

1．变压器按用途可分为哪几类？按冷却方式又可分为哪几类？

2．什么是变压器？它有什么用途？为什么高压输电比低压输电经济？

3．如变压器的一次绕组接直流电源，则二次绕组有电压吗？为什么？

4．变压器铁心为什么要用硅钢片叠成？用整块铁做铁心或不用铁心是否可以？

5．通过变压器的空载运行，说明变压器的工作原理。

6．什么是变压器的电压比？

7．某台变压器的一次绕组电压为10kV，二次绕组电压为400V，问该变压器的电压比是多少？

8．变压器中，主磁通和漏磁通在数量上和物理本质上有何不同？它们对变压器的作用有何不同？在分析变压器时，是怎样反映它们的作用的？

9．何为变压器负载运行？负载运行时，一、二次绕组的电流与一、二次绕组的电压是什么关系？

10．为什么变压器铁心中的主磁通几乎不随负载电流的变化而变化？

11．一台单相变压器，U_{1N}/U_{2N}=380V/220V，若误将低压侧接至380V的电源上，会发生怎样的情况？若将高压侧接到220V电源上，情况如何？

12．一台单相变压器，额定容量S_N=250kVA，额定电压U_{1N}/U_{2N}=10kV/0.4kV，试求一、二次侧额定电流I_{N1}、I_{N2}。

13．一台三相变压器，S_N=5000kVA，U_{1N}/U_{2N}=10kV/6.3kV，一、二次绕组分别为Y和d联结，试求一、二次侧额定电流I_{N1}、I_{N2}。

14．三相心式变压器的磁路有什么特点？

15．变压器绕组极性指的是什么？判断变压器绕组极性的基本依据是什么？

16．如何判断变压器三相绕组的联结是星形联结还是三角形联结？

17．请画出联结组别为 Yy6（一种）和 Yd5（正序和反序各一种）的三相变压器一、二次绕组的联结图。

18．变压器并联运行的主要条件是什么？

19．举例说明三相变压器实现并联运行的步骤。

20．试述变压器空载试验的目的、步骤。为什么说空载试验可以确定变压器的铁损耗？

21．试述变压器短路试验的目的、步骤。为什么说短路试验可以确定变压器的额定铜损耗？

22．何谓变压器的效率？变压器的效率与哪些因素有关？

23．当变压器的输出功率为零时，其效率为零；当输出功率增大到一定值时，其效率又下降了，这是什么原因造成的？效率为最大的条件是什么？

24．电流互感器运行时，为什么二次侧禁止开路？

25．电压互感器运行时，为什么二次侧禁止短路？

26．自耦变压器的主要特点有哪些？它和普通的双绕组变压器有何区别？

27．用电压互感器，其电压比为6000V/100V，用电流互感器，其电流比为100A/5A，扩大量程，其电压表读数为96V，电流表读数为3.5A，求被测电路的电压、电流各为多少？

28．一台单相自耦变压器数据如下：U_1=220V，U_2=180V，$\cos\varphi_2$=1，I_2= 400A，求：

（1）流过自耦变压器一、二次绕组及公共部分的电流各为多少？

（2）借助于电磁感应从一、二次绕组传递到二次绕组的视在功率是多少？

第 4 章　三相异步电动机基本理论及结构

三相异步电动机和其他电动机相比，具有结构简单、制造方便、运行可靠、价格低廉等一系列优点，因此被广泛应用。本章内容的叙述方法是，先阐明三相异步电动机的工作原理及基本结构，也即旋转磁场的问题。然后针对定子绕组的基本知识、绕组的感应电动势、三相异步电动机的空载、负载运行特性，功率及转矩平衡，工作特性等进行讨论。

4.1　三相异步电动机的工作原理与结构

4.1.1　三相交流电动机的旋转磁场

三相异步电动机转子之所以会旋转、实现能量转换，是因为转子气隙内有一个旋转磁场。

所谓旋转磁场，就是一种极性和大小不变且以一定转速旋转的磁场。根据理论分析和实践证明，在对称三相绕组中流过对称三相电流时会产生一种旋转磁场。先来考察三相绕组中每相仅由一个线圈组成的情况，如图 4-1 所示。A-X、B-Y、C-Z 三个线圈彼此互隔 120° 分布在定子铁心内圆的圆周上，构成了对称三相绕组。这个对称三相绕组在空间的位移是 B 相从 A 相后移 120°，C 相从 B 相后移 120°。当对称三相绕组接上对称的三相电源后，则在该绕组中通过对称三相交流电流。每相电流的瞬时表达式为：

$$i_A = I_m \cos \omega t，\ i_B = I_m \cos(\omega t - 120°)，\ i_C = I_m \cos(\omega t - 240°)$$

则各相电流随时间的变化曲线如图 4-2 所示。由于三相电流随时间的变化是连续的，且极为迅速。为了便于考察对称三相电流产生的合成磁效应，可以通过几个特定的瞬间，以窥其全貌。为此，选择 $\omega t = 0$（$t = 0$）、$\omega t = 120°$（$t = T/3$）、$\omega t = 240°$（$t = 2T/3$）、$\omega t = 360°$（$t = T$）等四个特定瞬间，并规定：电流为正值时，从每相线圈的首端（A、B、C）流出，由线圈末端（X、Y、Z）流入；电流为负值时，从每相线圈的末端流出，由首端流入。用符号⊙表示电流流出，⊗表示电流流入。先看 $\omega t = 0$ 这个瞬间，无论从电流瞬时表达式或电流变化曲线均可得出，当 $\omega t = 0$ 时，$i_A = I_m$，$i_B = i_C = -I_m/2$，将各相电流方向表示在各相线圈剖面图上，A 相电流为正值，从 A 流出，由 X 流入，而 B、C 两相电流均为负值，由 B、C 流入，从 Y、Z 流出，如图 4-1a 所示。由图看出，Y、A、Z 三个线圈边中电流都从图面流出，且 Y、Z 边中的电流数值相等，根据右手螺旋定则，可知该三个线圈中电流产生的合成磁场磁感应线分布必以 *A* 边为中心，左右反向对称，磁感应线通过转子时，其方向为从下向上。同样的道理，可决定 B、X、C 三个线圈边中，电流产生合成磁场磁感应线的分布。整个磁场的磁感应线分布左右对称。因此，从磁感应线的图像看，和一对磁极产生的磁场一样。用同样方法可以画出 $\omega t = 120°$、$\omega t = 240°$、$\omega t = 360°$ 这三个特定瞬间的电流方向与磁感应线分布情况，分别如图 4-1b、c、d 所示。依次观察图 4-1a、b、c、d，便会看出对称三相电流通入对称三相绕组以后所建立的合成磁场并不是静止不动的，也不是方向不变的，而是犹如一对磁极旋转产生的磁场，磁场大小不变。从 $\omega t = 0$ 瞬间到 $\omega t = 120°$、$\omega t = 240°$、$\omega t = 360°$ 的瞬间，三相电流相应地变化，三相电流合成磁场在空间相应转过 120°、240°、360°。旋转的方向是从 A 相转向 B 相，再转向 C 相，即 A→B→C 顺序旋转（图中为逆时针方向），由此可证实，当对称三相电流通入对称三相绕组时，必然会产生一个大小不变，转速一定的旋转磁场。

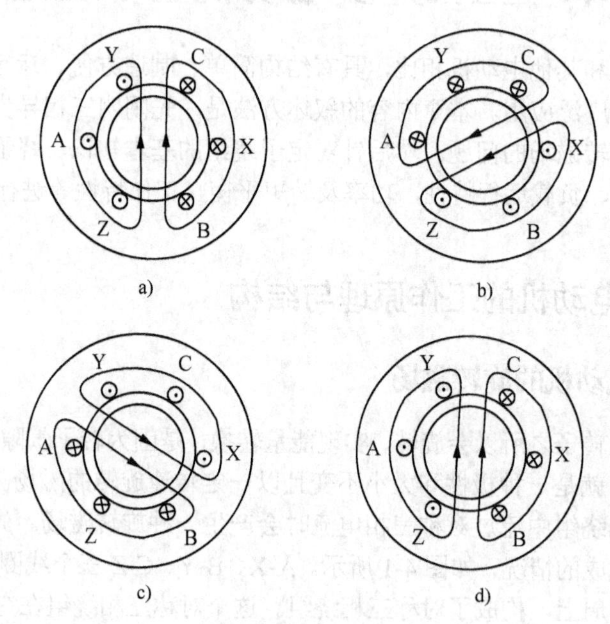

图 4-1　两极旋转磁场示意图

a) $\omega t=0°$　$i_A=I_m$　$i_B=i_C=-\frac{I_m}{2}$

b) $\omega t=120°$　$i_B=I_m$　$i_C=i_A=-\frac{1}{2}I_m$

c) $\omega t=240°$　$i_C=I_m$　$i_C=i_B=-\frac{1}{2}I_m$

d) $\omega t=360°$　$i_A=I_m$　$i_B=i_C=-\frac{1}{2}I_m$

综合图 4-1 和图 4-2 所示的电流变化情况与旋转磁场旋转情况，可以清楚地知道，当三相电流随时间变化经过一个周期 T 时，旋转磁场在空间相应地转过 360°，即电流变化一次，旋转磁场转过一周。三相交流电的频率为 f_1，因此，电流每秒钟变化 f_1（即频率）次，则旋转磁场每秒钟转过 f_1 转。由此可知旋转磁场为一对磁极情况下，其转速 n_1 与交流电流频率的关系 f_1 为

$$n_1 = 60 f_1 \tag{4-1}$$

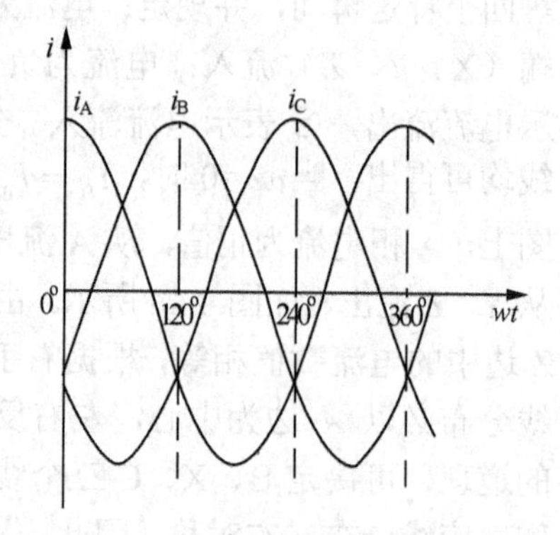

图 4-2　三相电流的变化曲线

如果把三相绕组排列成如图 4-3 所示。A、B、C 三相绕组每相分别由两个 A-X、A′-X′，B-Y、B′-Y′，C-Z、C′-Z′串联组成。每个线圈的跨距为 1/4 圆周，用同样方法决定三相电流所建立的合成磁场仍然是旋转磁场。不过磁场的极数变为 4 个，即具有两对磁极，并且当电流变化一次，旋转磁场仅转过 1/2 周。如果将绕组按一定规则排列，可得到 3 对、4 对或一般地说 p 对磁极的旋转磁场。用同样方法去考察旋转磁场的转速 n_1 与磁场极对数 p 的关系，可看到它们之间是一种反比例关系，即具有 p 对磁极的旋转磁场，电流变化一次，磁场转过 $1/p$ 转。由于交流电源每秒钟变化 f_1 次，

所以极对数为 p 的旋转磁场的转速 n_1（r/min）为：

$$n_1 = \frac{60 f_1}{p} \tag{4-2}$$

用 n_1 表示旋转磁场的这种转速，称为同步转速。

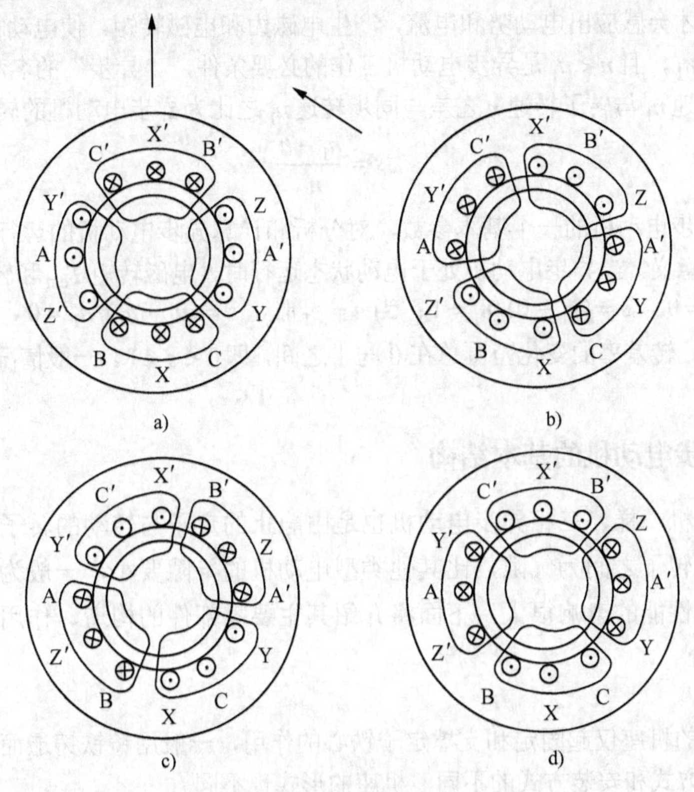

图 4-3　四极旋转磁场示意图

a) ωt=0°　b) ωt=120°　c) ωt=240°　d) ωt=360°

4.1.2　三相异步电动机的工作原理

以两极三相异步电动机为例，如图 4-4 所示。当定子三相对称绕组中通入三相对称电流时，电动机内就产生一个以同步转速 n_1 在空间作逆时针方向旋转的旋转磁场。若转子绕组不动，转子绕组导体与旋转磁场之间有相对运动，导体中便有感应电动势，其方向由右手定则确定。转子绕组是一个闭合回路，于是转子导体中就有电流，不考虑电动势与电流的相位差，电流方向同电动势方向。这样，导体就在磁场中受到电磁力的作用，其方向可用左手定则确定。由此电磁力产生电磁转矩 T_{em}，由图 4-4 可看出，电磁转矩的方向与旋转磁场的方向一致，于是在电磁转矩的

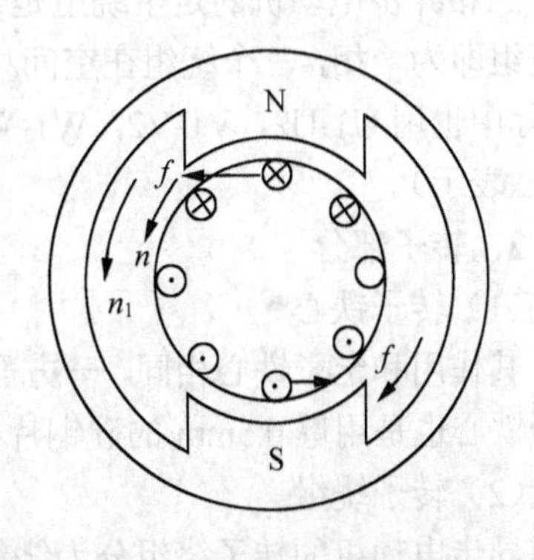

图 4-4　三相异步电动机的工作原理示意图

作用下，异步电动机的转子便沿着旋转磁场的方向以 n 转速旋转起来。如果此时电动机转子带动生产机械，则转子上受到的电磁转矩将克服负载转矩而做功，从而实现了电能与机械能之间的能量转换。

只有当转子转速 n 低于旋转磁场转速 n_1，即 $n < n_1$ 时，转子导体与旋转磁场之间才有相对运动，转子导体才会感应出电动势和电流，产生电磁力和电磁转矩，使电动机转子继续旋转。由此可见，$n \neq n_1$，且 $n < n_1$ 是异步电动机工作的必要条件，“异步”的名称也由此而来。

旋转磁场转速 n_1 与转子转速 n 之差与同步转速 n_1 之比为异步电动机的转差率 s，即

$$s = \frac{n_1 - n}{n_1} \tag{4-3}$$

转差率是异步电动机的一个基本参数，对分析和计算异步电动机的运行状态及其机械特性，有着重要的意义。当异步电动机处于电动状态运行时，电磁转矩 T_{em} 和转速 n 同向。转子尚未转动时，$n = 0$，$s = (n_1 - 0)/n_1 = 1$；当 $n = n_1$ 时，$s = (n_1 - n_1)/n_1 = 0$，可知异步电动机处于电动状态时，转差率的变化范围总在 0 与 1 之间，即 $0 < s < 1$。一般情况下，额定运行时 $s_N = 1\%$～5%。

4.1.3　三相异步电动机的基本结构

和直流电动机一样，三相异步电动机也是由静止的定子与转动的转子两大部分组成。异步电动机的定转子之间为气隙，比其他类型电动机的气隙要小，一般为 0.25～2.0mm，气隙的大小对其性能的影响很大。下面将介绍其主要零部件的构造、作用和材料。

1．定子部分

（1）机座

异步电动机的机座仅起固定和支撑定子铁心的作用，一般用铸铁铸造而成。根据电动机防护方式、冷却方式和安装方式的不同，机座的形式也不同。

（2）定子铁心

由厚 0.5mm 的硅钢片冲片叠压而成，铁心内圆有均匀分布的槽，用以嵌放定子绕组，冲片上涂有绝缘漆（小型电动机也有不涂漆的）作为片间绝缘，以减少涡流损耗，异步电动机的定子铁心是电动机磁路的一部分。

（3）定子绕组

三相异步电动机的定子绕组是一个三相对称绕组，它由三个完全相同的绕组所组成，每个绕组即为一相，三个绕组在空间相差 120° 电角度，每相绕组的两端分别用 A-X，B-Y，C-Z（实际中也用 U1-U2，V1-V2，W1-W2）表示，可以根据需要接成星形（用 Y 表示）或三角形（用△表示）。

2．转子部分

（1）转子铁心

其作用和定子铁心相同，一方面作为电动机磁路的一部分，另一方面用来安放转子绕组。转子铁心也是用厚 0.5mm 的硅钢片叠压而成，套在转轴上。

（2）转子绕组

异步电动机的转子绕组分为绕线型与笼型两种，根据转子绕组的不同，分为绕线转子异

步电动机与笼型异步电动机。

1）绕线转子绕组。它也是一个三相绕组，一般接成星形，三相引出线分别接到转轴上的三个与转轴绝缘的集电环上，通过电刷装置与外电路相连。这就有可能在转子电路中串接电阻以改善电动机的运行性能，如图 4-5 所示。

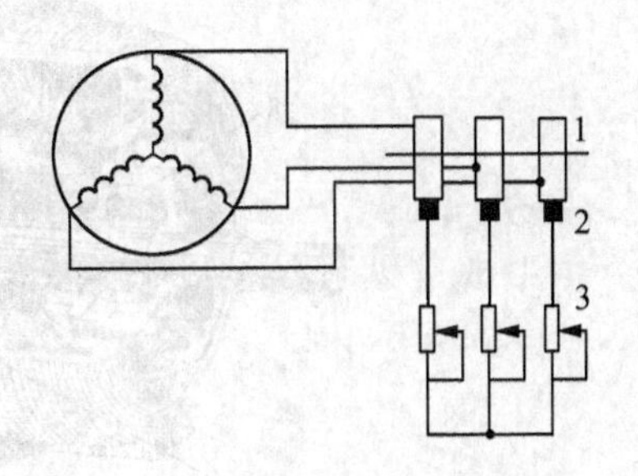

图 4-5　绕线转子绕组与外加变阻器的连接

1—集电环　2—电刷　3—变阻器

2）笼型绕组。在转子铁心的每一个槽中插入一根铜条，在铜条两端各用一个铜环（称为端环）把导条联结起来，这称为铜排转子，如图 4-6a 所示。也可用铸铝的方法，把转子导条和端环、风扇叶片用铝液一次浇铸而成，称为铸铝转子，如图 4-6b 所示。100kW 以下的异步电动机一般采用铸铝转子。

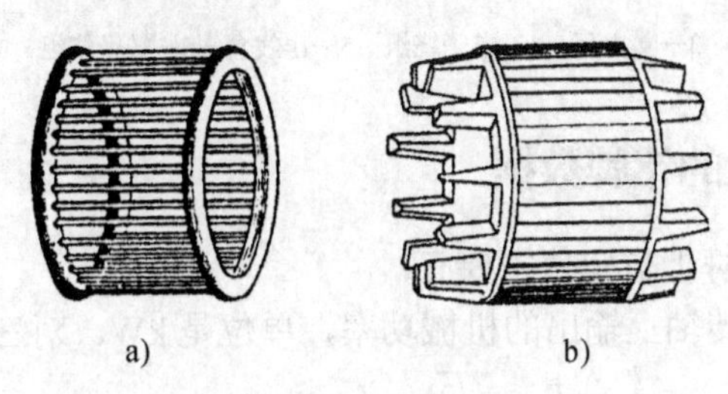

图 4-6　笼型绕组

笼型绕组因结构简单、制造方便、运行可靠，所以得到广泛应用。

3．其他部分

其他部分还包括端盖、风扇等。端盖除了起防护作用外，在上面还装有轴承，用以支撑转子轴。风扇则用来通风冷却电动机。

图 4-7、图 4-8 分别表示笼型异步电动机和绕线转子异步电动机的结构。

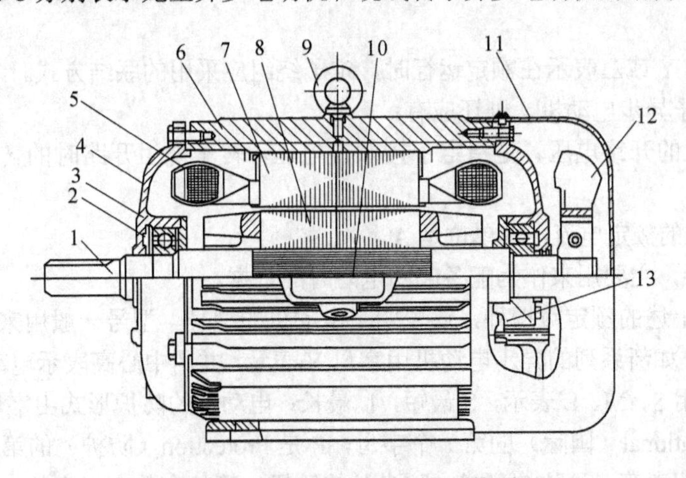

图 4-7　笼型异步电动机的结构图

1—轴　2—弹簧片　3—轴承　4—端盖　5—定子绕组　6—机座

7—定子铁心　8—转子铁心　9—吊环　10—出线盒　11—风罩　12—风扇　13—轴承内盖

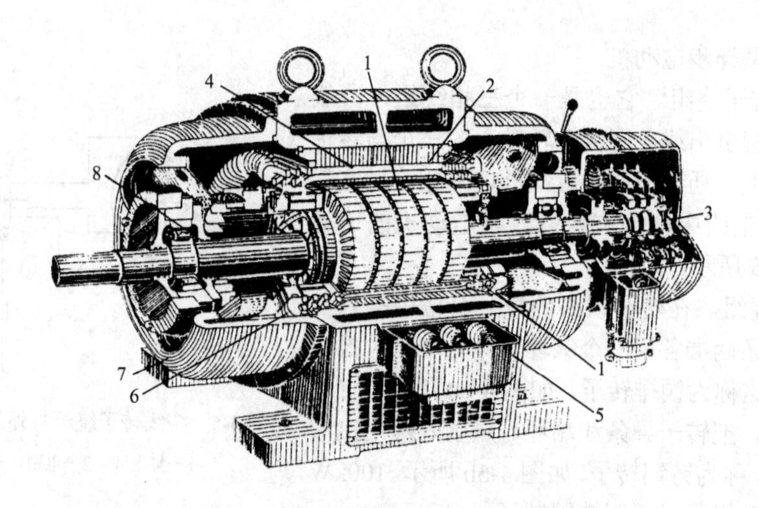

图 4-8　绕线转子异步电动机的结构图

1—转子　2—定子　3—集电环　4—定子绕组　5—出线盒　6—转子绕组　7—端盖　8—轴承

4.1.4　三相异步电动机的铭牌数据

三相异步电动机在铭牌上额定值主要有：

1）额定容量 P_N，指转轴上输出的机械功率，单位是 kW。对三相异步电动机

$$P_N = \sqrt{3}U_{N1}I_{N1}\eta_N \cos\varphi_N$$

式中　U_{N1}、I_{N1}、η_N、$\cos\varphi_N$ 分别为电动机额定的线电压、线电流、效率、功率因数。

2）额定电压 U_N，指加在定子绕组上的线电压，单位是 V、kV。

3）额定电流 I_N，指输入定子绕组的线电流，单位是 A。

4）额定转速 n_N，单位是 r / min。

5）额定频率 f_N，指电动机所接电源的频率，单位是 Hz。我国的工频频率为 50Hz。

6）绝缘等级。绝缘等级决定了电动机的容许温升，有时也不标明绝缘等级而直接标明容许温升。

7）接法。用 Y 或△表示在额定运行时，定子绕组应采用的联结方式。

若是绕线转子异步电动机，则还应有：

8）转子绕组的开路电压，是指定子接额定电压，转子绕组开路时的转子线电压，单位是 V。

9）转子绕组的额定电流，其单位是 A。

8）、9）两项，主要用来作为配备起动电阻时的依据。

铭牌上除了上述的额定数据外，还表明了电动机的型号。型号一般用来表示电动机的种类和几何尺寸等。如新系列的异步电动机用字母 Y 表示，并用中心高表示电动机的直径大小；铁心长度则分别用 S、M、L 表示，S 最短，L 最长；电动机的防护形式由字母 IP 和两个数字表示，I 是 International（国际）的第一个字母，P 是 Protection（防护）的第一个字母，IP 后面的第一个数字代表第一种防护形式（防尘）的等级，第二个数字代表第二种防护形式（防水）的等级，数字越大，表示防护的能力越强。

4.2 定子绕组基本知识和绕组感应电动势

4.2.1 交流电动机定子绕组的基本知识及分类

三相异步电动机的旋转磁场，是依靠定子绕组中通以交流电流来建立的。因此，定子绕组上的三相绕组必须保证当它通以三相交流电流以后，其所建立的旋转磁场接近正弦波形，以及由该旋转磁场在绕组本身中所感应的电动势是对称的。要了解绕组的排列及联结，首先要了解一些绕组的基本知识及分类。

1. 交流绕组的基本知识

（1）电角度与机械角度

电动机圆周在几何上分成360°，这个角度称为机械角度。从电磁观点来看，若磁场在空间按正弦波分布，则经过 N、S 一对磁极恰好相当于正弦曲线的一个周期。如有导体去切割这种磁场，经过 N、S 一对磁极，导体中所感应产生的正弦电动势的变化也为一个周期，变化一个周期即经过 360° 电角度，因而一对磁极占有的空间是 360° 电角度。若电动机有 p 对磁极，电动机圆周按电角度计算就为 $p\times360°$，而机械角度总是360°，因此

$$电角度= p\times 机械角度 \tag{4-4}$$

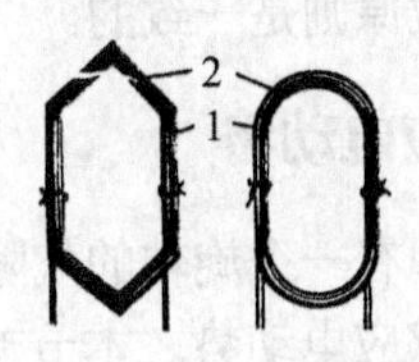

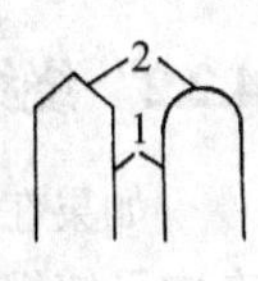

图 4-9 常用线圈及其简化图

1—线圈有效边 2—线圈端部

（2）线圈

组成交流绕组的单元是线圈。它有两个引出线，一个叫作首端，另一个叫作末端。如图 4-9 所示，在简化实际线圈的描述时，可用一匝线圈来等效多匝线圈，会使绕组展开图的描述简单一些。

（3）绕组及绕组展开图

绕组是由多个线圈或线圈组按一定方式联结起来构成的。表示绕组的联结规律一般用绕组展开图。设想把定子（或转子）沿轴向展开、拉平，如图 4-10 所示。

（4）极距 τ

两相邻磁极轴线之间的距离称为极距。一般用槽数表示，也可用长度或电角度等表示。

$$\tau=\frac{Q}{2p} \tag{4-5}$$

（5）节距 Y

一个线圈的两个边所跨定子圆周上的距离称为节距，用 Y 表示，一般用槽数表示，节距应接近一个极距 τ。$Y=\tau$ 的绕组称为整距绕组，$Y<\tau$ 的绕组称为短距绕组，$Y>\tau$ 的绕组称为长距绕组。常用的是整距绕组和短距绕组。

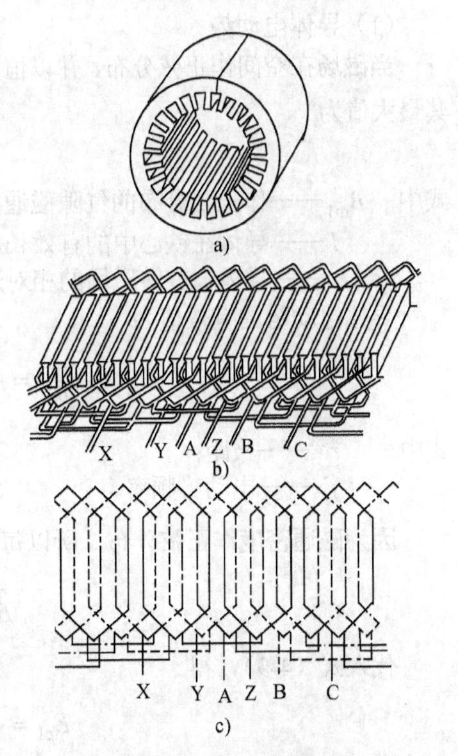

图 4-10 定子绕组展开图

（6）槽距角α

相邻两槽轴线之间的电角度叫作槽距角α。由于定子槽在定子内圆周上是均匀分布的，则

$$\alpha = \frac{360^{\circ} p}{Q} \tag{4-6}$$

（7）每极每相槽数q

每一个极下每相绕组所占有的槽数，称为每极每相槽数q。

$$q = \frac{Q}{2pm} \tag{4-7}$$

式中　m为定子绕组的相数。

2. 定子绕组的分类

异步电动机定子绕组的种类很多，按相数分，有单相、两相和三相绕组；按槽内层数分，有单层、双层和单双层混和绕组；按绕组端接部分的形状分，单层绕组有同心式、交叉式和链式；双层绕组有叠绕组和波绕组；按每极每相所占的槽数是整数还是分数，有整数槽和分数槽之分等。但构成原则是一致的。

4.2.2 绕组的感应电动势

如果在电动机中有一个旋转的气隙磁场，极数$2p=2$，转速为n_1，则此旋转磁场必然会在定子绕组中产生感应电动势。本节首先讨论定子绕组一个线圈的感应电动势，进而讨论一个线圈组和一个相绕组的感应电动势。讨论中，假定磁场在空间为正弦分布，幅值不变。

1. 线圈的感应电动势

（1）导体电动势

当磁场在空间作正弦分布，并以恒定的转速n_1旋转时，导体感应的电动势也为一正弦波，其最大值为

$$E_{\text{c1m}} = B_{\text{m1}} l v \tag{4-8}$$

式中　B_{m1}——作正弦分布的气隙磁通密度的幅值；

l——导体在铁心中的有效长度；

v——导体与旋转磁场的相对速度。

导体电动势的有效值为

$$E_{\text{c1}} = \frac{E_{\text{c1m}}}{\sqrt{2}} = \frac{B_{\text{m1}} l v}{\sqrt{2}} = \frac{B_{\text{m1}} l}{\sqrt{2}} \frac{2p\tau}{60} n_1 = \sqrt{2} f B_{\text{m1}} l \tau \tag{4-9}$$

式中　τ——极距；

f——电动势频率。

因为磁通密度作正弦分布，所以每极磁通量$\Phi_1 = \frac{2}{\pi} B_{\text{m1}} l \tau$，即

$$B_{\text{m1}} = \frac{\pi}{2} \Phi_1 \frac{1}{l\tau} \tag{4-10}$$

代入式（4-9），得

$$E_{\text{c1}} = \frac{\pi}{\sqrt{2}} f \Phi_1 = 2.22 f \Phi_1 \tag{4-11}$$

若取磁通Φ_1的单位为Wb，频率的单位为Hz时，电动势E_{c1}的单位为V。

（2）整距线圈的电动势

设线圈的匝数为 N_C，每匝线圈都有两个有效边。对于整距线圈，如果一个有效边在 N 极的中心底下，则另一个有效边就刚好处在 S 极的中心底下，如图 4-11a 所示。可见两有效边内的电动势瞬时值大小相等而方向相反。但就一个线匝来说，两个电动势正好相加。若把每个有效边的电动势的正方向都规定为从上向下，如图 4-11b 所示，则用相量表示时，两有效边的电动势 $\dot{E}_{c1}$ 和 $\dot{E}'_{c1}$ 的方向正好相反，即它们的相位差为 180°，于是每个线匝的电动势为

$$\dot{E}_{t1} = \dot{E}_{c1} - \dot{E}'_{c1} = 2\dot{E}_{c1} \tag{4-12}$$

有效值

$$E_{t1} = 2E_{c1} = 4.44 f\Phi_1 \tag{4-13}$$

在一个线圈内，每一匝电动势在大小和相位上都是相同的，所以整距线圈的电动势

$$\dot{E}_{y1} = N_c\dot{E}_{t1} \tag{4-14}$$

有效值

$$E_{y1} = 4.44 fN_c\Phi_1 \tag{4-15}$$

（3）短距线圈的电动势

为了削弱 5 次或 7 次谐波磁通势和电动势，绕组常采用短距线圈，这时线圈节距 $Y < \tau$，如图 4-11a 中虚线所示，则电动势 $\dot{E}_{c1}$ 和 $\dot{E}'_{c1}$ 相位差不是 180°，而是相差 γ 角度，γ 是线圈节距 Y_1 所对应的电角度。

$$\gamma = \frac{Y_1}{\tau} \times 180^\circ \tag{4-16}$$

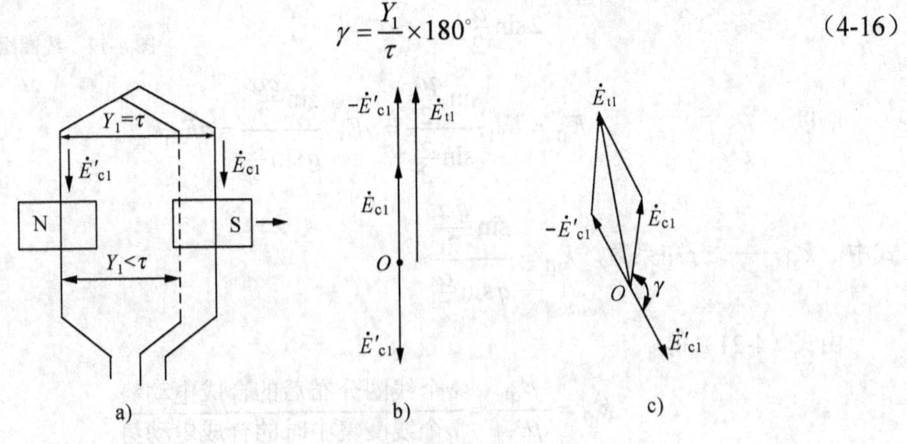

图 4-11　匝电动势计算

在图示转向下，$\dot{E}_{c1}$ 领先 $\dot{E}'_{c1}$，如图 4-11c 所示，因此匝电动势为

$$\dot{E}_{t1(Y<\tau)} = \dot{E}_{c1} - \dot{E}'_{c1} = \dot{E}_{c1} + (-\dot{E}'_{c1}) \tag{4-17}$$

有效值

$$E_{t1(Y<\tau)} = 2E_{c1}\cos\frac{180^\circ - \gamma}{2} = 2E_{c1}\sin\frac{\gamma}{2} = 2E_{c1}k_{Y1} \tag{4-18}$$

式中　k_{Y1} —— 短距系数，$k_{Y1} = \sin\frac{\gamma}{2}$。

这样便可以得出短距线圈的电动势

$$E_{Y1(Y<\tau)} = 4.44 fN_c\Phi_1 k_{Y1} \tag{4-19}$$

由此可见

$$k_{Y1} = \frac{E_{Y1(Y<\tau)}}{4.44 fN_c\Phi_1} = \frac{E_{Y1(Y<\tau)}}{E_{Y1(Y=\tau)}}$$

2. 线圈组电动势

无论是双层绕组还是单层绕组，每相绕组总是由若干个线圈组成，而每个线圈组又是由q个线圈串联而成，每一个线圈的电动势的大小是相等的，但相位则依次相差一个槽距角α。这里必须说明一点，对于单层绕组，构成线圈组的各个线圈的电动势大小可能不相等，相位差也不等于槽距角α，但在电气性能上，一个单层绕组都相当于一个等元件的整距绕组，所以线圈组的电动势$\dot{E}_{q1}$应为q个线圈电动势的相量和。即

$$\dot{E}_{q1} = E_{Y1}\angle 0^\circ + E_{Y1}\angle\alpha + E_{Y1}\angle 2\alpha + \cdots + E_{Y1}\angle(q-1)\alpha \tag{4-20}$$

由于这q个向量大小相等，又依次位移α角，所以它们依次相加便构成了一个正多边形的一部分，如图 4-12 所示（图中以$q=3$为例）。图中 O 为正多边形外接圆的圆心，$\overline{OA}=\overline{OB}=R$为外接圆的半径，于是便可求得线圈组的电动势$E_{q1}$为

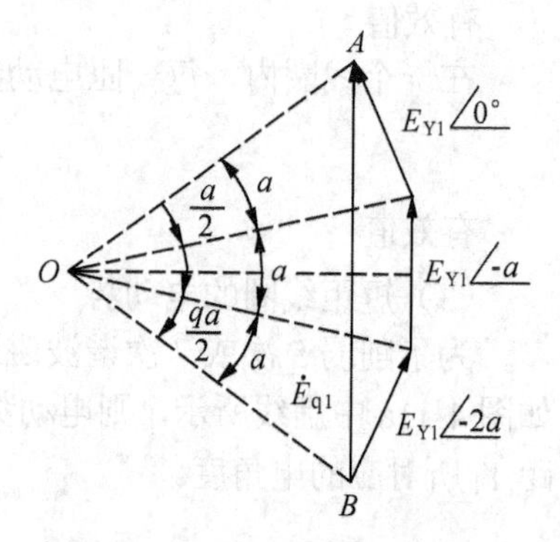

图 4-12 线圈组电动势的计算

$$E_{q1} = \overline{AB} = 2R\sin\frac{q\alpha}{2}$$

而
$$R = \overline{OA} = \frac{E_{Y1}}{2\sin\frac{\alpha}{2}}$$

所以
$$E_{q1} = E_{Y1}\frac{\sin\frac{q\alpha}{2}}{\sin\frac{\alpha}{2}} = qE_{Y1}\frac{\sin\frac{q\alpha}{2}}{q\sin\frac{\alpha}{2}} = qE_{Y1}k_{q1} \tag{4-21}$$

式中 k_{q1}—— 分布系数，$k_{q1}=\dfrac{\sin\frac{q\alpha}{2}}{q\sin\frac{\alpha}{2}}$。

由式（4-21）得

$$k_{q1} = \frac{E_{q1}}{qE_{Y1}} = \frac{q\text{个线圈分布后的合成电动势}}{q\text{个线圈集中时的合成电动势}}$$

将式（4-19）代入式（4-21），得

$$E_{q1} = 4.44qN_c k_{Y1}k_{q1}f\Phi_1 = 4.44fqN_c\Phi_1 k_{N1} \tag{4-22}$$

式中 k_{N1}—— 绕组系数，$k_{N1}=k_{Y1}k_{q1}$。

3. 相电动势

每相绕组的电动势等于每一条并联支路的电动势。一般情况下，每条支路中所串联的几个线圈组的电动势都是大小相等，相位相同的，因此，可以直接相加。

对于双层绕组，每条支路由$\dfrac{2p}{a}$个线圈组串联而成。

对于单层绕组，每条支路由$\dfrac{p}{a}$个线圈组串联而成。

所以每相绕组电动势为

双层绕组
$$E_{\phi 1} = 4.44fqN_c\frac{2p}{a}\Phi_1 k_{N1} \tag{4-23a}$$

单层绕组 $$E_{\phi 1}=4.44 fqN_{\mathrm{c}}\frac{p}{a}\Phi_1 k_{\mathrm{N1}} \tag{4-23b}$$

式中，$\frac{2p}{a}qN_{\mathrm{c}}$ 和 $\frac{p}{a}qN_{\mathrm{c}}$ 分别表示双层绕组和单层绕组每条支路的串联匝数 N，这样就可以写出绕组相电动势的一般公式

$$E_{\phi 1}=4.44 fN\Phi_1 k_{\mathrm{N1}} \tag{4-24}$$

式中 N——每相绕组的串联匝数。

4.3 三相异步电动机的空载运行

三相异步电动机的定、转子电路之间没有直接的电联系，它们之间的联系是通过电磁感应关系而实现的，这一点和变压器完全相似。三相异步电动机的定子绕组相当于变压器的一次绕组，转子绕组相当于变压器的二次绕组，因此对三相异步电动机的运行进行分析，可以仿照分析变压器的方式进行。

4.3.1 电磁关系

当三相异步电动机的定子绕组接到对称三相电源时，定子绕组中就通过对称三相交流电流 $\dot{I}_{1\mathrm{A}}$、$\dot{I}_{1\mathrm{B}}$、$\dot{I}_{1\mathrm{C}}$（下标“1”表示定子；“2”表示转子），若不计谐波磁动势和齿槽的影响，这个对称三相交流电流将在气隙内形成按正旋规律分布，并以同步转速 n_1 旋转的磁动势 F_1。由旋转磁动势建立气隙主磁场 B_{m}（旋转磁场）。这个旋转磁场切割定、转子绕组，分别在定、转子绕组内感应出对称定子电动势 $\dot{E}_{1\mathrm{A}}$、$\dot{E}_{1\mathrm{B}}$、$\dot{E}_{1\mathrm{C}}$，转子绕组也为三相时，转子电动势为 $\dot{E}_{2\mathrm{a}}$、$\dot{E}_{2\mathrm{b}}$、$\dot{E}_{2\mathrm{c}}$。若转子绕组闭合，转子回路中有对称三相电流 $\dot{I}_{2\mathrm{a}}$、$\dot{I}_{2\mathrm{b}}$、$\dot{I}_{2\mathrm{c}}$ 通过，于是在气隙磁场和转子电流相互作用下，产生了电磁转矩，使转子顺旋转磁场方向转动。空载时，轴上没有任何机械负载，异步电动机所产生的电磁转矩仅克服了摩擦、风阻的阻转矩，所以是很小的。电动机所受阻转矩很小，则其转速接近同步转速，$n \approx n_1$，转子与旋转磁场的相对转速就接近零，即 $n_1 - n \approx 0$。在这样的情况下可以认为旋转磁场不切割转子绕组，则 $\dot{E}_{2\mathrm{s}} \approx 0$（下标“s”表示转子电动势的频率与定子电动势的频率不同），$\dot{I}_2 \approx 0$。由此可见，异步电动机空载运行时，定子上的三相基波合成磁动势 F_1 即空载磁动势 F_{10}，则建立气隙磁场 B_{m} 的励磁磁动势 F_{m0} 就是 F_{10}，即 $F_{\mathrm{m0}} = F_{10}$，产生的磁通为 $\dot{\Phi}_{\mathrm{m0}}$。异步电动机空载运行时的这种电磁关系可用图 4-13 来表明（图中电的量为每相的量，而磁的量为三相合成的量）。

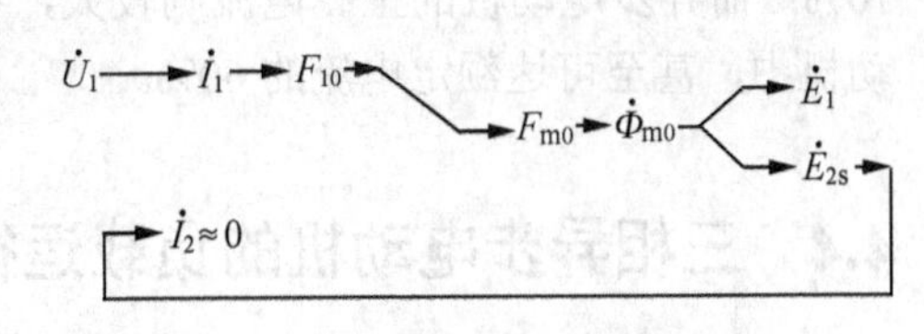

图 4-13 异步电动机空载运行时的电磁关系

励磁磁动势产生的磁通绝大部分同时与定转子绕组交链，这部分称为主磁通，用 Φ_{m} 表示，主磁通参与能量转换，在电动机中产生有用的电磁转矩。主磁通的磁路有定转子铁心和气隙组成，它受饱和的影响，为非线性磁路。此外还有一小部分磁通仅与定子绕组相交链，称为定子漏磁通。漏磁通不参与能量转换，并且主要通过空气闭合，受磁路饱和的影响较小，在一定条件下漏磁通的磁路可以看作是线性磁路。

4.3.2 空载时的定子电压平衡关系

设定子绕组上每相所加的端电压为$\dot{U}_1$，相电流为$\dot{I}_1$，主磁通Φ_m在定子绕组中感应的每相电动势为$\dot{E}_1$，定子漏磁通在每相绕组中感应的电动势为$\dot{E}_{1s}$，定子绕组的每相电阻为r_1，类似于变压器空载时的一次侧，则可以列出电动机空载时每相的定子电压平衡方程式

$$\dot{U}_1 = -\dot{E}_1 - \dot{E}_{1s} + \dot{I}_1 r_1 \tag{4-25}$$

与变压器的分析方法相似，可写出

$$\dot{E}_1 = -\dot{I}_1 (r_m + jX_m) \tag{4-26}$$

式中，$r_m + jX_m = z_m$为励磁阻抗，其中r_m为励磁电阻，是反映铁耗的等效电阻，X_m为励磁电抗，与主磁通Φ_m相对应。

$$E_{1s} = I_1 X_1 = 4.44 f_1 N_1 k_{N1} \Phi_{1s} \tag{4-27}$$

式中，X_1为定子漏磁电抗，与漏磁通Φ_{1s}相对应，N_1为定子每相绕组的总匝数。

于是电压方程式可以改写为

$$\dot{U}_1 = -\dot{E}_1 + \dot{I}_1 (r_1 + jX_1) = -\dot{E}_1 + \dot{I}_1 z_1 \tag{4-28}$$

式中，z_1为定子每相漏阻抗，$z_1 = r_1 + jX_1$。

因为$E_1 \gg I_1 z_1$，可近似地认为

$$\dot{U}_1 = -\dot{E}_1 \quad 或 \quad U_1 = E_1$$

显然，对于一定的电动机，当频率f_1一定时，$U_1 \propto \Phi_m$。由此可见，在异步电动机中，若外加电压一定，则主磁通Φ_m大体上也为一定值，这和变压器的情况一样。

4.3.3 空载时的等效电路

由式（4-25），即可画出异步电动机空载时的等效电路，如图 4-14 所示。

上述分析的结果表明，异步电动机空载时的物理现象和电压平衡关系式与变压器十分相似。但是，在变压器中不存在机械损耗，主磁通所经过的磁路气隙也很小，因此变压器的空载电流很小，仅为额定电流的 2%～10%；而异步电动机的空载电流则较大，在小型异步电动机中，甚至可达额定电流的 60%。

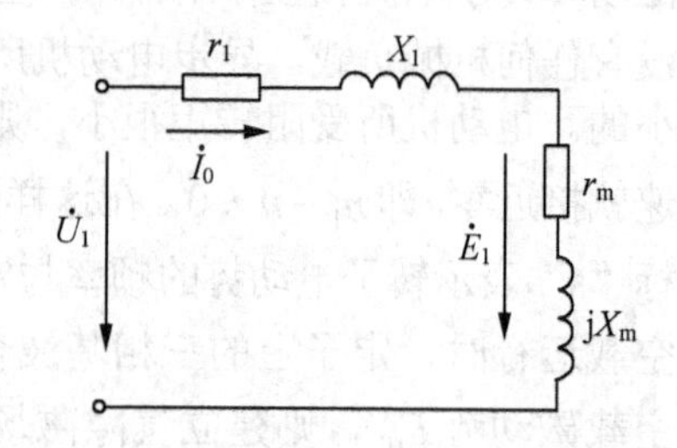

图 4-14 异步电动机空载时的等效电路

4.4 三相异步电动机的负载运行

4.4.1 三相异步电动机负载运行时的电磁关系

负载运行时，电动机将以低于同步转速n_1的速度n旋转，其转向则仍与气隙旋转磁场的转向相同。因此，气隙磁场与转子的相对转速为$\Delta n = n_1 - n = sn_1$，$\Delta n$也就是气隙旋转磁场切割转子绕组的速度，于是在转子绕组中就感应出电动势，产生电流，其频率为

$$f_2 = \frac{p\Delta n}{60} = s\frac{pn_1}{60} = sf_1 \tag{4-29}$$

负载运行时，除了定子电流 $\dot{I}_1$ 产生一个定子磁动势 F_1 外，转子电流 $\dot{I}_2$ 还产生一个转子磁动势 F_2，而总的气隙磁动势则是 F_1 与 F_2 的合成。

在异步电动机中，无论绕线型还是笼型，其转子绕组都是一个对称的多相系统。但是，二者绕组中感应的电流所产生的磁极对数 p_2，与定子的磁极对数 p 始终是相等的，则转子合成磁动势相对转子的旋转速度为 $n_2 = \dfrac{60 f_2}{p_2} = s\dfrac{60 f_1}{p} = sn_1$。若定子旋转磁场的转向为顺时针方向，因为 $n < n_1$，因此感应而形成的转子电动势或电流的相序也必然按顺时针方向排列。由于合成磁动势的转向决定于绕组中电流的相序，所以转子合成磁动势 F_2 的转向与定子磁动势 F_1 的转向相同，也为顺时针方向。于是转子磁动势 F_2 在空间上（即相对于定子）的旋转速度为

$$n_2 + n = sn_1 + n = n_1 \tag{4-30}$$

即等于定子磁动势 F_1 在空间的旋转速度。也就是说，无论异步电动机的转速如何变化，定、转子磁动势总是相对静止的。

1．磁动势平衡

由于定、转子磁动势在空间相对静止，因此可以合并为一个合成磁动势 F_{m}，即

$$F_1 + F_2 = F_{\mathrm{m}} \tag{4-31}$$

式中　F_{m}——励磁磁动势，它产生气隙中的旋转磁场。

式（4-31）就称为异步电动机的磁动势平衡方程，它也可以写成

$$F_1 = -F_2 + F_{\mathrm{m}} \tag{4-32}$$

对上式所代表的物理意义可分析如下。

定子绕组中的感应电动势 $\dot{E}_1$ 与电源电压 $\dot{U}_1$ 之间相差一个漏阻抗压降。当异步电动机从空载到额定负载范围内运行时，定子漏阻抗压降所占的比重很小，在 $\dot{U}_1$ 不变的情况下，电动势 $\dot{E}_1$ 与主磁通 Φ_{m} 成正比。当 $\dot{E}_1$ 值近似不变时，Φ_{m} 也近似不变，因此励磁磁动势也应不变。由此可见，在转子绕组中通过电流产生磁动势 F_2 的同时，定子绕组中就必然要增加一个电流分量，使这一电流分量产生磁动势 $-F_2$ 抵消转子电流产生的磁动势 F_2，从而保持总磁动势 F_{m} 近似不变，显然 F_{m} 等于空载时的定子磁动势 F_{10}。

2．电动势平衡方程式

负载时，定子电流为 $\dot{I}_1$，根据对式（4-28）的分析，可列出负载时定子的电动势平衡方程式

$$\dot{U}_1 = -\dot{E}_1 + \dot{I}_1(r_1 + \mathrm{j}X_1) = -\dot{E}_1 + \dot{I}_1 z_1 \tag{4-33}$$

$$E_1 = 4.44 f_1 N_1 k_{\mathrm{N1}} \Phi_{\mathrm{m}} \tag{4-34}$$

负载时转子电动势 $\dot{E}_{2\mathrm{s}}$ 的频率为 $f_2 = sf_1$，大小为

$$E_{2\mathrm{s}} = 4.44 f_2 N_2 k_{\mathrm{N2}} \Phi_{\mathrm{m}} \tag{4-35}$$

式中　N_2—— 转子绕组每相的总匝数；

k_{N2}—— 转子的绕组系数。

转子漏电动势

$$E_{2\mathrm{ss}} = 4.44 f_2 N_2 k_{\mathrm{N2}} \Phi_{2\mathrm{ss}} \tag{4-36}$$

此式中 $\Phi_{2\mathrm{ss}}$ 为转子漏磁通，式（4-36）也可以用转子每相漏电抗 $X_{2\mathrm{s}}$ 的形式表示，即

$$E_{2\mathrm{ss}} = I_2 X_{2\mathrm{s}} \tag{4-37}$$

因为异步电动机的转子电路自成闭路，端电压 $U_2 = 0$，所以转子的电动势平衡方程为

$$\dot{E}_{2s}-\dot{I}_2(r_2+\mathrm{j}X_{2s})=0$$

即

$$\dot{E}_{2s}-\dot{I}_2 z_2=0 \tag{4-38}$$

式中 r_2—— 转子每相电阻，对绕线型转子还应包括外加电阻；

z_2—— 转子每相漏阻抗。

3. 电磁关系

根据磁动势及电动势平衡方程可绘出电磁关系，如图 4-15 所示。

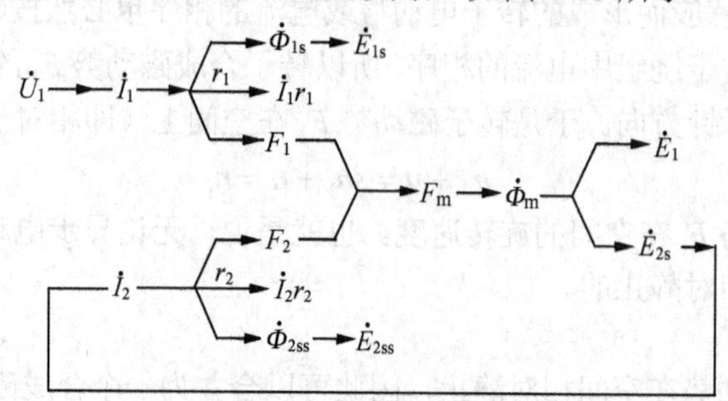

图 4-15 异步电动机负载运行时的电磁关系

4.4.2 异步电动机的等效电路

异步电动机定、转子之间没有电路上的联系，只有磁路上的联系，不便于实际工作的计算，所以必须像变压器那样进行等效电路的分析。等效要在不改变定子绕组中的物理量（定子的电动势、电流及功率因数等）的情况下进行。为了找到异步电动机的等效电路，除了进行转子绕组的折合外，还需要进行转子频率的折算。

1. 频率折算

在进行频率折算时，可以用一个不动的等效转子去代替实际运转的转子。实际转子不动时，转子电流的频率为 f_1，电阻为 r_2，漏电抗为 X_2，转子每相感应电动势、转子电流的大小和相位角分别为

$$E_2=4.44f_1N_2\Phi_m \tag{4-39}$$

$$I_2=\frac{E_2}{\sqrt{r_2^2+X_2^2}} \tag{4-40}$$

$$\varphi_2=\tan^{-1}\frac{X_2}{r_2} \tag{4-41}$$

实际转子转动后，转子感应电动势的频率为

$$f_2=sf_1$$

转子感应电动势为

$$E_{2s}=4.44f_2N_2\Phi_m=4.44sf_1N_2\Phi_2=sE_2 \tag{4-42}$$

转子漏电抗为

$$X_{2s}=sX_2$$

转子电流的大小和相位角为

$$I_{2s}=\frac{E_{2s}}{\sqrt{r_2^2+X_{2s}^2}}=\frac{sE_2}{\sqrt{r_2^2+(sX_2)^2}}=\frac{E_2}{\sqrt{\left(\frac{r_2}{s}\right)^2+X_2^2}} \tag{4-43}$$

$$\varphi_{2s} = \arctan\frac{X_{2s}}{r_2} = \arctan\frac{X_2}{\frac{r_2}{s}} \tag{4-44}$$

频率折合前后转子的电磁效应不能变，即转子电流的大小和相位角不变，则除了改变与频率有关的参数和电动势以外，只要用等效转子的电阻$\frac{r_2}{s}$代替实际转子中的电阻r_2即可，这就是转子频率折合的结果。

$\frac{r_2}{s}$可分解为
$$\frac{r_2}{s} = r_2 + \frac{1-s}{s}r_2$$

式中，$\frac{1-s}{s}r_2$为异步电动机的等效负载电阻，即附加电阻，在附加电阻中会发生损耗$I_2^2(1-s)r_2/s$，而实际电路中并不存在这部分损耗，只产生机械功率。因此，等效转子电路中这部分虚拟的损耗，实质上是表征了异步电动机的机械功率。

频率折算后的定、转子电路如图 4-16 所示。

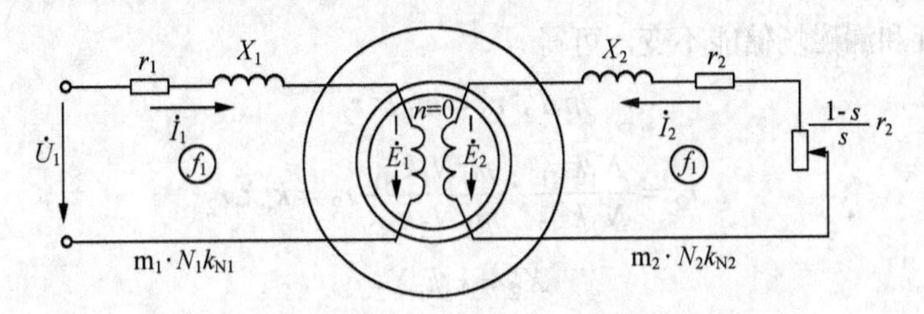

图 4-16　频率折算后异步电动机的定、转子电路图

2．绕组折算

对异步电动机进行频率折算之后，因定、转子频率不同而发生的问题是解决了，但还不能把定、转子电路连接起来，因为两个电路的电动势还不相等。和变压器的绕组折算一样，异步电动机绕组折算也就是人为地用一个相数、每相串联匝数以及绕组系数和定子绕组一样的绕组去代替相数为m_2，每相串联匝数为N_2以及绕组系数为k_{N2}而经过频率折算的转子绕组。但仍然要保证折算前后转子对定子的电磁效应不变，即转子的磁动势、转子总的视在功率、转子铜耗及转子漏磁场储能均保持不变。转子折算值上均加“′”表示。

根据电机学原理知道定子、转子、气隙磁动势分别为

$$F_1 = 0.9\frac{m_1}{2}\frac{N_1 k_{N1}}{p}I_1 \tag{4-45}$$

$$F_2 = 0.9\frac{m_2}{2}\frac{N_2 k_{N2}}{p}I_2 \tag{4-46}$$

$$F_m = 0.9\frac{m_1}{2}\frac{N_1 k_{N1}}{p}I_m \tag{4-47}$$

式中　m_1、m_2 —— 定、转子绕组的相数；

I_m —— 对应于励磁磁动势的励磁电流。

把励磁磁动势写成式（4-47），是因为负载时建立励磁磁动势的电流仍由电源从定子绕组流入。

由转子磁动势保持不变，得出

$$0.9\frac{m_1}{2}\frac{N_1k_{N1}}{p}\dot{I}_2' = 0.9\frac{m_2}{2}\frac{N_2k_{N2}}{p}\dot{I}_2 \tag{4-48}$$

所以折算后的转子电流有效值为

$$I_2' = \frac{m_2N_2k_{N2}}{m_1N_1k_{N1}}I_2 = \frac{1}{k_i}I_2 \tag{4-49}$$

式中　k_i—— 电流比。

由式（4-32）、式（4-45）、式（4-46）、式（4-47）、式（4-48）可得

$$I_1 + I_2' = I_m \tag{4-50}$$

由转子总视在功率保持不变，可得

$$m_1E_2'I_2' = m_2E_2I_2 \tag{4-51}$$

所以

$$E_2' = \frac{N_1k_{N1}}{N_2k_{N2}}E_2 = k_eE_2 = E_1 \tag{4-52}$$

式中　k_e——电压比。

由转子铜耗和漏磁场储能不变，可得

$$m_1I_2'^2r_2' = m_2I_2^2r_2$$

所以

$$r_2' = \frac{N_1k_{N1}}{N_2k_{N2}} \cdot \frac{m_1N_1k_{N1}}{m_2N_2k_{N2}}r_2 = k_ek_ir_2 \tag{4-53}$$

同理

$$X_2' = k_ek_iX_2 \tag{4-54}$$

图 4-17 所示为经频率和绕组折算后的异步电动机定、转子电路图。

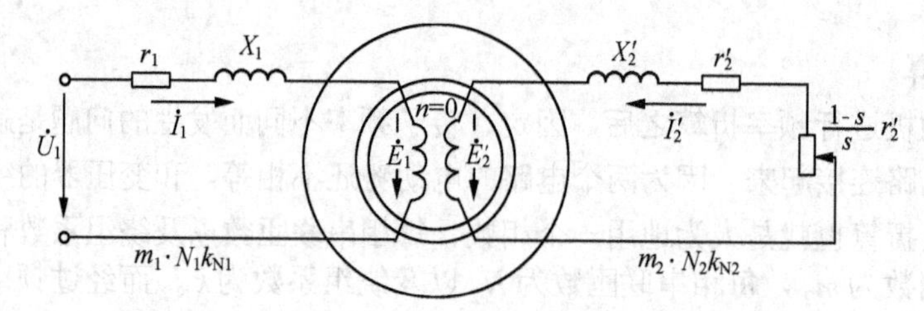

图 4-17　转子绕组折算后的异步电动机的定、转子电路

经频率和绕组的折算后，异步电动机转子绕组的频率、相数、每相电动势都和定子绕组一样。如果从电路中的等电位点可直接连接而不影响整个电路的物理情况这个角度来考虑的话，由于 $\dot{E}_1 = \dot{E}_2'$，也可以把图 4-17 中 $\dot{E}_1$ 与 $\dot{E}_2'$ 两端设想用导线直接连接起来，而得到如图 4-18 所示的 T 型等效电路。

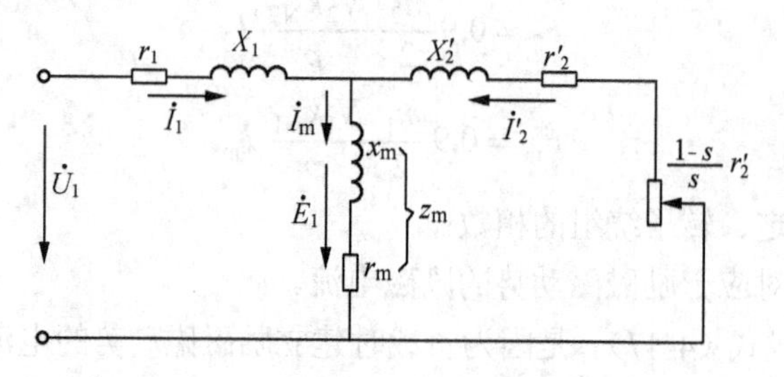

图 4-18　三相异步电动机的 T 型等效电路

4.4.3 基本方程式

异步电动机负载时的基本方程式为

$$\dot{U}_1 = -\dot{E}_1 + \dot{I}_1(r_1 + \mathrm{j}X_1)$$

$$-\dot{E}_1 = \dot{I}_0(r_m + \mathrm{j}X_m)$$

$$\dot{E}_1 = \dot{E}_2'$$

$$\dot{I}_1 + \dot{I}_2' = \dot{I}_m$$

由 T 型等效电路可得

$$\dot{E}_2' = \dot{I}_2'\left(\frac{r_2'}{s} + \mathrm{j}X_2'\right) \tag{4-55}$$

下面再分析异步电动机运行的两种特殊情况

1）空载运行时：$n \to n_1$，$s \to 0$，$\frac{1-s}{s}r_2' \to \infty$，由图 4-14 可知，相当于转子开路。

2）转子堵转（接上电源，转子被堵住转不动）时：$n = 0$，$s = 1$，$\frac{1-s}{s}r_2' = 0$，相当于变压器二次侧短路情况。因此，当异步电动机接上电源时，就处于短路状态，会使电动机电流很大，很快过热而烧毁电动机，这在电动机实验及使用电动机时应多加注意。异步电动机起动初始也属于此种情况。

4.5 三相异步电动机的参数测定

和变压器相似，异步电动机的参数也可以用空载试验和短路试验来测定，短路试验又称为堵转试验。

4.5.1 空载试验

空载试验的目的是测定电动机的励磁参数 r_m、x_m、铁耗 p_{Fe} 及机械损耗 p_m。

空载试验时，电动机轴上不带任何负载，施加额定频率的三相对称电压 U_1，从（1.1～1.3）U_N 开始，逐渐降低到可能达到的最低值，测量 7～9 组，每次测取电动机的电压 U_0、电流 I_0、空载功率 p_0 和转速 n。U_1 可能达到的最低值是指转速 n 已明显低于 n_1 时。试验结束后，应立即测量定子电阻 r_1。

根据测取的 U_0、I_0、p_0 数据，作空载特性曲线 $I_0 = f(U_0)$ 和 $p_0 = f(U_0)$，如图 4-19 所示。电动机的空载功率为

$$p_0 = m_1 I_0^2 r_1 + p_{Fe} + p_m$$

从空载功率中减去定子铜耗，可得铁耗和机械损耗之和，即

$$p_0 = p_0 - m_1 I_0^2 r_1 = p_{Fe} + p_m$$

由于铁耗 p_{Fe} 近似与电压的平方成正比，而机械损耗 p_m 与电压无关，仅与转速有关，因此作曲线 $p_0' = f(U_0^2)$，如图 4-20 所示。延长直线部分与纵轴交于 a 点，$U_0 = 0$，$p_{Fe} = 0$，则 $p_0' = p_m$，因此 Oa 的大小即为机械损耗 p_m。

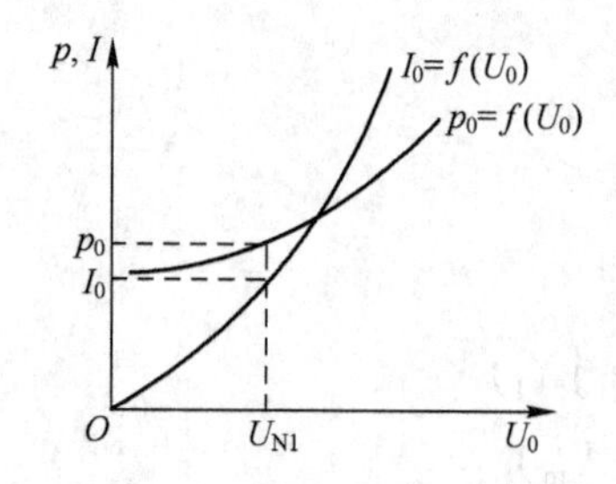

图 4-19　异步电动机的空载特性

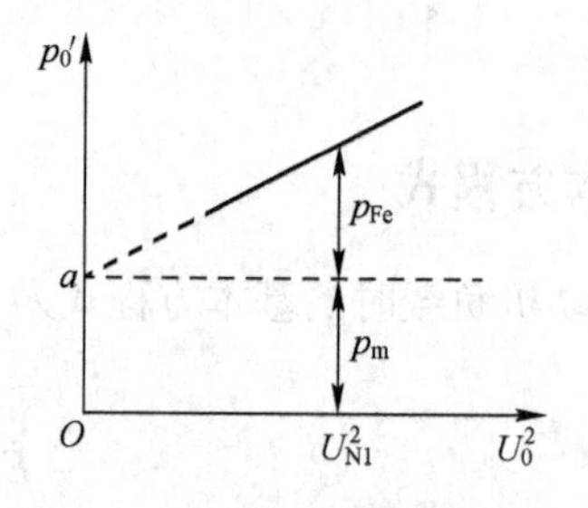

图 4-20　铁耗与机械损耗的分离

空载时 $s\approx 0$，转子绕组可认为是开路，此时的等效电路如图 4-14 所示。根据等效电路，可求得励磁阻抗为

$$z_0=\frac{U_1}{I_0}\qquad r_m=\frac{p_{Fe}}{m_1 I_0^2}$$

$$r_0=r_1+r_m\qquad x_m=x_0-x_1$$

$$x_0=x_m+x_1=\sqrt{z_0^2-r_0^2}$$

式中，x_1 可由下面的短路试验来确定。

4.5.2　短路试验

短路试验的目的是确定电动机的短路阻抗、转子电阻和定、转子漏抗。

短路试验是在转子堵住不动时，对电动机施加三相对称电压，理想的状况是从 U_N 开始逐步下降到使电流为额定值时为止。但由于额定电压时，电动机电流将达（4～7）I_N，时间稍长些，将使电动机烧毁，所以通常从 $0.4U_N$ 左右做起，此时电流约为（2～3）I_N。测量 5～7 组数据，每次测取电压 U_K、短路电流 I_K、短路损耗 p_K。

利用测取的数据，可作出短路特性曲线 $I_K=f(U_K)$ 和 $p_K=f(U_K)$，如图 4-21 所示。短路时 $s=1$ 故（$1-s$）$r_2'/s=0$，又因为 $Z_2 \ll Z_m$ 励磁支路可认为是开路，此时异步电动机的等效电路如图 4-22 所示，根据定子电流 $I_K=I_N$ 时的短路电压 U_K 和短路损耗 p_K，及短路时的等效电路，可求得短路阻抗为

$$z_k=\frac{U_k}{I_k}$$

$$r_k=\frac{p_k}{m_1 I_k^2}$$

$$x_k=\sqrt{z_k^2-r_k^2}$$

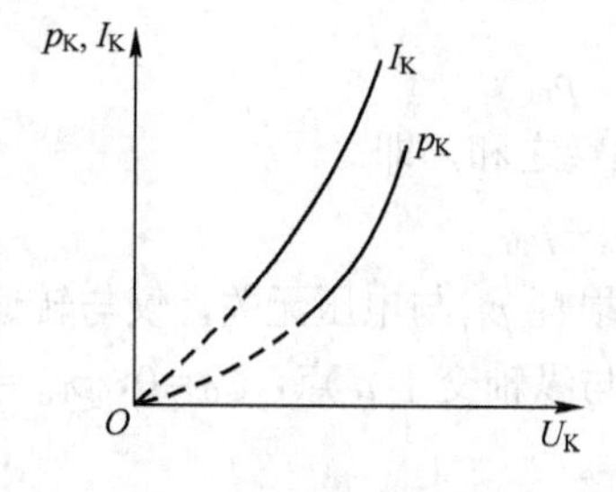

图 4-21　异步电动机短路特性

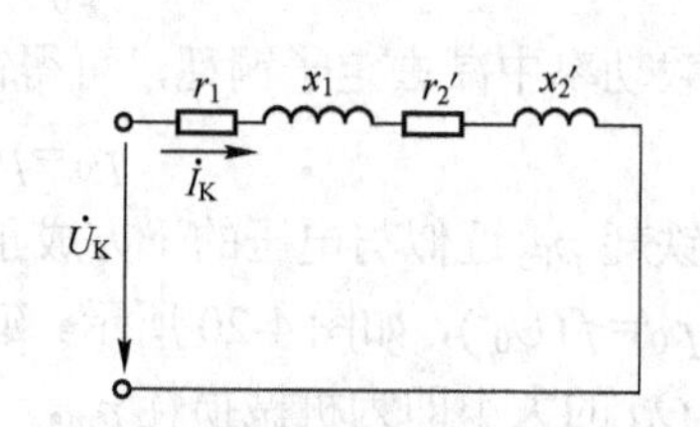

图 4-22　异步电动机短路等效电路

空载时已测取定子绕组电阻，并设 $x_1 \approx x_2'$，则

$$r_2' = r_K - r_1$$
$$x_1 = x_2' = x_K /2$$

4.6　三相异步电动机的功率和转矩关系

4.6.1　功率关系

异步电动机的功率关系可用 T 型等效电路（图 4-17 和图 4-18）来分析。当异步电动机通电运行时，T 型等效电路中每个电阻上均产生一个损耗，如

定子电阻 r_1 产生定子铜耗　　$p_{Cu1} = 3I_1^2 r_1$

励磁电阻 r_m 产生定子铁耗　$p_{Fe} = p_{Fe1} = 3I_m^2 r_m$（忽略 p_{Fe2}）

转子电阻 r_2 产生转子铜耗　　$p_{Cu2} = 3I_2' r_2$

从而可得三相异步电动机运行时的功率关系如下：

从电源输入电功率 $P_1 = 3U_1 I_1 \cos\varphi_1$，去除定子铜耗和铁耗，便是定子传递给转子回路的电磁功率，即

$$P_{em} = P_1 - p_{Cu1} - p_{Fe}$$

电磁功率又等于等效电路转子回路全部电阻上的损耗，即

$$P_{em} = 3I_2'^2 \left[r_2' + \frac{(1-s)}{s} r_2' \right] = 3I_2'^2 \frac{r_2'}{s} \tag{4-56}$$

电磁功率也可表示为 $P_{em} = 3E_2' I_2' \cos\varphi_2 = m_2 E_2 I_2 \cos\varphi_2$。电磁功率去除转子绕组上的损耗，就是等效负载电阻 $\frac{1-s}{s} r_2'$ 上的损耗，这部分等效损耗实际上是传输给电动机转轴上的机械功率，用 P_m 表示。它是转子绕组中电流与气隙旋转磁场共同作用产生的电磁转矩，带动转子以转速 n 旋转所对应的功率

$$P_m = P_{em} - p_{Cu2} = 3I_2'^2 \frac{1-s}{s} r_2' = (1-s) P_{em} \tag{4-57}$$

电动机运行时，还存在由于轴承等摩擦产生的机械损耗 p_m 及附加损耗 p_s。大型电动机中，p_s 约为 $0.5\,\% P_N$，小型电动机的 $p_s = (1 \sim 3)\% P_N$。

转子的机械功率 P_m 减去机械损耗 p_m 和附加损耗 p_s，才是转轴上真正输出的功率，用 P_2 表示。

$$P_2 = P_m - p_m - p_s \tag{4-58}$$

可见异步电动机运行时，从电源输入电功率 P_1 到转轴上输出机械功率的全过程为

$$P_2 = P_1 - p_{Cu1} - p_{Fe} - p_{Cu2} - p_m - p_s$$

用功率流程图表示如图 4-23 所示。

从以上功率关系定量分析看出，异步电动机运行时电磁功率 P_{em}、转子铜耗 p_{Cu2} 和机械功率 P_m 三者之间的定量关系是

$$P_{em} : p_{Cu2} : P_m = 1 : s : (1-s) \tag{4-59}$$

也可写成下列关系式

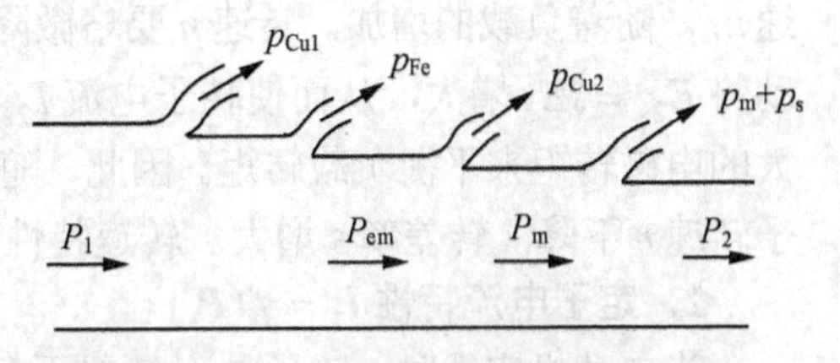

图 4-23　异步电动机功率流程图

$$P_{\text{em}} = p_{\text{Cu}2} + P_{\text{m}}$$

$$p_{\text{Cu}2} = sP_{\text{em}}$$

$$P_{\text{m}} = (1-s)P_{\text{em}}$$

上式表明，当电磁功率一定，转差率s越小，转子铜耗越小，机械功率越大，效率越高。电动机运行时，若s增大，转子铜耗也增大，电动机易发热，效率降低。

4.6.2 转矩关系

机械功率P_{m}除以轴的角速度Ω就是电磁转矩T_{em}，即

$$T_{\text{em}} = \frac{P_{\text{m}}}{\Omega}$$

还可以找出电磁转矩与电磁功率关系为

$$T = \frac{P_{\text{m}}}{\Omega} = \frac{P_{\text{m}}}{\frac{2\pi n}{60}} = \frac{P_{\text{m}}}{(1-s)\frac{2\pi n_1}{60}} = \frac{P_{\text{em}}}{\Omega_1} \tag{4-60}$$

式中　Ω_1 —— 同步角速度（用机械角速度表示）。

式（4-58）两边同时除以角速度，可得出

$$T_2 = T_{\text{em}} - T_0$$

式中　T_0 —— 空载转矩，$T_0 = \frac{p_{\text{m}} + p_{\text{s}}}{\Omega} = \frac{p_0}{\Omega}$；

T_2 —— 输出转矩。

在电力拖动系统中，常可忽略T_0，则有

$$T_{\text{em}} \approx T_2 = T_{\text{L}}$$

式中　T_{L} —— 负载转矩。

4.7 三相异步电动机的工作特性

异步电动机的工作特性是指定子的电压及频率为额定时，电动机的转速n、定子电流I_1、功率因素$\cos\varphi_1$、电磁转矩T_{em}、效率η 等与输出功率P_2的关系。即$U_1 = U_{\text{N}}$，$f_1 = f_{\text{N}}$时，n、I_1、$\cos\varphi_1$、T_{em}、$\eta = f(P_2)$。

上述关系曲线可以通过直接给异步电动机带负载测得，也可以利用等效电路参数经计算得出。图4-24为三相异步电动机的工作特性曲线。分别叙述如下。

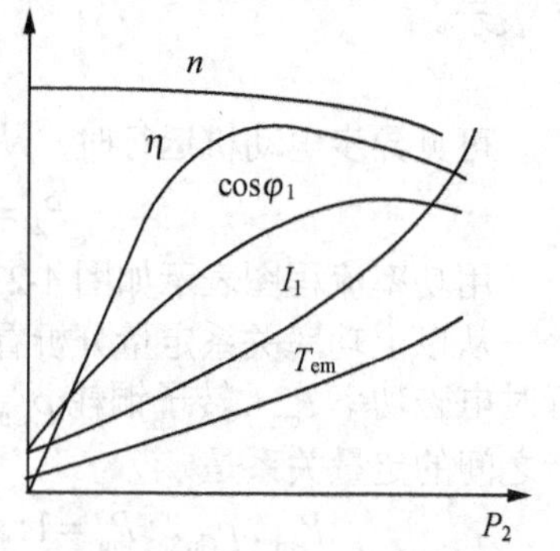

图4-24　三相异步电动机的工作特性

1．转速特性 $n = f(P_2)$

三相异步电动机空载时，转子的转速n接近于同步转速n_1。随着负载的增加，转速n要略微降低，这时转子电动势$E_{2\text{s}} = sE_2$增大，从而使转子电流$I_{2\text{s}}$增大，以产生较大的电磁转矩来平衡负载转矩。因此，随着P_2的增加，转子转速n下降，转差率s增大。转速特性是一条硬特性。

2．定子电流特性 $I_1 = f(P_2)$

当电动机空载时，转子电流I_2'差不多为零，定子电流

等于励磁电流 I_0。随着负载的增加，转速下降（s 增大），转子电流增加，定子电流也增大。当 $P_2 > P_N$ 时，由于此时 $\cos\varphi_2$ 降低，I_1 增长更快些。

3．定子边功率因数 $\cos\varphi_1 = f(P_2)$

三相异步电动机运行时必须从电网中吸取感性无功功率，它的功率因数总是滞后的，且永远小于 1。电动机空载时，定子电流基本上只有励磁电流，功率因数很低，一般不超过 0.2。当负载增加时，定子电流中的有功电流增加，使功率因数提高。接近额定负载时，功率因素提高。超过额定负载时，由于转速降低较多，转差率增大，使转子电流与电动势之间的相位角 φ_2 增大，转子的功率因数下降较多，引起定子电流中的无功电流分量也增大，因而电动机的功率因数 $\cos\varphi_1$ 趋于下降，如图 4-20 所示。

4．电磁转矩特性 $T_{em} = f(P_2)$

稳定运行时，异步电动机的转矩方程为

$$T_{em} = T_2 + T_0$$

输出功率 $P_2 = T_2\Omega$，所以

$$T_{em} = \frac{P_2}{\Omega} + T_0$$

当电动机空载时，电磁转矩 $T_{em} = T_0$，随着负载增加，P_2 增大，由于机械角速度 Ω 变化不大，电磁转矩 T_{em} 随 P_2 的变化近似的为一条直线。

5．效率特性 $\eta = f(P_2)$

根据

$$\eta = \frac{P_2}{P_1} = 1 - \frac{\sum p}{P_2 + \sum p}$$

可知，电动机空载时 $P_2 = 0$，$\eta = 0$，随着输出功率 P_2 的增加，效率 η 也增加。在正常运行范围内，因主磁通变化很小，所以铁损耗变化不大，机械损耗变化也很小，合起来叫作不变损耗。定、转子铜损耗与电流平方成正比，随负载变化很大，叫作可变损耗。当不变损耗等于可变损耗时，电动机的效率达到最大。对于中、小型异步电动机，大约 $P_2 = (0.75 \sim 1)P_N$ 时，效率最高。如果负载继续增大，效率反而降低。一般来说，电动机的容量越大，效率越高。

4.8 小结

三相异步电动机定子上对称三相绕组通以对称三相交流电流时产生旋转磁动势及相应的旋转磁场，其转向取决于三相绕组中电流的相序。这种旋转磁场以同步速度 n_1 切割转子绕组，则在转子绕组中感应出电动势及电流，转子电流与旋转磁场相互作用产生电磁转矩，使转子旋转。

三相异步电动机的结构较直流电动机简单，主要由定子、转子和气隙三部分组成。定子和转子均由铁心和绕组组成，转子绕组分为笼型和绕线型两类，转子绕组电路永远是短路的，气隙的大小将影响异步电动机的励磁电流和功率因数的大小。

由于旋转磁场对定、转子之间存在相对运动，以同步转速 n_1 切割定子绕组，以（n_1-n）的转速切割转子绕组，同时在定、转子绕组中感应电动势。对这两种电动势分析的方法是一样的。绕组的短距与分布都是为了改善电动势的波形。

三相异步电动机空载运行时，异步电动机的转速接近同步转速，转子电流接近于零，定子电流近似的等于励磁电流。负载运行时转速下降，转差率增大，旋转磁场与转子绕组的相对运动增大，此时气隙中的旋转磁场有定、转子绕组磁动势联合建立。由于电源电压为额定电压，定子绕组中漏阻抗压降很小，所以气隙磁场基本不变。通过磁动势平衡和电磁感应的作用，电功率由电源输入定子绕组，机械功率从转子轴上输出。

从电磁关系看，异步电动机与变压器极为相似。异步电动机的定、转子和变压器的一、二次侧的电压电流都是交流的，它们都是以磁动势平衡、电磁感应和全电流定律为理论基础。因此，其基本方程式、等效电路都很相似，本质上的差别在于异步电动机的磁动势为三相合成磁动势，所建立的磁场是旋转磁场，而变压器中的磁动势是脉振磁动势，即使是三相变压器也分相考虑。

等效电路也是分析异步电动机的有效工具。用“折算”的方法，先将转子频率与转子绕组进行“折算”到定子。“折算”的物理意义是用一个静止的转子去代替实际转动的转子，其绕组和定子绕组相同，而与定子的电磁关系及其本身的功率与能量又与实际转子等效。转子进行折算以后，可得出等效电路。等效电路中出现一个附加电阻（$1-s$）r_2'/s，应深刻理解它是机械负载的模拟，等效电路中的参数可以用空载试验和堵转（短路）试验来求取。

在异步电动机的功率与转矩的关系中，要充分理解电磁转矩与电磁功率及总机械功率的关系。异步电动机的工作特性为电源的电压和频率均为额定值时，异步电动机的转速、定子电流、功率因数、电磁转矩与输出功率的关系。从工作特性可知，异步电动机基本上也是一种恒速的电动机，而在任何负载下功率因数始终是滞后的。

异步电动机的电磁转矩与转差率的关系极为重要，必须掌握其分析方法，并认识其特点，为学习拖动部分奠定基础。

4.9 习题

1．何谓旋转磁场？三相交流旋转磁场产生的条件是什么？如果三相电源的一相线断线，问三相异步电动机能否产生旋转磁场？为什么？

2．三相异步电动机旋转磁场的转速由什么决定？试问两极、四极、六极的三相异步电动机的同步速度各为多少？

3．旋转磁场的转向由什么决定？如何改变旋转磁场的转向？

4．定子绕组通入三相电源，转子三相绕组开路，电动机能否转动？为什么？

5．试述三相异步电动机的工作原理，并解释“异步”的意义。

6．为什么异步电动机的气隙要尽可能的小，而直流电动机的气隙可以大一些？

7．何谓异步电动机的转差率？异步电动机的额定转差率一般是多少？

8．异步电动机的额定功率 P_N 是输入功率还是输出功率？是电功率还是机械功率？

9．试比较交流电动机定子绕组电动势有何区别并简述绕组系数的意义。

10．若将异步电动机定子绕组的每相串联匝数减小，则在电源电压不变的条件下，气隙中每极磁通将怎样变化？

11．有一台三相绕线转子异步电动机，如果将定子三相绕组短路而在转子三个集电环上通入频率为50Hz 的三相交流电产生逆时针方向的旋转磁场，则试求转子转速为1450r/min 时，转子绕组中感应电动势的频率、定子绕组中的感应电动势频率，并说明转子转向。

12．三相异步电动机运行时，转子向定子折算的原则是什么？折算的具体内容有哪些？

13．比较三相异步电动机与变压器的T型等效电路，有什么不同，转子电路中（$1-s$）r_2'/s 代表什么？

14．说明异步电动机等效电路中，参数 r_1、x_1、r_2'、x_2'、r_m、x_m 以及（$1-s$）r_2'/s 各代表什么含义？

15．三相异步电动机转子电流的数值，在起动时和额定运行时一样吗？为什么？

16．什么是异步电动机的不变损耗？什么是可变损耗？在什么条件下异步电动机的效率为最大？

17．设一台三相异步电动机的铭牌标明其额定频率 $f_N = 50Hz$，额定转速时此电动机的极对数和额定转差率为多少？若另一台三相异步电动机极数为 $2p = 6$，转差率 $s_N = 0.04$，则该电动机的额定转速为多少？

18．设一台三相异步电动机的 $P_N = 50kW$，$U_N = 380V$，$\cos\varphi_1 = 0.85$，$\eta_N = 89.4\%$，试求该电动机的额定电流 I_N。

19．设一台三相异步电动机的 $P_N = 75kW$，$U_N = 380V$，$I_N = 140A$，$\cos\varphi_N = 0.87$，试求该电动机的额定效率 η_N。

20．一台三相异步电动机，额定数据为：$U_N = 380V$，$f_N = 50Hz$，$P_N = 7.5kW$，$n_N = 962r/min$，定子绕组为三角形联结，$\cos\varphi_N = 0.827$，$p_{Cu1} = 470W$，$p_{Fe} = 234W$，$p_m = 45W$，$p_s = 80W$。试求：（1）电动机极数；（2）额定运行时的 s_N 和 f_2；（3）转子铜耗 p_{Cu2}；（4）效率 η；（5）定子电流 I_1。

21．已知一台三相异步电动机的数据为：$P_N = 17kW$，$U_N = 380V$，定子绕组为三角形联结，4极，$I_N = 19A$，$f_N = 50Hz$。额定运行时，定子铜耗 $p_{Cu1} = 700W$，转子铜耗 $p_{Cu2} = 500W$，铁耗 $p_{Fe} = 450W$，机械损耗 $p_m = 150W$，附加损耗 $p_s = 200W$。试求：（1）电动机的额定转速 n_N；（2）负载转矩 T_2；（3）空载转矩 T_0；（4）电磁转矩 T_{em}。

第5章　三相异步电动机的电力拖动

以交流电动机为原动机的电力拖动系统为交流电力拖动系统。三相异步电动机由于结构简单，价格便宜，且性能良好，运行可靠，故广泛应用在各种拖动系统中。本章通过对三相异步电动机电磁转矩三种表达式的分析，重点介绍三相异步电动机的机械特性，三相异步电动机的起动、调速和制动特性。并就电动机常见故障做了较详尽的分析。

5.1　三相异步电动机的电磁转矩

电磁转矩对三相异步电动机的拖动性能起着极其重要的作用，直接影响着电动机的起动、调速、制动等性能。其常用表达式有以下三种形式。

5.1.1　电磁转矩的物理表达式

异步电动机的电磁转矩是由转子电流与主磁通相互作用产生的。它的大小和电磁场传递的电磁功率成正比，即与磁通及转子电流的有功分量的乘积成正比。电磁转矩的物理表达式为

$$T_{em} = C_T \Phi_m I_2' \cos\varphi_2 \tag{5-1}$$

式中　T_{em}——电磁转矩（N・m）；

Φ_m——每极磁通（Wb）；

I_2'——转子每相电流的折算值（A）；

C_T——转矩常数，$C_T = \dfrac{3pN_1k_{N1}}{\sqrt{2}}$。

上述电磁转矩表达式很简洁，物理概念清晰，可用于定性分析异步电动机电磁转矩T_{em}与Φ_m和$I_2'\cos\varphi_2$之间的关系。

5.1.2　电磁转矩的参数表达式

式（5-1）在具体应用时，由于I'_2和$\cos\varphi_2$都随转差率s的变化而变化，因而不便于分析异步电动机的各种运行状态。下面导出电磁转矩的参数表达式。

电磁转矩T_{em}可用下式表示

$$T_{em} = \frac{P_m}{\Omega} = \frac{(1-s)P_{em}}{\Omega} = \frac{1-s}{\dfrac{2\pi n}{60}}P_{em}$$

其中

$$n = (1-s)n_1,\quad n_1 = \frac{60f_1}{p},\quad P_{em} = 3I_2'^2\frac{r_2'}{s}$$

则

$$T_{em} = \frac{p}{2\pi f_1}3I_2'^2\frac{r_2'}{s} \tag{5-2}$$

式中　p——极对数；

P_{em}——电磁功率（kW）。

根据简化等效电路，得

$$I_2' = \frac{U_1}{\sqrt{\left(r_1 + \frac{r_2'}{s}\right)^2 + (X_1 + X_2')^2}} \tag{5-3}$$

将式（5-3）代入式（5-2），得电磁转矩的参数表达式

$$T_{em} = \frac{3p}{2\pi f_1} U_1^2 \frac{\frac{r_2'}{s}}{\left(r_1 + \frac{r_2'}{s}\right)^2 + (X_1 + X_2')^2} \tag{5-4}$$

由式（5-4）可见，当外施电压 U_1 不变，频率 f_1 不变，电动机参数 r_1、r_2'、X_1、X_2' 为常数时，电磁转矩 T_{em} 是转差率 s 的函数。

因式（5-4）为一个二次方程，当 s 为某一个值时，电磁转矩有一最大值 T_{max}。令 $dT/ds = 0$，即可求得产生最大电磁转矩 T_{max} 时的临界转差率 s_m，即

$$s_m = \frac{r_2'}{\sqrt{r_1^2 + (X_1 + X_2')^2}} \tag{5-5}$$

将式（5-5）代入式（5-4），求得对应 s_m 的最大电磁转矩 T_{max}，即

$$T_{max} = \frac{3p}{4\pi f_1} U_1^2 \frac{1}{r_1 + \sqrt{r_1^2 + (X_1 + X_2')^2}} \tag{5-6}$$

由式（5-5）和式（5-6）可见：

1）当电源的频率及电动机的参数不变时，最大转矩与电压的平方成正比。

2）最大转矩和临界转差率都与定子电阻 r_1 及定、转子漏抗 X_1、X_2' 有关。

3）最大转矩与转子回路中的电阻 r_2' 无关，而临界转差率则与 r_2' 成正比，调节转子回路的电阻，可使最大转矩在任意 s 时出现。

转矩的参数表达式便于分析参数变化对电动机运行性能的影响。

5.1.3　电磁转矩的实用表达式

在工程计算上，利用转矩的参数表达式比较繁琐，为了使用方便，希望通过电动机产品目录或手册中所给的一些技术数据来求得机械特性，需导出电磁转矩的实用表达式。

通常 $r_1 << (X_1 + X_2')$，故可忽略 r_1 不计，则式（5-4）、式（5-5）和式（5-6）可简化为

$$T_{em} = \frac{3p}{2\pi f_1} U_1^2 \frac{r_2'/s}{(r_2'/s)^2 + (X_1 + X_2')^2} \tag{5-7}$$

$$s_m = \frac{r_2'}{X_1 + X_2'} \tag{5-8}$$

$$T_{max} = \frac{3p}{4\pi f_1} U_1^2 \frac{1}{X_1 + X_2'} \tag{5-9}$$

将式（5-7）与式（5-9）两端相除得

$$\frac{T_{em}}{T_{max}}=\frac{\frac{r_2'}{s}2(X_1+X_2')}{\left(\frac{r_2'}{s}\right)^2+(X_1+X_2')^2}=\frac{2}{\frac{\frac{r_2'}{s}}{X_1+X_2'}+\frac{X_1+X_2'}{\frac{r_2'}{s}}}$$

$$=\frac{2}{\frac{\frac{r_2'}{X_1+X_2'}}{s}+\frac{s}{\frac{r_2'}{X_1+X_2'}}}$$

将式（5-7）代入上式整理得

$$\frac{T_{em}}{T_{max}}=\frac{2}{\frac{s_m}{s}+\frac{s}{s_m}} \tag{5-10}$$

上式即为电磁转矩实用表达式，如已知 T_{max} 和 s_m，应用该式可方便地做出异步电动机的转矩—转差率曲线。

5.2 三相异步电动机的机械特性

机械特性是指在一定条件下，电动机的转速与转矩之间的关系，即 $n=f(T_{em})$。因为异步电动机的转速 n 与转差率 s 之间存在一定的关系，异步电动机的机械特性往往多用 $T_{em}=f(s)$ 的形式表示，称为 T—s 曲线。当电压与频率不变时，式（5-4）就是机械特性方程。机械特性分固有机械特性和人为机械特性两种。

5.2.1 固有机械特性

异步电动机的固有机械特性是指在额定电压和额定频率下，按规定方式接线，定、转子外接电阻为零时，T_{em} 与 s 的关系，即 $T_{em}=f(s)$ 曲线。

当 $U=U_N$，$f=f_N$ 时，固有机械特性曲线如图 5-1 所示。

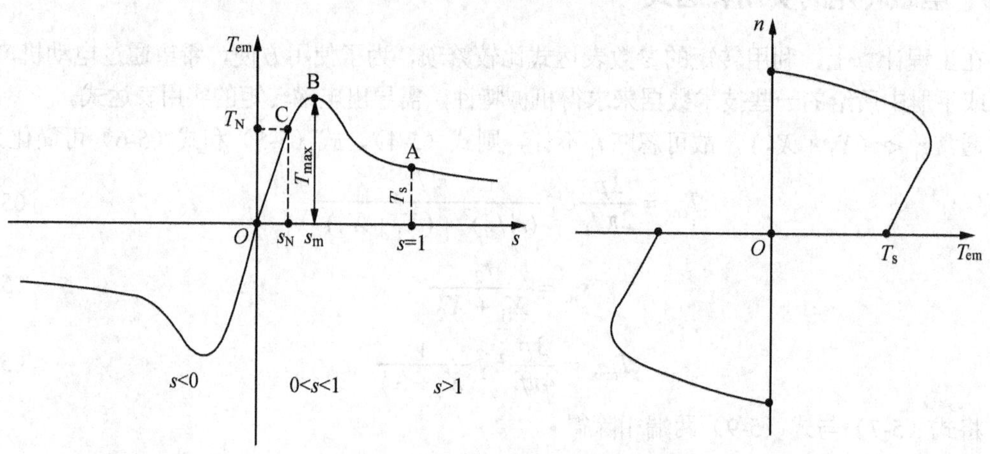

图 5-1　异步电动机的固有机械特性曲线

曲线形状分析如下：

1）AB 段。因 s 较大，且异步电动机中 $r_1+r_2' << X_1+X_2'$，$T_{em} \approx \dfrac{3pU_1^2\dfrac{r_2'}{s}}{2\pi f_1(X_1+X_2')^2}$，近似为双曲线，随 s 的减小，T_{em} 反而增大。

2）BO 段。因 s 很小，$T_{em} \approx \dfrac{3pU_1^2}{2\pi f_1\dfrac{r_2'}{s}} = \dfrac{3pU_1^2 s}{2\pi f_1 r_2'}$，近似为直线，随 s 的减小，T_{em} 也减小。

曲线几个特殊点分析如下。

1）起动点 A。电动机刚接入电网，但尚未开始转动的瞬间轴上产生的转矩叫作电动机起动转矩（又称为堵转转矩）。此时 $n=0$，$s=1$，$T_{em}=T_S=\dfrac{3pU_1^2 r_2'}{2\pi f_1[(r_1+r_2')^2+(X_1+X_2')^2]}$，只有当起动转矩 T_S 大于负载转矩 T_L 时，电动机才能起动。通常起动转矩与额定电磁转矩的比值称为电动机的起动转矩倍数，用 K_T 表示，$K_T = T_S / T_N$。它表示起动转矩的大小，是异步电动机的一项重要指标，对于一般的笼型电动机，起动转矩倍数 K_T 为0.8~ 1.8。

2）临界点 B。一般电动机的临界转差率为0.1~ 0.2，在 s_m 下，电动机产生最大电磁转矩 T_m。

电动机经常工作在不超过额定负载的情况下。但在实际运行中，负载免不了会发生波动，出现短时超过额定负载转矩的情况。如果最大电磁转矩大于波动时的峰值，电动机还能带动负载，否则便不行了。最大转矩 T_{max} 与额定转矩 T_N 之比为过载能力λ，它也是异步电动机的一个重要指标，一般λ=1.6～2.2。

3）同步点 O。在理想电动机中，$n=n_1$，$s=0$，$T=0$。

4）额定点 C。根据电力拖动稳定运行的条件，$T—s$ 曲线中的 AB 段为不稳定区，BO 段是稳定运行区，即异步电动机稳定运行区域为 $0<s<s_m$。为了使电动机能够适应在短时间过载而不停转，电动机必须留有一定的过载能力，额定运行点不宜靠近临界点，一般 s_N =0.02～0.06。

异步电动机额定电磁转矩等于空载转矩加上额定负载转矩，因空载转矩比较小，有时认为额定电磁转矩等于额定负载转矩。额定负载转矩可从铭牌数据中求得，即

$$T_N = 9550\frac{P_N}{n_N}$$

式中　T_N——额定负载转矩（N·m）；

P_N——额定功率（kW）；

n_N——额定转速（r/min）。

【例 5-1】　有一台笼式三相异步电动机，额定功率 $P_N=40$kW，额定转速 $n_N=1450$ r/min，过载系数 $\lambda=2.2$，求额定转矩 T_N 和最大转矩 T_{max}。

解： $T_N = 9550\dfrac{P_N}{n_N} = \left(9550\times\dfrac{40}{1450}\right)\text{N·m} = 263.45\text{ N·m}$

$T_{max} = \lambda T_N = (2.2\times 263.45)\text{ N·m} = 579.59\text{ N·m}$

5.2.2 人为机械特性

人为机械特性就是人为地改变电源参数或电动机参数而得到的机械特性。

1．降低定子电压的人为机械特性

由式（5-4）可见，当定子电压 U_1 降低时，电磁转矩与 U_1^2 成正比地降低。同步点不变，s_m 不变，最大转矩 T_{max} 与起动转矩 T_S 都随电压平方降低，其特性曲线如图 5-2 所示。

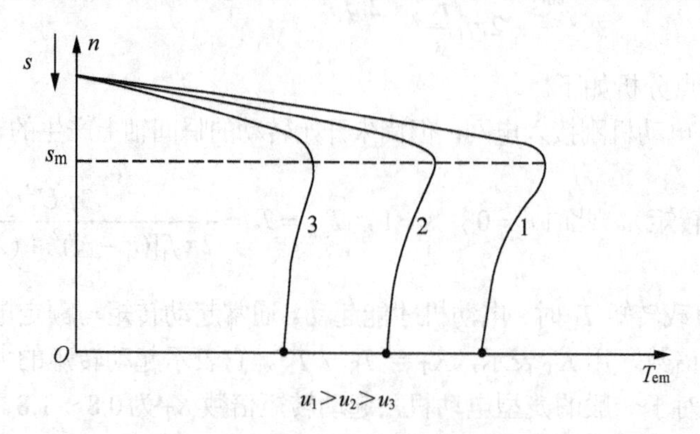

图 5-2 降低电压的人为机械特性曲线

2．转子串电阻时的人为机械特性

此法适用于绕线转子异步电动机。在转子回路内串入三相对称电阻时，同步点不变，s_m 与转子电阻成正比变化，最大转矩 T_{max} 与转子电阻无关而不变，其机械特性如图 5-3 所示。

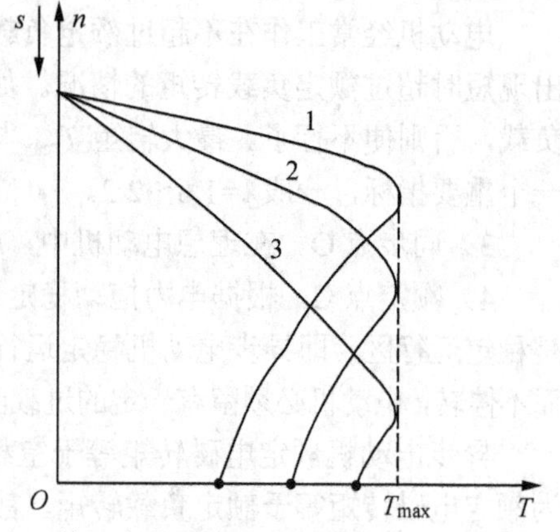

图 5-3 转子串电阻的人为机械特性 ($r_1 < r_2 < r_3$)

【例 5-2】 已知 JO2-42-4 电动机的额定功率 $P_N = 5.5kW$，额定转速 $n_N = 1440r/min$，起动转矩倍数 $K_T = T_S / T_N = 1.8$，求：

（1）在额定电压下的起动转矩；

（2）当电网电压降为额定电压的 80%时，该电动机的起动转矩。

解：（1）$T_N = 9550\dfrac{P_N}{n_1} = \left(9550\times\dfrac{5.5}{1440}\right)\text{N•m} = 36.48\ \text{N}\cdot\text{m}$

$$T_S = 1.8T_N = (1.8\times 36.48)\ \text{N•m} = 65.66\ \text{N}\cdot\text{m}$$

（2）$\dfrac{T_S'}{T_S} = \left(\dfrac{U_1'}{U_1}\right)^2 = 0.8^2 = 0.64$

$$T_S' = (0.64\times 65.66)\ \text{N•m} = 42.02\ \text{N}\cdot\text{m}$$

5.3 三相异步电动机的起动

异步电动机的起动就是转速从零开始到稳定运行为止的这一过程。衡量异步电动机起动性能的好坏要从起动电流、起动转矩、起动过程的平滑性、起动时间及经济性等方面来考虑，其中最主要的是：

1）电动机应有足够大的起动转矩；

2）在保证一定大小的起动转矩的前提下，起动电流越小越好。

异步电动机在刚起动时 $s=1$，若忽略励磁电流，则起动电流为

$$I_s \approx \frac{U_1}{\sqrt{(r_1 + r_2')^2 + (X_1 + X_2')^2}} \tag{5-11}$$

起动电流即短路电流，数值很大，一般电动机的起动电流可达额定电流值的4～7倍。这样大的起动电流，一方面使电源和线路上产生很大的压降，影响其他用电设备的正常运行，使电灯亮度减弱，电动机的转速下降，欠电压继电保护动作而将正在运转的电气设备断电等。另一方面电流很大将引起电动机发热，特别对频繁起动的电动机，发热更为厉害。

起动电流大时，起动转矩又如何呢？起动时虽然电流很大，但定子绕组阻抗压降变大，电压为定值，则感应电动势将减小，主磁通 Φ_m 将减小；又因 $r_2' < X_2'$，起动时的功率因数 $\cos\varphi_2 = \dfrac{r_2'}{\sqrt{r_2'^2 + X_2'^2}}$ 很小，从转矩的物理表达式 $T=C_T\phi_m I'_2\cos\varphi_2$ 可以看出，此时起动转矩并不大。

从上面的分析可以看出，要限制起动电流，可以采取降压或增大电动机参数的起动方法。为增大起动转矩，可适当加大转子的电阻。下面介绍几种异步电动机的常用起动方法。

5.3.1 直接起动

直接起动是最简单的起动方法。起动时用刀开关、电磁起动器或接触器将电动机定子绕组直接接到电源上，其接线图如图 5-4 所示。直接起动时，起动电流很大，一般选取熔体的额定电流为电动机额定电流的 2.5～3.5 倍。

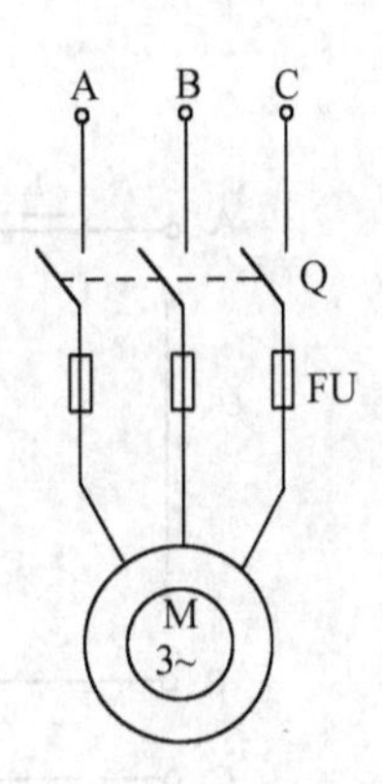

图 5-4 异步电动机直接起动接线图

对于一般小型笼型异步电动机，如果电源容量足够大时，应尽量采用直接起动方法。对于某一电网，多大容量的电动机才允许直接起动，可按下列经验公式来确定

$$K_I = \frac{I_s}{I_N} \leqslant \frac{1}{4}\left[3 + \frac{电源总容量}{电动机额定功率}\right] \tag{5-12}$$

电动机的起动电流倍数 K_I 需符合式（5-12）中电网允许的起动电流倍数，才允许直接起动，否则应采取降压起动。一般 10kW 以下的电动机都可以直接起动。随电网容量的加大，允许直接起动的电动机容量也变大。

5.3.2 笼型异步电动机的减压起动

减压起动是指电动机在起动时降低加在定子绕组上的电压，起动结束时加额定电压运行的起动方式。

减压起动虽然能降低电动机起动电流，但由于电动机的转矩与电压的平方成正比，因此减压起动时电动机的转矩减小较多，故此法一般适用于电动机空载或轻载起动。减压起动的方法有以下几种。

1．定子串接电抗器或电阻的降压起动

方法：起动时，电抗器或电阻接入定子电路；起动后，切除电抗器或电阻，进入正常运行。

三相异步电动机定子边串入电抗器或电阻起动时，定子绕组实际所加电压降低，从而减小起动电流。

但定子边串电阻起动时，能耗较大，实际应用不多。

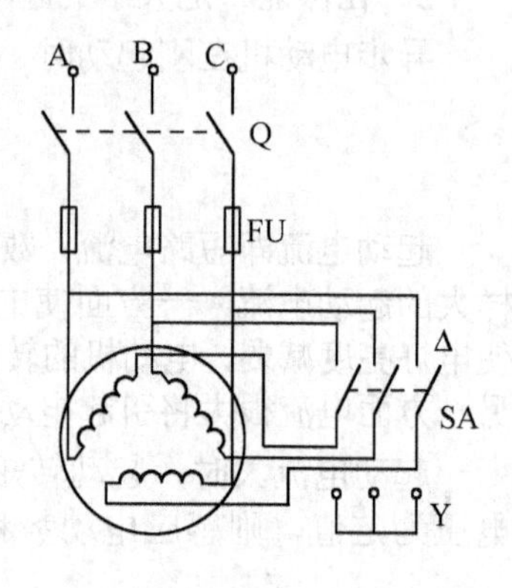

图 5-5　Y-△起动原理图

2．Y-△起动

方法：起动时定子绕组接成Y，运行时定子绕组则接成△，其接线图如图 5-5 所示。对于运行时定子绕组为Y的笼型异步电动机则不能用Y-△起动方法。

Y-△起动时，起动电流 I_s' 与直接起动时的起动电流 I_s 的关系（注：起动电流是指线路电流而不是指定子绕组的电流）：电动机直接起动时，定子绕组接成△，如图 5-6a 所示，每相绕组所加电压大小为 $U_1 = U_N$，电流为 $I_\triangle$，则电源输入的线电流为 $I_s = \sqrt{3} I_\triangle$。

Y 起动时如图 5-6b 所示，每相绕组所加电压为 $U_1' = \dfrac{U_1}{\sqrt{3}} = \dfrac{U_N}{\sqrt{3}}$，电流 $I_s' = I_Y$

$$\frac{I_s'}{I_s} = \frac{I_Y}{\sqrt{3} I_\Delta} = \frac{U_N/\sqrt{3}}{\sqrt{3} U_N} = \frac{1}{\sqrt{3}} \cdot \frac{1}{\sqrt{3}} = \frac{1}{3}$$

$$\text{所以} \quad I_s' = \frac{1}{3} I_s \qquad (5\text{-}13)$$

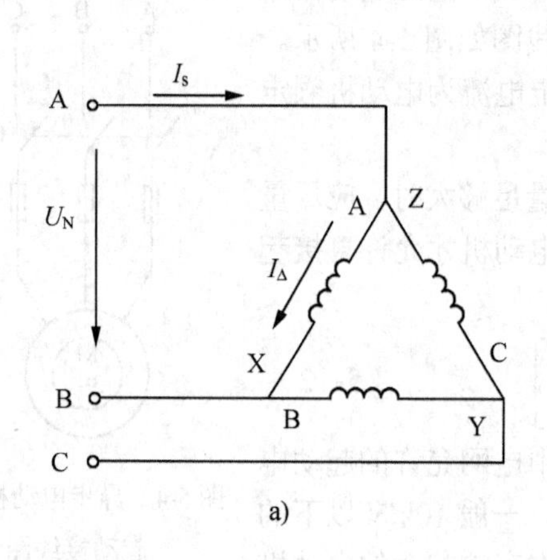

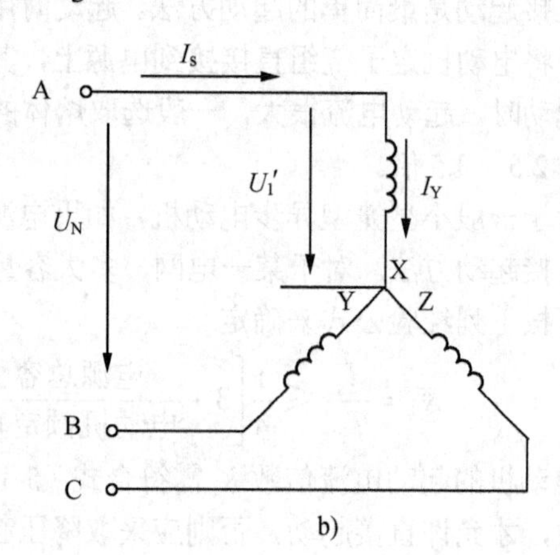

图 5-6　Y-△起动电流分析图

a）直接起动（△联结）　b）Y-△起动（Y联结）

由式（5-13）可见，Y-△起动时，对供电变压器造成冲击的起动电流是直接起动时的 1/3。直接起动时起动转矩为 T_S，Y-△起动时起动转矩为 T_S'，则

$$\frac{T_S'}{T_S} = \left(\frac{U_1'}{U_1}\right)^2 = \frac{1}{3} \qquad \text{即} T_S' = \frac{1}{3} T_S \qquad (5\text{-}14)$$

由式（5-14）可见，Y-△起动时起动转矩也是直接起动时的 1/3。

Y-△起动比定子串电抗器起动性能要好，可用于拖动 $T_L \leqslant \frac{T_S'}{1.1} = \frac{T_S}{1.1\times 3} = 0.3T_S$ 的轻负载起动。

Y-△起动方法简单，价格便宜，因此在轻载起动条件下，应优先采用。我国采用Y-△起动方法的电动机额定电压都是380V，绕组是△联结。

3．自耦变压器（起动补偿器）起动

方法：自耦变压器也称为起动补偿器。起动时电源接自耦变压器一次侧，二次侧接电动机。起动结束后电源直接加到电动机上。

三相笼型异步电动机采用自耦变压器减压起动的接线如图 5-7 所示，其起动的一相线路如图 5-8 所示。

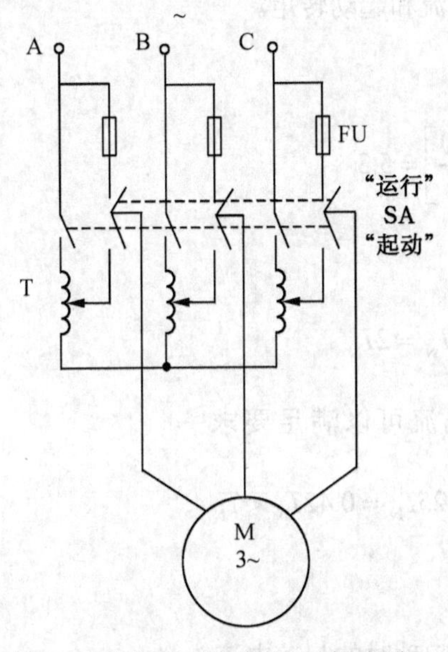

图 5-7　自耦变压器减压起动接线图

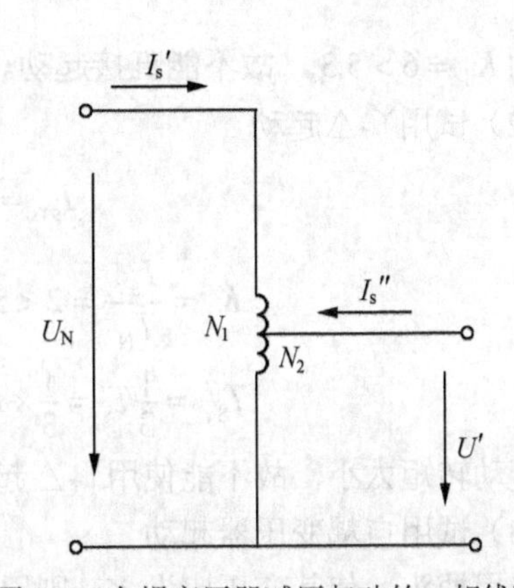

图 5-8　自耦变压器减压起动的一相线路

设自耦变压器变比为 $K = \frac{N_2}{N_1} < 1$，则直接起动时定子绕组的电压 U_N、电流 I_s 与减压起动时承受的电压 U'、电流 I_s' 关系为

$$\frac{U_N}{U'} = \frac{N_1}{N_2} = \frac{1}{K}$$

$$\frac{I_s}{I_s''} = \frac{U_N}{U'} = \frac{1}{K}$$

而这里所谓的起动电流是指电网供给线路的电流，即自耦变压器一次电流 I_s'，它与二次侧起动时电流 I_s'' 关系为

$$\frac{I_s''}{I_s'} = \frac{N_1}{N_2} = \frac{1}{K}$$

因此减压起动电流 I_s' 与直接起动电流 I_s 关系为

$$I_s' = K^2 I_s \qquad (K < 1) \tag{5-15}$$

而自耦变压器减压起动时转矩 T_S' 与直接起动时转矩 T_S 的关系为

$$\frac{T_S'}{T_S}=\left(\frac{U'}{U_N}\right)^2=K^2 \qquad 即 T_S'=K^2T_S(K<1) \tag{5-16}$$

可见，采用自耦变压器减压起动，起动电流和起动转矩都下降 K^2 倍。自耦变压器一般有 2 组或 3 组抽头，其电压可以分别为一次电压 U_1 的 80%、65%或 80%、60%、40%。

该种方法对定子绕组采用Y或△联结都可以使用，缺点是设备体积大，投资较高。

【例 5-3】 一台 J02-93-6 笼型异步电动机技术数据，额定容量 P_N = 55kW，△联结，全压起动电流倍数 K_I = 6，起动转矩倍数 K_T = 1.25，电源容量为 1000kVA。若电动机带额定负载起动，试问应采用什么方法起动？并计算起动电流和起动转矩。

解：（1）试用直接起动

电源允许的起动电流倍数为

$$K_I \leqslant \frac{1}{4}\left[3+\frac{1000}{55}\right]=5.3$$

而 $K_I=6>5.3$，故不能直接起动。

（2）试用Y-△起动

$$I_{sY}=\frac{1}{3}I_{s\Delta}=\frac{1}{3}\times 6I_N=2I_N$$

$$K_I=\frac{I_{sY}}{I_N}=2<5.3，起动电流可以满足要求$$

$$T_{SY}=\frac{1}{3}T_S=\frac{1}{3}\times K_TT_N=\frac{1}{3}\times 1.25T_N=0.42T_N<T_N$$

起动转矩太小，故不能使用Y-△起动。

（3）试用自耦变压器起动

选用抽头，使其变压比为 K，则用自耦变压器起动时的起动电流 I_{s2} 为

$$\boldsymbol{I}_{s2}=\boldsymbol{K}^2\boldsymbol{I}_s=\boldsymbol{K}^2\times 6\boldsymbol{I}_N$$

因起动电流倍数小于电源允许起动电流倍数，有

$$\frac{I_{s2}}{I_N}=6K^2<5.3$$

$$K<0.94$$

同时

$$T_{S2}=K^2T_S=K^2K_TT_N>T_N$$

有

$$K^2\cdot K_T>1$$

$$K>\sqrt{\frac{1}{K_T}}=\sqrt{\frac{1}{1.25}}=0.894$$

所以自耦变压器的抽头 $0.894<K<0.94$。

【例 5-4】 有一台 Y250M-4 异步电动机，其 P_N=55kW，I_N=103A，$K_I=I_s/I_N=7$，$K_T=\frac{T_S}{T_N}=2$。若带有 0.6 倍额定负载转矩起动，宜采用Y-△起动还是自耦变压器（抽头为 65% 和 80%）起动？

解：（1）若选用Y-△起动，则

起动电流 $I_{sY}=\frac{1}{3}I_s=\frac{1}{3}\times 7I_N=2.33I_N$

起动转矩 $T_{SY}=\frac{1}{3}T_S=\frac{1}{3}\times 2T_N=0.667T_N>0.6T_N$

（2）若选用自耦变压器起动，用65%抽头，则

起动电流 $I_{s65}=0.65^2 I_s=0.65^2\times 7I_N=2.96I_N$

起动转矩 $T_{S65}=0.65^2 T_S=0.65^2\times 2T_N=0.845T_N>0.6T_N$

二者比较后可以看出起动转矩均能满足要求，但Y-△起动时起动电流相对较小，所以宜选用Y-△起动。

4. 延边三角形起动

延边三角形减压起动如图5-9所示，它介于自耦变压器起动与Y-△起动方法之间。

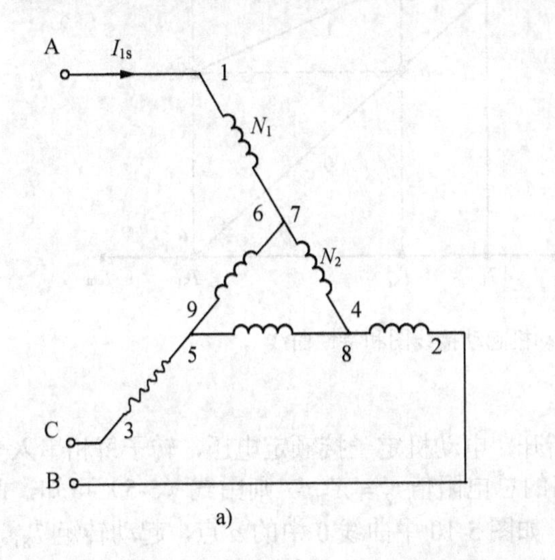

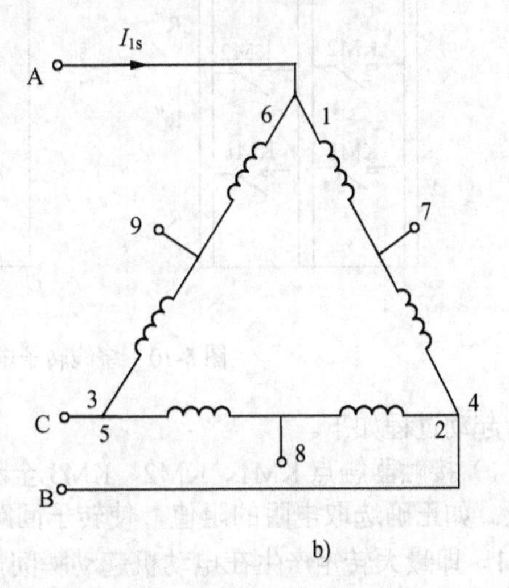

图5-9 延边三角形起动原理图

a) 起动接法 b) 运行接法

如果将延边三角形看成一部分为Y接法，另一部分为△接法，则Y部分比重越大，起动时电压降得越多。根据分析和试验可知，Y和△的抽头比例为1∶1时，电动机每相电压是268V；抽头比例为1∶2时，每相绕组的电压为290V。可见，延边三角形可采用不同的抽头比，来满足不同负载特性的要求。

延边三角形起动的优点是节省金属，重量轻；缺点是内部接线复杂。

笼型异步电动机除了可在定子绕组上想办法减压起动外，还可以通过改进笼的结构来改善起动性能，这类电动机主要有深槽式和双笼式。

5.3.3 绕线转子异步电动机的起动

前面在分析机械特性时已经说明，适当增加转子电路的电阻可以提高起动转矩。绕线转子异步电动机正是利用这一特性，起动时在转子回路中串入电阻器或频敏变阻器来改善起动

性能。

1．转子串接电阻器起动

方法：起动时，在转子电路中串接起动电阻器，借以提高起动转矩，同时因转子电阻增大而限制了起动电流；起动结束，切除转子所串电阻。为了在整个起动过程中得到比较大的起动转矩，需分几级切除起动电阻。起动接线图和特性曲线如图 5-10 所示。

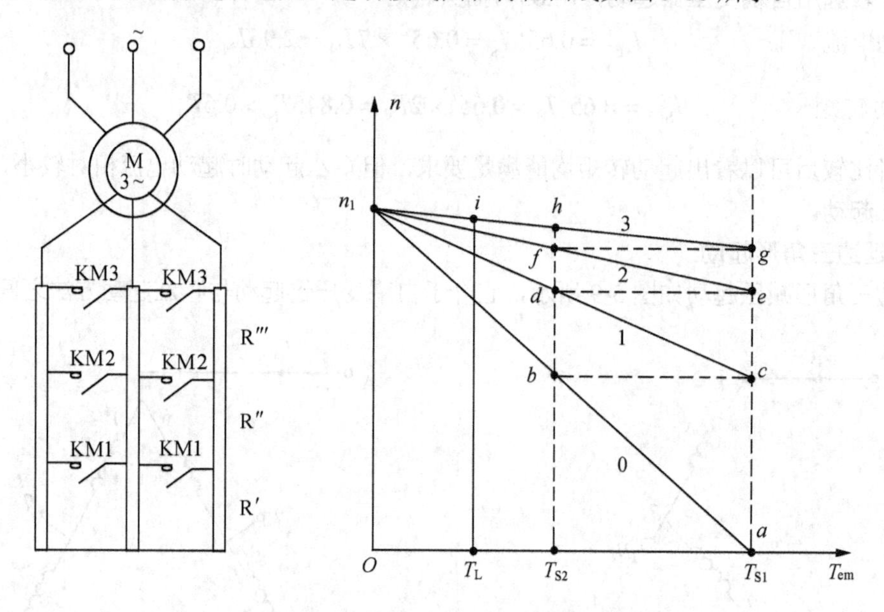

图 5-10　绕线转子电动机起动接线图和特性曲线

起动过程如下。

1）接触器触点 KM1、KM2、KM3 全断开，电动机定子接额定电压，转子每相串入全部电阻。如正确选取电阻的阻值，使转子回路的总电阻值 $r_2' = X_{20}$，则由式（5-5）可知，此时 $s_m = 1$，即最大转矩产生在电动机起动瞬间，如图 5-10 中曲线 0 中的 a 点，起动转矩 T_{S1}。

2）由于 $T_{S1} > T_L$，电动机加速到 b 点时，$T_{em} = T_{S2}$，为了加速起动过程，接触器 KM1 闭合，切除起动电阻 R'，特性曲线变为曲线 1，因机械惯性，转速瞬时不变，工作点水平过渡到 c 点，使该点 $T_{em} = T_{S1}$。

3）因 $T_{S1} > T_L$，转速沿曲线 1 继续上升，到 d 点时 KM2 闭合，R'' 被切除，电动机运行点从 d 转变到特性曲线 2 上的 e 点……依此类推，直到切除全部电阻，电动机便沿着固有特性曲线 3 加速，经 h 点，最后运行于 i 点（$T_{em} = T_L$）。

上述起动过程中，电阻分三级切除，故称为三级起动。在整个起动过程中产生的转矩都是比较大的，适合于重载起动，广泛用于桥式起重机、卷扬机、龙门吊车等重载设备。其缺点是所需起动设备较多，起动时有一部分能量消耗在起动电阻上，起动级数也较少。

2．转子串频敏变阻器起动

频敏变阻器的结构特点是一个三相铁心线圈，其铁心不用硅钢片而用厚钢板叠成。铁心中产生涡流损耗和一部分磁滞损耗，铁心损耗相当一个等值电阻，其线圈又是一个电抗，故电阻和电抗都随频率变化而变化，故称为频敏变阻器，它与绕线转子异步电动机的转子绕组相接，如图 5-11 所示，其工作原理如下。

起动时，$s=1$，$f_2=f_1=50\,\text{Hz}$，此时频敏变阻器的铁心损耗大，等效电阻大，既限制了起动电流，增大起动转矩，又提高了转子回路的功率因数。

随着转速 n 升高，s 下降，f_2 减小，铁心损耗和等效电阻也随之减小，相当于逐渐切除转子电路所串的电阻。

起动结束时，$n=n_{\text{N}}$，$f_2=s_{\text{N}}f_1\approx(1\sim3)\,\text{Hz}$，此时频敏变阻器基本不起作用，可以闭合接触器触点 KM，予以切除。

频敏变阻器起动结构简单，运行可靠，但与转子串电阻起动相比，在同样起动电流下，起动转矩要小些。

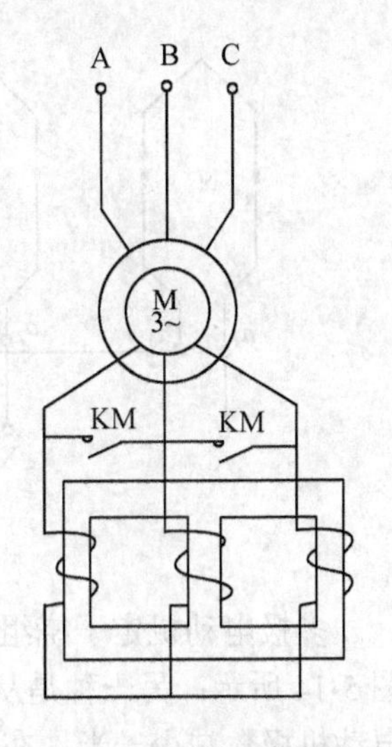

图 5-11　异步电动机串频敏变阻器起动

5.4　三相异步电动机的调速

近年来，随着电力电子技术的发展，异步电动机的调速性能大有改善，交流调速应用日益广泛，在许多领域有取代直流调速系统的趋势。

从异步电动机的转速关系式 $n=n_1(1-s)=\dfrac{60f_1}{p}(1-s)$ 可以看出，异步电动机调速可分为以下三大类：

1）改变定子绕组的磁极对数 p——变极调速；

2）改变供电电网的频率 f_1——变频调速；

3）改变电动机的转差率 s，方法有改变电压调速、绕线式电动机转子串电阻调速和串级调速。

5.4.1　变极调速

在电源频率不变的条件下，改变电动机的极对数，电动机的同步转速 n_1 就会发生变化，从而改变电动机的转速。若极对数减少一半，同步转速就提高一倍，电动机转速也几乎升高一倍。

通常用改变定子绕组的接法来改变极对数，这种电动机称为多速电动机。其转子均采用笼型转子，因其感应的极对数能自动与定子相适应。

下面以一相绕组来说明变极原理。先将其两半相绕组 a_1x_1 与 a_2x_2 采用顺向串联，如图 5-12 所示。若将 A 相绕组中的半相绕组 a_2x_2 反向，则如图 5-13 所示。

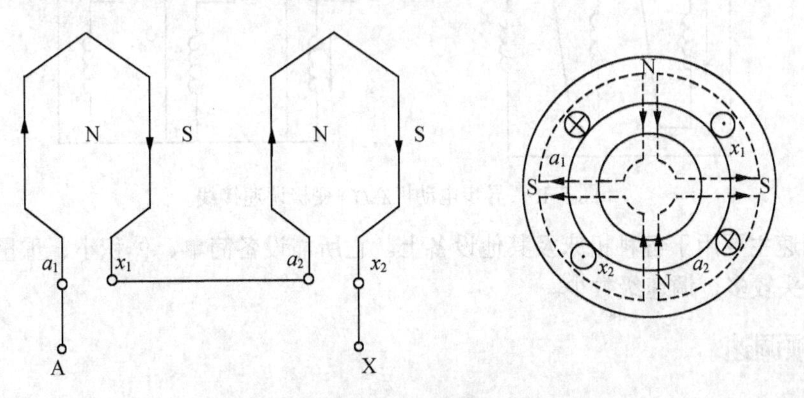

图 5-12　三相四极电动机定子 A 相绕组

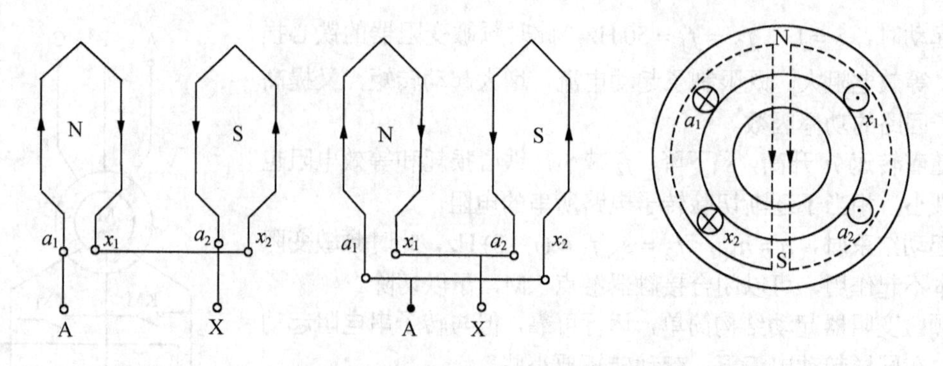

图 5-13　三相二极电动机定子 A 相绕组

多极电动机定子绕组联结方式常用的有两种：一种是从星形改成双星形，写作Y/YY，如图 5-14 所示；另一种是从三角形改成双星形，写作△/YY，如图 5-15 所示，这两种接法可使电动机极数减少一半。在改接绕组时，为了使电动机转向不变，应把绕组的相序改接一下。

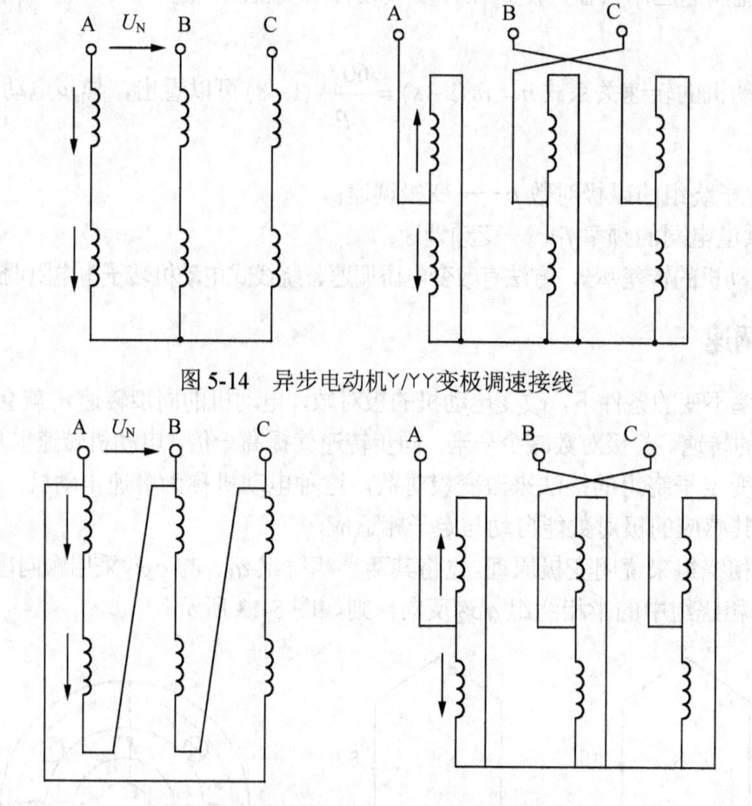

图 5-14　异步电动机Y/YY变极调速接线

图 5-15　异步电动机△/YY变极调速接线

变极调速主要用于各种机床及其他设备上。它所需设备简单、体积小、重量轻，但电动机绕组引出头较多，调速级数少。

5.4.2　变频调速

随着晶闸管整流和变频技术的迅速发展，异步电动机的变频调速应用日益广泛，有逐步取代直流调速的趋势，它主要用于拖动泵类负载，如通风机、水泵等。

由定子电动势方程式$U_1 \approx E_1 = 4.44 f_1 N_1 K_1 \Phi_m$可看出，当降低电源频率$f_1$调速时，若电源电压 U_1 不变，则磁通Φ_m将增加，使铁心饱和，从而导致励磁电流和铁损耗的大量增加，电动机温升过高等，这是不允许的。因此在变频调速的同时，为保持磁通Φ_m不变，就必须降低电源电压，使$\dfrac{U_1}{f_1}$为常数。

变频调速根据电动机输出性能的不同可分为：①保持电动机过载能力不变；②保持电动机恒转矩输出；③保持电动机恒功率输出。

变频调速的主要优点是能平滑调速、调速范围广、效率高；主要缺点是系统较复杂、成本较高。

5.4.3 改变定子电压调速

此法用于笼型异步电动机，靠改变转差率 s 调速。

对于转子电阻大、机械特性曲线较软的笼型异步电动机而言，如加在定子绕组上的电压发生改变，则负载T_L对应于不同的电源电压U_1、U_2、U_3，可获得不同的工作点 a_1、a_2、a_3，如图 5-16 所示，显然电动机的调速范围很宽。缺点是低压时机械特性太软，转速变化大，可采用带速度负反馈的闭环控制系统来解决该问题。

改变电源电压调速时，过去都采用定子绕组串电抗器来实现，目前已广泛采用晶闸管交流调压线路来实现。

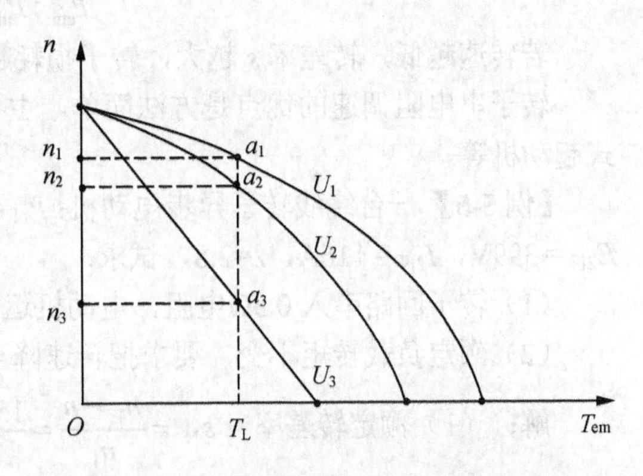

图 5-16 高转子电阻笼型电动机调压调速

5.4.4 转子串电阻调速

此法只适用于绕线转子异步电动机，靠改变转差率 s 调速。

绕线转子异步电动机转子串电阻的机械特性如图 5-17 所示。转子串电阻时最大转矩不变，临界转差率加大。所串电阻越大，运行段特性斜率越大。若带恒转矩负载，原来运行在固有特性上的 a 点，转子串电阻 R_1 后，就运行于 b 点，转速由 n_a 变为 n_b，依此类推。

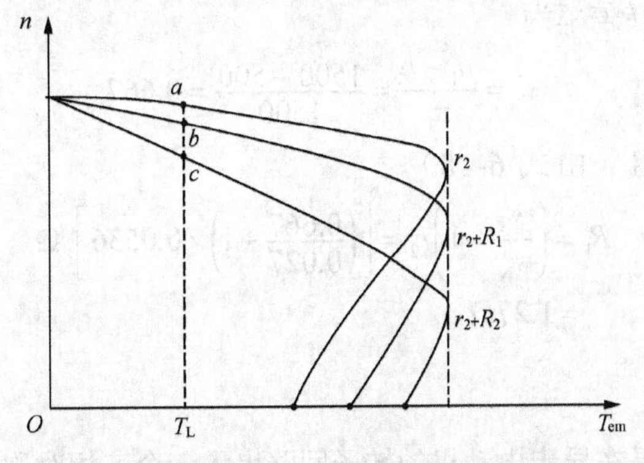

图 5-17 转子串电阻调速的机械特性

根据电磁转矩参数表达式，当 T 为常数且电压不变时，则有

$$\frac{r_2}{s_a}=\frac{r_2+R_1}{s_b}=\text{常数} \tag{5-17}$$

因而绕线转子异步电动机转子串电阻调速时调速电阻的计算公式为

$$R_1=\left(\frac{s_b}{s_a}-1\right)r_2 \tag{5-18}$$

式中 s_a——转子串电阻前电动机运行的转差率；

s_b——转子串入电阻 R_1 后新稳态时电动机的转差率；

r_2——转子每相绕组电阻，$r_2=\frac{s_N E_{2N}}{\sqrt{3}I_{2N}}$。

如果已知转子串入的电阻值，要求调速后的电动机转速，则只要将式（5-17）稍加变换，先求出 s_1，再求转速 n 即可。

由于在异步电动机中，电磁功率 P_{em}，机械功率 P_m 与转子铜损 p_{cu2} 三者之间的关系为

$$P_{em}:P_m:p_{cu2}=1:(1-s):s \tag{5-19}$$

若转速越低，转差率 s 越大，转子损耗越大，低速时效率不高。

转子串电阻调速的优点是方法简单，主要用于中、小容量的绕线转子异步电动机，如桥式起动机等。

【例 5-5】 一台绕线转子异步电动机：$P_N=75\text{kW}$，$n_N=1460\text{r/min}$，$U_{1N}=380\text{V}$，$I_{1N}=144\text{A}$，$E_{2N}=399\text{V}$，$I_{2N}=116\text{A}$，λ=2.8，试求：

（1）转子回路串入 0.5Ω电阻，电动机运行的转速为多少？

（2）额定负载转矩不变，要求把转速降至 500r/min，转子每相应串多大电阻？

解：（1）额定转差率 $s_N=\frac{n_1-n}{n_1}=\frac{1500-1460}{1500}=0.027$

转子每相电阻 $r_2=\frac{s_N E_{2N}}{\sqrt{3}I_{2N}}=\left(\frac{0.027\times399}{\sqrt{3}\times116}\right)\Omega=0.0536\ \Omega$

当串入电阻 $R_1=0.5\,\Omega$ 时，电动机此时转差率 s_b 为（由式 5-17）

$$s_b=\frac{r_2+R_1}{R_1}s_N=\frac{0.0536+0.5}{0.5}\times0.027=0.0299$$

转速 $n_b=(1-s_b)n_1=[(1-0.0299)\times1500]\text{r/min}=1455\text{r/min}$

（2）转子串电阻后转差率为

$$s_b'=\frac{n_1-n}{n_1}=\frac{1500-500}{1500}=0.667$$

转子每相所串电阻（由式 6-18）

$$R_1=\left(\frac{s_b'}{s_N}-1\right)r_2=\left[\left(\frac{0.667}{0.027}-1\right)\times0.0536\right]\Omega$$
$$=1.27\Omega$$

5.4.5 串级调速

所谓串级调速，就是在异步电动机的转子回路串入一个三相对称的附加电势 $\dot{E}_f$，其频率

与转子电势 $\dot{E}_{2S}$ 相同，改变 $\dot{E}_f$ 的大小和相位，就可以调节电动机的转速。它也是适用于绕线转子异步电动机，靠改变转差率 s 调速。

1．低同步串级调速

若 $\dot{E}_f$ 与 $\dot{E}_{2S}$（$\dot{E}_{2S}=s\dot{E}_{20}$）相位相反，则转子电流 I_2 为

$$I_2=\frac{sE_{20}-E_f}{\sqrt{r_2^2+(sX_2)^2}}$$

电动机的电磁转矩

$$\begin{aligned}T_{em}&=C_T\Phi_m I_2\cos\varphi_2=C_T\Phi_m\frac{sE_{20}-E_f}{\sqrt{r_2^2+(sX_2)^2}}\cdot\frac{r_2}{\sqrt{r_2^2+(sX_2)^2}}\\&=C_T\Phi_m\frac{sE_{20}r_2}{r_2^2+(sX_2)^2}-C_T\Phi_m\frac{E_f r_2}{r_2^2+(sX_2)^2}\\&=T_1+T_2\end{aligned}\tag{5-20}$$

上式中 T_1 为转子电动势产生的转矩，而 T_2 为附加电动势所引起的转矩。若拖动恒转矩负载，因 T_2 总是负值，可见串入 $\dot{E}_f$ 后，转速降低了，串入附加电动势越大，转速降得越多。引入 $\dot{E}_f$ 后，使电动机转速降低，称为低同步串级调速。

2．超同步串级调速

若 $\dot{E}_f$ 与 $\dot{E}_{2S}$ 同相位，则 T_2 总是正值。当拖动恒转矩负载时，引入 $\dot{E}_f$ 后，导致转速升高，则称为超同步串级调速。

串级调速性能比较好，过去由于附加电势 $\dot{E}_f$ 的获得比较难，长期以来没能得到推广。近年来，随着可控硅技术的发展，串级调速有了广阔的发展前景。现已日益广泛用于水泵和风机的节能调速，以及不可逆轧钢机、压缩机等很多生产机械。

5.5　三相异步电动机的反转与制动

5.5.1　三相异步电动机的反转

从三相异步电动机的工作原理可知，电动机的旋转方向取决于定子旋转磁场的旋转方向。因此只要改变旋转磁场的旋转方向，就能使三相异步电动机反转。图 5-18 是利用控制开关 SA 来实现电动机正、反转的原理线路图。

当 SA 向上合闸时，L_1 接 A 相，L_2 接 B 相，L_3 接 C 相，电动机正转。当 SA 向下合闸时，L_1 接 B 相，L_2 接 A 相，L_3 接 C 相，即将电动机任意两相绕组与电源接线互调，则旋转磁场反向，电动机跟着反转。

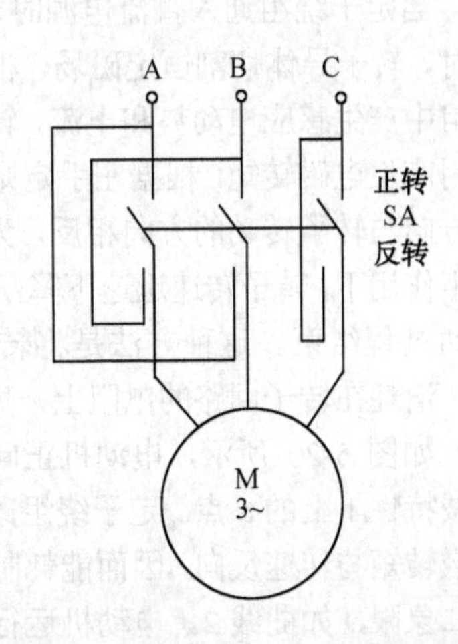

图 5-18　异步电动机正、反转原理线路图

5.5.2　三相异步电动机的制动

电动机除了上述电动状态外，在下述情况运行时，

则属于电动机的制动状态。

1）在负载转矩为位能转矩的机械设备中（例如起重机下放重物时，运输工具在下坡运行时）使设备保持一定的运行速度。

2）在机械设备需要减速或停止时，电动机能实现减速和停止。

三相异步电动机的制动方法有两类：机械制动和电气制动。机械制动是利用机械装置使电动机从电源切断后能迅速停转。它的结构有好几种形式，应用较普遍的是电磁抱闸，它主要用于起重机械上吊重物时，使重物迅速而又准确地停留在某一位置上。

电气制动是使异步电动机所产生的电磁转矩和电动机的旋转方向相反。电气制动通常可分为能耗制动、反接制动和再生制动三类。

1．能耗制动

方法：将运行着的异步电动机的定子绕组从三相交流电源上断开后，立即接到直流电源上，如图 5-19 所示，用断开 Q_1，闭合 Q_2 来实现。

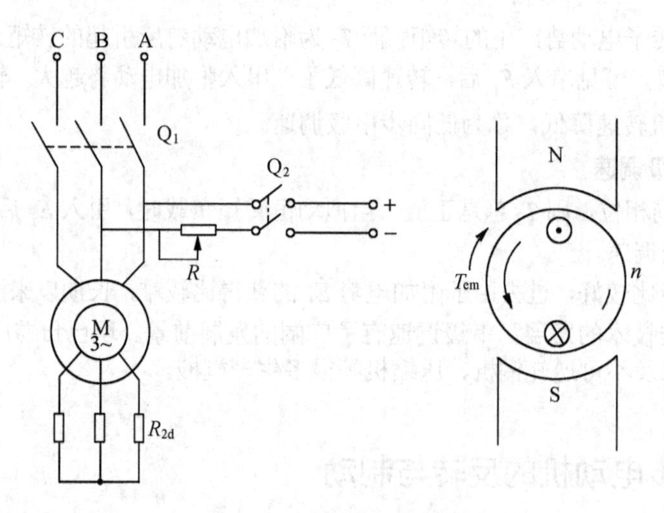

图 5-19　能耗制动原理图

当定子绕组通入直流电源时，在电动机中将产生一个恒定磁场。转子因机械惯性继续旋转时，转子导体切割恒定磁场，根据右手定则在转子绕组中产生感应电动势和电流，转子电流和恒定磁场作用产生电磁转矩，根据左手定则可以判断电磁转矩的方向与转子转动的方向相反，为制动转矩。在制动转矩作用下，转子转速迅速下降，当 $n=0$ 时，$T_{em}=0$，制动过程结束。这种方法是将转子的动能转变为电能，消耗在转子回路的电阻上，所以称为能耗制动。

如图 5-20 所示，电动机正向运行时工作在固有机械特性 1 上的 a 点。定子绕组改接直流电源后，因电磁转矩与转速反向，因而能耗制动时机械特性位于第二象限，如曲线 2。电动机运行点也移至 b 点，并从 b 点顺曲线 2 减速到 O 点。

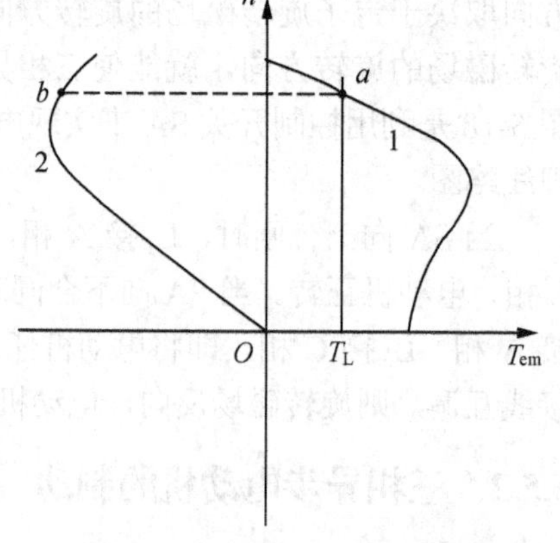

图 5-20　能耗制动机械特性图

1—固有机械特性　2—能耗制动机械特性

对于采用能耗制动的异步电动机，既要求有较大的制动转矩，又要求定、转子回路中电流不能太大而使绕组过热。根据经验，能耗制动时对笼型异步电动机取直流励磁电流为 $(4\sim5)I_0$，对绕线转子异步电动机取 $(2\sim3)I_0$，制动所串电阻 $r=(0.2\sim0.4)\dfrac{E_{2N}}{\sqrt{3}I_{2N}}$。

能耗制动的优点是制动力强，制动较平稳。缺点是需要一套专门的直流电源供制动用。

2．反接制动

反接制动分为电源反接制动和倒拉反接制动两种。

1）电源反接制动。方法：改变电动机定子绕组与电源的连接相序，如图 5-21 所示，断开 Q_1，接通 Q_2 即可。电源的相序改变，旋转磁场立即反转，而使转子绕组中感应电势、电流和电磁转矩都改变方向，因机械惯性，转子转向未变，电磁转矩与转子的转向相反，电动机进行制动，称为电源反接制动。如图 5-22 所示，制动前，电动机工作在曲线 1 的 a 点，电源反接制动时，$n_1<0$，$n>0$，相应的转差率 $s=\dfrac{-n_1-n}{-n_1}>1$，且电磁转矩 $T_{em}<0$，机械特性如曲线 2 所示。因机械惯性，转速瞬时不变，工作点由 a 点移至 b 点，并逐渐减速，到达 c 点时 $n=0$，此时切断电源并停车，如果是位能性负载得用抱闸，否则电动机会反向起动旋转。一般为了限制制动电流和增大制动转矩，绕线转子异步电动机可在转子回路串入制动电阻，其特性如曲线 3 所示，制动过程同上。

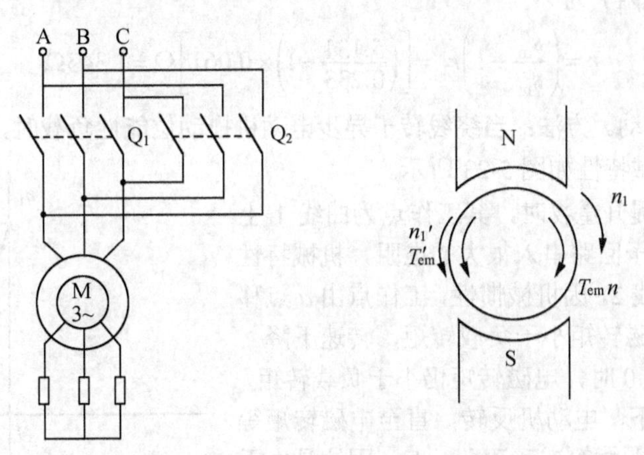

图 5-21　绕线转子异步电动机电源反接制动图

制动电阻 r 的计算公式为

$$r=\left(\frac{s_m'}{s_m}-1\right)r_2 \tag{5-21}$$

式中　s_m——对应固有机械特性曲线的临界转差率，

$$s_m=s_N(\lambda+\sqrt{\lambda^2-1})\text{；}$$

s_m'——转子串电阻后机械特性的临界转差率

$$s_m'=s\left[\frac{\lambda T_N}{T_{em}}+\sqrt{\left(\frac{\lambda T_N}{T_{em}}\right)^2-1}\right]$$

s——制动瞬间电动机转差率。

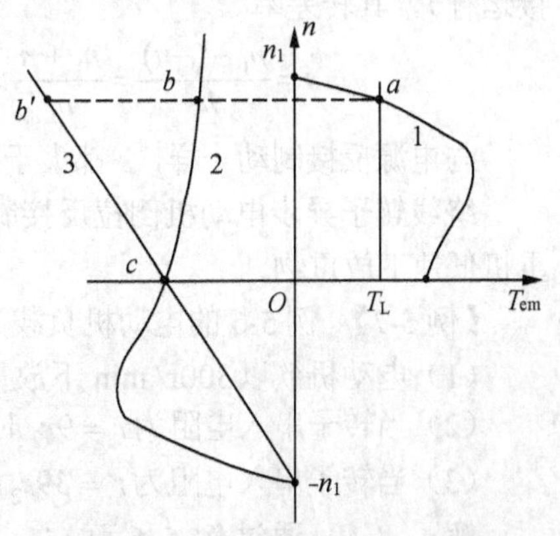

图 5-22　电源反接制动的机械特性

【例 5-6】 一台 YR 系列绕线转子异步电动机，$P_N = 20\,\text{kW}$，$n_N = 720\text{r/min}$，$E_{2N} = 197\text{V}$，$I_{2N} = 74.5\,\text{A}$，$\lambda = 3$。如果拖动额定负载运行时，采用反接制动停车，要求制动开始时最大制动转矩为 $2T_N$，求转子每相串入的制动电阻值。

解：1）计算固有机械特性的 s_N、s_m、r_2

$$s_N = \frac{n_1 - n_N}{n_1} = \frac{750-720}{750} = 0.04$$

$$s_m = s_N\left(\lambda + \sqrt{\lambda^2 - 1}\right) = 0.04 \times \left(3 + \sqrt{3^2 - 1}\right) = 0.233$$

$$r_2 = \frac{s_N E_{2N}}{\sqrt{3} I_{2N}} = \left(\frac{0.04 \times 197}{\sqrt{3} \times 74.5}\right)\Omega = 0.061\Omega$$

2）计算反接制动时转子串制动电阻的人为机械特性的 s'_m

制动时瞬间转差率
$$s = \frac{-n_1 - n}{-n_1} = \frac{750+720}{750} = 1.960$$

$$s'_m = s\left[\frac{\lambda T_N}{T_{em}} + \sqrt{\left(\frac{\lambda T_N}{T_{em}}\right)^2 - 1}\right] = 1.96 \times \left[\frac{3}{2} + \sqrt{\left(\frac{3}{2}\right)^2 - 1}\right] = 5.131$$

3）转子所串电阻 r 为

$$r = \left(\frac{s'_m}{s_m} - 1\right) r_2 = \left[\left(\frac{5.131}{0.233} - 1\right) \times 0.061\right]\Omega = 1.343\Omega$$

2）倒拉反接制动。方法：当绕线转子异步电动机拖动位能性负载时，在其转子回路串入很大的电阻。其机械特性如图 5-23 所示。

当异步电动机提升重物时，其工作点为曲线 1 上的 a 点。如果在转子回路串入很大的电阻，机械特性变为斜率很大的曲线 2，因机械惯性，工作点由 a 点移至 b 点，因此时电磁转矩小于负载转矩，转速下降。当电动机减速至 $n = 0$ 时，电磁转矩仍小于负载转矩，在位能负载的作用下，电动机反转，直至电磁转矩等于负载转矩，电动机才稳定运行于 c 点。因这是由于重物倒拉引起的，所以称为倒拉反接制动（或倒拉反接运行），其转差率

$$s = \frac{n_1 - (-n)}{n_1} = \frac{n_1 + n}{n_1} > 1$$

与电源反接制动一样，s 都大于 1。

绕线转子异步电动机倒拉反接制动状态常用于起重机低速下放重物。

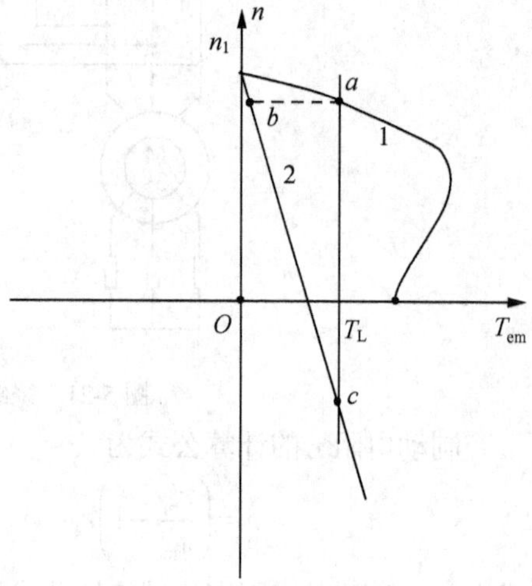

图 5-23 倒拉反接制动机械特性

【例 5-7】 例 5-6 的电动机负载为额定值，即 $T_L = T_N$。求：

（1）电动机欲以 300r/ min 下放重物，转子每相应串入多大的电阻？

（2）当转子串入电阻为 $r = 9r_2$ 时，电动机转速多大？运行在什么状态？

（3）当转子串入电阻为 $r = 39r_2$ 时，电动机转速多大？运行在什么状态？

解：（1）通过例 5-6 可知，$r_2 = 0.061\Omega$

起重机下放重物，则 $n=-300\text{r/min}<0$，$T=T_L>0$，所以工作点位于第四象限，如图 5-23 中 c 点。

$$s=\frac{n_1-n}{n_1}=\frac{750-(-300)}{750}=1.4$$

当 $T_L=T_N$ 时，$s_N=0.04$

转子应串电阻 $r=\left(\frac{s}{s_N}-1\right)r_2=\left[\left(\frac{1.4}{0.04}-1\right)\times0.061\right]\Omega$

$=2.074\Omega$

（2）$r=9r_2$，$T_L=T_N$ 时的转差率为

$$s=\frac{r+r_2}{r_2}s_N=\frac{(9+1)r_2}{r_2}\times0.04=0.4$$

电动机转速 $n=n_1(1-s)=[750\times(1-0.4)]\text{r/min}=450\text{ r/min}>0$

工作点在第一象限，电动机运行于正向电动状态（提升重物）。

（3）$r=39r_2$，此时的转差率为

$$s=\frac{r+r_2}{r_2}s_N=\frac{(39+1)r_2}{r_2}\times0.04=1.60$$

电动机转速 $n=n_1(1-s)=[750\times(1-1.60)]\text{r/min}=-450\text{ r/min}<0$

工作点在第四象限，电动机运行于倒拉反接制动状态（下放重物）。

3．回馈制动

方法：使电动机在外力（如起重机下放重物）作用下，其电动机的转速超过旋转磁场的同步转速，如图 5-24 所示。起重机下放重物，在下放开始时，$n<n_1$，电动机处于电动状态，如图 5-24a 所示。在位能转矩作用下，电动机的转速大于同步转速时，转子中感应电动势、电流和转矩的方向都发生了变化，如图 5-24b 所示，转矩方向与转子转向相反，成为制动转矩。此时电动机将机械能转变为电能馈送电网，所以称为回馈制动。

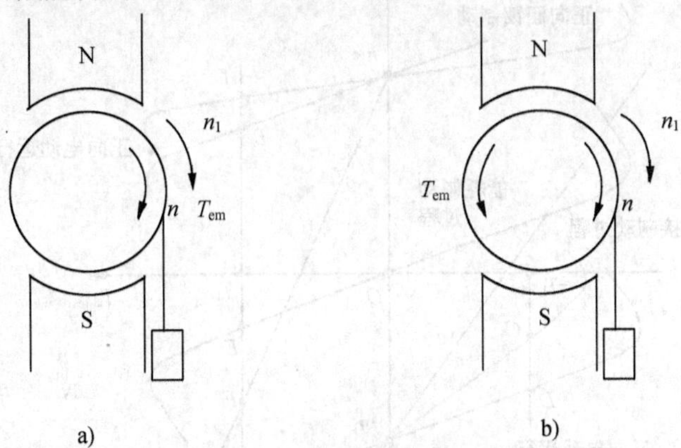

图 5-24　回馈制动原理图

a) $n<n_1$ 电动运行　b) $n>n_1$ 回馈制动

制动时工作点如图 5-25 的 a 点所示，转子回路所串电阻越大，电动机下放重物的速度越快，见图 5-25 中虚线所示 a' 点。为了限制下放速度，转子回路不应串入过大的电阻。

【例 5-8】 例 5-6 的电动机，电动机轴上的负载转矩 $T_L=100\text{N}\cdot\text{m}$，假定电动机在下列

两种情况下，以回馈制动状态运行，求下列两种情况下的特性。

（1）电动机运行在固有机械特性上下放重物；

（2）转子回路串入制动电阻 $r = 0.112\,\Omega$。

解：（1）电动机的额定转矩

$$T_N = 9550\frac{P_N}{n_N} = \left(9550\times\frac{20}{720}\right)\text{N•m} = 265.3\ \text{N}\cdot\text{m}$$

当 $T_L = 100\ \text{N}\cdot\text{m}$，在固有机械特性上工作点的转差率（如图 5-25 中 a 点）

$$s = -\frac{T_{em}}{T_N}s_N = -\frac{100}{265.3}\times 0.04 = -0.0151$$

式中负号因是反向回馈制动状态。

电动机的转速为

$$n = (-n_1)(1-s) = [(-750)\times(1+0.0151)]\ \text{r/min} = 761\ \text{r/min}$$

（2）转子串入电阻后，工作点如图 5-25 中 a'点。

$$s' = \frac{r+r_2}{r_2}\cdot s = \frac{0.112+0.061}{0.061}\times(-0.0151) = -0.0428$$

电动机的转速为

$$n = (-n_1)(1-s) = [(-750)(1+0.0428)]\ \text{r/min} = -782\ \text{r/min}$$

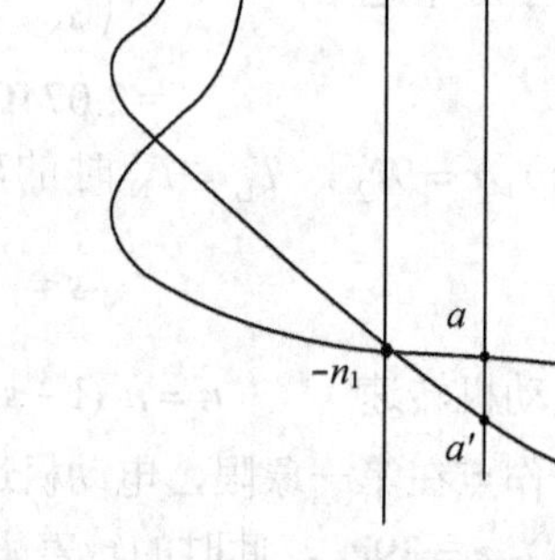

图 5-25　回馈制动机械特性

5.5.3　三相异步电动机运行状态小结

1．机械特性

为了便于学习理解，现将三相异步电动机各种运行状态的机械特性画于一张图中，如图 5-26 所示。

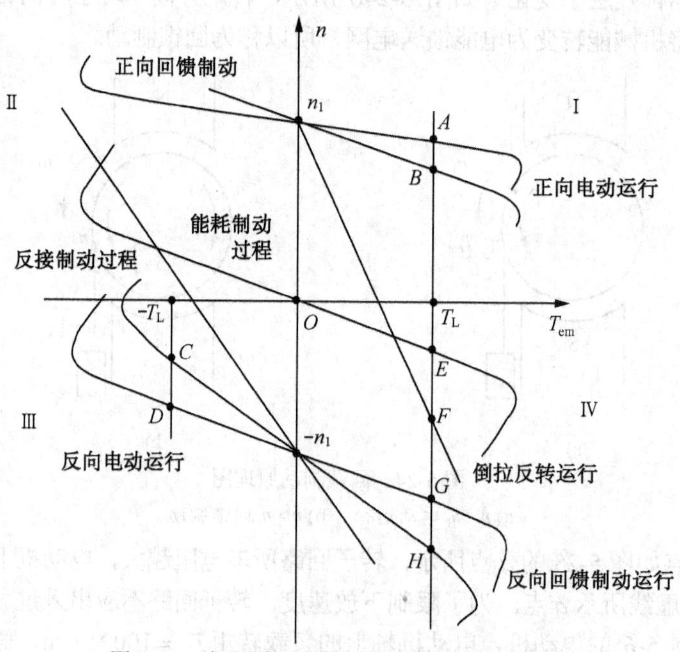

图 5-26　绕线转子异步电动机的各种运行状态

2．各种运行状态时的转差率 *s* 的数值范围

电动运行状态：$0< s <1$；

反接制动状态：$s >1$；

回馈制动状态：$s <0$。

5.6 三相异步电动机故障分析及维护

5.6.1 起动前的准备

对新安装或久未运行的电动机，在通电使用之前必须先做下列检查，以验证电动机能否通电运行。

1）安装检查。要求电动机装配灵活、螺栓拧紧、轴承运行无阻、联轴器中心无偏移等。

2）绝缘电阻检查。要求用兆欧表检查电动机的绝缘电阻，包括三相相间绝缘电阻和三相绕组对地绝缘电阻，测得的数值一般不小于 10MΩ。

3）电源检查。一般当电源电压波动超出额定值 10%或−5%时，应改善电源条件后投运。

4）起动、保护措施检查。要求起动设备接线正确（直接起动的中小型异步电动机除外）；电动机所配熔丝的型号合适；外壳接地良好。

在以上各项检查无误后，方可合闸起动。

5.6.2 起动时的注意事项

1）合闸后，若电动机不转，应迅速、果断地拉闸，以免烧毁电动机。

2）电动机起动后，应注意观察电动机，若有异常情况，应立即停机。待查明故障并排除后，才能重新合闸起动。

3）笼型电动机采用全压起动时，次数不宜过于频繁，一般不超过 3～5 次。对功率较大的电动机要随时注意电动机的温升。

4）绕线转子电动机起动前，应注意检查起动电阻是否接入。接通电源后，随着电动机转速的提高而逐渐切除起动电阻。

5）几台电动机由同一台变压器供电时，不能同时起动，应由大到小逐台起动。

5.6.3 运行中的监视

对运行中的电动机应经常检查它的外壳有无裂纹，螺钉是否有脱落或松动，电动机有无异响或振动等。监视时，要特别注意电动机有无冒烟和异味出现，若嗅到焦糊味或看到冒烟，必须立即停机检查处理。

对轴承部位，要注意它的温度和响度。温度升高，响声异常则可能是轴承缺油或磨损。

用联轴器传动的电动机，若中心校正不好，会在运行中发出响声，并伴随着发生电动机振动和联轴节螺栓胶垫的迅速磨损。这时应重新校正中心线。用带传动的电动机，应注意带不应过松而导致打滑，但也不能过紧而使电动机轴承过热。

在发生以下严重故障情况时，应立即停机处理：

1）人身触电事故；

2）电动机冒烟；

3）电动机剧烈振动；

4）电动机轴承剧烈发热；

5）电动机转速迅速下降，温度迅速升高。

5.6.4 电动机的定期维修

异步电动机定期维修是消除故障隐患、防止故障发生的重要措施。电动机维修分月维修和年维修，即俗称的小修和大修。前者不拆开电动机，后者需把电动机全部拆开进行维修。

1．定期小修主要内容

定期小修是对电动机的一般清理和检查，应经常进行。小修内容包括：

1）清擦电动机外壳，除掉运行中积累的污垢。

2）测量电动机绝缘电阻，测后注意重新接好线，拧紧接线头螺钉。

3）检查电动机端盖、地脚螺钉是否紧固。

4）检查电动机接地线是否可靠。

5）检查电动机与负载机械间的传动装置是否良好。

6）拆下轴承盖，检查润滑介质是否变脏、干涸，及时加油或换油。处理完毕后，注意上好端盖及紧固螺钉。

7）检查电动机附属起动和保护设备是否完好。

2．定期大修主要内容

异步电动机的定期大修应结合负载机械的大修进行。大修时，拆开电动机进行以下项目的检查修理。

1）检查电动机各部件有无机械损伤，若有则应做相应修复。

2）对拆开的电动机和起动设备进行清理，清除所有油泥、污垢。清理中注意观察绕组绝缘状况。若绝缘为暗褐色，说明绝缘已经老化，对这种绝缘要特别注意不要碰撞使它脱落。若发现有脱落则进行局部绝缘修复和刷漆。

3）拆下轴承，浸在柴油或汽油中彻底清洗。把轴承架与钢珠间残留的油脂及脏物洗掉后，用干净柴（汽）油清洗一遍。清洗后的轴承应转动灵活，不松动。若轴承表面粗糙，说明油脂不合格；若轴承表面变色（发蓝），则它已经退火。根据检查结果，对油脂或轴承进行更换，并消除故障原因（如清除油中砂、铁屑等杂物；正确安装电动机等）。

轴承新安装时，加油应从一侧加入。油脂占轴承内容积的 1/3～2/3 即可。油加得太满会发热流出。润滑油可采用钙基润滑脂或钠基润滑脂。

4）检查定子绕组是否存在故障。使用兆欧表测绕组电阻可判断绕组绝缘是否受潮或是否有短路。若有，应进行相应处理。

5）检查定、转子铁心有无磨损和变形，若观察到有磨损处或发亮点，说明可能存在定、转子铁心相擦。应使用锉刀或刮刀把亮点刮低。若有变形则应做相应修复。

6）在进行以上各项修理、检查后，对电动机进行装配、安装。

7）安装完毕的电动机，应进行修理后检查，符合要求后，方可带负载运行。

5.6.5 常见故障及排除方法

1. 电源接通后电动机不起动的可能原因

1）定子绕组接线错误。应检查接线，纠正错误。

2）定子绕组断路、短路或接地，绕线转子异步电动机转子绕组断路。找出故障点，排除故障。

3）负载过重或传动机构被卡住。应检查传动机构及负载。

4）绕线转子异步电动机转子回路断线（电刷与滑环接触不良，变阻器断路，引线接触不良等）。找出断路点，并加以修复。

5）电源电压过低。检查原因并排除。

2. 电动机温升过高或冒烟的可能原因

1）负载过重或起动过于频繁。减轻负载、减少起动次数。

2）三相异步电动机断相运行。检查原因，排除故障。

3）定子绕组接线错误。检查定子绕组接线，加以纠正。

4）定子绕组接地或匝间、相间短路。查出接地或短路部位，加以修复。

5）笼型异步电动机转子断条。铸铝转子必须更换，铜条转子可修理或更换。

6）绕线转子异步电动机转子绕组断相运行。找出故障点，加以修复。

7）定子、转子相擦。检查轴承、转子是否变形，进行修理或更换。

8）通风不良。检查通风道是否畅通，对不可反转的电动机检查其转向。

9）电源电压过高或过低。检查原因并排除。

3. 电动机振动的可能原因

1）转子不平衡。校正平衡。

2）带轮不平稳或轴弯曲。检查并校正。

3）电动机与负载轴线不对。检查、调整机组的轴线。

4）电动机安装不良。检查安装情况及地脚螺栓。

5）负载突然过重。减轻负载。

4. 运行时有异声的可能原因

1）定子转子相擦。检查轴承、转子是否变形，进行修理或更换。

2）轴承损坏或润滑不良。更换轴承，清洗轴承。

3）电动机两相运行。查出故障点并加以修复。

4）风叶碰机壳等。检查并消除故障。

5. 电动机带负载时转速过低的可能原因

1）电源电压过低。检查电源电压。

2）负载过大。核对负载。

3）笼型异步电动机转子断条。铸铝转子必须更换，铜条转子可修理或更换。

4）绕线转子异步电动机转子绕组一相接触不良或断开。检查电刷压力、电刷与滑环接触情况及转子绕组。

6．电动机外壳带电的可能原因

1）接地不良或接地电阻太大。按规定接好地线，消除接地不良处。

2）绕组受潮。进行烘干处理。

3）绝缘有损坏，有脏物或引出线碰壳。修理，并进行浸漆处理，消除脏物，重接引出线。

5.7 小结

异步电动机的电磁转矩是由转子电流与主磁通作用产生的。电磁转矩有三个表达式：物理表达式、参数表达式和实用表达式。物理表达式适用于定性分析 T_{em} 与 Φ_m 及 $I'_2\cos\varphi_2$ 间的关系；参数表达式可分析参数变化对电动机运行性能的影响；实用表达式最适用于工程计算。

三相异步电动机的机械特性，即 $n=f(T_{em})$或 $T_{em}=f(s)$的函数关系。机械特性分固有特性和人为特性。前者是在额定电压、额定频率下，按规定方式接线，定、转子外接电阻为零时的机械特性。要掌握机械特性曲线的大致形状及其三个特殊点。起动点：$s=1$，$T_{em}=T_S$；临界点：$s=s_m=0.1$～0.2，$T_{em}=T_m=$（1.6～2.2）T_N；同步点：$s=0$，$T_{em}=0$。人为机械特性是人为改变电源参数或改变电动机参数而得到的机械特性。

衡量异步电动机起动性能，最主要的指标是起动电流和起动转矩。异步电动机直接起动时，起动电流大，一般为额定电流的 4～7 倍。因起动时功率因数低，起动电流虽然很大，但起动转矩却不大。三角形接线的异步电动机，在空载或轻载起动时，可以采取Y-△起动，起动电流和起动转矩都减小 3 倍。负载比较重的，可采用自耦变压器起动，自耦变压器有抽头可供选择。绕线转子异步电动机转子串电阻起动，起动电流比较小，而起动转矩比较大，起动性能好。若把异步电动机的机械特性线性化，起动电阻的计算方法与并励直流电动机相同。

异步电动机的调速方法有三种，即变极、变频和改变转差率。变极调速是改变半相绕组中的电流方向，使极对数成倍地变化，可制成多速电动机。变频调速是改变频率从而改变同步转速进行调速，调频的同时电压要相应地变化。改变转差率调速，主要有转子串电阻调速和串级调速。

制动即电磁转矩方向与转子转向相反，电磁制动分为能耗制动、反接制动、回馈制动。制动时的机械特性位于第二和第四象限。

5.8 习题

1．试分析三相异步电动机的每种参数变化时如何影响最大转矩。

2．试写出三相异步电动机电磁转矩的三种表达式并说明其应用有哪些？

3．一般三相异步电动机的起动转矩倍数、最大转矩倍数、临界转差率及额定转差率的大致范围怎样？

4．一台三相异步电动机当转子回路的电阻增大时，对电动机的起动电流、起动转矩和功率因数会带来什么影响？

5．说明三相异步电动机转矩特性曲线上的稳定工作区及不稳定工作区的含义。并指出图 5-27 上 a、b、c 三个点中哪几个点能稳定运行？哪个点能长期稳定运行？

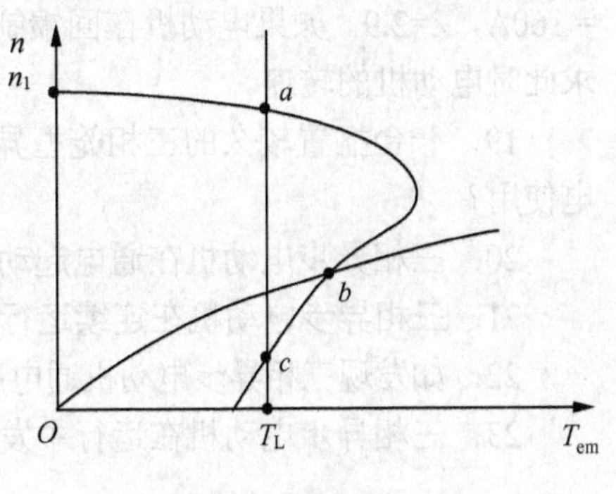

图 5-27　转矩特性曲线

6. 两台三相异步电动机额定功率都是 $P_N = 40kW$，而额定转速分别为 $n_{N1} = 2960$ r/min，$n_{N2} = 1460$ r/min，求对应的额定转矩。说明为什么这两台电动机的功率一样但在轴上产生的转矩却不同？

7. 一台三相八极异步电动机数据为：额定容量 P_N = 260kW，额定电压 U_N = 380V，额定频率 f_N = 50Hz，额定转速 n_N = 722r/min，过载能力 λ= 2.13。求：

（1）额定转差率；（2）最大转矩对应的转差率；

（3）额定转矩；（4）最大转矩；（5）s=0.02 时的电磁转矩。

8. 一台三相六极笼型异步电动机，定子绕组为Y。U_N = 380V，n_N = 975r/min，f_1 = 50Hz，r_1 = 2.08Ω，X_1 = 3.12Ω，r_2' = 1.53Ω，X_2' = 4.25Ω。求该电动机的额定转矩 T_N、最大转矩 T_{max}、过载倍数λ和临界转差率 s_m。

9. 一台三相六极绕线转子异步电动机接在频率为 50Hz 的电网上运行。已知电动机定、转子总电抗每相为 0.1Ω，折合到定子边的转子每相电阻为 0.02Ω。求：

（1）最大转矩对应的转速是多少？

（2）要求最初起动转矩是最大转矩的 2/3 倍，须在转子中串入多大的电阻（折合到定子边的值，并忽略定子电阻）？

10. 什么叫三相异步电动机的减压起动？有哪几种常用的方法？各有何特点？

11. 当三相异步电动机在额定负载下运行时，由于某种原因，电源电压降低了 20%，问此时通入电动机定子绕组中的电流是增大还是减小？为什么？对电动机将带来什么影响？

12. 某三相笼型异步电动机，P_N = 300kW，定子绕组为Y，U_N = 380V，I_N = 527A，n_N = 1475r/min，K_I = 6.7，K_T = 1.5，λ = 2.5。车间变电所允许最大冲击电流为 1800A，负载起动转矩为 1000N·m，试选择适当的起动方法。

13. 什么叫三相异步电动机的调速？对三相笼型异步电动机，有哪几种调速方法？并分别比较其优缺点。对三相绕线转子异步电动机通常用什么方法调速？

14. 在变极调速时，为什么要改变绕组的相序？在变频调速中，改变频率的同时还要改变电压，保持 U/f = 常值，这是为什么？

15. 一台三相四极绕线转子异步电动机，f = 50Hz，n_N = 1485r/min，r_2 = 0.02Ω，若定子电压、频率和负载转矩保持不变，要求把转速降到 1050r/min，问要在转子回路中串接多大电阻？

16. 能耗制动的接线与制动原理如何？反接制动时为什么要在转子回路串入制动电阻？

17. 一台三相六极绕线转子异步电动机的额定数据如下：P_N=40kW，U_{N1}=380V，I_{1N} = 73A，n_N = 980r/min，f_N = 50Hz，转子每相电阻 r_2 = 0.013Ω，过载能力 λ =2。该电动机用于起重机起吊重物。试求：1）当负载转矩 T_L =0.85T_N，电动机以 500r/min 恒速提升重物时，转子回路每相应串入多大电阻？2）当 T_L =0.85T_N，电动机以 500r/min 恒速下放重物时，转子回路每相应串入多大电阻？

18. 一台绕线转子异步电动机，P_N = 60kW，n_N = 577r/min，I_{1N} = 133A，E_{2N} = 253V，I_{2N}

$=160\text{A}$，λ=2.9。如果电动机在回馈制动状态下下放重物，$T_L=0.8T_N$，转子串接电阻为0.06Ω，求此时电动机的转速。

19．一台搁置较久的三相笼型异步电动机，在通电使用前应进行哪些准备工作后才能通电使用？

20．三相异步电动机在通电起动时应注意哪些问题？

21．三相异步电动机在连续运行中应注意哪些问题？

22．如发现三相异步电动机通电后电动机不转动，首先应怎么办？其原因主要有哪些？

23．三相异步电动机在运行中发出焦臭味或冒烟应怎么办？其原因主要有哪些？

第6章　其他用途的电机

在电力拖动系统中，除了直流电动机和三相异步电动机获得广泛使用外，还有一些其他用途的电机也得到越来越广泛的使用。本章主要介绍一些其他用途的常用电机，如单相异步电动机、同步电动机、伺服电动机、测速发电机、步进电动机等，同时，阐述它们的结构、工作原理及特点。

6.1　单相异步电动机

单相异步电动机就是指用单相交流电源供电的异步电动机。

单相异步电动机具有结构简单、成本低、噪声小、运行可靠等优点。因此，广泛应用在家用电器、电动工具、自动控制系统等方面。单相异步电动机与同容量的三相异步电动机比较，它的体积较大，运行性能较差。因此，一般只制成小容量的电动机。我国现有产品功率从几瓦到几千瓦不等。

6.1.1　单相单绕组异步电动机的工作原理

1．一相定子绕组通电的异步电动机

一相定子绕组通电的异步电动机就是指单相异步电动机定子上的主绕组（工作绕组）是一个单相绕组。当主绕组外加单相交流电后，在定子气隙中就产生一个脉振磁场（脉动磁场），该磁场振幅位置在空间固定不变，大小随时间作正弦规律变化，如图6-1所示。

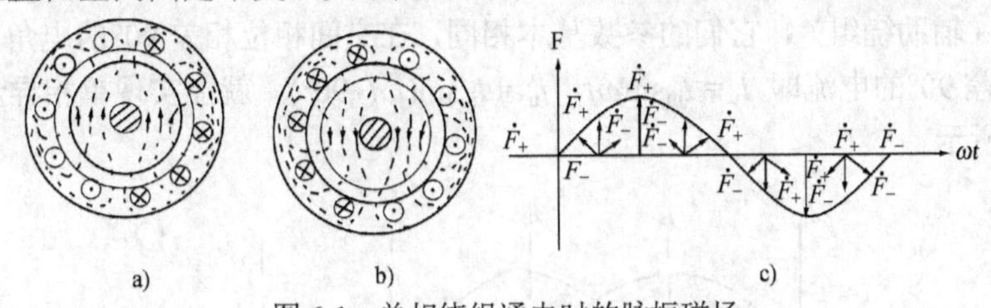

图6-1　单相绕组通电时的脉振磁场

a) 正半周　b) 负半周　c) 脉振磁动势变化曲线

为了便于分析，我们利用已经学过的三相异步电动机的知识来研究单相异步电动机。首先研究脉振磁动势的特性。

通过图6-1分析可知，一个脉振磁动势可由一个正转磁动势F_+和一个反转磁动势F_-组成，它们的幅值大小相等（大小为脉振磁动势的一半）、转速相同、转向相反、由磁动势产生的磁场分别为正向和反向旋转磁场。同理，正、反向旋转磁场能合成一个脉振磁场。

2．单相异步电动机的机械特性

单相单绕组异步电动机通电后产生的脉振磁场，可以分解为正、反向的旋转磁场。因此，电动机的电磁转矩是由两个旋转磁场产生的电磁转矩的合成。当电动机旋转后，正、反向旋转磁场产生电磁转矩 T_+、T_-，它的机械特性变化与三相异步电动机相同。在图6-2中的曲线1和曲线2分别表示 $T_+=f(s_+)$、$T_-=f(s_-)$的特性曲线，它们的转差率为

$$s_+=\frac{n_1-n}{n_1} \quad (6\text{-}1)$$

$$s_-=\frac{-n_1-n}{-n_1} \quad (6\text{-}2)$$

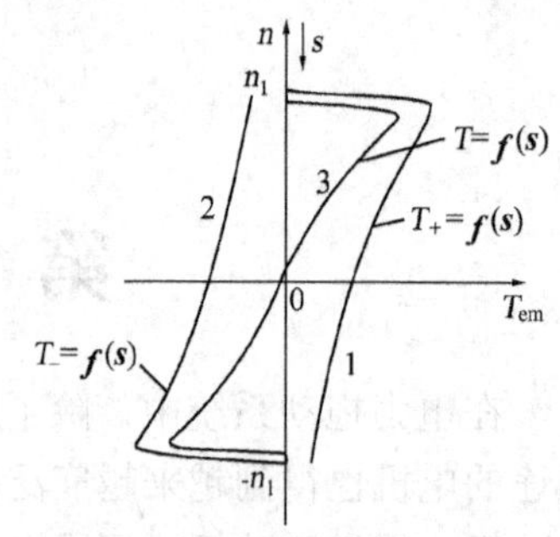

图6-2　一相绕组通电时单相异步电动机的机械特性

曲线3表示单相单绕组异步电动机机械特性。当 T_+为拖动转矩，T_-为制动转矩时，其机械特性具有下列特点。

1）当转子不动时，$n=0$，$T_+=T_-$，$T_{em}=T_++T_-=0$，表明单相异步电动机一相绕组通电时无起动转矩，不能自行起动。

2）旋转方向不固定时，由外转矩确定旋转方向，并一经起动，就会继续旋转。当 $n>0$，$T_{em}>0$ 时机械特性在第一象限，电磁转矩属拖动转矩，电动机正转运行。当 $n<0$，$T_{em}<0$ 时机械特性在第三象限，T_{em} 仍是拖动转矩，电动机反转运行。

3）由于存在反向电磁转矩起制动作用，因此，单相异步电动机的过载能力、效率、功率因数较低。

6.1.2　单相异步电动机的类型及起动方法

单相异步电动机不能自行起动，如果在定子上安放具有空间相位相差90°的两套绕组，然后通入相位相差90°的正弦交流电，那么就能产生一个像三相异步电动机那样的旋转磁场，实现自行起动。常用的方法有分相式或罩极式两种。

1．单相分相式异步电动机

单相分相式异步电动机结构特点是定子上有两套绕组，一相为主绕组（工作绕组），另一相为副绕组（辅助绕组），它们的参数基本相同，在空间相位相差90°的电角，如果通入两相对称相位相差90°的电流即 $i_v=I_m\sin\omega t$，$i_u=I_m\sin(\omega t+90°)$，就能实现单相异步电动机的起动，如图6-3所示。

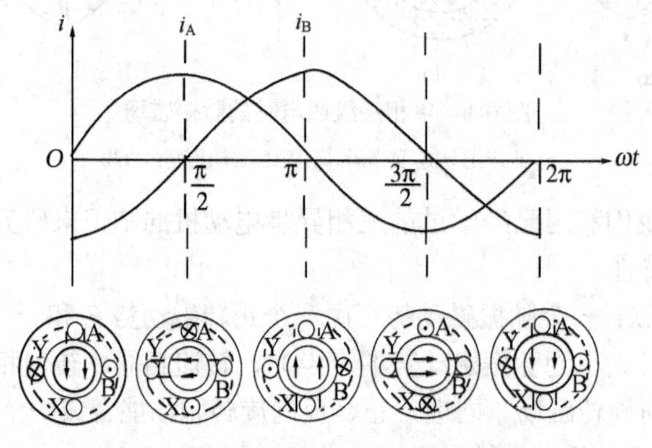

图6-3　两相绕组通入两相电流的旋转磁场

图中反映了两相对称电流的波形和合成磁场的形成过程。由图可以看出，当ωt 经过360°后，合成磁场在空间也转过了360°，即合成旋转磁场旋转一周。其磁场旋转速度为 $n_1=60f_1/p$，

此速度与三相异步电动机旋转磁场速度相同，其机械特性如图 6-4 所示。

从上面分析中可看出，分相式单相异步电动机起动的必要条件为：① 定子具有空间不同相位的两套绕组；② 两套绕组中通入不同相位的交流电流。

根据上面的起动要求，单相分相式异步电动机按起动方法分为如下几类。

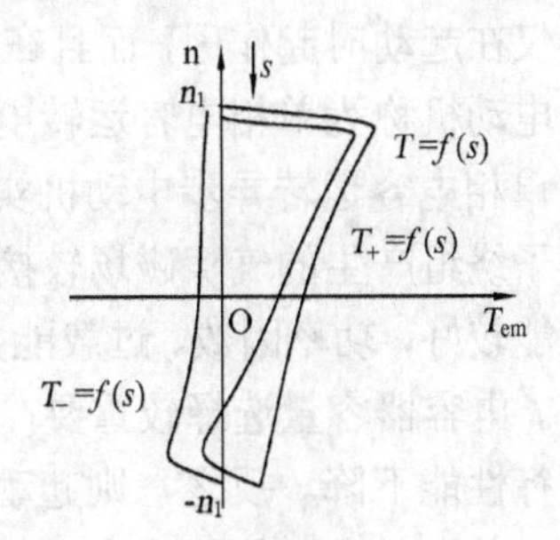

图 6-4 椭圆磁动势时单相异步电动机的机械特性

1）单相电阻分相起动异步电动机。单相电阻分相起动异步电动机的定子上嵌放两相绕组，如图 6-5 所示。两个绕组接在同一单相电源上，辅助绕组中串一个离心开关。开关作用是当转速上升到 80%的同步转速时，断开副绕组使电动机运行在只有主绕组工作的情况下。

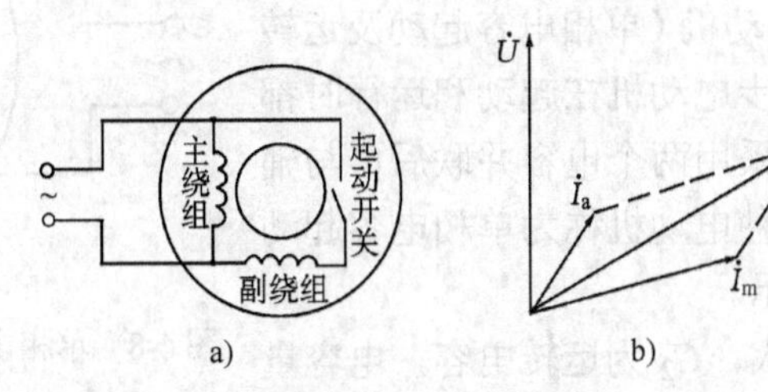

图 6-5 单相电阻分相起动异步电动机

为了使起动时产生起动转矩，通常可取两种方法：① 副绕组中串入适当电阻；② 副绕组采用的导线比主绕组截面细，匝数比主绕组少。这样两相绕组阻抗就不同，促使通入两相绕组的电流相位不同，达到起动目的。

由于电阻分相起动时，电流的相位移较小，小于 90°电角，起动时，电动机的气隙中建立的椭圆形旋转磁场，因此电阻分相式异步电动机起动转矩较小。

单相电阻分相异步电动机的转向由气隙磁场方向决定，若要改变电动机转向，只要把主绕组或副绕组中任何一个绕组电源接线对调，就能改变气隙磁场，达到改变转向的目的。

2）单相电容分相起动异步电动机。单相电容分相式异步电动机电路如图 6-6 所示。

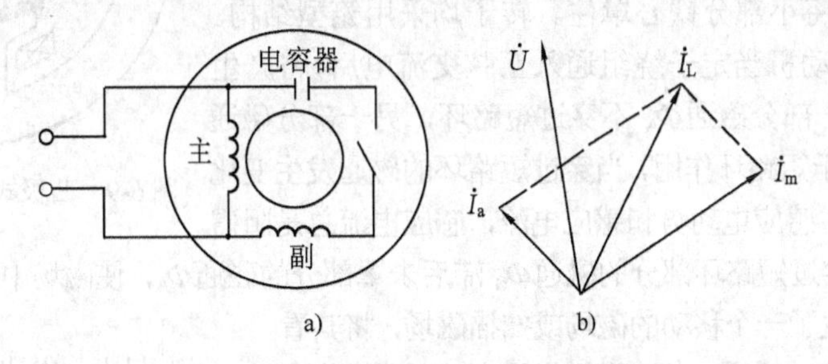

图 6-6 单相电容分相起动异步电动机

从图中可以看出，当辅助绕组中串联一个电容器和一个开关，如果电容器容量选择适当，则可以在起动时通过辅助绕组的电流在时间和相位上超前主绕组电流 90°电角，这样在起动时就可以得到一个接近圆形旋转磁场，从而有较大起动转矩。电动机起动后转速达到 75%～85%同步转速时辅助绕组通过开关自动断开，主绕组进入单独稳定运行状态。

3）单相电容运转异步电动机。若单相异步电动机辅助绕组不仅在起动时起作用，而且在电动机运转中也长期工作，则这种电动机称为单相电容运转电动机，如图 6-7 所示。

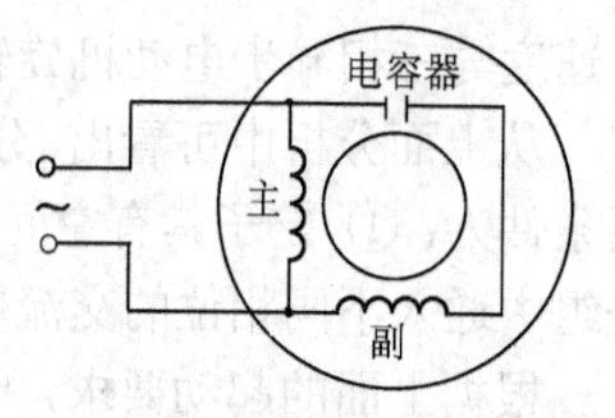

图 6-7　单相电容运转异步电动机

单相电容运转异步电动机实际上是一台两相异步电动机，其定子绕组产生的气隙磁场较接近圆形旋转磁场。因此，其运行性能较好，功率因数、过载能力比普通单相分相式异步电动机好。电容器容量选择较重要，对起动性能和运行影响较大。如果电容量大，则起动转矩大，而运行性能下降。反之，则起动转矩小，运行性能好。综合以上因素，为了保证有较好运行性能，单相电容运转异步电动机的电容器容量比同功率的单相电容起动异步电动机电容容量要小。起动性能不如单相电容起动异步电动机。

4）单相双值电容异步电动机（单相电容起动及运转异步电动机）。如果单相异步电动机在起动和运行时都能得到较好的性能，则可以采用两个电容并联后再与辅助绕组串联的接线方式，这种电动机称为单相电容起动和运转电动机，如图 6-8 所示。

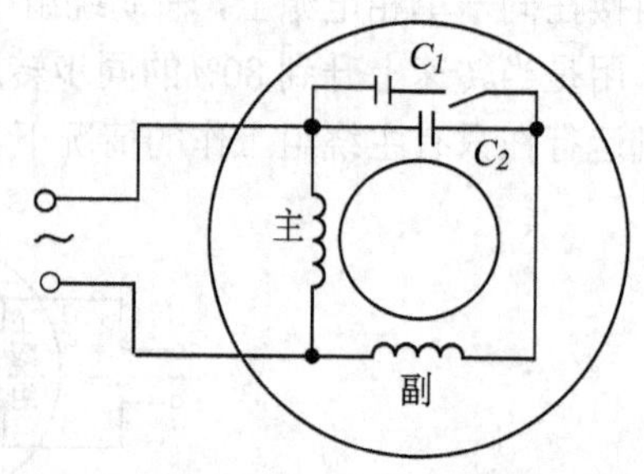

图 6-8　单相电容起动与运转异步电动机

图中电容器容量 C_1 较大，C_2 为运转电容，电容量较小。起动时 C_1 和 C_2 并联，总电容器容量大，所以有较大的起动转矩，起动后，C_1 切除，只有 C_2 运行，因此电动机有较好运行性能。

对电容分相式异步电动机，如果要改变电动机转向，只要使主绕组或辅助绕组的接线端对调即可，对调接线端后旋转磁场方向改变，因而电动机转向随之改变。

2. 单相罩极式（磁通分相式）异步电动机

单相罩极式异步电动机的结构有凸极式和隐极式两种，其中以凸极式结构最为常见，如图 6-9 所示。

凸极式异步电动机定子做成凸极铁心，然后在凸极铁心上安装集中绕组，组成磁极，在每个磁极 1/4～1/3 处开一个小槽，槽中嵌放短路环，将小部分铁心罩住。转子均采用笼型结构。

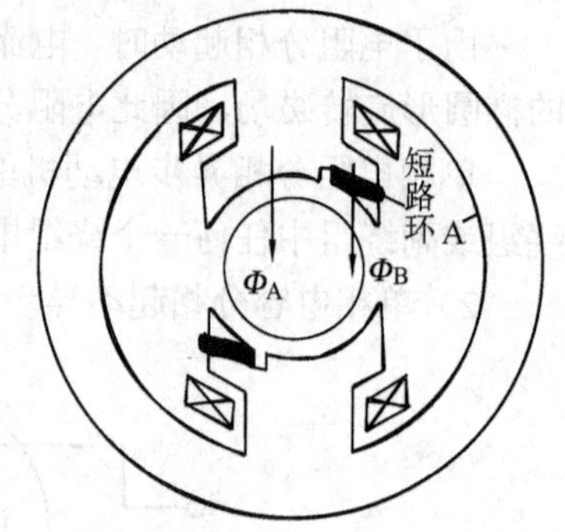

图 6-9　凸极式异步电动机示意图

罩极式异步电动机当定子绕组通入正弦交流电后，将产生交变磁通Φ，其中一部分磁通Φ_A 不穿过短路环，另一部分磁通Φ_B 穿过短路环，由于短路环作用，当穿过短路环的磁通发生变化时，短路环必然产生感应电动势和感应电流，感应电流总是阻碍磁通变化，这就使穿过短路环部分的磁通Φ_B 滞后未罩部分的磁通Φ_A，使磁场中心线发生移动。于是，电动机内部产生了一个移动的磁场或扫描磁场，将其看成是椭圆度很大的旋转磁场，在该磁场作用下，电动机将产生一个电磁转矩，使电动机旋转，如图 6-10 所示。

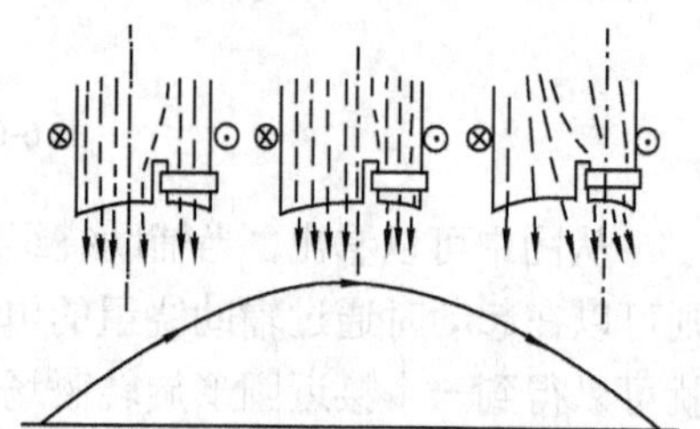
图 6-10　罩极式电动机移动磁场示意图

由图 6-10 可从看出，罩极式电动机的转向总是从磁极的未罩部分向被罩部分移动，即转向不能改变。

单相罩极式异步电动机的主要优点是结构简单、成本低、维护方便。但起动性能和运行性能较差，所以主要用于小功率电动机的空载起动场合，如电风扇等。

6.1.3 单相异步电动机的调速

单相异步动机在某些场合要求有不同的速度。如电动工具、电扇等有变速要求的负载。为此单相异步电动机常用的调速方法有变频调速、串电抗调速、串电容调速和抽头法调速等。下面简单介绍串电抗调速和抽头法调速。

1. 串电抗调速

在电动机的电源线路中串入起分压作用的电抗器，由电抗器的电抗值来改变电动机的端电压，达到调速目的，这种方法称为串电抗调速，如图 6-11 所示。

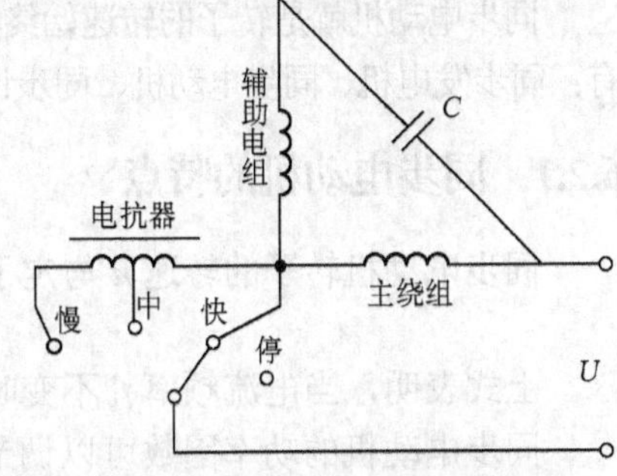

图 6-11 串电抗调速的线路图

串电抗调速优点：结构简单、调速方便、耗电材料多。

2. 抽头法调速

在电动机定子铁心的主绕组上多嵌放一个调速绕组，由调速开关改变调速绕组串入主绕组匝数，达到改变气隙磁场目的，从而改变电动机速度，这种方法称为抽头法调速。如图 6-12 所示。

抽头法调速优点：节省材料、耗电少，但绕组嵌放比较复杂。

以上的调速适用于分相式和罩极式单相异步电动机。

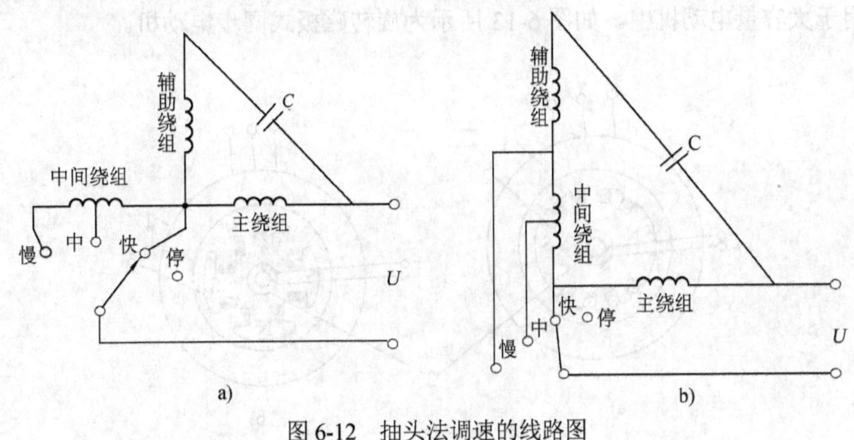

图 6-12 抽头法调速的线路图
a) T 形接法 b) L 形接法

6.1.4 三相异步电动机的单相运行

如果由于某种原因，造成三相异步电动机定子绕组的一相无电流，如熔断器熔断一相或定子绕组一相断路，统称为断相。这时三相异步电动机运行在单相状态。这里有两种情况，若三相异步电动机在起动前断了一相，对星形联结的绕组而言则无起动转矩；对三角形联结的绕组则相当于电阻分相起动，产生很小起动转矩。一般空载起动时，不动或微微转动；带负载则无法起动。若运行中断了一相，则电动机继续旋转，但其他两相电路中的电流剧增，如果所带负载接近额定负载，将造成运行电流超过额定电流，时间一长电动机发热烧坏。

由上述情况可知，三相异步电动机应该在二相以上电流中设有过电流保护，这样，一旦发生一相断路，就能自动切断电源。

在实际工作中，有时受条件限制，三相异步电动机充当单相异步电动机使用时，此时需要选择适当的运转电容的电容量，并且其负载能力大大下降。

6.2 三相同步电动机

同步电动机就是转子的转速始终与定子旋转磁场的转速相同的交流电动机。常用的结构形式有：同步发电机、同步电动机、同步调相机。下面简要介绍同步电动机的结构、原理、运转情况。

6.2.1 同步电动机的特点

同步电动机转子的转速 n 与定子电源频率 f_1、磁极对数 p 之间应满足

$$n = n_1 = 60\ f_1 / p \tag{6-3}$$

上式表明，当电流频率 f_1 不变时，同步电动机的转速为常数，与负载大小无关。

同步电动机的功率因数可以调节，当处于过励状态时，还可以改善电网的功率因数，这也是它的最大优点。

6.2.2 同步电动机的结构

同步电动机有旋转电枢式和旋转磁极式两种。旋转电枢式应用在小容量电动机中，而旋转磁极式用于大容量电动机中。如图 6-13 所示为旋转磁极式同步电动机。

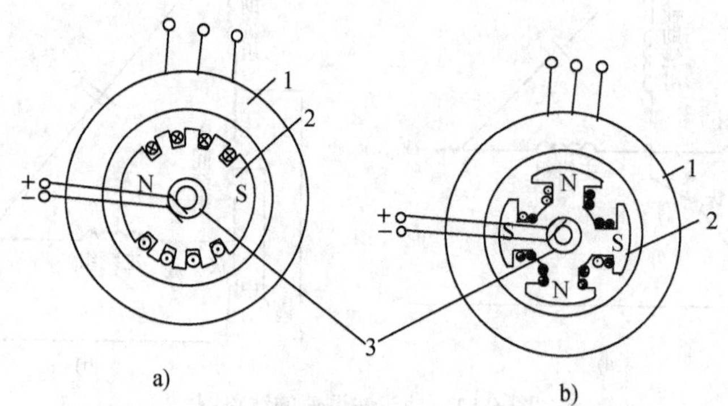

图 6-13 三相旋转磁极式同步电动机结构示意图

a) 隐极式 b) 凸极式

1—定子 2—转子 3—集电环

从图 6-13 中看出，同步电动机的主要结构由定子和转子组成。定子部分与三相异步电动机完全一样，是同步电动机的电枢。同步电动机转子上装有磁极，分为凸极式和隐极式两种。当励磁绕组通入电流 I_f 时，转子上产生 N、S 极。

6.2.3 三相同步电动机的工作原理

如果三相交流电源加在三相同步电动机定子绕组时，就产生旋转速度为 n 的旋转磁场。转子励磁绕组通电时建立固定磁场。假如转子以某种方法起动，并使转速接近 n_1，这时转子的磁场极性与定子旋转磁场极性之间异性对齐（定子 S 极与转子 N 极对齐）。根据磁极异性

相吸原理，定、转子磁场间就产生电磁转矩，促使转子跟旋转磁场一起同步转动即 $n=n_1$，故称为同步电动机。同步电动机实际运行时，由于空载总存在阻力，因此转子的磁极轴线总要滞后旋转磁场轴线一个很小角度θ，促使产生一个异性吸力（电磁场转矩）；负载时，θ 角增大，电磁场转矩随之增大。电动机仍保持同步状态。

当然，负载若超过同步异性吸力（电磁场矩）时，转子就无法正常运转。

6.2.4 同步电动机的电磁关系

以隐极式同步电动机为例，根据图 6-14 给出的同步电动机定子绕组各电量正方向，可列出 A 相回路的电压平衡方程式（忽略定子绕组、电阻）。

$$\dot{U} = \dot{E}_0 = \mathrm{j}\dot{I}X_\mathrm{c} \tag{6-4}$$

式中 E_0——励磁磁通在定子绕组里的感应电动势（V）；

X_c——电枢绕组等效电抗，称为同步电抗（Ω）。

根据电压平衡方程式，并假设此时同步电动机的功率因数为领先时的相量图，如图 6-15 所示。图中$\dot{U}$ 与 $\dot{E}_0$ 之间的夹角θ 称为功率角，其物理定义是合成等效磁极与转子磁极轴线之间的夹角，如图 6-16 所示，θ 角的大小，表征了同步电动机电磁功率和电磁转矩的大小。

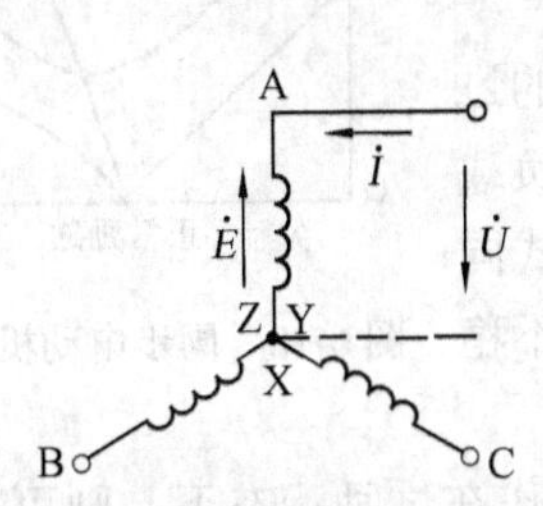

图 6-14 同步电动机各电量的正方向（按电动机惯例）

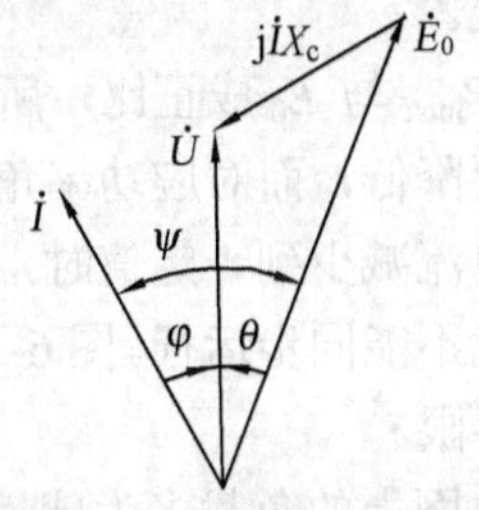

图 6-15 隐极式同步电动机的电动势相量图

6.2.5 功角、矩角特性

同步电动机接在电网上运行时，当θ 角变化时，电磁功率 P_em 的大小也随之变化，我们把 $P_\mathrm{em}=f(\theta)$的关系称为同步电动机的功角特性。其数学表达式（隐极式）为

$$P_\mathrm{em} = \frac{3E_0U}{X_\mathrm{c}}\sin\theta \tag{6-5}$$

特性曲线如图 6-17 所示。

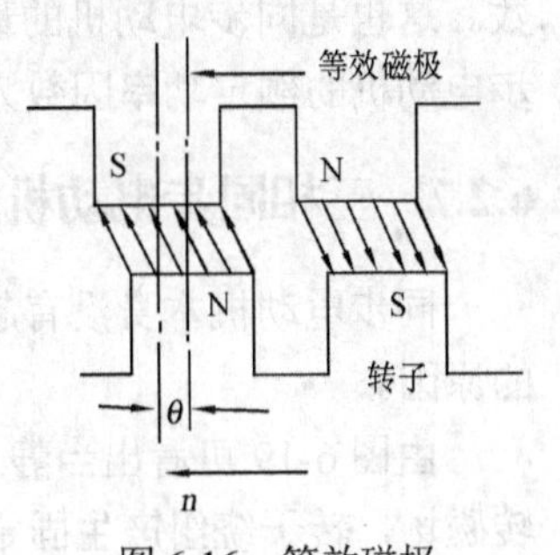

图 6-16 等效磁极

把式（6-5）等号两边同时除以Ω得电磁转矩为

$$T_\mathrm{em} = \frac{3E_0U}{\Omega X_\mathrm{c}}\sin\theta \tag{6-6}$$

式（6-6）为三相同步电动机的矩角特性表达式，如图 6-17 所示。

同步电动机额定运行时，$\theta_\mathrm{N} = 20°\sim30°$ 。当$\theta = 90°$时，$P_\mathrm{em} = P_\mathrm{max}$，$T_\mathrm{em} = T_\mathrm{max}$ ；当$\theta>90°$，会出现“失步”现象，同步电动机不能正常运行。

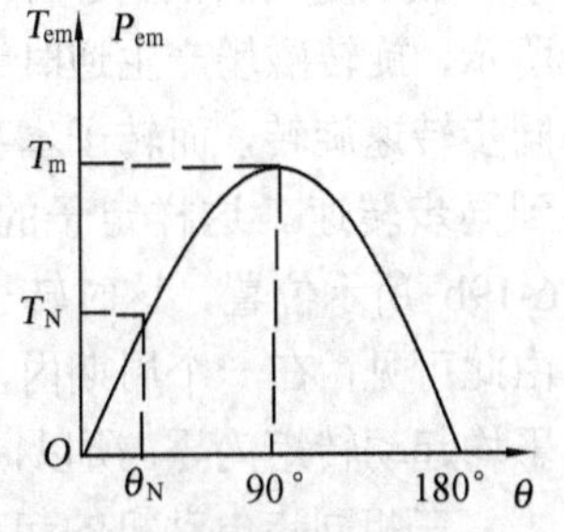

图 6-17 隐极式同步电动机的功角、矩角特性

6.2.6 V 形曲线

同步电动机的 V 形曲线是指在电网恒定和电动机输出功率恒定的情况下，电枢电流和励磁电流之间的关系曲线，即 $I=f(I_f)$，如图 6-18 所示。

如果电网电压恒定，则 U 与 f_1 均保持不变。忽略励磁电流 I_f 改变时附加损耗的微弱变化，则当电动机的输出功率不变时，电磁功率也保持不变。

即

$$P_{em}=\frac{mUE_0}{X_c}\sin\theta=mUI\cos\varphi \tag{6-7}$$

$$E_0\sin\theta=常数 \qquad I\cos\varphi=常数 \tag{6-8}$$

当电动机带有不同的负载时，对应有一组 V 形曲线。输出功率越大，在相同励磁电流条件下，定子电流增大，V 形曲线向右上方移。对应每条 V 形曲线定子电流最小值处，即为正常励磁状态，此时 $\cos\varphi=1$。左边是欠励区，右边是过励区。并且欠励时，功率因数是滞后的，电枢电流为感性电流；过励时，功率因数是超前的，电枢电流为容性电流。

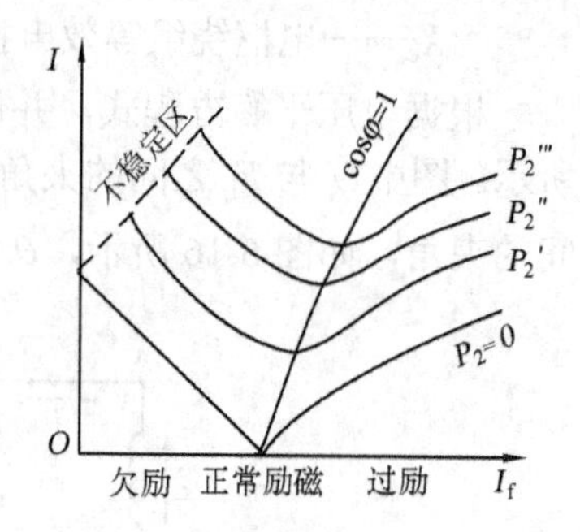

图 6-18　同步电动机的 U 形曲线

由于 P_{max} 与 E_0 成正比，所以当减小励磁电流时，它的过载能力也要降低，而对应功率角 θ 则增大，这样，在某一负载下，励磁电流减少到一定值时，θ 角就超过 90°，对隐极式同步电动机就不能同步运行。图 6-18 虚线表示了同步电动机不稳定运行的界限。

由于电网上的负载多为感性负载，如果同步电动机工作在过励状态下，则可提高功率因数。这也是同步电动机的最大优点。所以，为改善电网功率因数和提高电动机过载能力，同步电动机的额定功率因数为 0.8～1（超前）。

6.2.7 三相同步电动机的起动

同步电动机本身没有起动转矩，通电后转子不能起动。我们以图 6-19 说明不能自行起动的原因。

由图 6-19 可看出当静止的三相同步电动机的定、转子接通电流时，定子三相绕组产生旋转磁场，转子绕组产生固定磁场。

假设起动瞬间，定、转子磁极的相对位置如图 6-19a 所示，旋转磁场产生逆时针方向转矩。由于旋转磁场以同步转速旋转，而转子本身存在惯性，不可能一下子达到同步转速。这样定子的旋转磁场转过 180° 到了图 6-19b 所示位置，这时转子上又产生一个顺时针转矩。由此可见，在一个周期内，作用在同步电动机转子上的平均起动转矩为零。所以，同步电动机就不能自行起动。

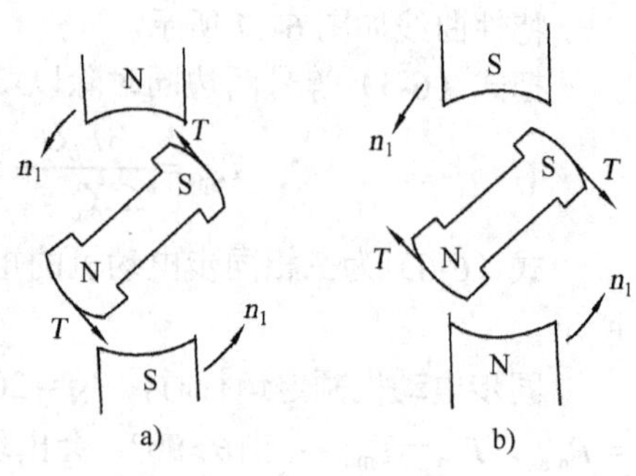

图 6-19　同步电动机的起动

三相同步电动机的起动方法有三种：辅助起动法、变频起动法和异步起动法。下面介绍目前应用较多的异步起动法。

三相同步电动机异步起动法就是在转子极靴上装一个起动绕组（阻尼绕组），利用同步电动机起动原理来起动，具体步骤如下。

1）首先将三相同步电动机的励磁绕组通过一个附加电阻短接，该附加电阻约为励磁绕组电阻的 10 倍，并且励磁绕组不可开路。

2）起动过程中采用定子绕组建立的旋转磁场，在转子的起动绕组中产生感应电动势及电流，从而产生类似于异步电动机的电磁转矩。

3）当三相同步电动机的转速接近同步转速时，将附加电阻切除，励磁绕组与励磁电源连接，依靠同步转矩保持电动机同步运行。

在三相同步电动机异步起动时，如果为限制起动电流，可采用减压起动。当转速达到同步转速时，电压恢复至额定值，然后再给直流励磁，使同步电动机进入同步运行。

6.3 伺服电动机

伺服电动机也称为执行电动机，在自动控制系统中作为执行元件，其任务是把接收的电信号转变为轴上的角位移或角速度。这种电动机有信号时就动作，没有信号时就立即停止。伺服电动机分为直流伺服电动机和交流伺服电动机。伺服电动机的工作条件与一般动力用电动机有很大区别，它的起动、制动和反转十分频繁，多数时间电动机转速处在零或低速状态等过渡过程中。因此对伺服电动机的性能有如下要求。

1）无“自转”现象。即当信号电压为零时，电动机应迅速自行停转。

2）具有下垂的机械特性。在控制电压改变时，电动机能在较宽的转速范围内稳定运行。

3）具有线性的机械特性和调节特性。

4）快速响应。即对信号反应灵敏，机电时间常数要小。

6.3.1 直流伺服电动机

1. 直流伺服电动机的结构

直流伺服电动机实际上就是一台他励直流电动机，其结构与普通小型直流电动机相同。

2. 工作原理

直流伺服电动机的工作原理和普通直流电动机完全相同，其原理如图 6-20 所示。当磁极有磁通，绕组中有电流流过时，电枢电流与磁通作用产生转矩，伺服电动机就动作，其基本关系式同普通直流电动机一样。

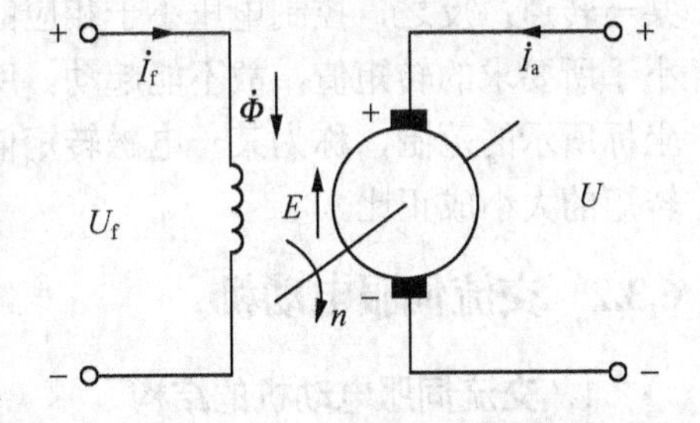

图 6-20 电磁式直流伺服电动机的线路图

3. 控制方式

直流伺服电动机的控制方式有两种：电枢控制和磁场控制。

所谓电枢控制，即磁场绕组加恒定励磁电压，电枢绕组加控制电压，当负载转矩恒定时，电枢的控制电压升高，电动机的转速就升高；反之，减小电枢控制电压，电动机的转速就降低；改变控制电压的极性，电动机就反转；控制电压为零，电动机就停转。

电动机也可采用磁场控制，即磁场绕组加控制电压，而电枢绕组加恒定电压控制方式。

改变励磁电压的大小和方向，就能改变电动机的转速与转向。

电枢控制的主要优点：没有控制信号时，电枢电流等于零，电枢中没有损耗，只有不大的励磁损耗；磁极控制优点是控制功率小。自动控制系统中多采用电枢控制方式。

4．控制特性

1）机械特性。机械特性是指励磁电压 U_f 恒定，电枢的控制电压 U_a 为一个定值时电动机的转速 n 和电磁转矩 T_{em} 之间的关系，即 $n=f(T_{em})$，如图 6-21a 所示。

2）调节特性。调节特性是指电磁转矩恒定时，电动机的转速与控制电压的变化关系，即 $n=f(U_k)$ 如图 6-21b 所示。

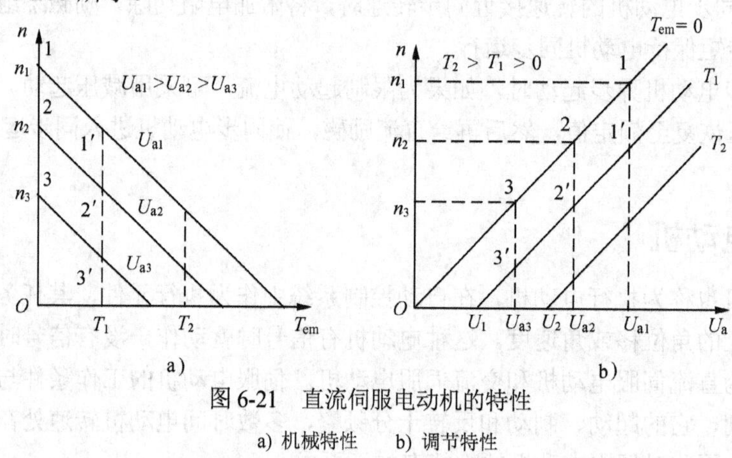

图 6-21 直流伺服电动机的特性

a) 机械特性 b) 调节特性

由图 6-21 中可看出，机械特性是线性的。这些特性曲线与纵轴的交点为电磁转矩等于零时电动机的理想空载转速 n_0。在实际的电动机中，当电动机轴上不带负载时，因它本身有空载损耗，电磁转矩并不为零。为此，转速 n_0 是指在理想空载时的电动机转速，故称理想空载转速。机械特性曲线与横轴的交点为电动机堵转时的转矩，即电动机的堵转转矩 T_k。从图中可看出，随着控制电压 U_a 增大，电动机的机械特性曲线平行地向转速和转矩增加的方向移动，但是它的斜率保持不变。

从调节特性曲线上看，调节特性曲线与横轴的交点，就表示在某一电磁转矩时电动机的始动电压。若转矩一定时，电动机的控制电压大于相应的始动电压，电动机便能起动并达到某一转速；反之，控制电压小于相应的始动电压，则这时电动机所能产生的最大电磁转矩仍小于所要求的转矩值，故不能起动。所以，在调节特性曲线上原点到始动电压点的这一段横坐标所示的范围，称为某一电磁转矩值时伺服电动机的失灵区。显然，失灵区的大小与电磁转矩的大小成正比。

6.3.2 交流伺服电动机

1．交流伺服电动机的结构

交流伺服电动机是两相异步电动机，其定子槽内嵌有两套有空间相差 90° 电角度的定子绕组，一套是励磁绕组，另一套是控制绕组。交流伺服电动机转子有两种基本结构型式，一种是笼型转子，与普通三相异步电动机笼型转子相似，只是外形上细而长，以利于减小转动惯量。另一种为非磁性空心杯形转子。

2．工作原理

图 6-22 为交流伺服电动机的原理接线图。由于控制绕组和励磁绕组在空间上相差 90°电角度，根据旋转磁场理论，只要控制电压的相位与励磁电压的相位不同，就能在电动机中产生一个两相旋转磁场，使电动机旋转起来。若没有控制电压加于控制绕组，电动机中产生的是单相脉冲磁场，电动机不能旋转。但如果电动机处在旋转状态下，当控制电压消失时，即$\dot{U}_k=0$时，能否马上停转呢？根据单相异步电动机理论可知，此时的电动机在单相磁场的作用下会继续按原旋转方向转动，只是转速略有下降，但不会停转。这种在控制电压消失后电动机仍然旋转不停的现象称为“自转”。

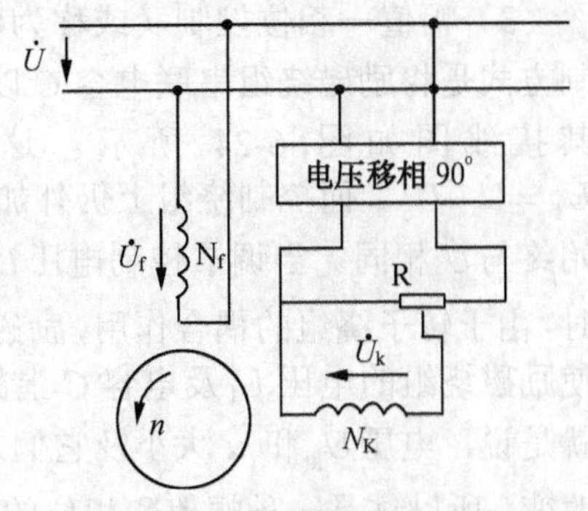

图 6-22　交流伺服电动机的原理接线图

自转现象破坏了伺服电动机的伺服性，显然是要避免的。那么交流伺服电动机是怎样避免自转现象的呢？图 6-23 所示的机械特性也是只有一相绕组通电时的机械特性，其正转电磁转矩特性曲线 $T_+=f(s)$上，$T_+=T_{m+}$时的临界转差率 $s_{m+}=1$，$T_-=f(s)$与 $T_+=f(s)$对称。因此，电动机总的电磁转矩特性 $T_{em}=f(s)$具有这样的特点：① 过零，无起动转矩；② $0<n<n_1$时，$T_{em}<0$，是制动转矩；$-n_1<n<0$ 时，$T_{em}>0$，也是制动转矩。在这种情况下，本来旋转的交流伺服电动机，若控制电压消失后，电动机由励磁绕组单相通电运行时的电磁转矩是制动性的，电动机将停转。因此，只要 $s_{m+}\geqslant1$，就能避免自转现象。实际的交流伺服电动机通常是采取增大转子回路的电阻以加大 s_m 的。因为 s_m 与转子电阻成正比，所以交流伺服电动机转子电阻相对于一般异步电动机来说是很大的。

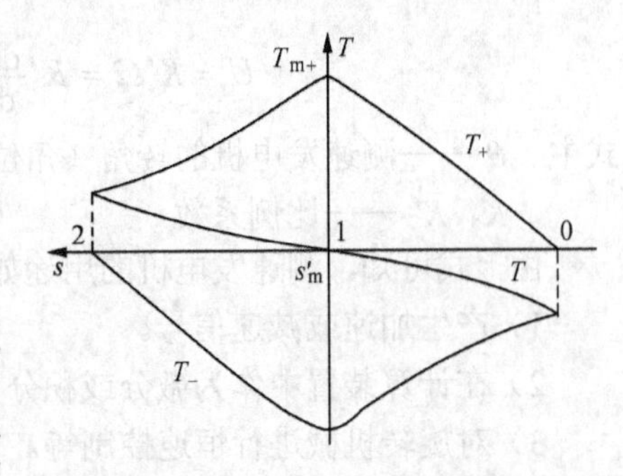

图 6-23　交流伺服电动机自转现象的避免

3．控制方式

对于两相伺服电动机，若在两相对称绕组中外加两相对称电压，便可得到圆形旋转磁场。否则，若两相电压因幅值不同，或者相位差不是 90° 电角度，所得到的便是椭圆形旋转磁场。

两相伺服电动机运行时，控制绕组所加的控制电压$\dot{U}_k$是变化的。一般说来，得到的是椭圆形磁场，并由此产生电磁转矩而使电动机旋转。若改变控制电压的大小或改变它与励磁电压 U_f之间的相位角，都能使电动机气隙中旋转磁场的椭圆度发生变化，从而影响到电磁转矩。当负载转矩一定时，通过调节控制电压的大小或相位差来达到改变电动机转速的目的。因此，交流伺服电动机的控制方式有以下三种。

1）幅值控制方式。这种控制方式是通过调节控制电压的大小来改变电动机的转速。而控制电压$\dot{U}_k$与励磁电压$\dot{U}_f$之间的相位差始终保持 90° 电角度。当控制电压$\dot{U}_k=0$时，电动机停转，即 $n=0$。其接线原理图如图 6-22 所示。

2）相位控制方式。这种控制方式是通过调节控制电压的相位，即调节控制电压与励磁电压之间的相位角β 来改变电动机的转速。控制电压的幅值保持不变，当$\beta=0$ 时，电动机停转，即 $n=0$，接线同上，这种控制方式一般很少采用。

3）幅值—相位控制（或称为电容控制）方式。这种控制方式是将励磁绕组串联电容 C 以后，接到稳压电源 $\dot{U}$ 上，其接线图如图 6-24 所示。这时励磁绕组上的电压 $\dot{U}_\mathrm{f}=\dot{U}-\dot{U}_\mathrm{c}$，而控制绕组上仍外加控制电压 $\dot{U}_\mathrm{k}$，$\dot{U}_\mathrm{k}$ 的相位始终与 $\dot{U}$ 相同。当调节控制电压 $\dot{U}_\mathrm{k}$ 幅值来改变电动机转速时，由于转子绕组的耦合作用，励磁绕组的电流也发生变化，使励磁绕组的电压 U_f 及电容 C 上的电压 $\dot{U}_\mathrm{c}$ 也随之变化。这就是说，电压 $\dot{U}_\mathrm{k}$ 和 u 大小及它们之间的相位角 β 也都随之改变。所以这是一种幅值和相位的复合控制方式。若控制电压 $\dot{U}_\mathrm{k}=0$ 时，电动机便停转。这种控制方式实质是利用串联电容器来分相，它不需要复杂的移相装置，所以其设备简单、成本较低，成为最常用的一种控制方式。

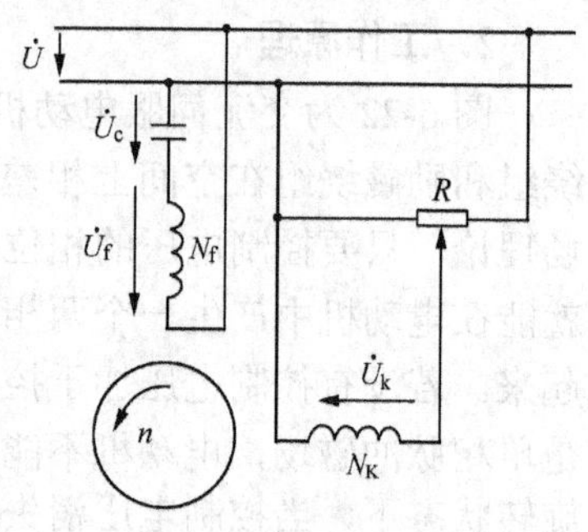

图 6-24　幅值—相位控制接线图

6.4 测速发电机

测速发电机是一种测量转速的信号元件，它将输入的机械转速变换为电压信号输出。通常要求电动机的输出电压与转速成正比关系，如图 6-25 所示。其输出电压可用下式表示

$$U = Kn \tag{6-1}$$

或

$$U = K'\Omega = K'\frac{\mathrm{d}\theta}{\mathrm{d}t} \tag{6-2}$$

式中　θ ——测速发电机的转角（角位移）；

K、K' ——比例系数。

由上式可知，测速发电机的用途如下。

1）产生加速或减速信号。

2）在计算装置中作为微分或积分元件。

3）对旋转机械进行恒速控制等。

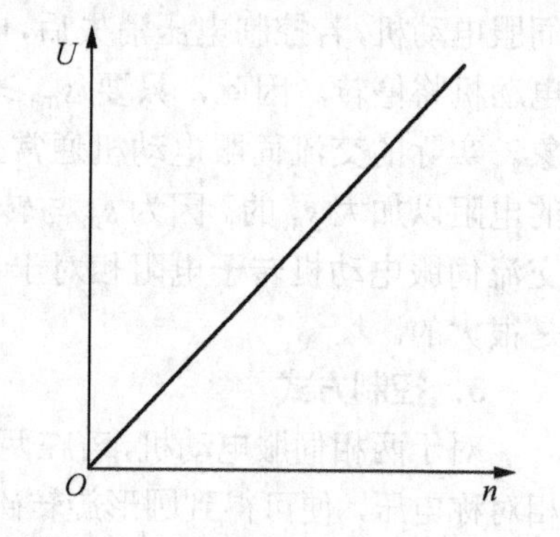

图 6-25　测速发电机理想的输出特性

测速发电机可分为直流测速发电机和交流测速发电机两种。

6.4.1 直流测速发电机

直流测速发电机有两种，一种是电磁式直流测速发电机，即微型他励直流发电机；另一种是永磁式直流测速发电机，即磁极为永久磁铁的微型直流发电机。直流测速发电机的结构同普通直流发电机相同，其工作原理也相同。直流测速发电机不同负载电阻下的输出特性为：

空载时

$$U = E = K_1 n \tag{6-3}$$

负载时

$$U=E-I_\mathrm{L}R_\mathrm{L}=E-\frac{U}{R_\mathrm{a}}R_\mathrm{L}$$

式中　R_a—— 电枢回路中的电阻；

R_L—— 负载电阻。

则

$$U = \frac{E}{1+\dfrac{R_L}{R_a}} = \frac{K_1}{1+\dfrac{R_L}{R_a}} n = K_2 n \qquad (6\text{-}4)$$

式中 K_2—— 比例常数，测速发电机输出特性的斜率。

式（6-4）说明，测速发电机的输出特性仍是一组直线，对于不同的负载电阻 R_L，测速发电机的输出特性的斜率不相同，它将随负载电阻 R_L 的减小而减小，如图 6-26 所示。

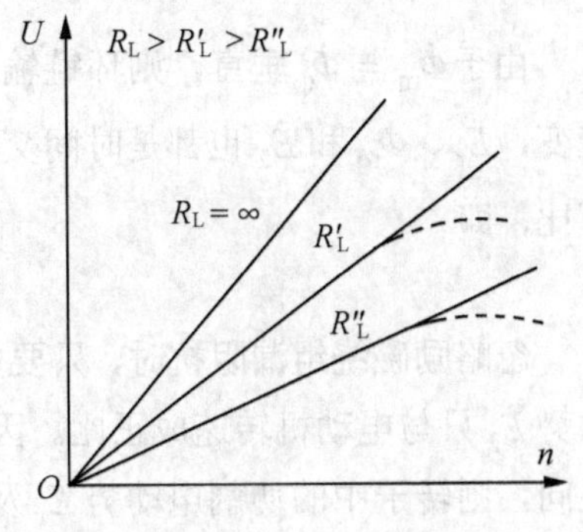

图 6-26　直流测速发电机的输出特性曲线

6.4.2　交流测速发电机

1. 基本结构

交流测速发电机与交流伺服电动机一样，也有定子和转子。定子铁心上放置两个相互差 90° 电角度的绕组，它们分别称为励磁绕组和输出绕组。转子可以是笼型或非磁性空心杯形的，广泛应用的是空心杯形转子。空心杯形转子通常是由电阻率较大和温度系数较低的材料制成，如磷青铜、锡锌青铜、硅锰青铜等，杯厚 0.2～0.3mm。

2. 工作原理

当交流测速发电机励磁绕组加上电压为 $\dot{U}_1$ 的单相交流电源时，会在电动机气隙中产生一个与绕组轴线同方向的直轴脉振磁通 $\dot{\Phi}_d$，如图 6-27 所示。

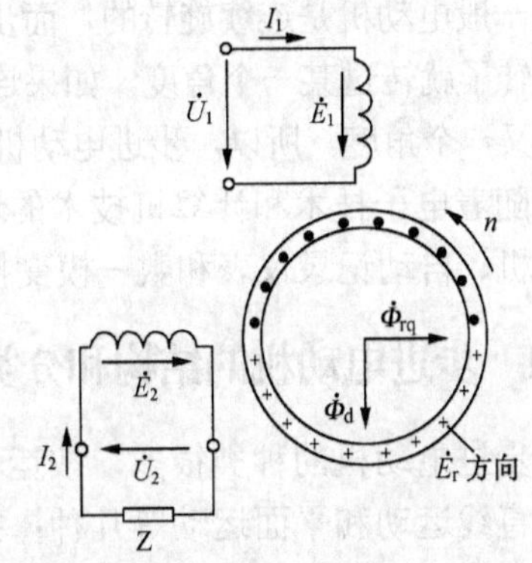

图 6-27　空心杯形转子异步测速发电机原理

当 $n = 0$ 时，即转子不动时，直轴脉振磁通在转子上产生的感应电动势为变压器电动势。由于转子是闭合的，这个变压器电动势将产生转子电流。根据电磁感应理论，该电流所产生的磁通方向应与励磁绕组所产生的直轴磁通 $\dot{\Phi}_d$ 相反，所以二者的合成磁通还是直轴磁通。由于输出绕组与励磁绕组互相垂直，合成磁通也与输出绕组的轴线垂直，因此输出绕组与磁通没有耦合关系，故不产生感应电动势，输出电压为零。

当 $n \neq 0$ 时，转子旋转切割励磁绕组产生的直轴磁通 $\dot{\Phi}_d$，产生切割电动势 $\dot{E}_r$，其方向用右手定则确定，如图 6-27 所示。其大小与所在处的磁通密度大小、相对切割速度成正比。由于电动机转子杯轴向长度是恒定的，所在处磁通密度又正比于磁通 $\dot{\Phi}_d$，相对而言切割速度即转子的线速度也与转速成正比，所以切割电动势大小为

$$E_r \propto \Phi_d n$$

由于异步测速发电机的空心杯形转子采用高电阻率的非导磁材料制成，因此转子漏磁通和漏电抗数值均很小，而转子电阻数值却很大，这样完全可以忽略转子漏阻抗中的漏电抗，而认为只有电阻存在，因此切割电动势在转子产生的电流，与电动势本身同方向，该电流建立的交轴磁通 $\dot{\Phi}_{rq}$ 的方向与直轴磁通 $\dot{\Phi}_d$ 垂直，其大小正比于 $\dot{E}_r$，即

$$\Phi_{rq} \propto E_r \propto \Phi_d n$$

由于$\dot{\Phi}_{rq}$与$\dot{\Phi}_d$垂直，则环链输出绕组，并在其中产生感应电动势$\dot{E}_2$，由于$\dot{\Phi}_d$ 以频率 f 交变，$\dot{E}_r$、$\dot{\Phi}_{rq}$和$\dot{E}_2$也都是时间交变量，频率也是f，输出绕组感应电动势$\dot{E}_r$的大小与$\dot{\Phi}_{rq}$成正比，即

$$E_2 \propto \Phi_{rq} \propto \Phi_d n$$

忽略励磁绕组漏阻抗时，只要电源电压$\dot{U}_1$不变，直轴磁通$\dot{\Phi}_d$为常数，测速发电机输出电动势$\dot{E}_2$只与电动机转速成正比。因此，输出电压$\dot{U}_2$也只与转速 n 成正比。若转子转动方向反向，则转子中的切割电动势$\dot{E}_r$及其所产生的磁通$\dot{\Phi}_{rq}$的相位随之反向，因而输出电压的相位也反向。这样，异步测速发电机就能将转速成倍变成电压信号，实现测速目的。

交流测速发电机在实际工作中也会因定、转子参数受温度变化及制造工艺等因素影响，产生非线性度、相位误差和剩余电压等，这些误差会影响其输出特性。因此，在应用和分析时应加以考虑。

6.5 步进电动机

一般电动机是连续旋转的，而步进电动机是一步步转动的。向定子绕组供给一个电脉冲信号，转子就转过某一个角度，如果连续输入脉冲信号，它就像走路一样，一步接一步转过一个角度又一个角度。所以，步进电动机是把电脉冲信号转变成机械角位移或直线位移的元件。

随着电子技术和计算机技术的迅速发展，步进电动机的应用日益广泛。例如数控机床、绘图机、自动记录仪表和数—模变换装置，都使用了步进电动机。

6.5.1 步进电动机的结构和分类

步进电动机的种类很多，按运动方式可分为旋转运动、直线运动和平面运动等几种；按工作原理可分为反应式、永磁式和永磁感应式等几种。其中反应式步进电动机又分为单段式和多段式两种形式。目前单段反应式步进电动机使用较多，且有一定的代表性，其结构如图6-28 所示，下面就对这种步进电动机进行简要介绍。

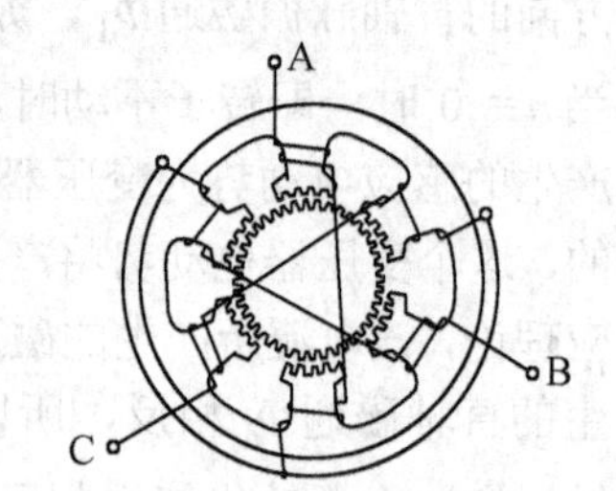

图 6-28 单段反应式步进电动机结构图

6.5.2 反应式步进电动机的工作原理

图 6-29 是三相反应式步进电动机的原理图，其定子、转子是用硅铜片或其他软磁材料制成的。定子的每对极上绕有一对绕组成一相。这种结构的电动机，每转一步角度不大，不能适应一般要求。为了符合要求，常采用如图6-28 所示的结构，它也是一种三相反应式步进电动机。在定子磁极和转子上都开有齿分度相同的小齿，采用适当的齿数配合，使当 A 相磁极的小齿与转子小齿一一对正时，B 相磁极的小齿与转子小齿相互错开 1/3 齿距，C 相

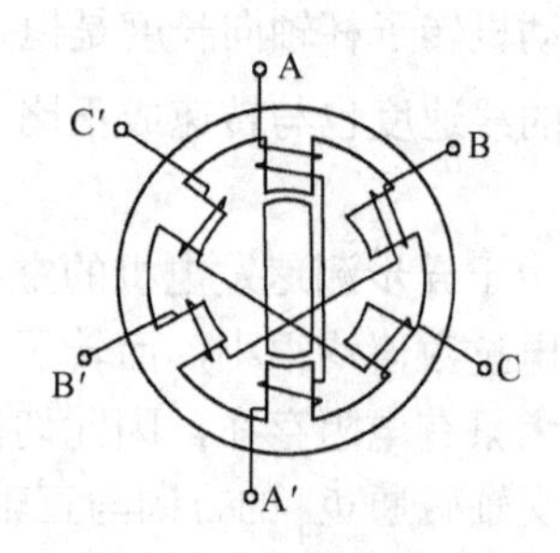

图 6-29 三相反应式步进电动机原理图

则错开 2/3 齿距。

如图 6-29 所示，当 A 相绕组通以直流电时，转子被磁化，并被拉到与 A 相绕组轴线重合的位置。如果改为 B 相通电，转子就沿顺时针方向转过 60°，转到 B 相绕组的轴向位置，就前进一步，这个角度就叫作步距角。每转到一个位置，转子能够自锁。

从一相通电，换到另一相通电叫作一拍，这三相（不同于三相交流电的三相）依次通电的运行方式，叫作三相单三拍运行方式。如果 A、B 两相同时通电，转子轴线便转至 A、B 两相之间的轴线上。这种按 AC、CB、BA 顺序两相同时通电的运行方式叫作三相双三拍运行方式。如果按两者组合方式 A、AC、C、CB、B、BA 的方式通电，其步距角就变为原来的一半，这叫作三相六拍运行方式。

为了减小步距角，常采用图 6-28 所示结构，当 A 相通电时，A 相磁极的小齿与转子小齿一一对正，C 相小齿与转子小齿互相错开 1/3 齿距。若改为 C 相通电，则转子转过的角度为 1/3 齿距，C 相磁极小齿与转子一一对正。这时 B 相绕组一对磁极下定子、转子齿的轴线只相距 1/3 齿距。所以 C 相断电，B 相通电时，转子转过 1/3 齿距，使 B 相磁极小齿与转子小齿一一对正。由此可见，当转子齿数为 Z_2 时，N 拍反应式步进电动机转子每转一个齿距，相当于转过 $360°/Z_2$，而每一拍转过的角度是齿距的 $1/N$，因此可知步距角

$$\theta_b = \frac{360°}{NZ_2} \tag{6-5}$$

如果拍数增加一倍，步距角减小一半。对于 $Z_2=40$ 的步进电动机，三相三拍运行的步距角 $\theta_b=360°/(40\times3)=3°$；而三相六拍运行的步距角 $\theta_b=1.5°$。

若通电脉冲角频率为 f 时，由于转子每经过 $N\ Z_2$ 个脉冲旋转一周，故步进电动机每分钟的转速为

$$n = \frac{60f}{NZ_2} \tag{6-6}$$

步进电动机在起动时，除了要克服静负载转矩以外，还要克服加速时的负载转矩，如果起动时频率过高，转子就可能跟不上而造成振荡。因此，制造厂规定了在一定负载转矩下能不失步运行的最高频率叫作连续运行频率。由于此时加速度较小，机械惯性影响不大，所以连续运行频率要比起动频率高得多。

选用步进电动机时要根据在系统中的实际工作情况，综合考虑步距角、转矩、频率以及精度是否能满足系统的要求。

6.6 自整角机

自整角机是一种感应式电机元件，是一种对角位移或角速度的偏差能自动整步的控制电机。它被广泛应用于随动系统中，作为角度的传输、变换和指示。在自动控制系统中，通常是两台或多台组合使用。自整角机的作用是通过两台或多台电机在电路上的联系，使机械上互不相连的两根或多根转轴能够自动地保持同步转动。

在自动控制系统中，主令轴上装的自整角机称为发送机，产生信号。输出轴上装的自整角机称为接收机，接受信号。

6.6.1 自整角机的分类

自整角机按其使用的要求不同，可分为力矩式自整角机和控制式自整角机两类。

1）力矩式自整角机。力矩式自整角机主要用于指示系统中。这类自整角机的特点是本身不能放大力矩，要带动接收机轴上的机械负载，必须由自整角机发送机一方的驱动装置供给转矩。力矩式自整角机只适用于接收机轴上负载很轻（如指针，刻盘）、角度转换精度要求不很高的控制系统中。

2）控制式自整角机。控制式自整角机主要应用于由自整角机和伺服机构组成的随动系统中。这类自整角机的特点是接收机转轴不直接带动负载，即没有转矩输出。而当发送机和接收机转子之间存在角位差（即失调角）时，在接收机上将有与此失调角呈正弦函数关系的电压输出。此电压经放大器放大后，再加到伺服电动机的控制绕组中，使伺服电动机转动，从而使失调角减小，直到失调角为零，使接收机上输出电压为 0，伺服电动机立即停转。

控制式自整角机的驱动负载能力取决于系统中的伺服电动机的容量，与自整角机无关。控制式自整角机组成的是闭环系统，因此精度较高。

6.6.2 工作原理

1．力矩式自整角机的工作原理

图 6-30 所示为力矩式自整角机系统的工作原理图。它是两台完全相同的力矩式自整角机的接线图。右方一台为接收机，左方一台为发送机。它们转子上的单相励磁绕组接到同一单相电源上。定子上的三相整步绕组端按序依次连接。

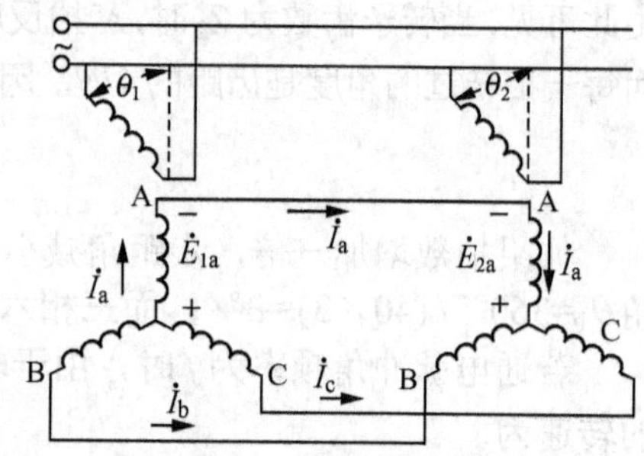

图 6-30 力矩式自整角机系统工作原理图

在自整角机中，通常以 A 相整步绕组和励磁绕组两轴线间的夹角作为转子位置角。这时发送机转子的位置角为θ_1，接收机转的位置角为θ_2，则失调角$\theta=\theta_1-\theta_2$。

当发送机转子逆时针转过θ_1时，而接收机的转子尚未转动（$\theta_2=0$），则失调角θ 不为零，在自整角机中出现整步转矩，力图使失调角θ 趋于零。发送机的转子与主令轴刚性连接，不能任意转动，所以，整步转矩迫使接收机转过θ_2，则失调角趋于零。在主令轴与输出轴之间犹如有一根无形的轴，使输出轴跟着主令轴旋转，保持$\theta=0$，即保持同步。可见，力矩式自整角机一旦出现失调角，便有自整步的能力。

为了简要说明这种自整步能力的物理过程，假定自整角机磁路不饱和。由于发送机和接收机的励磁绕组接在同一单相脉振电源上励磁，它们各自产生脉振磁动势。若发送机的主令轴带动发送机转子旋转时，便在三相整步绕组中产生感应电动势。此三相感应电动势与接收机的三相整步绕组对应接通，在接收机的三相绕组中产生一个旋转磁场，这一磁场与转子绕组磁场互相作用，使接收机转子旋转。转子旋转时，在整步绕组中也产生感应电动势，其感应电动势的大小、方向与发送机的相反，起到反电动势作用。若不相等，则出现环流，有环流，接收机的转子就旋转，直到无环流为止。这时接收机的位置角与发送机的位置角相等，失调角为零，从而实现了角度的传输。

2．控制式自整角机的工作原理

图 6-31 表示控制式自整角机角传递系统的接线图。发送机和接收机的同步绕组按对应端

依次连接，发送机的转子励磁绕组接到单相交流电源，接收机的单相绕组输出电压。在这里接收机起变压器作用，又称为自整角变压器。自整角变压器的输出信号电压，经放大器放大送到伺服电动机控制绕组，转变为机械轴上角度的偏转。

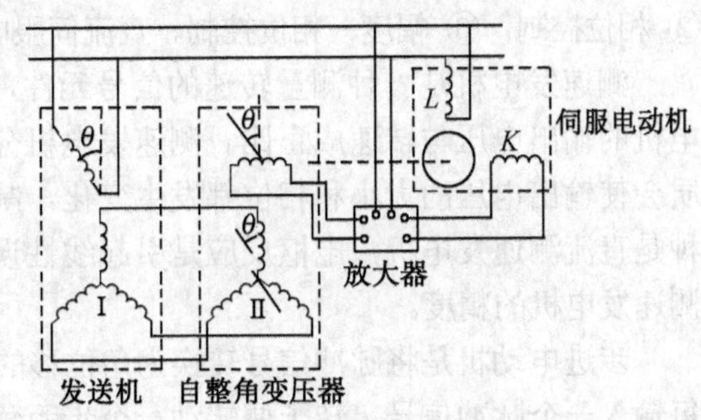

图 6-31 控制式自整角机角传递系统

当发送机转子从起始位置逆时针方向转过一θ 角度时，发送机定子同步绕组合成磁场轴线从起始位置偏转同样角度θ，方向与转子励磁磁场方向相反。发送机产生的电流在接收机同步绕组中建立的合成磁场方向与发送机合成磁场方向相反，但与发送机励磁磁场方向相同。它的磁场轴线和磁密如图 6-31 所示用箭头标出，从起始位置逆时针转过同样的角度θ 。如果接收机的励磁绕组固定在起始位置，这时与转子励磁绕组交链的同步绕组磁场磁通为$\Phi'_{dz}=\Phi'_{d}\cos\theta$ ，这样转子励磁绕组就会感应电动势，它的大小为

$$E = E_M \cos\theta \tag{6-7}$$

式中，E_M 为接收机次级绕组即转子输出绕组感应电动势有效值的最大值。也就是发送机转子与接收机转子位置相一致（$\theta=0°$ ）时感应电动势的有效值。

电子控制式接收机运行于变压器状态，故称为控制式变压器。实际应用时，为了方便起见，希望当失调角$\theta=0^{\circ}$ 时，自整角变压器输出电压 E 也等于零。因此，将它的转子绕组轴线放在与起始位置互相垂直的位置，这样自整角变压器转子绕组输出的信号电压就变为

$$E = E_M \sin\theta \tag{6-8}$$

该电压经放大器放大后接到伺服电动机的控制绕组，使伺服电动机一方面拖动负载，另一方面在机械上也与自整角变压器转轴相连。这样就可以使得负载跟随发送机偏转，直到发送机与负载偏转的角度相等，即失调角$\theta=0°$ 时为止。

6.7 小结

单相异步电动机最大特点是以单相电源工作的。当工作绕组通电后产生脉振磁场，脉振磁场是由两个大小相等、速度相等、转向相反的旋转磁场组成，因此不产生起动转矩。为了解决单相异步电动机起动问题，常用分相起动或罩极起动。起动方法的共同点是：在气隙中建立一个旋转磁场（圆形或椭圆形），故分相式异步电动机在定子增加一套绕组，使其与主绕组一起工作，达到分相作用并获得相位不同的两相电流，从而获得起动转矩。

同步电动机转子转速与旋转磁场转速相同，常用的结构形式分为凸极式和隐极式两种。由于转子转速以同步转速旋转，因此与负载大小无关。三相同步电动机由于无起动转矩，常用的起动方法有：异步起动法、辅助起动法、调频起动法。同步电动机特点为：① 转速恒定；② 功率因数可调；③ 电网变化时，过载能力小。

伺服电动机在自控系统中用作执行元件，改变控制电压就可以改变伺服电动机的速度或转向。伺服电动机不允许出现“自转”现象。交流伺服电动机不需要电刷和换向器，转动惯量小，快速性好，但由于交流伺服电动机经常运行在两相不对称状态，存在着产生制动转矩的反向旋转磁场，所以电动机的转矩小、损耗大。交流伺服电动机的控制方式有三种：① 幅值控制；

② 相位控制；③ 幅度—相位控制。直流伺服电动机的特性线性度好，转速适应范围宽。

测速发电机是一种测量转速的信号元件，它将输入的机械转速转换为电压信号输出。发电机的输出电压与转速成正比。测速发电机分两类：一是交流测速发电机，负载的大小和性质会使输出电压的大小和相位都发生变化，制造工艺不良是引起剩余电压的主要原因；另一种是直流测速发电机，电枢反应是引起线性误差的主要因素，接触压降造成无信号区，降低测速发电机的精度。

步进电动机是将脉冲信号转换为角位移的电动机，它的各相控制绕组轮换输入控制脉冲，每输入一个脉冲信号，转子便转动一个步距角。步进电动机的转速与脉冲频率成正比，改变脉冲频率就可以调节转速。

6.8 习题

1．单相单绕组异步电动机能否自行起动？

2．比较单相电阻起动电动机、单相电容起动电动机、单相电容运转电动机的运行特点及使用场合。

3．如何改变分相式异步电动机的旋转方向？罩极式单相异步电动机的旋转方向能否改变？为什么？

4．一台定子绕组为Y联结的三相笼型异步电动机轻载运行时，若一相引出线电源突然断电，电动机还能否继续运行？如果带额定负载运行能否继续运行？电动机停下来能否重新起动？

5．一台单相电容运转式风扇，通电后不转动，用手拨动风扇叶，则它转动。这是什么故障？

6．正常运行时同步电动机为什么能保持同步转速状态？而三相异步电动机却不能？

7．同步电动机能否自行起动？若不能一般采用哪些起动方法？

8．同步电动机V形曲线是指什么？

9．三相同步电动机采用异步起动法时，为什么其励磁绕组要先经过附加电阻短接？

10．一台拖动恒转矩负载运行的同步电动机，忽略定子电阻，当功率因数为领先的情况下，若减小励磁电流，电枢电流怎样变化？功率因数又怎样变化？

11．伺服电动机的作用是什么？

12．简述直流伺服电动机的基本结构和工作原理。

13．简述交流伺服电动机的基本结构和工作原理。

14．什么是交流伺服电动机的自转现象？如何避免自转现象？

15．交流伺服电动机的控制方式有哪几种？

16．测速发电机的作用是什么？

17．简述直流测速发电机的基本结构和工作原理。

18．试说明直流测速发电机在运行时为什么负载电阻不得小于规定的最小负载电阻？为什么转速不得超过规定的最高转速？

19．试简要说明交流测速发电机的基本工作原理和存在线性误差的主要原因。

20．步进电动机的作用是什么？

21．什么叫步进电动机的步距角？步距角的大小由哪些因素决定？

第 7 章　常用低压电器

生产机械中所用的控制电器大多属于低压电器。低压电器通常是指交流 1200V 及以下与直流 1500V 及以下电路中起通断、控制、保护和调节作用的电气设备。其主要作用就是接通或断开电路中的电流，因此“开”和“关”是其最基本和最典型的功能。

本章主要讲述各种低压电器元件的基本结构、工作原理、用途及图形文字符号。

7.1　低压电器的基本知识

7.1.1　低压电器的分类

低压电器的种类繁多，构造各异，用途广泛。下面介绍两种主要分类方式。

按动作方式可分为以下两类。

1）自动切换电器。此类电器有电磁铁等动力机构，依靠本身参数或外来信号的变化而自动动作来接通或断开电路，如接触器、继电器、自动开关等。

2）非自动切换电器。此类电器无动力机构，依靠人力操作或其他外力来接通或断开电路，如刀开关、转换开关、行程开关等。

按用途可分为以下三类。

1）控制电器。用来控制电动机的起动、制动、调速等动作，如接触器、继电器、电磁起动器、控制器等。

2）保护电器。用来保护电动机和生产机械，使其安全运行，如熔断器、电流继电器、热继电器等。

3）执行电器。用来带动生产机械运行和保持机械装置在固定位置上的一种执行元件，如电磁铁、电磁离合器等。

7.1.2　低压电器的基本结构

从结构上看，电器一般都具有两个基本组成部分，即感受部分与执行部分。感受部分接受外界输入的信号，并通过转换、放大与判断做出有规律的反应，使执行部分动作，输出相应的指令，实现控制或保护的目的。有些电器还具有中间部分。

1）电磁机构。电磁机构是各种电磁式电器的感测部分，其主要作用是将电磁能量转换成机械能，带动触点的闭合和分断。电磁机构一般由吸引线圈、铁心和衔铁三部分组成。其结构型式按动作方式可分为直动式和转动式等，如图 7-1 所示。其工作原理

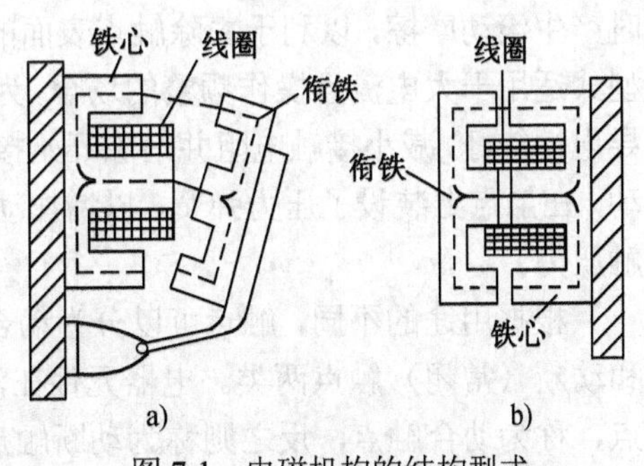

图 7-1　电磁机构的结构型式

a) 转动式　b) 直动式

是：当吸引线圈通入电流后，产生磁场，磁通经铁心、衔铁和工作气隙形成闭合回路，产生电磁吸力，将衔铁吸向铁心。与此同时，衔铁还要受到反作用弹簧的拉力，只有当电磁吸力大于弹簧反力时，衔铁才能可靠地被铁心吸住。

电磁铁的线圈是电能与磁场能量转换的场所，按吸引线圈通入电流性质的不同，电磁铁可分为直流电磁铁与交流电磁铁。直流电磁铁在稳定状态下通入恒定磁通，铁心中没有磁滞损耗与涡流损耗，只有线圈本身的铜损，所以铁心用整块铸铁或铸钢制成，线圈无骨架，且成细长型。而交流电磁铁为减少交变磁场在铁心中产生的涡流与磁滞损耗，一般采用硅钢片叠压后铆成，线圈有骨架，且成短粗型，以增加散热面积。

单相交流电磁铁的铁心上装有短路环，如图 7-2a 所示。短路环的作用是减少交流电磁铁吸合时产生的振动和噪声。当线圈中通以交变电流时，在铁心中产生的磁通 Φ_1 也是交变的，对衔铁的吸力时大时小，有时为零，在复位弹簧的反作用下，有释放的趋势，造成衔铁振动，对电器正常工作十分不利，同时还产生噪声。装入短路环后，交变磁通 Φ_1 的一部分穿过短路环，在环中产生感应电流，因此环中的磁通成为 Φ_2。Φ_1 与 Φ_2 相位不同，如图 7-2b 所示，也即不同时为零。这样就使得线圈的电流和铁心磁通 Φ_1 经过零时环中磁通 Φ_2 不为零，仍然将衔铁吸住，从而消除了振动和噪声。只要在设计时注意保证合成吸力始终大于弹簧的反力便可满足减振和消除噪声的要求。

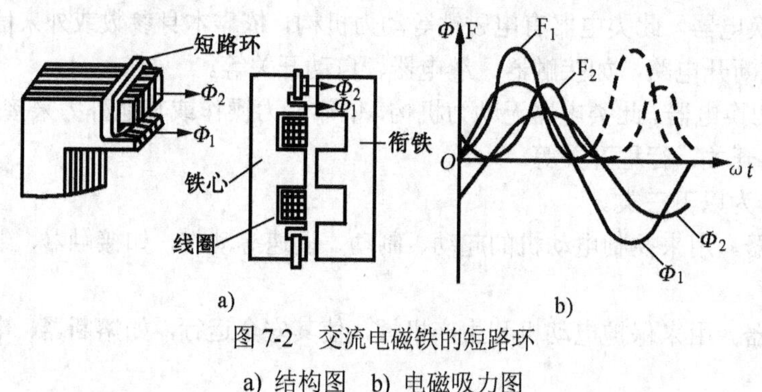

图 7-2　交流电磁铁的短路环

a) 结构图　b) 电磁吸力图

2）触点系统。触点是一切有触点电器的执行部件，用来接通和断开电路。按其结构型式可分为桥式触点和指式触点，如图 7-3 所示。桥式触点有点接触和面接触两种，前者适用于小电流电路，后者适用于大电流电路；指式触点为线接触，在接通和分断时产生滚动摩擦，以利于去除触点表面的氧化膜，这种型式适用于大电流且操作频繁的场合。为使触点接触时导电性能好，减小接触电阻并消除开始接触时产生的振动，在触点上装设了压力弹簧，以增加动静触点间的接触压力。

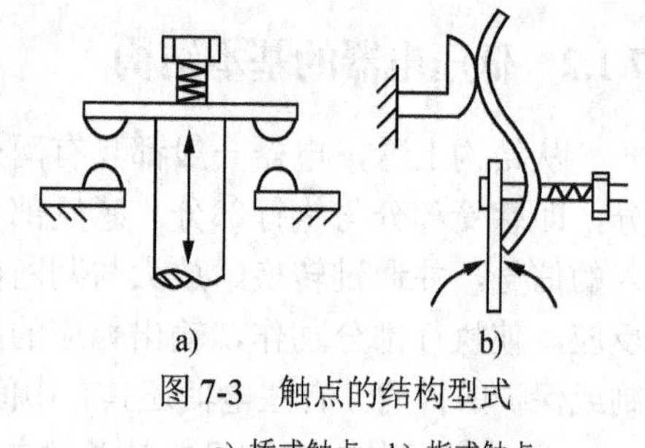

图 7-3　触点的结构型式

a) 桥式触点　b) 指式触点

根据用途的不同，触点可以分为动合（常开）触点和动断（常闭）触点两类。电器元件在没有通电或不受外力作用的常态下处于断开状态的触点，称为动合触点，反之则称为动断触点。

3）灭弧装置。当触点分断大电流电路时，会在动、静触点间产生强烈的电弧。电弧会烧伤触点，并使电路的切断时间延长，严重时甚至会引起其他事故。为使电器可靠工作，必须采用灭弧装置使电弧迅速熄灭。

电动力灭弧简便且无需专门灭弧装置，多用于 10A 以下的小容量交流电器，容量较大的交流电器一般采用灭弧栅灭弧，对于直流电器则广泛采用磁吹灭弧装置，还有交、直流电器皆可采用的纵缝灭弧。实际上，上述灭弧装置有时是综合应用的。

7.2 开关电器

7.2.1 刀开关

刀开关又称为闸刀开关，是结构简单且应用广泛的一种手控电器，一般用于不频繁地接通和分断容量不大的低压供电线路，也可作为电源的隔离开关，并可对小容量异步电动机做不频繁的直接起停控制。

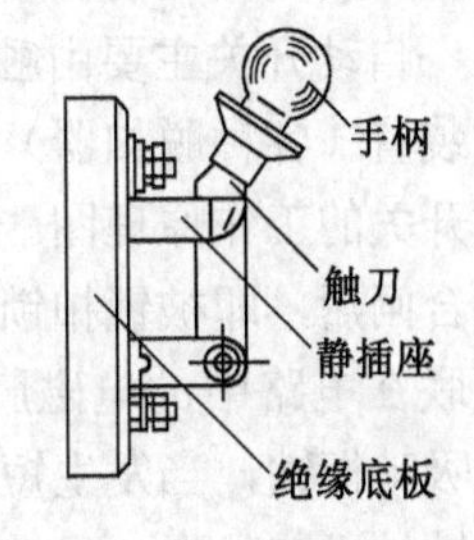

图 7-4 刀开关的典型结构

如图 7-4 所示为刀开关的典型结构。推动手柄使触刀紧紧插入插座中，电路即被接通。

刀开关的种类很多。按刀的极数可分为单极、双极和三极，常用三极刀开关长期允许通过的电流有 100A、200A、400A、600A 和 1000A 五种，其主要型号有 HD（单投）系列和 HS（双投）系列。

为使刀开关分断时有利于灭弧，并加快分断速度，有带速断刀极的刀开关与熔断器组合的产品，如铁壳开关，其常用型号有 HH4 系列；有的还装有灭弧罩，如瓷底胶盖刀开关，其常用型号有 HK1 系列。

刀开关的图形符号和文字符号如图 7-5 所示。

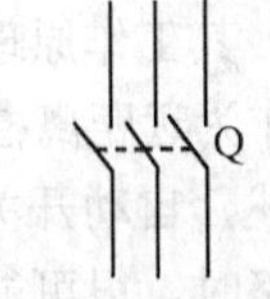

图 7-5 刀开关图形、文字符号

7.2.2 转换开关

转换开关又称为组合开关，其实质为刀开关。由于其结构紧凑，操作方便，所以在机床上广泛地用转换开关代替刀开关，作为电源的引入开关，照明电路的控制开关，或控制小容量异步电动机的不频繁（每小时关合次数不超过 20 次）起停与正、反转。

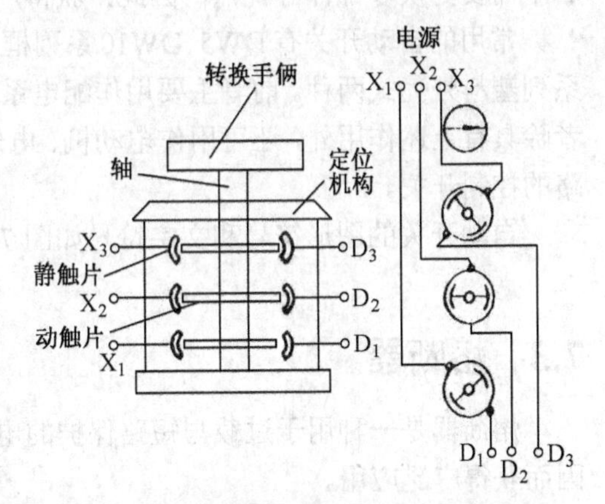

图 7-6 转换开关结构示意图

转换开关的结构如图 7-6 所示。它是由单个或多个单极旋转开关叠装在同一根绝缘方轴上组成的。当转动手柄时，一部分动触片插入相应的静触片中，使相应的线路接通，而另一部分断开；也可使全部动、静触片同时接通或断开。转换开关采用扭簧储能机构来操作，可使开关快速动作而不受操作速度的影响，同时也利于灭弧。

转换开关有单极、双极和多极之分，其常用型号有HZ5、HZ10系列。

转换开关的图形符号和文字符号如图7-7所示。

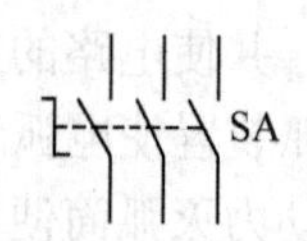

图7-7　转换开关图形、文字符号

7.2.3 自动开关

自动开关又称为自动空气断路器，当电路发生严重过载、短路以及失压等故障时，能自动切断故障电路，有效地保护串接在它后面的电气设备。同时，也可用于不频繁地接通和断开电路及控制电动机。

自动开关主要由触点系统、灭弧装置、操作机构和保护装置（各种脱扣器）等几部分组成。如图7-8所示为自动开关的工作原理图。开关的主触点靠操作机构手动或电动合闸后，即被锁扣锁在闭合位置。当电路正常运行时，串联在电路中的电磁脱扣器线圈所产生的电磁吸力不足以吸动衔铁，当发生短路故障时，短路电流超过整定值，衔铁被迅速吸合，同时撞击杠杆，顶开锁扣，使主触点迅速断开，将主电路分断。一般电磁脱扣器是瞬时动作的。图中失压脱扣器在电路正常运行时，其线圈所产生的电磁吸力足以将衔铁吸合，当电源电压过低或降为零时，吸力减小或消失，衔铁被弹簧拉开，并撞击杠杆，使锁扣脱扣，实现了失压或欠压保护。图中还有热脱扣器，其工作原理与后面介绍的热继电器相同。除此以外，还有分励脱扣器（图中未画出），则作为远距离控制分断电路之用。

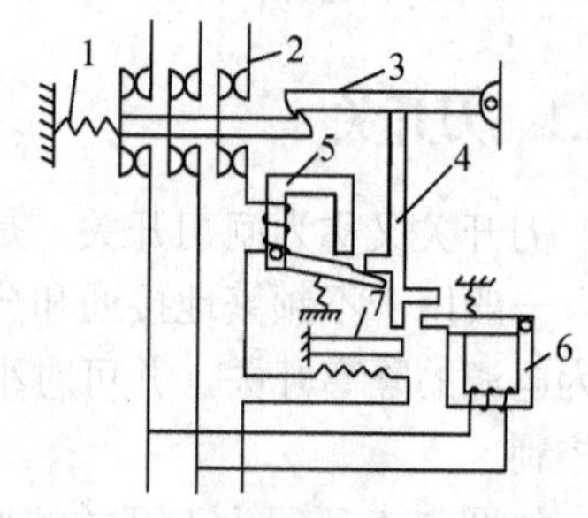

图7-8　自动开关结构示意图

1—复位弹簧　2—主触点　3—锁扣　4—杠杆
5—电磁脱扣器　6—失压脱扣器　7—热脱扣器

综上所述，自动开关具有多种保护功能，特别是实现短路保护比熔断器更为优越。因为三相电路短路时，很可能只有一相的熔体熔断，造成单相运行，而只要线路短路，自动开关就跳闸，将三相电路同时切断。此外，自动开关还具有动作值可调、分断能力较高以及动作后不需要更换零部件等优点，因此，获得广泛应用。

常用的自动开关有DW5、DW10系列框架式和DZ5、DZ10系列塑料外壳式两种。前者主要用作配电系统的保护开关，后者除具有上述作用外，还可用作电动机、电气控制柜及照明电路的控制开关。

自动开关的图形符号和文字符号如图7-9所示。

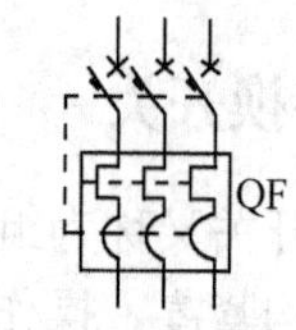

图7-9　自动开关图形、文字符号

7.3 熔断器

熔断器是一种用于过载与短路保护的电器，具有结构简单、价格低廉、使用方便等优点，因而获得广泛应用。

熔断器由熔体和安装熔体的熔管两部分组成。熔体材料一种是由铅锡合金和锌等低熔点金属制成，多用于小电流电路；另一种由银、铜等较高熔点的金属制成，多用于大电流电路。

熔断器是根据电流的热效应原理工作的。丝状或片状的熔体，串联于被保护电路中。当电路正常工作时，流过熔体的电流小于或等于它的额定电流，由于熔体发热的温度尚未达到熔体的熔点，所以熔体不会熔断；当流过熔体的电流达到额定电流的 1.3～2 倍时，熔体缓慢熔断；当电路发生短路时，电流很大，熔体迅速熔断。电流越大，熔断越快。这一特性称为熔断器的安秒特性，如图 7-10 所示，I_R 称为最小熔化电流或临界电流。因此熔断器对轻度过载反应比较迟钝，一般只能用作短路保护。

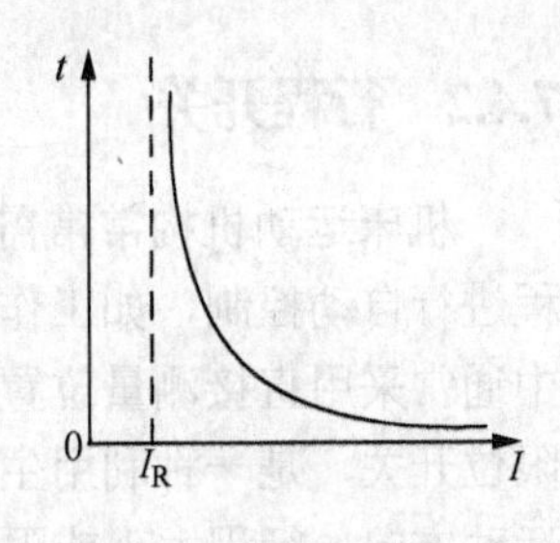

图 7-10 熔断器的安秒特性

常用的熔断器主要有 RC1A 系列瓷插式熔断器、RL1 和 RLS 系列螺旋式熔断器、RM7 系列无填料封闭管式熔断器、RT0 系列有填料封闭管式熔断器，此外，还有 RS0 系列快速熔断器，主要用于半导体整流元件的短路保护。

熔断器的图形符号和文字符号如图 7-11 所示。

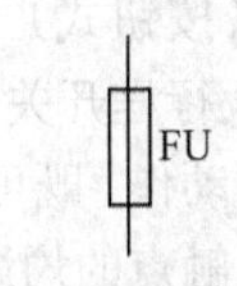

图 7-11 熔断器图形、文字符号

7.4 主令电器

主令电器是能按预定的顺序接通和分断电路以达到发号施令目的的电器。它是实现人机联系和对话的重要环节，主要有按钮、行程开关、万能转换开关和主令控制器等。

7.4.1 按钮

按钮是一种手动且可以自动复位的主令电器，一般用于远距离操纵接触器、继电器等电磁装置或用于信号和电气联锁线路中。

按钮的基本结构如图 7-12 所示。按下按钮，动断触点 3 断开，然后动合触点 4 闭合；松开按钮，则在复位弹簧的作用下，使触点恢复原位。触点数量可按照需要拼接，一般装置成 1 动合 1 动断或 2 动合 2 动断。按钮的结构型式有揿钮式、紧急式、钥匙式和旋钮式四种。

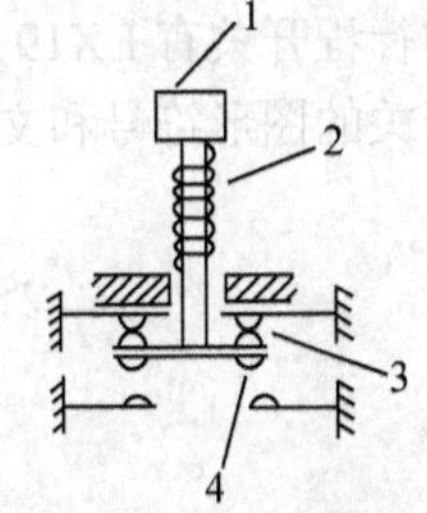

图 7-12 按钮结构示意图

1—按钮帽 2—复位弹簧 3—动断触点 4—动合触点

为避免误操作，通常将按钮制成不同颜色。一般红色表示停止按钮，绿色表示起动按钮，红色蘑菇形按钮则表示急停按钮。常用按钮有 LA18、LA19、LA20 和 LA25 等系列。

按钮的图形符号和文字符号如图 7-13 所示。

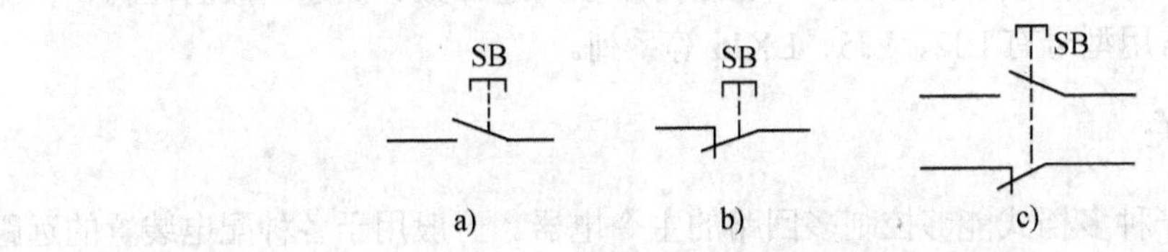

图 7-13 按钮图形、文字符号

a) 动合触点 b) 动断触点 c) 复合触点

7.4.2 行程开关

机床运动机构常常需要根据运动部件位置的变化来改变电动机的工作情况，即要求按行程进行自动控制，如工作台的往复运行、刀架的快速移动、自动循环控制等。电气控制系统中通常采用直接测量位置信号的元件——行程开关来实现行程控制的要求。行程开关又称为限位开关，是一种利用生产机械运动部件的碰撞发出指令的主令电器，用于控制生产机械的运动方向、行程大小或限位保护。

行程开关有机械式和电子式两种，机械式又分为直动式（按钮式）和转动式（滚轮式）等。

1）一般行程开关。行程开关一般都具有瞬动机构，其触点瞬时动作，既可保证行程控制的位置精度，又可减少电弧对触点的灼烧。行程开关的结构如图 7-14 所示。当挡铁向下按压顶杆 1 时，顶杆向下移动，压迫弹簧 4，当到达一定位置时，弹簧 4 的弹力改变方向，由原来向下的力变为向上的力，因此动触点 6 上跳，与静触点 7 分开，与静触点 5 接触，完成了快速切换动作，将机械信号变换为电信号，对控制电路发出了相应的指令。当挡铁离开顶杆时，顶杆在复位弹簧 8 的作用下上移，带动动触点恢复原位。

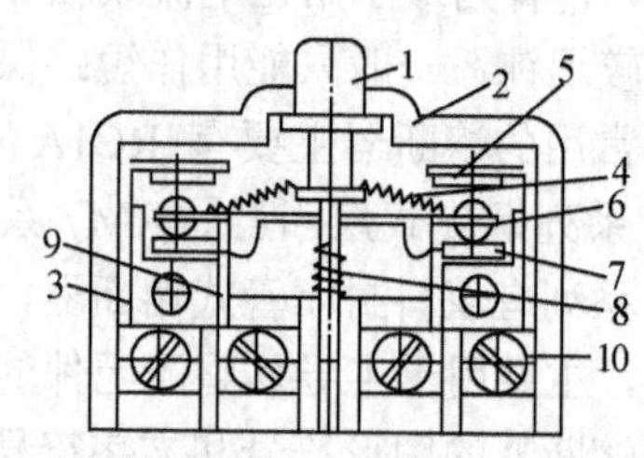

图 7-14 行程开关结构示图

1—顶杆 2—外壳 3—动合静触点 4—触点弹簧 5—静触点 6—动触点 7—静触点 8—复位弹簧 9—动断静触点 10—螺钉和压板

常用的行程开关有 LX19 和 JLXK1 等系列。

行程开关的图形符号和文字符号如图 7-15 所示。

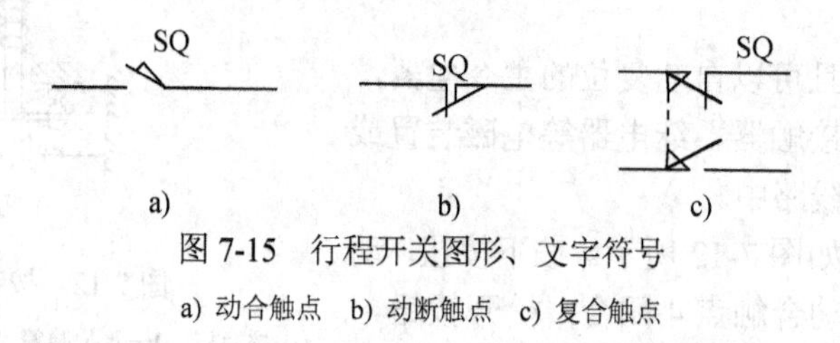

图 7-15 行程开关图形、文字符号

a) 动合触点 b) 动断触点 c) 复合触点

2）微动开关。微动开关是具有瞬时动作和微小行程的灵敏开关，除用于行程控制要求较精确的场合外，还可用来作为其他电器，如空气阻尼式时间继电器的触点系统。常用的微动开关有 LXW-11、LX31 等型号。

3）接近开关。接近开关是电子式无触点行程开关，它是由运动部件上的金属片与之接近到一定距离发出接近信号来实现控制的。接近开关使用寿命长、操作频率高、动作迅速可靠，其用途已远远超出一般行程控制和限位保护，它还可用于高速计数、测速、液面控制、检测金属体的存在等，其常用型号有 LJ2、LJ5、LXJ6 等系列。

7.4.3 万能转换开关

万能转换开关是一种多档式能够控制多回路的主令电器。一般用于各种配电装置的远距离控制，也可作为电气测量仪表的换相开关或用作小容量电动机的起动、制动、调速和换向的控制。由于它换接线路多，用途广泛，故称为万能转换开关。

万能转换开关由凸轮机构、触点系统和定位装置等部分组成。它依靠操作手柄带动转轴和凸轮转动，使触点动作或复位，从而按预定的顺序接通与分断电路，同时由定位机构确保其动作的准确可靠。

常用的万能转换开关有 LW5、LW6 系列。其中 LW6 系列万能转换开关还可装配成双列型式，列与列之间用齿轮啮合，并由公共手柄进行操作，因此装入的触点数最多可达 60 对。

万能转换开关的图形、文字符号如图 7-16 所示。图形符号中的竖虚线表示手柄的不同位置，每一条横线表示一路触点，而黑点“·”则表示该路触点的接通位置。触点通断也可用通断表来表示，表中的“×”表示触点闭合，空格表示触点分断。

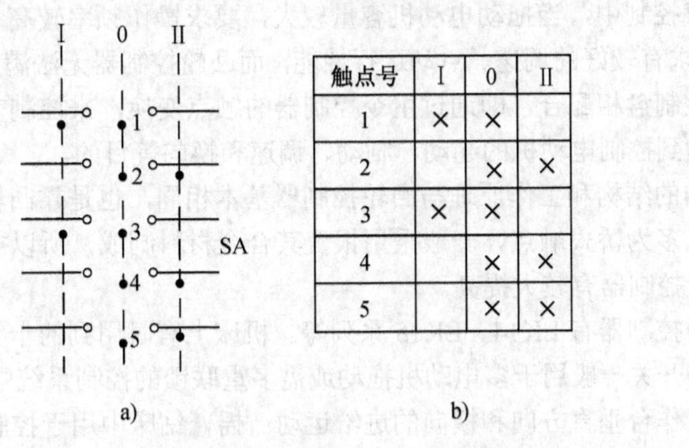

触点号	I	0	II
1	×	×	
2		×	×
3	×	×	
4		×	×
5		×	×

图 7-16　万能转换开关图形、文字符号及通断表

a) 图形符号和文字符号　b) 通断表

7.4.4　凸轮控制器

凸轮控制器是一种大型手动控制电器。由于其控制线路简单，维护方便，因而广泛用于控制中小型起重机的平移机构电动机和小型起重机的提升机构电动机，它可以变换主电路和控制电路的接法以及转子电路的电阻值，以达到直接控制电动机的起动、制动、调速和换向的目的。

凸轮控制器主要由操作手柄、转轴、凸轮、触点和外壳等部分组成，其结构如图 7-17 所示。转动手柄时，凸轮 7 随绝缘方轴 6 转动，当凸轮的突起部分顶住滚子 5 时，使动静触点分开；当转轴带动凸轮转到凹处与滚子相对时，凸轮无法支住滚子，动触点在弹簧 3 的作用下紧压在静触点上，使动静触点闭合，接通电路。若在绝缘方轴上叠装不同形状的凸轮，即可使一系列的触点按预定的顺序接通和分断电路，以达到不同的控制目的。

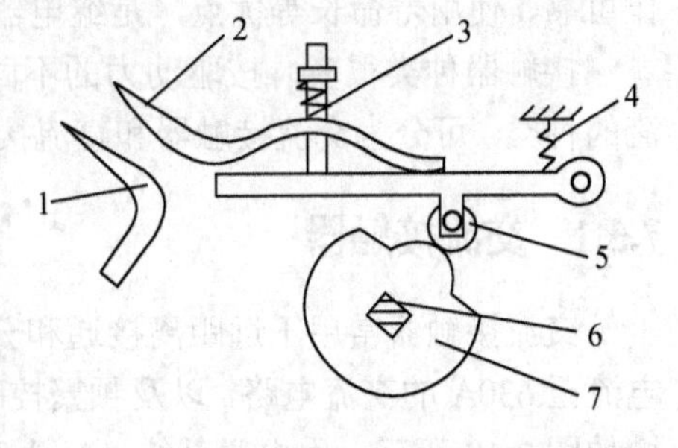

图 7-17　凸轮控制器结构示意图

1—静触点　2—动触点　3—触点弹簧　4—弹簧　5—滚子　6—绝缘方轴　7—凸轮

目前常用的凸轮控制器有 KT10、KT12、KT14 等系列，其额定电流有 25A 和 60A 两种，一般左右（或前后）各有五个工作位置，触点数在 7～17 个不等，额定操作频率为 600 次/h。其中 KT14-25J/1

型用以控制一台三相绕线转子异步电动机，KT10-25J/5 型可同时控制两台绕线转子异步电动机，KT14-25J/3 型用以控制一台三相笼型异步电动机。

凸轮控制器在电气原理图上是以其圆柱表面的展开图来表示的。其图形符号的具体画法见第 10 章桥式起重机的电气控制，文字符号为 SA。

7.4.5 主令控制器

主令控制器是用来频繁切换复杂的多回路控制电路的一种主令电器，主要用于起重机、轧钢机等生产机械的远距离控制。

起重机电气控制中，当拖动电动机容量较大，要求操作频率较高（每小时通断次数超过 600 次），并要求有较好的调速、点动运行性能，而凸轮控制器无法满足时，常采用主令控制器与交流磁力控制盘相配合，即通过主令控制器的触点变换，来控制交流磁力控制盘上的接触器动作，以达到控制电动机的起动、制动、调速和换向等目的。

主令控制器的结构和工作原理与凸轮控制器基本相同，也是靠凸轮动作来控制触点系统的通断。其触点多为桥式触点，一般采用银及其合金材料制成，所以操作轻便、灵活，并且操作频率较凸轮控制器有较大提高。

常用的主令控制器有 LK14、LK15 系列等。机床上有时用到的十字型转换开关也属于主令控制器，这种开关一般用于多电动机拖动或需多重联锁的控制系统中，如 X62W 万能铣床中，用于控制工作台垂直方向和横向的进给运动；摇臂钻床中用于控制摇臂的上升和下降、放松和夹紧等动作，其主要型号有 LS1 系列。

主令控制器的图形符号与万能转换开关的图形符号相似，文字符号也为 SA。

7.5 接触器

接触器是用于远距离频繁地接通与断开交直流主电路及大容量控制电路的一种自动切换电器。其主要控制对象是电动机，也可用于控制其他电力负载，如电热器、电焊机等。接触器不仅能实现远距离集中控制，而且操作频率高、控制容量大，并具有低电压释放保护、工作可靠、使用寿命长等优点，是继电器-接触器控制系统中最重要和最常用的元件之一。

接触器种类很多，按驱动力的不同可分为电磁式、气动式和液压式，按其主触点通过电流的种类，可分为交流接触器和直流接触器，机床控制上以电磁式交流接触器应用最为广泛。

7.5.1 交流接触器

交流接触器常用于远距离接通和分断电压至 1140V、电流至 630A 的交流电路，以及频繁控制交流电动机。其结构如图 7-18 所示。由电磁系统、触头系统、灭弧装置、弹簧和支架底座等部分组成。

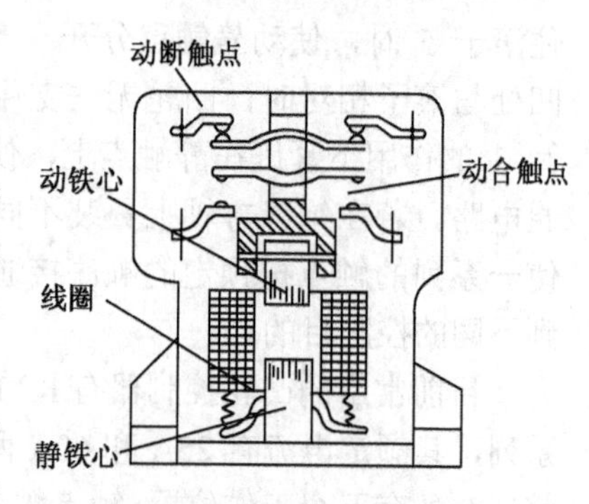

图 7-18　接触器结构示意图

1）电磁系统。电磁系统用来操纵触点的闭合与分断，由铁心、线圈和衔铁三部分组成。当线圈通电后，衔铁在电磁吸力的作用下，克服反力弹簧的拉力与铁心吸合，带动触点动作，从而接通或断开相应电路。当线圈断电后，动作过程与上述相反。交流接触器为减少其吸合时产生的振动和噪声，在铁心上装设了短路环。

2）触点系统。根据用途不同，接触器的触点可分为主触点和辅助触点。主触点用以通断电流较大的主电路，一般由三对动合触点组成；辅助触点用于通断小电流的控制电路，由动合和动断触点成对组成。

3）灭弧装置。接触器用于通断大电流电路，因此必须设置灭弧装置。交流接触器通常采用电动力灭弧、纵缝灭弧和金属栅片灭弧。

常用的交流接触器有 CJ10、CJ20、CJX1 等系列。

接触器的图形符号和文字符号如图 7-19 所示。

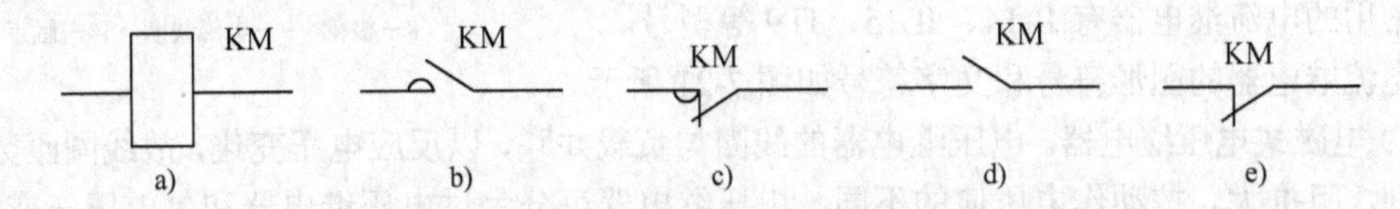

图 7-19　接触器图形、文字符号

a) 线圈　b) 动合主触点　c) 动断主触点　d) 动合辅助触点　e) 动断辅助触点

7.5.2　直流接触器

直流接触器主要用来远距离接通和分断电压至 440V、电流至 630A 的直流电路，以及频繁地控制直流电动机的起动、反转与制动等。

直流接触器的结构和工作原理与交流接触器基本相同。电磁系统的不同之处前已述及，而主触点则采用滚动接触的指形触点，做成单极或双极，灭弧装置通常采用磁吹式灭弧。

常用的直流接触器有 CZ0、CZ18 等系列。

7.6　继电器

继电器是一种根据电量（电压、电流）或非电量（时间、温度、速度、压力等）的变化自动接通或断开控制电路，以完成控制或保护任务的电器。

虽然继电器与接触器都是用来自动接通或断开电路，但是它们仍有很多不同之处。继电器可以对各种电量或非电量的变化做出反应，而接触器只有在一定的电压信号下动作；继电器用于切换小电流的控制电路，而接触器则用来控制大电流电路，因此，继电器触点容量较小(不大于 5A)，且无灭弧装置。

继电器用途广泛，种类繁多。按反应的参数可分为：电流继电器、电压继电器、时间继电器、速度继电器和热继电器等；按动作原理可分为：电磁式、电动式、电子式和机械式等。

7.6.1　电磁式继电器

电磁式继电器是电气控制设备中用得最多的一种继电器。其主要结构和工作原理与接触器相似，如图 7-20 所示为电磁式继电器的典型结构图。

1）电磁式电流继电器。电流继电器的线圈与负载串联，用以反应负载电流，故线圈匝数少，导线粗，阻抗小。电流继电器既可按“电流”参量来控制电动机的运行，又可对电动机进行欠电流或过电流保护。

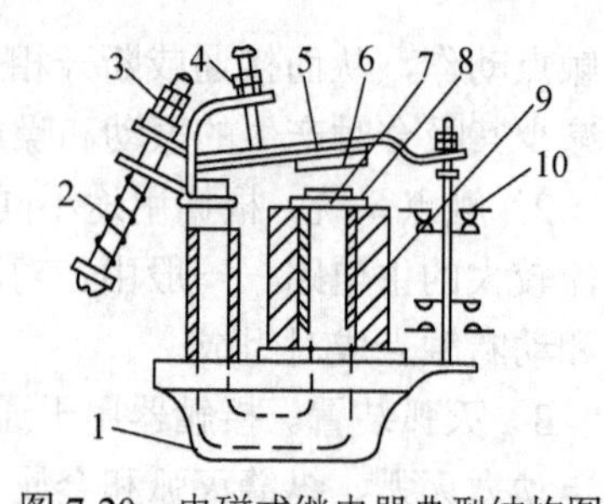

图 7-20　电磁式继电器典型结构图

1—底座　2—反力弹簧　3、4—调节螺钉　5—非磁性垫片　6—衔铁　7—铁心　8—极靴　9—电磁线圈　10—触点

对于欠电流继电器，在电路正常工作时，衔铁是吸合的，只有当线圈电流降低到某一整定值时，继电器才释放，这种继电器常用于直流电动机和电磁吸盘的失磁保护；而过电流继电器在电路正常工作时不动作，当电流超过其整定值时才动作，整定范围通常为 1.1～4 倍额定电流，这种继电器常用于电动机的短路保护和严重过载保护。

常用的电流继电器有 JL14、JL15、JT9 等型号。

电流继电器的图形符号和文字符号如图 7-21 所示。

2）电磁式电压继电器。电压继电器的线圈与负载并联，以反应电压变化，故线圈匝数多，导线细，阻抗大。按动作电压值的不同，电压继电器可分为过电压继电器和欠电压（或零电压）继电器。

一般来说，过电压继电器在电压为额定电压的 110%～115%时动作，对电路进行过电压保护；欠电压继电器在电压为额定电压的 40%～70%时动作，对电路进行欠电压保护；零电压继电器在电压降至额定电压的 5%～25%时动作，对电路进行零电压保护。

常用的电压继电器有 JT3、JT4 型。

电压继电器的图形符号和文字符号如图 7-22 所示。

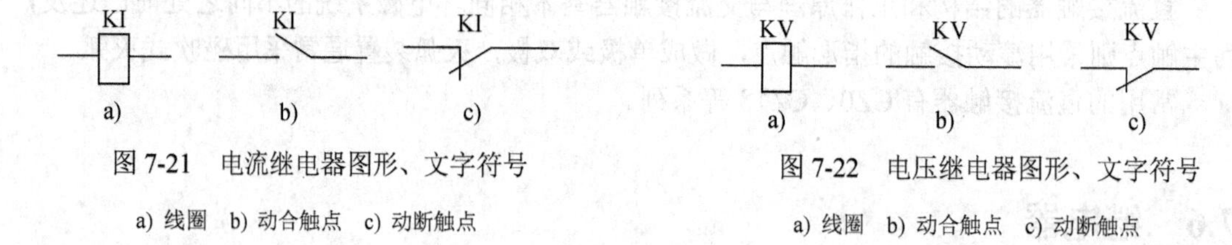

图 7-21　电流继电器图形、文字符号

a) 线圈　b) 动合触点　c) 动断触点

图 7-22　电压继电器图形、文字符号

a) 线圈　b) 动合触点　c) 动断触点

3）中间继电器。中间继电器实质上是电压继电器，但它还具有触点数多（多至六对或更多）、触点电流容量较大（额定电流 5～10A）、动作灵敏（动作时间不大于 0.05s）等特点。其主要用途是当其他电器的触点数量或触点容量不够时，可借助中间继电器来增加它们的触点数量或触点容量，起到中间信号的转换和放大作用。

常用的中间继电器有 JZ7、JZ8 等系列。

中间继电器的图形符号和文字符号与电压继电器相同。

7.6.2　时间继电器

从得到输入信号起，需经过一定的延时后才能输出信号的继电器称为时间继电器。时间继电器获得延时的方法是多种多样的，按其工作原理可分为电磁式、空气阻尼式、电动式和电子式。其中，以空气阻尼式时间继电器在机床控制线路中应用最为广泛。

空气阻尼式时间继电器是利用空气阻尼作用获得延时的。图 7-23 所示为 JS7-A 系列空气阻尼式时间继电器的结构示意图，它主要由电磁系统、触点系统和延时机构组成。其工作原理如下。

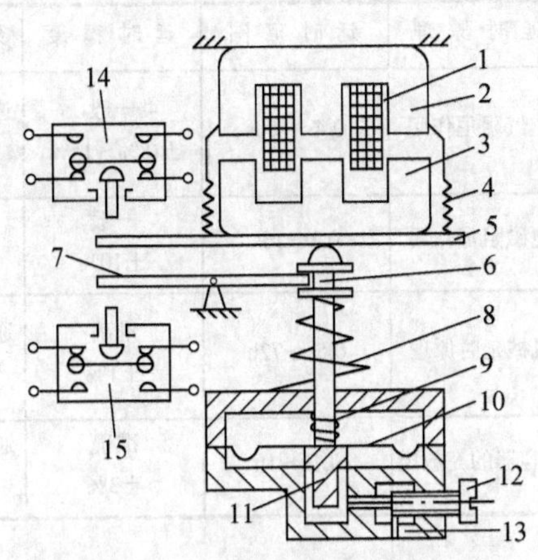

图 7-23　空气阻尼式时间继电器

1—线圈　2—铁心　3—衔铁　4—复位弹簧　5—推板　6—活塞杆　7—杠杆　8—塔形弹簧
9—弱弹簧　10—橡皮膜　11—活塞　12—调节螺钉　13—进气孔　14、15—微动开关

线圈通电后，衔铁 3 与铁心 2 吸合，带动推板 5 使上侧微动开关 14 立即动作；同时，活塞杆 6 在塔形弹簧 8 的作用下，带动活塞 11 及橡皮膜 10 向上移动，因此使橡皮膜下方气室空气稀薄，活塞杆不能迅速上移。当室外空气经由进气孔 13 进入气室，活塞杆才逐渐上移，移至最上端时，杠杆 7 撞击下侧微动开关 15，使其触点动作输出信号。从电磁铁线圈 1 通电时刻起至微动开关动作时止的这段时间即为时间继电器的延时时间。通过调节螺钉 12 调节进气孔气隙的大小就可以调节延时时间，进气越快，延时越短。

当电磁铁线圈断电后，衔铁在复位弹簧的作用下立即将活塞推向最下端，气室内空气通过橡皮膜、弱弹簧和活塞的局部所形成的单向阀迅速经上气室缝隙排掉，使得两微动开关同时迅速复位。

上述分析为通电延时型时间继电器的工作原理，若将其电磁机构翻转 180° 安装，即可得到断电延时型时间继电器。

时间继电器的图形符号和文字符号如图 7-24 所示。

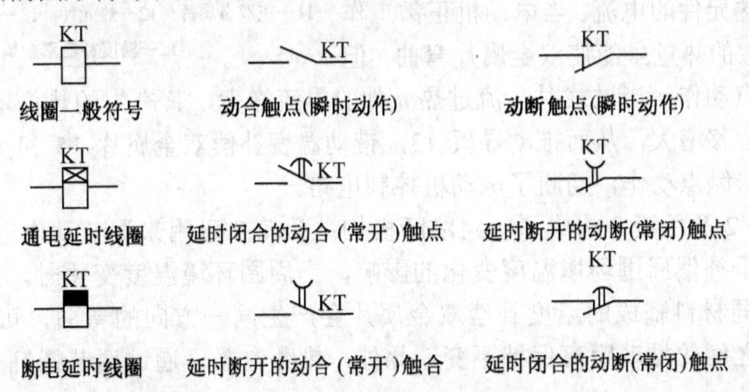

图 7-24　时间继电器图形、文字符号

常用的几种时间继电器的性能、特点比较见表 7-1。

表 7-1 几种时间继电器的比较

型式	型号	线圈电流种类	延时原理	延时范围	延时精度	延时方式	其他特点
空气式	JS7–A JS23	交流	空气阻尼作用	0.4～180s	一般 ±(8%～15%)	通电延时断电延时	结构简单、价格低，适用于延时精度要求不高的场合
电磁式	JT3 JT18	直流	电磁阻尼作用	0.3～16s	一般 ±10%	断电延时	结构简单、运行可靠、操作频率高，但应用较少
电动式	JS10 JS11	交流	机械延时原理	0.5s～72h	准确 ±1%	通电延时断电延时	结构复杂、价格高、操作频率低，适用于准确延时的场合
电子式	JSJ JS20	直流	电容器的充放电	0.1s～1h	准确 ±3%	通电延时断电延时	耐用、价格高、抗干扰性差、修理不便

7.6.3 热继电器

电动机在实际运行中，短时过载是允许的，但如果长期过载、欠电压运行或断相运行等都可能使电动机的电流超过其额定值，这样将引起电动机发热。绕组温升超过额定温升，将损坏绕组的绝缘，缩短电动机的使用寿命，严重时甚至会烧毁电动机绕组。因此必须采取过载保护措施。最常用的是利用热继电器进行过载保护。

热继电器是一种利用电流的热效应原理进行工作的保护电器。

如图 7-25 所示为热继电器的结构示意图。它主要由热元件、双金属片、触点和动作机构等组成。双金属片是由两种膨胀系数不同的金属片碾压而成，受热后膨胀系数较高的主动层将向膨胀系数较小的被动层方向弯曲。其工作原理如下。

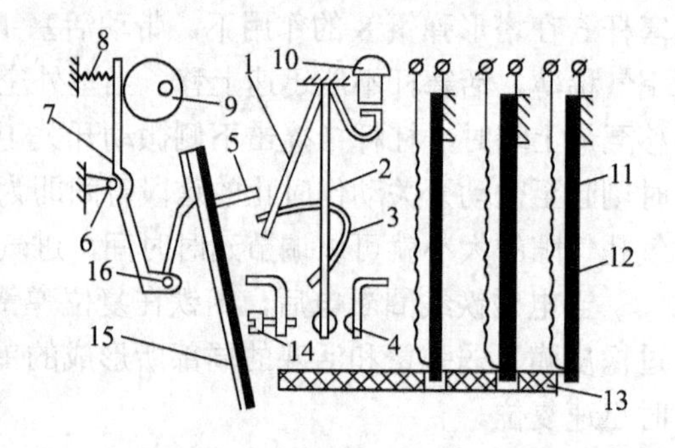

图 7-25 双金属片式热继电器

1、2—片簧 3—弓簧 4—触点 5—推杆 6—固定转轴 7—杠杆 8—压簧 9—凸轮 10—手动复位按钮 11—主双金属片 12—热元件 13—导板 14—调节螺钉 15—温度补偿双金属片 16—轴

热元件 12 串接在电动机定子绕组中，绕组电流即为流过热元件的电流。当电动机正常工作时，热元件产生的热量虽能使双金属片弯曲，但不足以使其触点动作。当过载时，流过热元件的电流增大，其产生的热量增加，使双金属片产生的弯曲位移增大，从而推动导板 13，带动温度补偿双金属片 15 和与之相连的动作机构使热继电器触点动作，切断了电动机控制电路。

由片簧 1、2 及弓簧 3 构成了一组跳跃机构；凸轮 9 可用来调节动作电流；温度补偿双金属片则用于补偿周围环境温度变化的影响，当周围环境温度变化时，主双金属片 11 和与之采用相同材料制成的温度补偿双金属片会产生同一方向的弯曲，可使导板与温度补偿双金属片之间的推动距离保持不变。此外，热继电器可通过调节螺钉 14 选择自动复位或手动复位。

热继电器由于其热惯性，当电路短路时不能立即动作切断电路，因此，不能用作短路保护。同理，当电动机处于重复短时工作时，也不适宜用热继电器作其过载保护，而应选择能及时反映电动机温升变化的温度继电器作为过载保护。

对于星形接线的电动机选择两相或三相结构的普通热继电器均可；而对于三角形接线的电动机，则应选择带断相保护的热继电器。

常用热继电器有 JR14、JR15、JR16、JR20 等系列。

热继电器的图形符号和文字符号如图 7-26 所示。

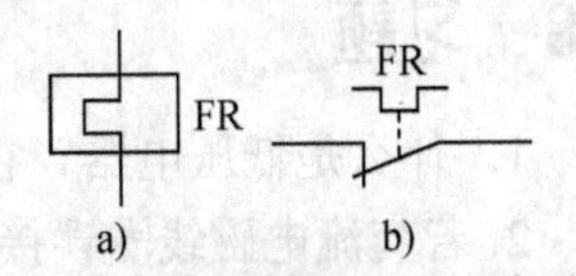

图 7-26　热继电器图形、文字符号

a) 热元件　b) 动断触点

7.6.4　速度继电器

速度继电器是当转速达到规定值时动作的继电器。主要用于电动机反接制动控制电路中，当反接制动的转速下降到接近零时能自动地及时切断电源。

速度继电器主要由转子、定子和触点三部分组成，如图 7-27 所示。转子是一块永久磁铁，固定在轴上。浮动的定子与轴同心，且能独自偏摆，定子由硅钢片叠成，并装有笼型绕组。速度继电器的轴与电动机轴相连，当电动机旋转时，转子 11 随之一起转动，形成旋转磁场。笼型绕组切割磁感应线而产生感应电流，此电流与旋转磁场作用产生电磁转矩，使定子随转子的转动方向偏摆，带动杠杆 7 推动相应触点动作。在杠杆推动触点的同时也压缩反力弹簧 2，其反作用阻止定子继续转动。当转子的转速下降到一定数值时，电磁转矩小于反力弹簧的反作用力矩，定子便返回原来位置，对应的触点恢复到原来状态。

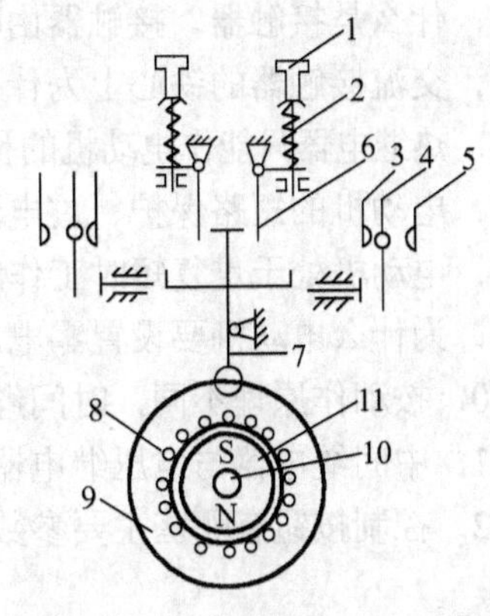

图 7-27　速度继电器结构示意图

1—螺钉　2—反力弹簧　3—动断触点　4—动触点　5—动合触点　6—返回杠杆　7—杠杆　8—定子导体　9—定子　10—转轴　11—转子

机床上常用的速度继电器有 JY1 型和 JFZ0 型两种。一般速度继电器的动作转速为 120r/min, 触点的复位转速在 100r/min 以下。调整反力弹簧的拉力即可改变触点动作或复位时的转速，从而准确地控制相应的电路。

速度继电器的图形符号和文字符号如图 7-28 所示。

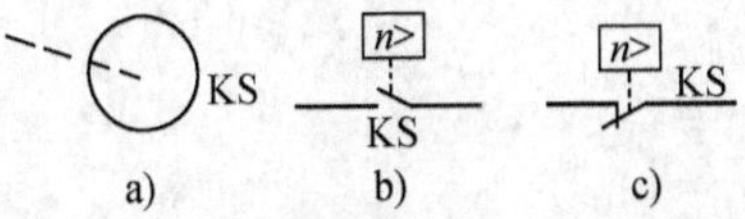

KS　　n> KS　　n> KS

a)　　b)　　c)

图 7-28　速度继电器图形、文字符号

a) 转子　b) 动合触点　c) 动断触点

7.7　小结

本章主要介绍了常用低压电器的基本结构、工作原理、符号及主要用途。工作在交流 1200V 及以下与直流 1500V 及以下电路中起通断、控制、保护和调节作用的电气设备称为低压电器。常用的低压电器有刀开关和转换开关、自动开关、熔断器、接触器、继电器、主令电器、控制器、起动器、电阻器、变阻器与电磁铁等。其中大部分为有触点的电磁式电器，一般由电磁机构、触点系统和灭弧装置三部分组成。为使电器可靠地接通与分断电路，对电器提出了各种技术要求，其主要技术数据有使用类别、电流种类、额定电压与额定电流、通断能力及寿命、触点数量等。使用时，可根据具体使用场合，通过查阅产品样本及电工手册确定相关的技术数据和电器型号。

7.8 习题

1．什么是低压电器？它可以分为哪两大类？常用的低压电器有哪些？

2. 若交流电磁线圈误接入同电压的直流电源，或直流电磁线圈误接入同电压的交流电源，会发生什么问题？为什么？

3．自动开关有什么功能和特点?

4．什么是接触器？接触器由哪几部分组成？各部分的基本作用是什么？

5．交流接触器的铁心上为什么要装设短路环？

6．热继电器只能作电动机的长期过载保护而不能作短路保护，而熔断器则相反，为什么?

7．电动机的短路保护、过电流保护和长期过载保护有何区别？

8．电动机处于重复短时工作时可否采用热继电器作为过载保护？为什么？

9．为什么电动机要设置零电压和欠电压保护？

10．按动作原理不同，时间继电器可分为哪几种型式？各有何特点？

11．中间继电器与电压继电器在结构及用途上有什么相同和不同的地方？

12．控制按钮有哪些主要参数？如何选用？

第 8 章　继电–接触器控制基本电路

电动机拖动生产机械运行，来实现生产机械各种不同的工艺要求，就必须有一套控制装置。尽管电力拖动自动控制已向无触点、连续控制、弱电化、微机控制方向发展，但由于继电□接触器控制系统所用的控制电器结构简单、价格便宜、能够满足生产机械一般生产的要求，因此，目前仍然获得广泛的应用。

本章在讲述各种低压电器元件的基础上，重点分析继电□接触器控制线路中基本控制环节的组成和工作原理。通过学习，掌握控制线路的一般分析方法，并学会简单控制线路的设计。

8.1　电气控制系统图

继电—接触式控制线路是由许多电器元件按照一定要求连接而成的，用来实现对电力拖动系统的起动、制动、反向和调速的控制以及相应的保护。为了便于电气控制系统的分析设计、安装调试和使用维修，需要将电气控制系统中各电器元件及其连接关系用一定的图表示出来，这种图就是电气控制系统图。

8.1.1　电气控制系统图中的图形符号和文字符号

电气控制系统图中，电器元件必须使用国家统一规定的图形符号和文字符号。图形符号用来表示各种不同的电器元件，文字符号标注在图形符号旁，进一步说明电器元件或设备的名称、功能和特征等。本书所用图形符号采用中华人民共和国国家标准 GB/T 4728.1—2005，文字符号采用国标 GB/T 7159—1987。

8.1.2　电气控制系统图分类

常用的电气控制系统图有系统图或框图、电气原理图、电器布置图和电气安装接线图。

1．系统图或框图

系统图或框图是用符号或带注释的框概略地表示系统或分系统的基本组成、相互关系及其主要特征的一种电气图。它是依据系统或分系统的功能层次来绘制的，不仅是绘制电气原理图的基础，而且还是操作、维修不可缺少的文件。

2．电气原理图

电气原理图是用来详细表示各电器元件或设备的基本组成和连接关系的一种电气图。它是在系统图或框图的基础上采用电器元件展开的形式绘制的，包括所有电器元件的导电部件和接线端点之间的相互关系，但并不按照各电器元件的实际位置和实际接线情况来绘制，原理图是绘制电气安装接线图的依据。

由于电气原理图结构简单，层次分明，适用于研究和分析电路工作原理，所以在设计部门和生产现场获得广泛应用，其绘制原则如下。

1）原理图一般分为主电路和辅助电路两部分。主电路是电气控制线路中强电流通过的部分，一般用粗实线绘制。主电路中三相电路导线按相序从上到下或从左到右排列，中性线应排在相线的下方或右方，并用 L1、L2、L3 及 N 标记；辅助电路包括控制电路、照明电路、信号电路和保护电路，是小电流通过的部分，应用细实线绘制。通常将主电路画在控制电路的上方或左方。

2）无论是主电路还是辅助电路，各电器元件一般应按动作顺序从上到下，从左到右依次排列，电路可采用水平布置或垂直布置。电器元件的触点通常按没有通电或不受外力作用时的正常状态画出。

3）同一电器的各个部件（如接触器的线圈和触点），分别画在各自所属的电路中。为便于识别，同一电器的各个部件均编以相同的文字符号。

4）同一原理图中，作用相同的电器元件有若干个时，可在文字符号后加注数字序号来区分。

5）原理图中，有直接电联系的十字交叉导线连接点必须用黑圆点表示。

3. 电器布置图

电器布置图是用来表明各种电气设备上所有电动机、电器在其上实际安装位置的一种图，是电气控制设备制造、安装和维修必要的资料。它主要由机床电气设备布置图，控制柜及控制板电气元件布置图，操纵台电气设备布置图等组成。

4. 电气安装接线图

根据电气设备上各元器件实际位置绘制的实际接线图称为电气安装接线图。它是配线施工和检查维修电气设备不可缺少的技术资料。主要有单元接线图、互连接线图和端子接线图等。电器布置图和电气安装接线图中各电器元件的符号应与电气原理图保持一致。

8.1.3 电气原理图的阅读分析方法

电气原理图的分析广泛采用“查线读图法”。采用此方法应注意遵循“化整为零看电路，积零为整看全部”的原则。

所谓“化整为零看电路”，首先应从主电路着手，明确此控制电路由几台电动机组成，每台电动机由哪个接触器或开关控制，根据其组合规律，大致可知电动机是否具有正反转控制、减压起动或制动控制等。其次分析控制电路，控制电路一般可分为几个单元，每个单元一般主要控制一台电动机。可将主电路中接触器的文字符号和控制电路中的相同文字符号一一对照，然后单独分析每台电动机的控制环节，观察主令信号发出后，先动作的电器元件如何控制其他元件的动作，并随时注意控制元件的触点使执行元件有何动作，进而驱动被控对象。

经过“化整为零”，逐步分析了每一控制环节的工作原理之后，还必须用“积零为整”的方法，从整体角度去进一步分析理解各控制环节之间的联系、联锁关系及保护环节，将整个线路有机地联系起来。最后，再分析其他电路，如照明电路与信号电路等。

8.2 三相笼型异步电动机全压起动控制电路

三相笼型异步电动机以其结构简单、价格便宜、坚固耐用和维修方便等优点获得广泛应用。它的起动方式有直接起动和减压起动两种。

直接起动又称为全压起动，是一种简便、经济的起动方法，但是起动电流较大。过大的起动电流会造成电网电压明显下降，直接影响在同一电网上的其他电气设备的正常工作，对电动机本身也有不利影响。判断一台交流电动机能否采用直接起动在第 5 章已详细介绍过，本节不再赘述。

8.2.1 单向运行控制电路

1．开关控制电路

用刀开关、转换开关或自动开关直接控制电动机的起动和停止，是最简单的手动控制电路，其中刀开关控制电路如图 8-1 所示。此方法适用于不频繁起停的小容量电动机，但不能实现远距离控制和自动控制。普通机床上的冷却泵、小型台钻等常采用此种控制方法。

2．接触器控制电路

如图 8-2 所示为电动机单向运行接触器控制电路，它是最常用、最简单的单向运行控制电路。图中由电源 L1、L2、L3 经电源开关 Q、熔断器 FU1、接触器 KM 的动合主触点、热继电器 FR 的热元件到电动机 M 构成主电路部分，它流过的电流较大；由起动按钮 SB2、停止按钮 SB1、接触器 KM 的线圈和动合辅助触点 KM、热继电器 FR 的动断触点和熔断器 FU2 构成控制电路部分，它流过的电流较小。

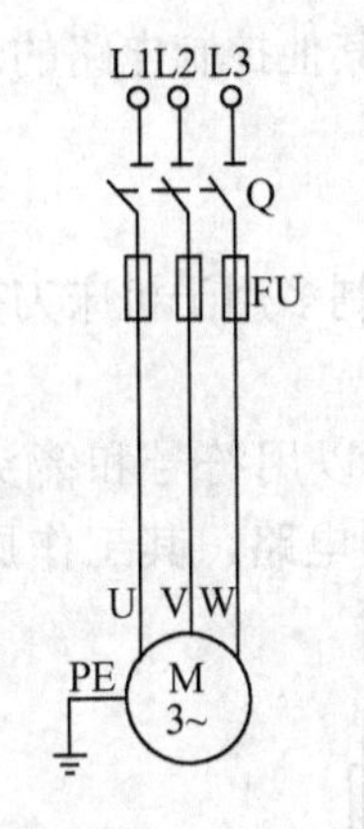

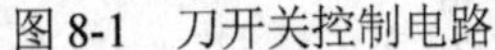
图 8-1　刀开关控制电路

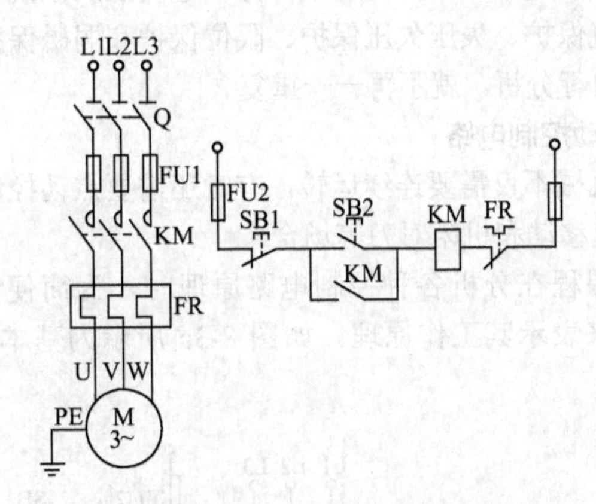

图 8-2　接触器控制电动机单向运行控制电路

电动机起动控制：合上电源开关 Q，按下起动按钮 SB2，接触器 KM 线圈通电吸合，其主触点闭合，电动机定子绕组接通三相电源起动运转。同时，与按钮 SB2 并联的接触器 KM 的动合辅助触点闭合。当松开 SB2 时，KM 线圈通过自身动合辅助触点仍保持通电状态，从而使电动机保持连续运行。这种依靠电器自身触点保持其线圈通电状态的电路，称为自锁电路，该触点则称为自锁触点。

电动机需停转时，可按下停止按钮 SB1，接触器 KM 线圈断电释放，其动合主触点与辅助触点同时断开，切断电动机主电路及控制电路，电动机停止运转。

电路的保护环节如下。

1）短路保护。电动机、电器和导线的绝缘损坏或线路发生故障时，都可能造成短路事故。很大的短路电流会引起电气设备绝缘损坏并产生强大的电动力使电动机绕组和电路中的各种电气设备产生机械性损坏，因此，当发生短路故障时，必须可靠而迅速地断开电路。图中由熔断器 FU1、FU2 分别实现主电路与控制电路的短路保护。

2）过载保护。由热继电器 FR 实现电动机的长期过载保护。当电动机长期过载时，串接在电动机电路中的发热元件使双金属片受热弯曲，使其串接在控制电路中的动断触点断开，从而切断了接触器 KM 线圈电路，使电动机断开电源，实现了保护的目的。

3）失电压(零电压)和欠电压保护。电动机正常工作时，电源电压消失会使电动机停转，当电源电压恢复时，如果电动机自行起动，可能造成设备损坏和人身事故；对于电网，许多电动机或其他用电设备同时自动起动也会引起不允许的过电流和电压降。防止电源电压恢复时电动机自行起动的保护称为零电压保护。此外，在电动机正常运行时，电源电压过分降低会造成电动机电流增大，引起电动机发热，严重时会烧坏电动机；同时，电压的降低会引起一些电器的释放，造成电路不能正常工作，因而需要设置欠电压保护环节。

图中具有自锁的按钮接触器控制电路，当电源电压恢复时，电动机也不会自行起动，从而避免了设备或人身事故的发生，实现了欠电压和失电压保护功能。但当控制电路中采用主令控制器或转换开关控制时，必须要设置专用的欠电压和失电压保护装置，否则线路无此保护功能。通常用电压继电器作为欠电压或失电压保护元件。

电气控制系统除应满足生产机械的各种工艺要求外，还应保证设备长期安全可靠地运行，因此保护环节是不可缺少的组成部分，电气控制系统中常用的保护措施有短路保护、过载保护、过电流保护、失压欠压保护、限位保护和弱磁保护等。本章其他控制电路的一般保护环节读者可自行分析，就不再一一重复。

3. 点动控制电路

生产机械不仅需要连续运转，有时还需要点动控制。点动控制多用于机床刀架、横梁、立柱等快速移动和机床对刀等场合。

后续课程在分析各种控制电路原理时，为简便起见，也可以用符号和箭头配以少量文字说明来表示其工作原理。如图 8-3a 所示为基本的点动控制电路，其工作原理可表示如下。

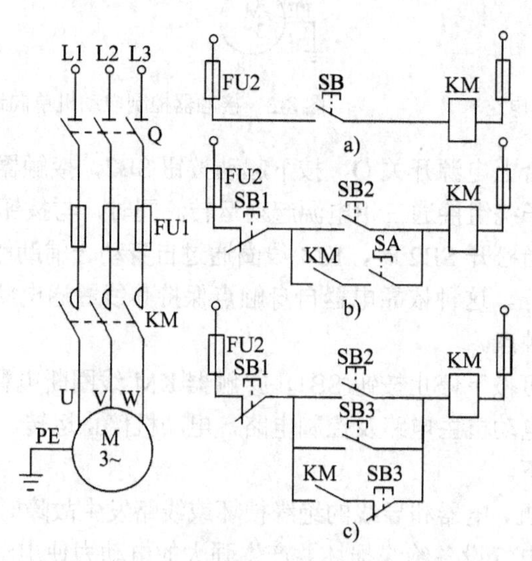

图 8-3 电动机点动控制电路

先合上电源开关 Q；

起动过程：按下 SB→KM 线圈通电吸合→KM 主触点闭合→电动机 M 起动运转；

停止过程：松开 SB→KM 线圈断电释放→KM 主触点断开→电动机 M 停转。

如图 8-3b、图 8-3c 所示，是两种既可点动又可连续运行的控制电路，这种电路既可用于机床的连续运行加工，又可满足短时的调整动作，操作非常方便。

8.2.2 可逆运行控制电路

生产机械的运动部件往往要求实现正反两个方向的运动，如主轴的正反转和起重机的升降等，这就要求拖动电动机可作正反向运转。由电动机原理可知，若将电动机三相电源中的任意两相对调，即可改变电动机的旋转方向。常用的电动机可逆运行控制电路有以下几种。

1. 倒顺开关控制电路

倒顺开关属于组合开关，是靠手动操作实现电动机正反转控制的，其控制电路如图 8-4 所示。这种控制电路简单、经济，但不具备失电压和欠电压等基本保护功能，且频繁换相时很不方便，所以仅适用于 5.5kW 以下的小容量电动机的正反转控制。机床控制中，有时仅采用倒顺开关来预选正反转，而由接触器来接通与断开电源，此种控制在万能铣床中即有采用。

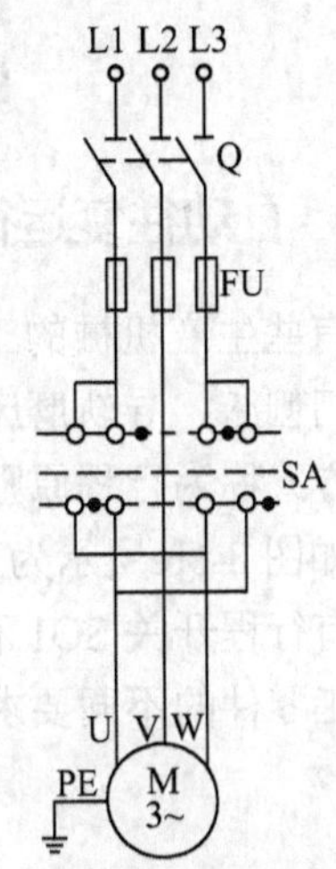

图 8-4 倒顺开关控制电动机可逆运行电路

2. 接触器互锁可逆运行控制电路

如图 8-5a 所示为接触器互锁可逆运行控制电路。图中采用了两个接触器 KM1 和 KM2 分别控制电动机的正转、反转运行，而 KM1 和 KM2 不能同时通电，否则，它们的主触点同时闭合，将造成 L1、L3 两相电源短路。为此，将接触器 KM1、KM2 的动断触点串接在对方线圈电路中，形成相互制约的控制。这种相互制约关系称为互锁控制，由接触器或继电器动断触点构成的互锁称为电气互锁，起互锁作用的触点称为互锁触点。但该电路在进行正反转切换时，必须先按停止按钮，而后再起动相反方向的控制，这就构成了正-停-反的操作顺序。

3. 按钮和接触器双重互锁的可逆运行控制电路

为缩短辅助工时，常要求电动机直接进行正反转的切换，可采用如图 8-5b 所示的电路进行控制。它是在图 8-5a 的基础上增设了起动按钮的动断触点作互锁，构成了具有电气、按钮双重互锁的控制电路。该电路既可实现正-停-反操作，又可实现正-反-停操作，使控制非常方便，并且安全可靠，在生产机械中用得很多。

除上述几种单向、可逆运行控制电路外，还可采用电磁起动器来控制电动机的单向或可逆运行。电磁起动器是一种直接起动器，是将接触器、热继电器和按钮等元件组合在一起的一种起动装置，分为可逆和不可逆两种。不可逆电磁起动器工作原理与图 8-2 所示控制电路相同；可逆电磁起动器的工作原理与图 8-5b 所示控制电路相同。常用的电磁起动器有 QC10、QC12 等系列。

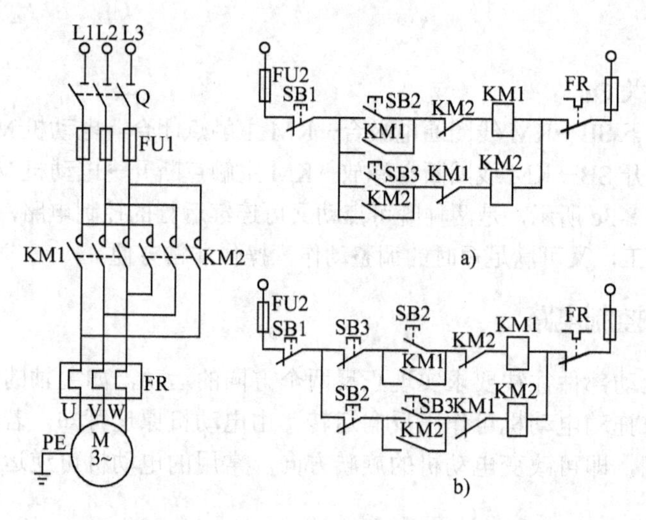

图 8-5　按钮接触器控制电动机可逆运行控制电路

8.2.3　自动往复运行控制电路

有些生产机械的工作台需要在一定距离内自动往复运行，以使工件能得到连续的加工，如龙门刨床、导轨磨床等。为此常利用行程开关作为控制元件来控制电动机的正反转，这种控制方式称为行程原则的自动控制。

如图 8-6b 所示为工作台自动往复运行的示意图。在工作台上装有档铁 1 和 2，机床床身上装有行程开关 SQ1 和 SQ2，工作台的行程可通过移动挡铁或行程开关的位置来调节，以适应加工零件的不同要求。SQ3 和 SQ4 用来作限位保护，即限制工作台运行超出其极限位置。

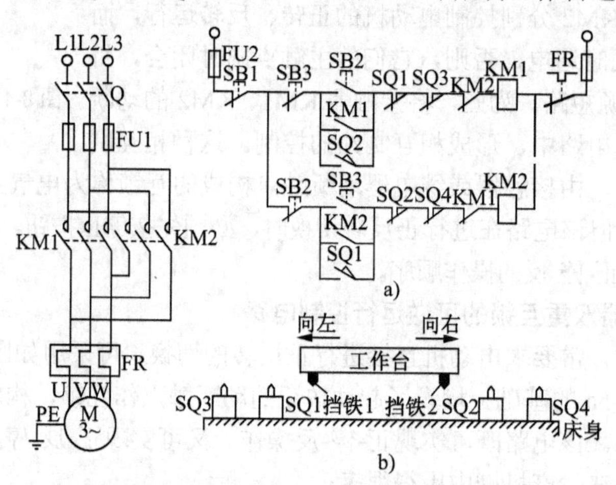

图 8-6　电动机自动往返运行控制电路

如图 8-6a 所示为电动机自动往复运行控制电路。合上电源开关 Q，按下起动按钮 SB2，接触器 KM1 线圈通电吸合并自锁，电动机正转起动，拖动工作台左移。当工作台运动到一定位置时，挡铁 1 压下行程开关 SQ1，其动断触点断开，使接触器 KM1 断电释放，电动机暂时脱离电源，同时 SQ1 动合触点闭合，使接触器 KM2 通电吸合并自锁，电动机反转拖动工作台右移。当工作台运动到挡铁 2 压下行程开关 SQ2 时，使 KM2 断电释放，KM1 重新通电吸合，电动机又开始正转。如此往复循环，直至按下停止按钮 SB1，电动机停止运行，加工结束。

由上述控制情况可以看出，工作台往返一次，电动机要进行两次反接制动和起动，将会出现较大的反接制动电流和机械冲击。因此，这种线路只适用于电动机容量较小，循环周期较长和电动机转轴具有足够刚性的拖动系统中。

8.2.4 多地点控制

对于大型生产机械，为了操作方便，常常要求在两个或两个以上的地点都能进行操作，称为多地点控制。实现这种控制的电路如图 8-7 所示（主电路略），即在各操作地点各安装一套按钮，其接线原则是：各起动按钮应并联连接，各停止按钮应串联连接。

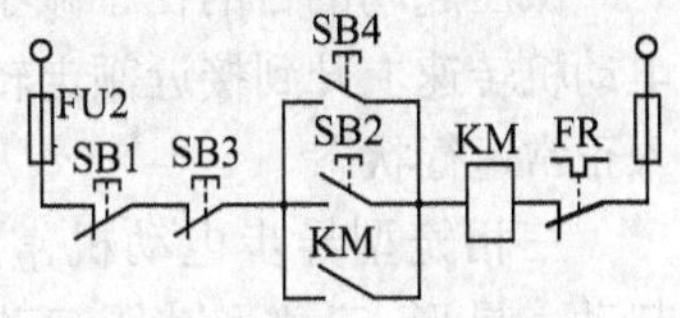

图 8-7 两地运行控制电路

除上述几种基本控制电路外，在多台电动机拖动的生产机械上，有时需要按一定的顺序起动和停车，才能保证操作过程的合理和工作的安全可靠，这些顺序关系反映在控制线路上，称为顺序控制。如铣床起动时，要求先起动主轴电动机，然后才能起动进给电动机。顺序控制的要求多种多样，可根据不同要求自行分析设计。

【例 8-1】 具有短路保护和过载保护的单向连续运行控制电路如图 8-8 所示，试分析该电路有何错误，应如何改正。

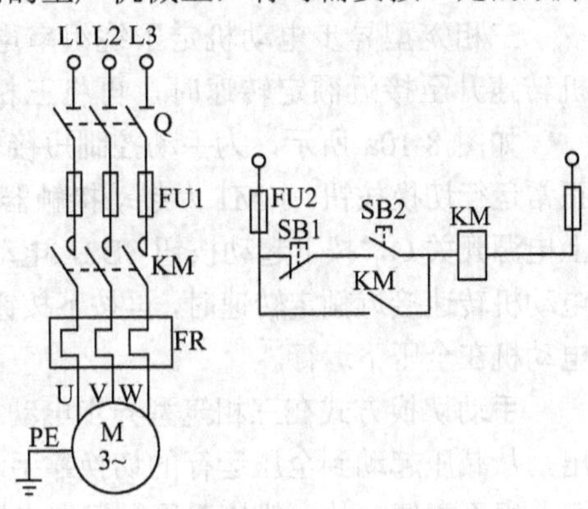

图 8-8 例题 8-1 电路

解：该电路中有两处错误，改正后方可实现正常起停控制。

（1）由于自锁触点同时并接了起动按钮 SB2 和停止按钮 SB1，使停止按钮失去了作用。所以该电路只能实现起动控制，不能完成电动机的停止控制。应把接触器 KM 的自锁触点改为并接在起动按钮 SB2 两端。

（2）主电路中虽串接了热继电器的热元件，但在控制电路中却未接热继电器的动断触点，这样即使电动机发生过载，热继电器动作也起不到保护作用，故还应在控制电路中串接一个热继电器的动断触点。

【例 8-2】具有过载保护的正反转连续运行控制电路如图 8-9 所示，试分析该电路有何错误，应如何改正。

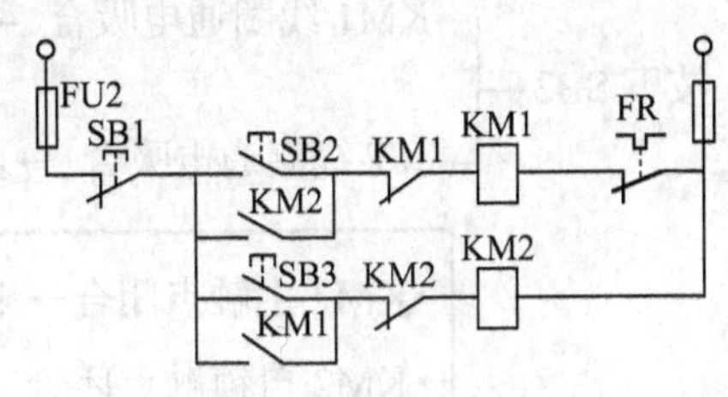

图 8-9 例题 8-2 电路

解：该电路中有三处错误，改正后方可实现正反转控制和过载保护。

（1）自锁触点应使用接触器自身的动合辅助触点，而不能使用对方接触器的动合辅助触点。因此 KM1 和 KM2 自锁触点的位置应该对换。

（2）两接触器线圈电路中串联的互锁触点应是对方的而不是自身的动断触点。因此互锁的 KM1 和 KM2 的动断触点位置也应对换。

（3）图中热继电器 FR 的动断触点只能对正转运行实现过载保护，而反转时即使热继电器动作也不能使电路断开。为了正反转时都具有过载保护，应将热继电器 FR 的动断触点改接在接触器 KM1 和 KM2 线圈的公共支路上。

8.3 三相笼型异步电动机减压起动控制电路

三相笼型异步电动机容量较大，不能进行直接起动时，应采用减压起动。

减压起动的目的在于减小起动电流，以减小供电线路因电动机起动引起的电压降。但当电动机转速上升到接近额定转速时，需将电动机定子绕组电压恢复到额定电压，使电动机进入正常运行状态。

三相笼型异步电动机常用的减压起动方法有：定子绕组串接电抗器（或电阻）减压起动；星形-三角形减压起动；自耦变压器减压起动及延边三角形减压起动，下面分别进行介绍。

8.3.1 定子绕组串接电抗器（或电阻）减压起动控制电路

三相笼型异步电动机定子绕组串电抗器减压起动时，利用串入的电抗降压限流,待电动机转速升至接近额定转速时，再将三相电抗器切除，使电动机在额定电压下运行。

如图 8-10a 所示，为手动控制短接电抗的减压起动控制电路。SB2 为起动按钮，SB3 为正常运行切换按钮，KM1 为起动接触器，KM2 为运行接触器，L 为三相电抗器。起动时，合上电源开关 Q，按下起动按钮 SB2，电动机定子绕组经 KM1 主触点串入电抗器减压起动。当电动机转速接近额定转速时，再按下按钮 SB3，使 KM2 线圈通电吸合并自锁，电抗器被短接，电动机在全压下运行。

手动切换方式在三相笼型异步电动机的减压起动控制中也可采用。但由上述分析可以看出，从减压起动到全压运行的切换靠手动操作，不仅需按两次按钮，而且需人为控制切换时间，很不方便，故一般均采用时间继电器自动切换的控制方式。

如图 8-10b 所示，即为按时间原则控制的自动切除电抗的减压起动控制电路。

电路工作原理如下：先合上电源开关 Q，

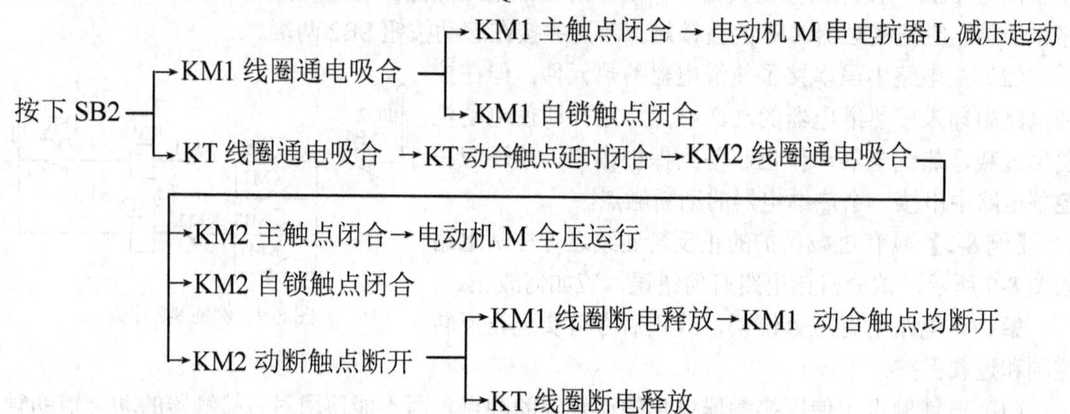

若定子绕组串电阻减压起动（控制电路与串电抗起动相同），也可减小起动电流，但所串电阻在起动过程中有较大的能量损耗，所以不适于经常起动的电动机。对于需点动调整的电动机，常采用串电阻减压方式来限制其起动电流。上述两种方法，均不受电动机接线形式的限制，但电压降低后，起动转矩与电压的平方成比例地减小，因此只适用于空载或轻载起动的场合。

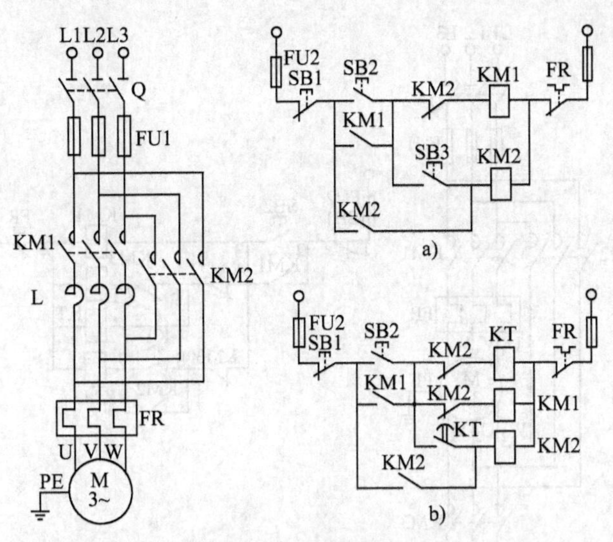

图 8-10　定子绕组串电抗减压起动控制电路

8.3.2　星形–三角形(Y–△)减压起动控制电路

凡是正常运行时三相定子绕组成三角形联结的三相笼型异步电动机，均可采用Y-△减压起动的方法来达到限制起动电流的目的。起动时，定子绕组先星形联结，待转速上升到接近额定转速时，将定子绕组的接线改为三角形联结，电动机便进入全压正常运行状态。

按时间原则自动控制的三相笼型异步电动机Y-△减压起动控制电路如图 8-11 所示。

工作原理如下：先合上电源开关 Q，

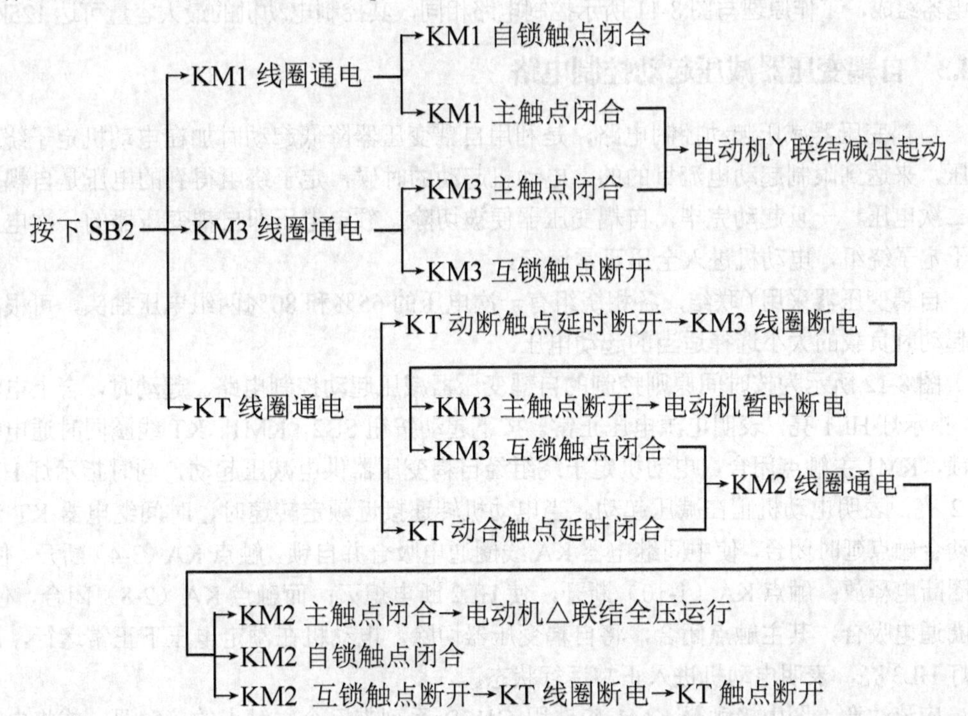

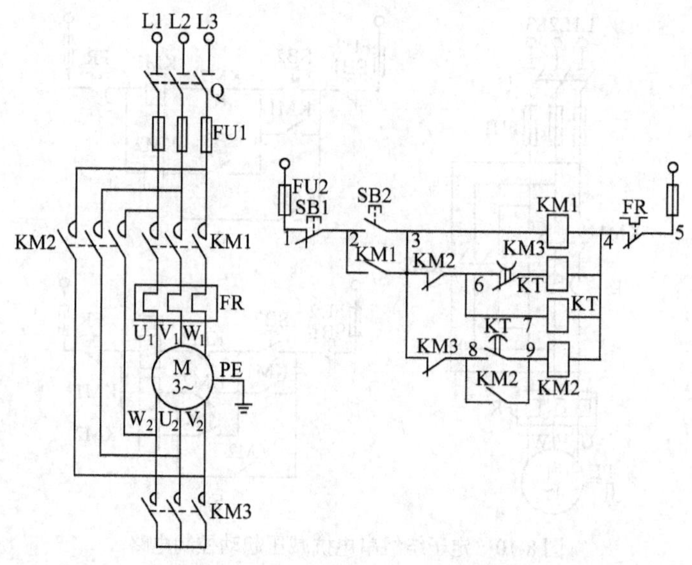

图 8-11　三接触器控制的电动机Y-△减压起动控制电路

三相笼型异步电动机采用Y-△减压起动，设备简单、经济，可频繁操作。但起动时，由于每相绕组的电压下降到正常工作电压的$1/\sqrt{3}$，故起动电流也下降到全压起动时的 1/3，其起动转矩也只有全压起动时的 1/3，且起动电压不能按实际需要调节，故这种起动方法只适用于空载或轻载起动的场合。

目前，手动操作和时间继电器自动切换的Y-△起动器均有现成产品，常用的 QX2 系列为手动切换方式，其余皆为自动切换方式。其中 QX3 系列由三个接触器、一个热继电器和一个时间继电器组成，工作原理与图 8-11 所示控制电路相同，其控制电动机的最大容量可达 125kW。

8.3.3　自耦变压器减压起动控制电路

自耦变压器减压起动控制电路，是利用自耦变压器降低起动时加在电动机定子绕组上的电压，来达到限制起动电流目的的。电动机起动的时候，定子绕组得到的电压是自耦变压器的二次电压，一旦起动完毕，自耦变压器便被切除，额定电压即自耦变压器的一次电压直接加于定子绕组，电动机进入全压正常运行。

自耦变压器采用Y联结，各相绕组有一次电压的 65%和 80%两组电压抽头，可根据电动机起动时负载的大小选择适当的起动电压。

图 8-12 所示为按时间原则控制的自耦变压器减压起动控制电路。起动时，合上电源开关 Q，指示灯 HL1 亮，表明电源电压正常。按下起动按钮 SB2，KM1、KT 线圈同时通电吸合并自锁，KM1 主触点闭合，电动机定子绕组经自耦变压器供电减压起动，同时指示灯 HL1 灭、HL2 亮，表明电动机正在减压起动。当电动机转速接近额定转速时，时间继电器 KT 动作，其动合触点延时闭合，使中间继电器 KA 线圈通电吸合并自锁，触点 KA（3-4）断开，使 KM1 线圈断电释放；触点 KA（1-10）断开，使 HL2 断电熄灭；而触点 KA（2-8）闭合，使 KM2 线圈通电吸合，其主触点闭合，将自耦变压器切除，电动机在额定电压下正常运行，同时指示灯 HL3 亮，表明电动机进入正常运行状态。

应该注意，图中接触器 KM1 应选用 CJ12B 系列带五个主触点的接触器，或将电路做适当变动，选用三个接触器控制的自耦变压器减压起动控制电路。

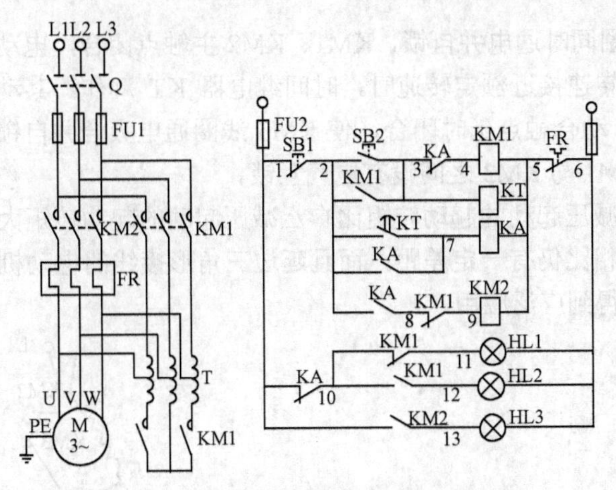

图 8-12　自耦变压器减压起动控制电路

一般工厂常用的自耦变压器减压起动是采用成品的补偿减压起动器。这种补偿起动器有手动和自动操作两种型式。手动操作的补偿器一般由自耦变压器、保护装置、触点系统和手动操作机构等组成，常用的有 QJ3、QJ5 等型号；自动操作的补偿器则由接触器、自耦变压器、热继电器、时间继电器和按钮等组成，常用的有 XJ01 型和 CT2 系列等。

电动机经自耦变压器减压起动时，加在定子绕组上的电压是自耦变压器的二次电压 U_2，自耦变压器的变压比为 $K=U_1/U_2>1$。由电机原理可知：自耦变压器减压起动时的电压为额定电压的 $1/K$ 时，电网供给的起动电流减小到 $1/K^2$，而起动转矩也降为直接起动时的 $1/K^2$，但大于Y-△减压起动时的起动转矩，并且可通过抽头调节自耦变压器的变压比来改变起动电流和起动转矩的大小。因此，这种方法适用于容量较大(可达 300kW)，且正常工作时为星形联结的电动机。其主要缺点是自耦变压器价格较贵，且不允许频繁起动。

8.3.4　延边三角形减压起动控制电路

三相笼型异步电动机采用Y-△减压起动，可在不增加专用起动设备的情况下实现减压起动，但由于起动转矩较小，应用受到一定的限制。而延边三角形减压起动是一种既不增加专用起动设备，又能得到较高起动转矩的减压起动方法，这种起动方法适用于定子绕组为特殊设计的异步电动机，其定子绕组共有九个接线端。

起动时，把定子三相绕组的一部分接成△，另一部分接成Y，使整个绕组接成如图 8-13a 所示形状(此时 KM1、KM2 动合触点均为闭合状态)。此时，电路像一个三角形的三边延长后的形状，故称为延边三角形起动电路。待电动机起动运行后，再将定子绕组改为三角形联结(此时 KM2、KM3 动合触点均为闭合状态)。图中，U3、V3、W3 为每相绕组的中间抽头。可以看出，星形联结部分的绕组，既是各相定子绕组的一部分，同时又兼作另一相定子绕组的减压绕组。其优点是在 U1、V1、W1 三相接入 380V 电源时，每相绕组所承受的电压比三角形联结时的相电压要低，比星形联结时的相电压要高，因此，起动转矩也大于Y-△减压起动时的转矩。接成延边三角形时，每相绕组的相电压、起动电流和起动转矩的大小，取决于每相定子绕组两部分的匝数比。在实际应用中，可根据不同的起动要求，选用不同的抽头比进行减压起动。但一般情况下，电动机的抽头比已确定，故不可能获得更多或任意的匝数比。

延边三角形减压起动控制电路如图 8-13b 所示。合上电源开关 Q，按下起动按钮 SB2，

KM1、KM2、KT 线圈同时通电并自锁，KM1、KM2 主触点闭合，电动机联结成延边三角形减压起动。当电动机转速接近额定转速时，时间继电器 KT 动作，其动断触点延时断开，使 KM1 线圈断电释放；动合触点延时闭合，使 KM3 线圈通电吸合并自锁，电动机成三角形联结正常运转。图中 KM1 与 KM3 之间设有电气互锁。

虽然延边三角形减压起动的起动转矩比Y-△减压起动的起动转矩大，但与自耦变压器减压起动时的最大转矩相比仍有一定差距，而且延边三角形接线的电动机制造工艺复杂，接线麻烦，所以目前尚未得到广泛应用。

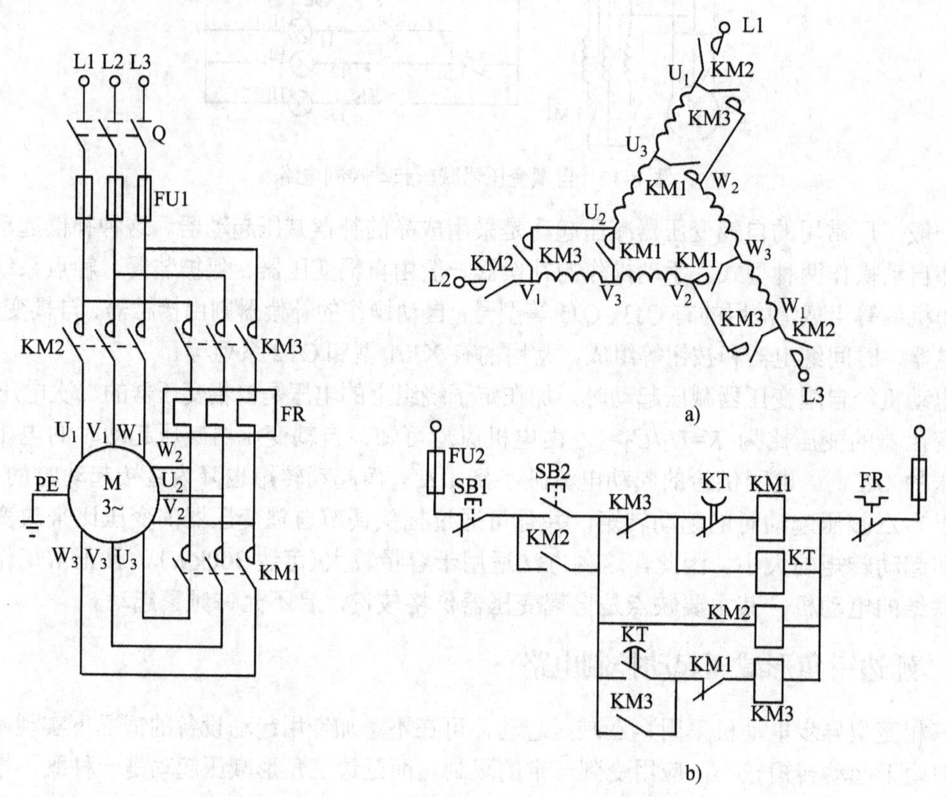

图 8-13　延边三角形减压起动控制电路

8.4　三相绕线转子异步电动机起动控制电路

三相绕线转子异步电动机可以通过滑环在转子绕组中串接外加电阻，来减小起动电流，提高转子电路的功率因数，增加起动转矩，并且还可以通过改变所串电阻的大小进行调速。所以在一般要求起动转矩较高和需要调速的场合，绕线转子异步电动机得到了广泛应用。

三相绕线转子异步电动机的起动有转子绕组串接起动电阻和串接频敏变阻器起动等方法。

8.4.1　转子绕组串接电阻起动控制电路

串接在三相转子绕组中的起动电阻，一般都星形成联结。起动开始时，起动电阻全部接入，以减小起动电流，保持较高的起动转矩。随着起动过程的进行，起动电阻依次被短接，起动结束时，起动电阻被全部切除，电动机在额定转速下运行。实现这种切换可以采用时间原则控制，也可采用电流原则进行控制。

1．时间继电器控制电路

图 8-14 所示为时间原则控制转子绕组串三级电阻起动控制电路。

其工作原理如下：先合上电源开关 Q，

按下 SB2→KM1 线圈通电
- →KM1 主触点闭合→电动机 M 串三级电阻起动
- →KM1 自锁触点闭合→KT1 线圈通电

→KT1 动合触点延时闭合→KM2 线圈通电
- →KM2 主触点闭合→切除 *R*1
- →KM2 自锁触点闭合
- →KM2 动合触点闭合→KT2 线圈通电→KT2 动合触点延时闭合

→KM3 线圈通电
- →KM3 主触点闭合→切除 *R*2
- →KM3 自锁触点闭合
- →KM3 动合触点闭合→KT3 线圈通电

→KT3 动合触点延时闭合→KM4 线圈通电
- →KM4 主触点闭合→切除所有外接电阻→M 进入正常运行
- →KM4 自锁触点闭合
- →KM4 动断触点断开→KT1、KM2、KT2、KM3、KT3 线圈均断电释放

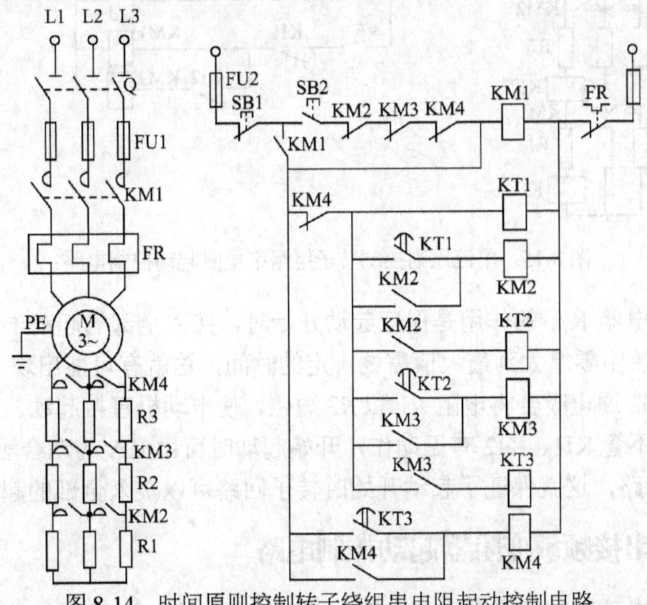

图 8-14　时间原则控制转子绕组串电阻起动控制电路

由以上分析可知：电路中只有KM1、KM4线圈长期通电，而KT1、KT2、KT3与KM2、KM3线圈只在电动机起动过程中短时通电，这样不仅节省电能，延长了电器使用寿命，更为重要的是可以减少电路故障，保证电路安全可靠地工作。另外，电路中只有当KM1、KM2、KM3串联在一起的动断触点均闭合，即保证三个接触器都处于断电释放状态时，按下起动按钮SB2才能使电动机起动，这样可以防止电动机不串电阻直接起动。

2. 电流继电器控制电路

如图8-15所示为按电流原则控制自动短接起动电阻的控制电路。它是利用电动机在起动过程中转子电流的变化来控制起动电阻的切除。图中，KI1、KI2为电流继电器，其线圈串接于电动机转子电路中，并调节其吸合电流相同，释放电流不同，使KI1释放电流大于KI2的释放电流。刚起动时电流大，两电流继电器同时吸合动作，其动断触点全部断开，使接触器KM1、KM2处于断电状态，于是转子电路两级起动电阻全部接入。当电动机转速升高，转子电流减小后，KI1首先释放，其动断触点闭合，使KM1线圈通电吸合，KM1主触点闭合，*R*1被短接。*R*1被切除后瞬间，转子电流重新增加，但随电动机转速的上升，转子电流又下降，到达KI2释放值时，KI2释放，其动断触点闭合，使KM2线圈通电吸合，*R*2被短接，电动机起动过程结束，进入正常运行。

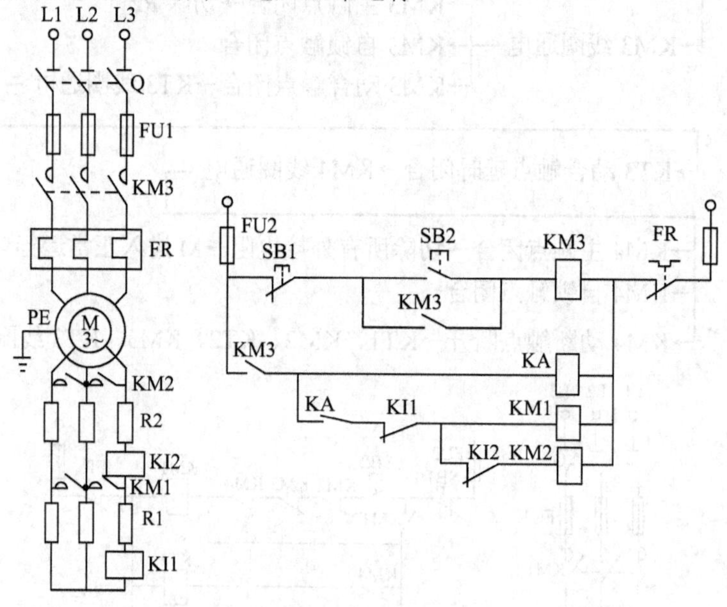

图8-15　电流原则控制转子绕组串电阻起动控制电路

线路中中间继电器KA的作用是保证起动开始时，接入全部的起动电阻。由于电动机开始起动时，起动电流由零增大到最大值需要一定的时间，这就有可能出现KI1和KI2还未动作，而KM1和KM2通电吸合将电阻*R*1和*R*2短接，使电动机直接起动。电路中设置了中间继电器KA以后，不管KI1、KI2有无动作，开始起动时可由KA的动合触点来切断KM1和KM2线圈的通电回路，这就保证了起动开始时转子回路可以接入全部的起动电阻。

8.4.2　转子绕组串接频敏变阻器起动控制电路

绕线转子异步电动机转子绕组串接电阻的起动方法，在电动机的起动过程中，由于电阻是逐级减小的，在减小电阻的瞬间，电流及转矩突然增加会产生一定的机械冲击力。同时，串接电阻起动的控制线路复杂，而且电阻器较笨重，能量损耗也较大，一般情况下，起动电阻以不超过四级为宜。

1. 频敏变阻器的结构和工作原理

从上世纪 60 年代开始，广泛采用频敏变阻器来代替起动电阻以控制绕线转子异步电动机的起动。频敏变阻器是一种静止的无触点电磁元件，利用它对频率的敏感而自动变阻。频敏变阻器实质上是一个铁损很大的三相电抗器，其结构类似于没有二次绕组的三相变压器，主要由钢板叠成的铁心和绕组两部分组成，绕组有几个抽头，一般Y成联结。将频敏变阻器接入绕线转子异步电动机转子电路中，其由绕组电抗和铁心损耗(主要是涡流损耗)决定的等效阻抗随转子电流频率的变化而变化。电动机刚起动的瞬间，转差率最大(接近于 1)，转子电流的频率也最高(等于交流电源的频率)，频敏变阻器的等效阻抗值也就最大，所以限制了电动机的起动电流；随着转子转速的升高，转子电流在减小，转子电流的频率逐渐下降，频敏变阻器的等效阻抗值也自动平滑地减小。因此整个起动过程中等效阻抗逐渐自动变小，而转矩基本保持不变。起动完毕后，频敏变阻器便从转子电路中切除。

2. 转子绕组串接频敏变阻器起动控制电路

图 8-16 所示为转子绕组串接频敏变阻器起动控制电路。图中 RF 为频敏变阻器，TA 为电流互感器，KI 为过电流继电器。电路工作情况如下：合上自动开关 QF，指示灯 HL1 亮，表示电源电压正常。按下起动按钮 SB2，KM1、KT 线圈同时通电吸合并自锁，KM1 主触点闭合，电动机定子绕组接通电源，转子绕组接入频敏变阻器起动，同时指示灯 HL2 亮，表示电动机正处于起动运行状态。随着转子转速的上升，转子电流频率减小，频敏变阻器等效阻抗值逐渐减小。当电动机转速接近额定转速时，时间继电器 KT 动作，其动合触点延时闭合，使中间继电器 KA 线圈通电吸合并自锁，KA 的动合触点闭合使 KM2 线圈通电吸合，KM2 主触点闭合将频敏变阻器短接；同时 KA 的动断触点断开，指示灯 HL2 灭，而 KM2 动合辅助触点闭合，使指示灯 HL3 亮，表示电动机进入正常运行状态，KM2 动断辅助触点断开，使 KT 线圈断电释放；位于主电路中的 KA 动断触点断开，将过电流继电器 KI 串入定子电路，对电动机进行过电流保护。该控制电路使用时，应注意调节时间继电器 KT，使其延时时间略大于电动机实际起动时间 2～3s 为宜，这样可防止过电流继电器过早接入定子电路而发生误动作；同时电流互感器 TA 的二次侧必须可靠接地。

频敏变阻器是绕线转子异步电动机的一种较为理想的起动装置。它可以自动平滑地调节起动电流并得到大致恒定的起动转矩，且结构简单、运行可靠、无需经常维修，但其功率因数低，起动转矩较小，因而对于要求起动转矩大的生产机械不宜采用。当电动机反接时，频敏变阻器的等效阻抗最大，在反接制动到反向起动的过程中，其等效阻抗随转子电流频率的减小而减小，转矩也接近恒定。因此，频敏变阻器尤为适用于反接制动和需要频繁正反转的生产机械。也有由自动开关、接触器、频敏变阻器、时间继电器等低压电器组合而成的绕线转子异步电动机用频敏变阻器起动控制柜，广泛用于冶金、矿山、轧钢等工矿企业，控制电动机容量可由几十瓦到几百千瓦。

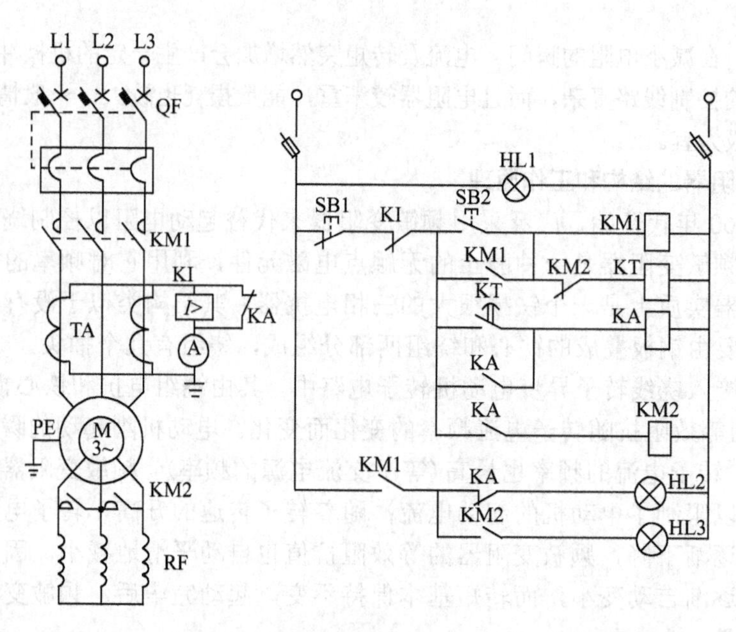

图 8-16 时间原则控制转子绕组串频敏变阻器起动控制电路

3. 频敏变阻器的调整

常用的频敏变阻器有 RF1、RF2、RF3 等系列。变阻器出厂时上下铁心间气隙为零。使用时可在上下铁心间增减非磁性垫片来调节气隙的大小，增大气隙，可使起动电流略有增加。变阻器绕组有三个抽头，分别为100%、85%、71%匝数，出厂时接在 85%匝数上，若起动时起动电流过大，起动太快，可增加匝数，使阻抗变大，从而减小起动电流和起动转矩。反之，则应使匝数减小。

8.5 三相异步电动机电气制动控制电路

三相异步电动机定子绕组脱离电源后，由于惯性作用，转子需经一定时间后才停止转动，这往往不能满足某些生产机械的工艺要求，也影响生产率的提高，并造成运动部件停位不准确。为此，应对拖动电动机采取有效的制动措施。

异步电动机的制动方法有两大类：机械制动与电气制动。所谓机械制动，是在切断电动机电源后，利用机械装置所产生的作用力使电动机迅速停转的一种方法，应用较普遍的机械制动装置有电磁抱闸和电磁离合器两种，其制动原理基本相同，多用于系统惯性较大且需经常制动的场合，如起重、卷扬设备等；而电气制动则是使电动机工作在制动状态，使其产生一个与原来旋转方向相反的制动转矩，从而使电动机迅速停止转动。电气制动有反接制动，能耗制动和回馈制动等方式，下面仅介绍常用的反接制动与能耗制动。

8.5.1 反接制动控制电路

三相异步电动机的反接制动有两种情况：一种是在负载转矩作用下使正转接线的电动机出现反转的倒拉反接制动，它往往出现在位能负载的场合，如起重机下放重物时，为了使下降速度不致太快，就常用这种工作状态，这种制动不能实现电动机转速为零；另一种是电源反接的反接制动，即改变异步电动机三相电源的相序，从而使定子绕组的旋转磁场反向，转子受到与原旋转方向相反的制动转矩而迅速停转。

电源反接制动时，转子与定子旋转磁场的相对速度接近于 2 倍的同步转速，以致使反接制动电流相当于全压起动时起动电流的 2 倍。为防止绕组过热和减小制动冲击，一般应在电动机定子电路中串入反接制动电阻。反接制动电阻的接法有对称接法与不对称接法两种。此外，在制动过程中，当电动机转速接近零时应及时切断三相电源，否则，电动机将会反向起动。为此，在一般反接制动控制电路中常利用速度继电器进行自动控制。

1．单向运行反接制动控制电路

单向起动反接制动控制电路如图 8-17 所示。它的主电路和正反转控制的主电路基本相同，只是增加了三个限流电阻。图中 KM1 为正转运行接触器，KM2 为反接制动接触器，速度继电器 KS 与电动机 M 用虚线相连表示同轴。

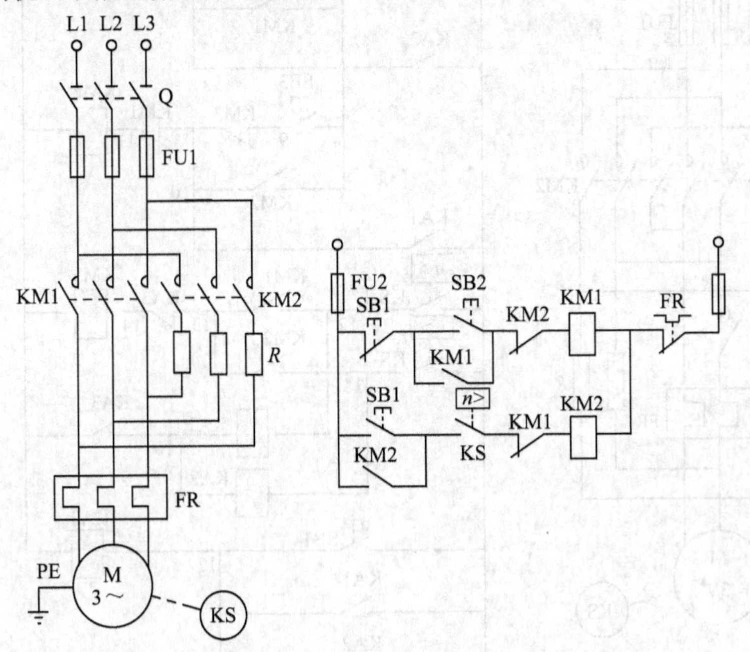

图 8-17　电动机单向运行反接制动控制电路

起动时，先合上电源开关 Q，按下起动按钮 SB2，KM1 线圈通电吸合并自锁，其主触点闭合，电动机接通三相电源直接起动。当电动机转速升到一定值时，KS 动合触点闭合，为反接制动作准备。需停车时，将 SB1 按到底，KM1 线圈断电释放，电动机瞬时失电作惯性旋转，KM1 互锁触点闭合，使 KM2 线圈通电吸合并自锁，电动机定子绕组串入限流电阻 R 进行反接制动，使电动机转速迅速下降，至速度继电器复位值时，KS 动合触点复位，使 KM2 线圈断电释放，电动机及时脱离电源，制动结束。

电动机定子绕组的相电压为 380V 时，若要限制反接制动电流不大于起动电流，则三相电路每相应串入的电阻 R（Ω）可根据经验公式估算

$$R \approx 1.5 \times \frac{220}{I_s}$$

式中 I_s——电动机全压起动时的起动电流（A）。

如果反接制动只在任意两相定子绕组中串联电阻，则电阻值应取上述估算值的 1.5 倍，当电动机容量较小时，也可不串接限流电阻。

2．可逆运行反接制动控制电路

可逆运行反接制动控制电路如图 8-18 所示。图中 KM1、KM2 为电动机正、反转运行接触器，同时又互为对方反接制动接触器，KM3 为短接反接制动电阻接触器，KA1～KA3 为中间继电器，KS 为速度继电器，其中 KS-1 为正转触点，KS-2 为反转触点，*R* 为限流电阻。

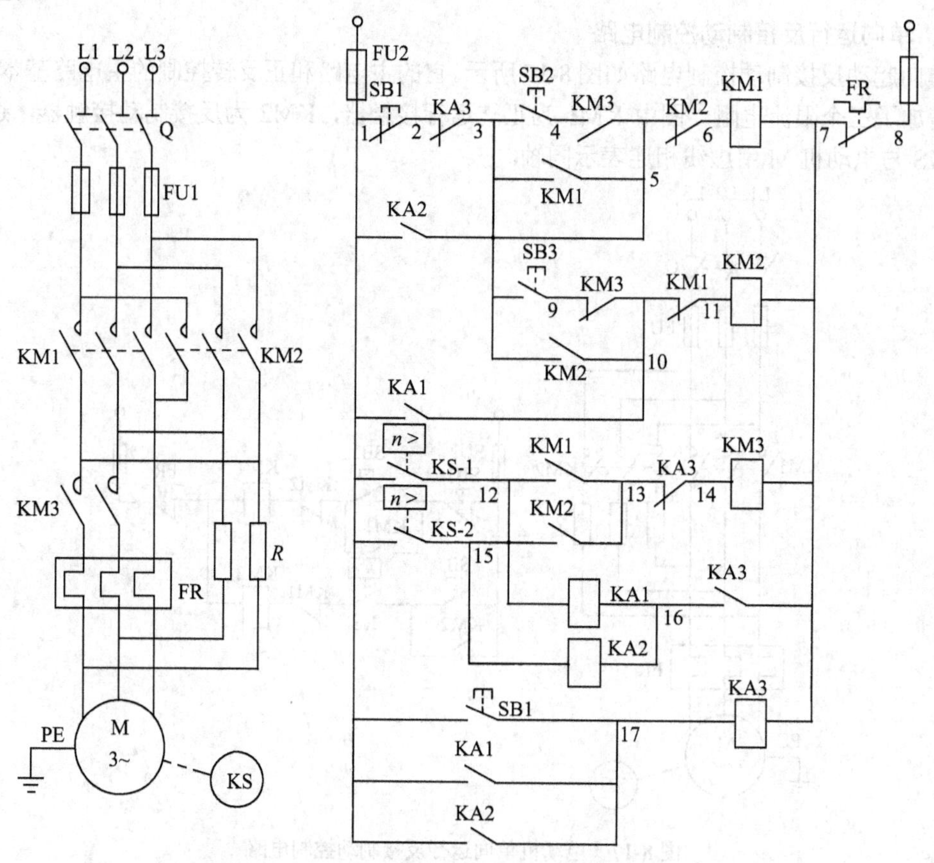

图 8-18 电动机可逆运行反接制动控制电路

当电动机正向起动时，合上电源开关 Q，按下正向起动按钮 SB2，KM1 线圈通电吸合并自锁，其主触点闭合，电动机定子绕组串入限流电阻 *R*，正向减压起动，当转速达到速度继电器动作值时，其正转触点 KS-1 闭合，使 KM3 线圈通电吸合，*R* 被短接，电动机进入全压正常运行。

需要停车时，按下停止按钮 SB1，KM1、KM3 线圈相继断电释放，电动机脱离电源并接入限流电阻。当 SB1 按到底时，KA3 线圈通电吸合，其动断触点 KA3（13-14）断开，确保 KM3 线圈处于断电状态，即保证限流电阻的接入；而另一动断触点 KA3（16-7）闭合，此时由于电动机具有惯性，其转速仍大于速度继电器的复位值，使触点 KS-1 仍处于闭合状态，因而使 KA1 线圈通电吸合，其动合触点 KA1（1-17）闭合，使 KA3 线圈保持通电状态；而另一动合触点 KA1（1-10）闭合，使 KM2 线圈通电吸合。于是，电动机定子绕组串入限流电阻并接入反相序电源进行反接制动，使电动机转速迅速下降，至速度继电器复位值时，正转触点 KS-1 断开，使 KA1、KM2、KA3 线圈相继断电释放，电动机及时脱离电源，反接制动结束。

电动机反向起动和反接制动过程与上述情况相似，读者可自行分析。

由上述分析可知，电阻 R 具有限制起动电流和反接制动电流的双重作用。停车制动时必须将停止按钮 SB1 按到底，否则将无反接制动效果。热继电器 FR 的热元件接于图中位置，可避免起动电流和制动电流的影响而产生误动作。此外，电动机反接制动的效果与速度继电器触点反力弹簧的松紧程度有关。若反力弹簧调得过紧，电动机转速较高时，其触点即在反力弹簧作用下断开，则过早切断了反接制动电路，使反接制动效果明显减弱；若反力弹簧调得过松，则速度继电器触点断开过于迟缓，使电动机制动结束时可能出现短时反转现象。因此，必须适当调整速度继电器反力弹簧的松紧程度，以使其适时地切断反接制动电路。

反接制动制动转矩大，制动迅速，但是制动准确性较差，制动过程中冲击力强烈，易损坏传动零件。此外，在制动过程中，由电网供给的电磁功率和运动系统储存的动能，全部转变为电动机的热损耗，因此能量损耗大，而且对于笼型异步电动机，转子内部无法串接外加电阻，这就限制了笼型异步电动机每小时反接制动的次数。所以，反接制动一般只适用于系统惯性较大，制动要求迅速且不频繁的场合。

8.5.2 能耗制动控制电路

所谓能耗制动，就是在三相异步电动机脱离三相交流电源后，迅速在定子绕组上加一直流电源，使其产生静止磁场，利用转子感应电流与静止磁场的作用达到制动的目的。

能耗制动时制动转矩的大小，与通入定子绕组的直流电流的大小有关。电流越大，静止磁场越强，产生的制动转矩就越大。但通入的直流电流不能太大，一般约为异步电动机空载电流的 3～5 倍，否则会烧坏定子绕组。直流电源可通过整流电路获得。

1. 时间原则控制的电动机单向运行能耗制动控制电路

如图 8-19 所示为时间原则控制的电动机单向运行能耗制动控制电路。其直流电源为带整流变压器的单相桥式整流电路，这种整流电路制动效果较好，而对于容量较大的电动机则应采用三相整流电路。图中 KM1 为单向运行接触器，KM2 为制动接触器，T 为整流变压器，UR 为桥式整流器，KT 为制动时间继电器，RP 为电位器。

控制电路工作原理如下：先合上电源开关 Q，

起动过程：

按下 SB2→KM1 线圈通电 →KM1 自锁触点闭合
　　　　　　　　　　　 →KM1 主触点闭合→电动机 M 全压起动运转
　　　　　　　　　　　 →KM1 互锁触点断开

停车制动过程：

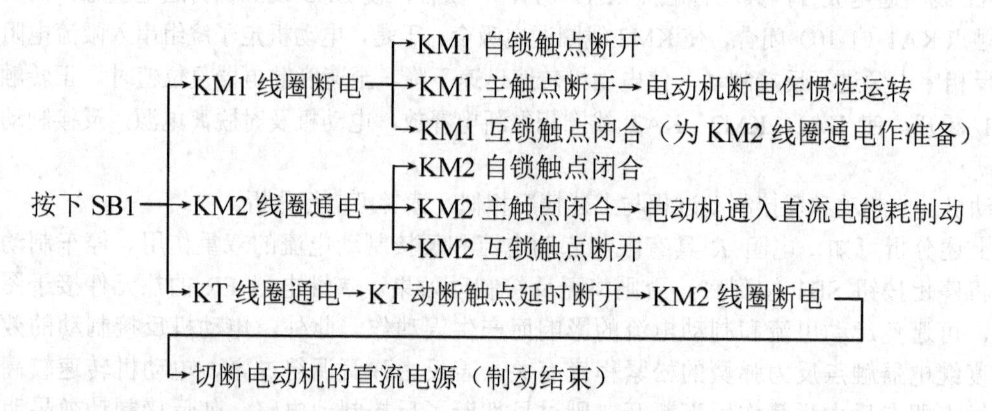

2．速度原则控制电动机可逆运行能耗制动控制电路

如图 8-20 所示为速度原则控制的电动机可逆运行能耗制动控制电路。图中 KM1、KM2 为正、反转运行接触器，KM3 为制动接触器，KS 为速度继电器，其中 KS-1 为正转触点，KS-2 为反转触点，RP 为电位器。

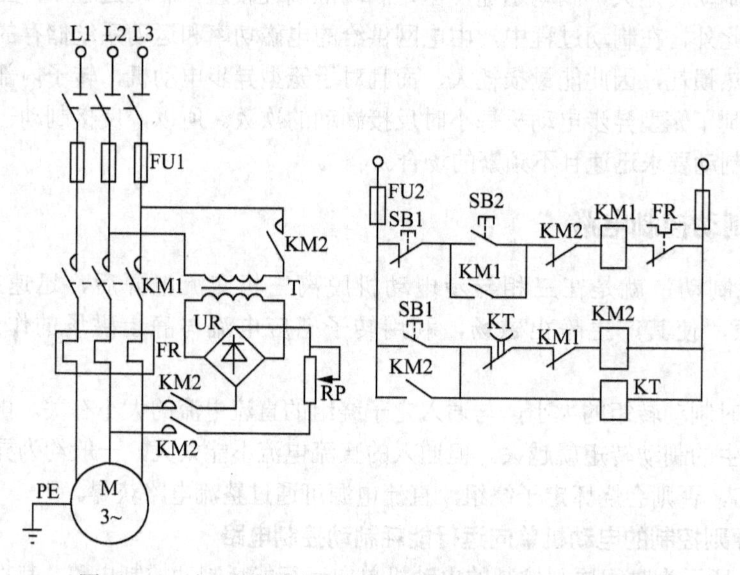

图 8-19　时间原则控制电动机单向运行能耗制动控制电路

当电动机正向起动时，合上电源开关 Q，按下起动按钮 SB2，KM1 线圈通电吸合并自锁，电动机正向起动运行，达到速度继电器动作值时，其正转触点 KS-1 闭合，为制动作准备。需要停车时，按下停止按钮 SB1，KM1 线圈断电释放，切断了电动机三相电源。由于此时电动机惯性转速仍大于速度继电器的复位值，使触点 KS-1 仍保持闭合状态，从而使 KM3 线圈通电吸合并自锁，其主触点闭合将直流电接入定子绕组，实现能耗制动，使电动机转速迅速降低，至速度继电器复位值时，正转触点 KS-1 断开，使 KM3 线圈断电释放，切断直流电源，能耗制动结束。电路中，正反向运行之间，起动与制动控制之间都设置了互锁保护。

时间原则控制的能耗制动，一般适用于负载转矩和负载转速比较稳定的电动机，这样时间继电器的整定值比较固定。而对于那些通过传动系统来实现负载速度变换的生产机械，则采用速度原则控制较为合适。

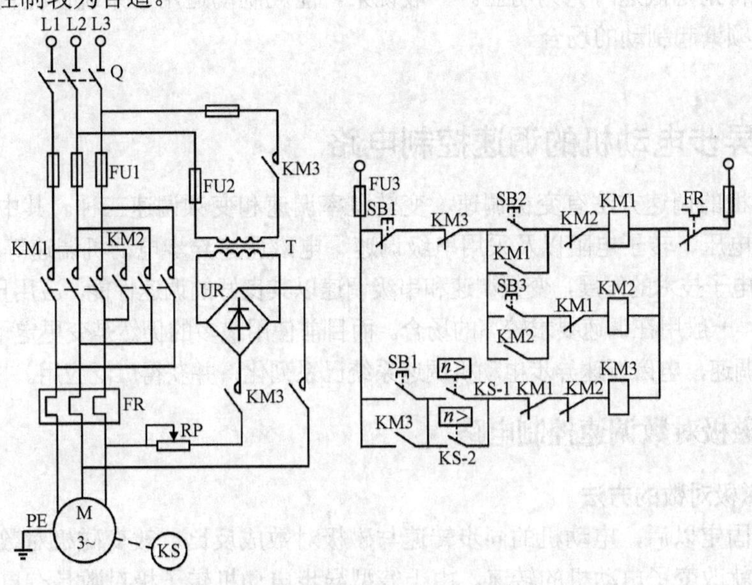

图 8-20 速度原则控制电动机可逆运行能耗制动控制电路

3. 无变压器单管能耗制动控制电路

10kW 以下的小容量电动机，在制动要求不高的场合，可采用无变压器的单管能耗制动控制电路，如图 8-21 所示。这种线路设备简单，体积小，成本低。其控制电路的组成和工作原理与图 8-19 所示控制电路完全相同。而直流电源是由电源 L3→KM2 主触点→U、V 绕组→W 绕组→KM2 主触点→二级管 V→电阻 R→中线 N，构成半波整流回路。制动时 U、V 两相绕组被 KM2 主触点短接，如果不加短接，则只能有单方向制动转矩。

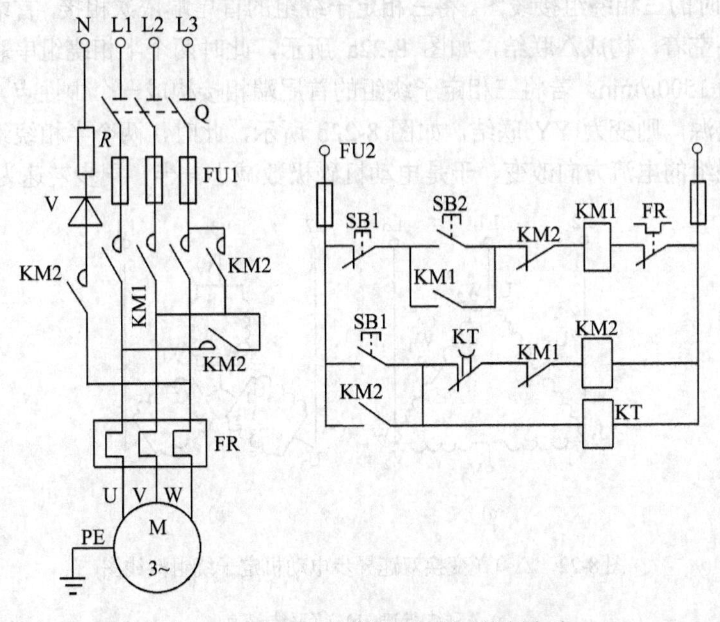

图 8-21 无变压器单管能耗制动控制电路

能耗制动与反接制动相比能量损耗较小，且制动平稳、准确，但需附加直流电源装置，制动力较弱，特别是低速时尤为明显。一般说来，能耗制动适用于系统惯性较小，制动要求平稳准确和需频繁起制动的场合。

8.6 三相异步电动机的调速控制电路

异步电动机的调速方法有变极调速、变转差率调速和变频调速三种。其中变转差率调速可通过调定子电压、转子电阻以及采用串级调速、电磁调速异步电动机调速等方法来实现。

随着电力电子技术的发展，变频调速和串级调速以其良好的调速性能，应用日益广泛，但其控制线路复杂，一般用在调速要求较高的场合。而目前使用最多的仍然是变更定子极对数调速和改变转子电阻调速，电磁调速异步电动机调速系统已系列化，并获得广泛应用。

8.6.1 改变磁极对数调速控制电路

1. 改变磁极对数的方法

电网频率固定以后，电动机的同步转速与磁极对数成反比。改变磁极对数，同步转速会随之变化，也就改变了电动机的转速。由于笼型异步电动机转子极对数具有自动与定子极对数相等的能力，所以变极调速仅适用于三相笼型异步电动机。

笼型异步电动机一般采用以下两种方法来变更定子绕组的极对数：一是改变定子绕组的联结，即改变每相定子绕组中半相绕组的电流方向；二是在定子上设置具有不同极对数的两套相互独立的绕组，有时同一台电动机为了获得更多的速度等级，上述两种方法往往同时采用。

双速异步电动机是变极调速中最常用的一种形式。其定子绕组的联结方法有Y-YY与△-YY变换两种，它们都是靠改变每相绕组中半相绕组的电流方向来实现变极的。如图 8-22 所示为△-YY变换时的三相绕组接线图。将三相定子绕组的首尾端依次相接，首端引出接于三相电源，中间抽头空着，构成△联结，如图 8-22a 所示，此时两个半相绕组串联，磁极数为 4 极，同步转速为 1500r/min。若将三相定子绕组的首尾端相接构成一个中性点，而将各相绕组的中间抽头接电源，则变为 YY 联结，如图 8-22b 所示，此时，两个半相绕组并联，从而使其中一个半相绕组的电流方向改变，于是电动机磁极数减小一半，同步转速为 3000r/min。

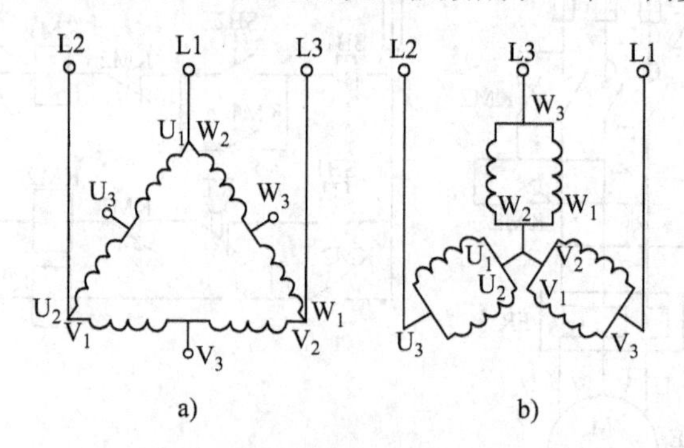

图 8-22 △-YY变换双速异步电动机定子绕组接线图

a) △联结-低速 b) YY联结-高速

应当注意，由于极对数的改变，不仅使转速发生了改变，而且三相定子绕组中电流的相序也改变了，为了变极后仍维持原来的转向不变，就必须在改变极对数的同时，改变三相绕组接线的相序，如图 8-22 所示，将 L1 相和 L3 相对换一下。此外，多速电动机的调速性质也与其绕组联结方式有关，可以证明：Y-YY变换的双速异步电动机属于恒转矩调速性质，而△-YY变换的双速异步电动机则属于恒功率调速性质。

2. 双速笼型异步电动机控制电路

时间原则控制的双速异步电动机控制电路如图 8-23 所示。当合上电源开关 Q，按下低速起动按钮 SB2 时，KM1 线圈通电吸合并自锁，电动机以△联结低速起动运行。若按下高速起动按钮 SB3 时，则通过时间继电器 KT 的瞬时触点先接通 KM1 线圈，使电动机以△联结低速起动。待电动机转速升至一定值后，时间继电器 KT 动断触点延时断开，使 KM1 线圈断电释放；同时 KT 动合触点延时闭合，使 KM2、KM3 线圈通电吸合，电动机切换至以YY联结的高速运行。

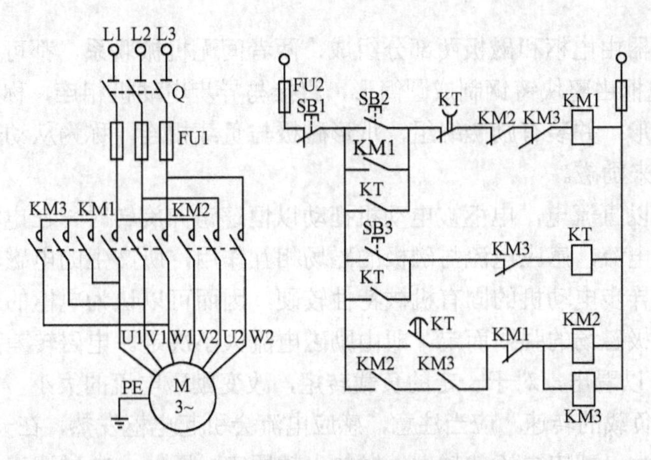

图 8-23　双速异步电动机控制电路

多速电动机起动时宜先接成低速，然后再换接为高速，这样可获得较大的起动转矩。

生产中有大量的生产机械，它们并不需要连续平滑调速，只需要几种特定的转速即可，而且对起动性能没有高的要求，一般只在空载或轻载下起动，在这种情况下采用变极对数调速的多速笼型异步电动机是合理的。多速电动机虽体积稍大，价格稍高，但结构简单、效率高、特性好，因此，广泛用于机电联合调速的场合，特别是中小型机床上用得极多。

8.6.2　转子电路串电阻调速

转子电路串电阻调速只适用于绕线转子异步电动机，随转子电路串联电阻的增大，电动机的转速降低，其起动电阻可兼作调速电阻使用。

绕线转子异步电动机转子电路串联电阻调速属于有级调速，其最大缺点是将一部分本可以转化为机械能的电能，消耗在电阻上变为热能散发掉，从而降低了电动机的效率。但这种调速方法简单可靠，便于操作，所以在起重机、吊车一类的重复短时工作的生产机械中被普遍采用。

8.6.3 电磁调速异步电动机调速控制电路

1. 系统组成和工作原理

电磁调速异步电动机调速系统是通过改变电磁离合器的励磁电流来实现调速的。其调速系统原理框图如图 8-24 所示，由笼型异步电动机、电磁转差离合器和晶闸管整流电源及其控制装置组成。晶闸管整流电源功率较小，通常采用单相半波、全波或桥式整流电路控制电磁转差离合器的励磁电流。

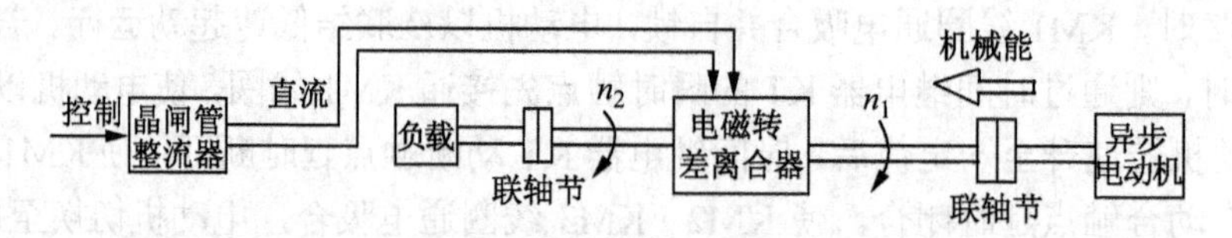

图 8-24 电磁调速异步电动机调速系统原理图

电磁转差离合器由电枢和磁极两部分组成，两者间无机械联系，都可自由旋转，其结构如图 8-25 所示。电枢由整块铸钢制成圆筒形，直接与异步电动机相连，称为主动部分；磁极由铁磁材料制成爪形，并装有励磁绕组，爪形磁极与负载相连，称为从动部分，励磁绕组经集电环通入直流电来励磁。

当励磁绕组通以直流电，电枢被电动机拖动以恒速定向旋转时，在电枢中就要产生感应电动势并形成感应电流，感应电流与磁极的磁场相互作用，所产生的电磁转矩使磁极随电枢同方向旋转。由于异步电动机的固有机械特性较硬，因而可以认为电枢的转速近似不变，而磁极的转速则由磁极磁场的强弱而定，即由励磁电流大小决定。电磁转差离合器的机械特性如图 8-26 所示。可以看出，对于一定的负载转矩，改变励磁电流的大小，就可以改变磁极的转速，也即改变了负载的转速，应当注意，感应电流会引起电枢发热，在一定的负载转矩下，转速越低，转差越大，感应电流就越大，发热也越厉害。因此，电磁调速异步电动机不宜长期低速运行，而且电磁转差离合器的机械特性较软，为了获得平滑稳定的调速特性，需加自动调速装置。

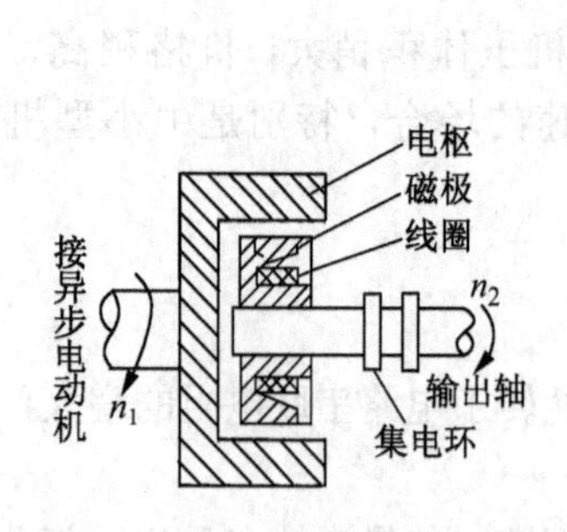

图 8-25 电磁离合器结构示意图

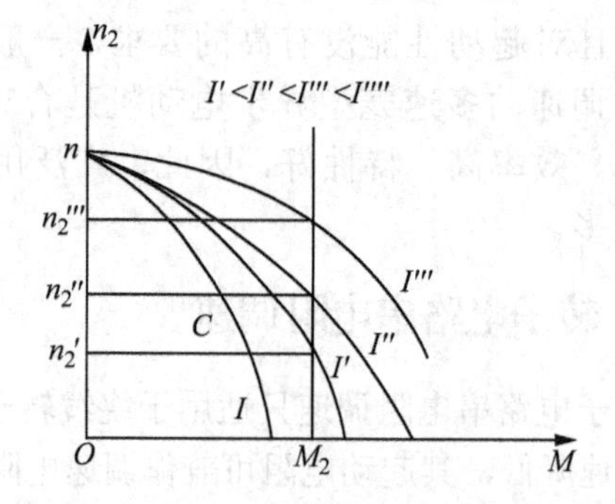

图 8-26 电磁转差离合器机械特性

由上可知，当励磁电流为零时，磁极不会跟随电枢转动，这就相当于磁极与电枢“离开”，一旦磁极加上励磁电流，磁极即刻转动，相当于磁极与电枢“合上”，因此称为“离合器”。又因它是基于电磁感应原理工作的，而且磁极与电枢之间一定要有转差才能产生涡流与电磁转矩，因此称为“电磁转差离合器”。又因其工作原理与三相异步电动机相似，所以，又常将它连同拖动它的异步电动机一起称作“滑差电动机”。

2．电磁调速异步电动机控制电路

具有速度负反馈的电磁调速异步电动机控制电路如图 8-27 所示。图中 VC 是晶闸管可控整流电源，作用是将单相交流电变换成直流电，其大小可通过电位器 RP 进行调节。TG 是测速发电机，由它取出的电动机转速信号，反馈给晶闸管可控整流电路后，控制系统可自动调整励磁电流的大小，以稳定电动机的转速，从而改善了电磁调速异步电动机的机械特性。

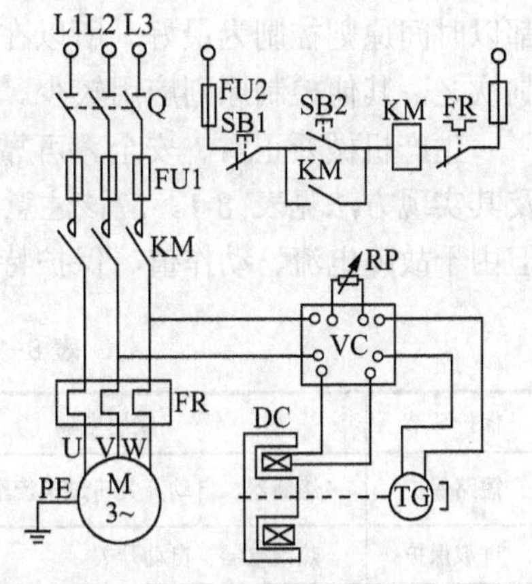

图 8-27　电磁调速异步电动机控制电路

控制电路的工作原理如下：合上电源开关 Q，按下起动按钮 SB2，电动机 M 起动运行，同时也接通了晶闸管整流器 VC 的电源，使电磁转差离合器励磁绕组接通直流电源，于是磁极便随电动机及电枢同向转动。调节电位器 RP，即可改变磁极的转速，从而调节了被拖动负载的转速。

电磁调速异步电动机调速系统结构简单，运行可靠，可实现平滑无级调速，且增加速度负反馈控制环节后调速相当精确，但低速运行时损耗较大，且效率较低。

8.7　小结

本章重点讲述了三相异步电动机的起动、制动和调速等基本控制环节，这些基本控制环节是阅读、分析、设计生产机械电气控制线路的基础，因此必须熟练掌握。同时，在绘制电气控制系统图时，必须严格依据国家标准规定的各种符号、单位、名词术语和绘制原则。

三相异步电动机起动控制中，应注意避免过大的起动电流对电网、电动机及传动机构的影响，10kW 以下小容量异步电动机通常可采用直接起动方式，大容量异步电动机或起动负载较大的场合，则应采用减压起动。笼型异步电动机可采用定子绕组串电抗或电阻减压起动、Y-Δ 减压起动、自耦变压器减压起动和延边三角形减压起动方法，其中以Y-Δ 减压起动应用最多，而绕线式异步电动机则可采用转子回路串电阻或串接频敏变阻器等方法限制起动电流。起动过程中状态的转换通常采用时间继电器自动控制。

三相异步电动机常用的电气制动方法有反接制动、能耗制动等。反接制动为保证在制动结束时能及时切断反接制动电源，必须采用速度原则控制，同时为限制制动电流，应在制动电路中串接限流电阻。反接制动制动力强、制动迅速，但冲击力较大，且能量损耗大，故用于系统惯性大、不经常制动的场合。能耗制动则制动平稳、准确，能量损耗小，但制动力较弱，故用于系统惯性较小、频繁制动的场合。

三相异步电动机常用的调速方法有改变定子绕组磁极对数和改变转子回路电阻调速，前者为双速或多速笼型异步电动机，后者仅适用于绕线转子异步电动机。电磁调速异步电动机作为一种交流无级调速电动机，多用于小容量电动机的调速。此外，变频调速和串级调速适用于调速要求较高的场合。

控制电路经常采用时间原则、电流原则、行程原则和速度原则控制电动机的起动、制动、调速等运行。各种控制原则的选择不仅要根据控制原则本身的特点，还应考虑电力拖动装置所提出的基本要求及经济指标。无论从工作的可靠性与准确性，还是从设备的互换性来说，都以时间原则控制为最好。所以在实际应用中，以时间原则控制应用最为广泛，行程原则控制次之，其他控制原则应用较少。

生产机械要正常、安全、可靠地工作，必须有完善的保护环节，控制电路常用保护环节及其实现方法见表 8-1。应该注意，短路保护、过载保护、过电流保护虽然都是电流保护，但由于故障电流、动作值、保护特性和使用元件的不同，它们之间是不能相互替代的。

表 8-1　控制电路常用保护环节及其实现方法

保护环节	采用电器	保护环节	采用电器
短路保护	熔断器、自动开关、过电流继电器	零电压保护	电压继电器、自动开关、按钮接触器控制并具有自锁的电路
过载保护	热继电器、自动开关	欠电压保护	欠电压继电器、自动开关
过电流保护	过电流继电器	限位保护	行程开关
欠电流保护	欠电流继电器	弱磁保护	欠电流继电器

8.8　习题

1．如图 8-28 所示控制电路各有什么错误?应如何改正?

2．试从安全、接线、经济、方便等方面分析如图 8-29 所示各单向连续运行控制电路的特点。

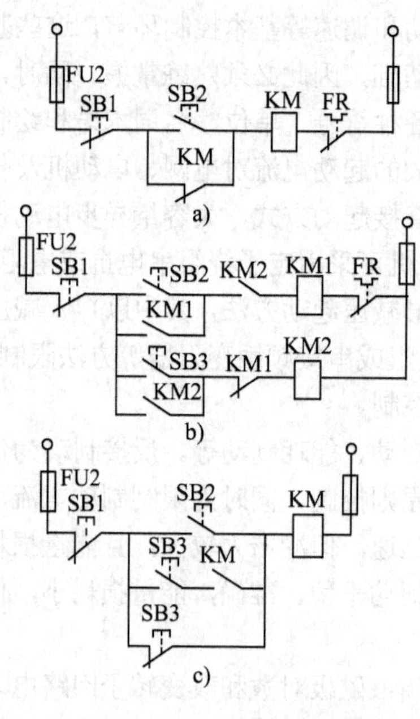

图 8-28　错误的电路

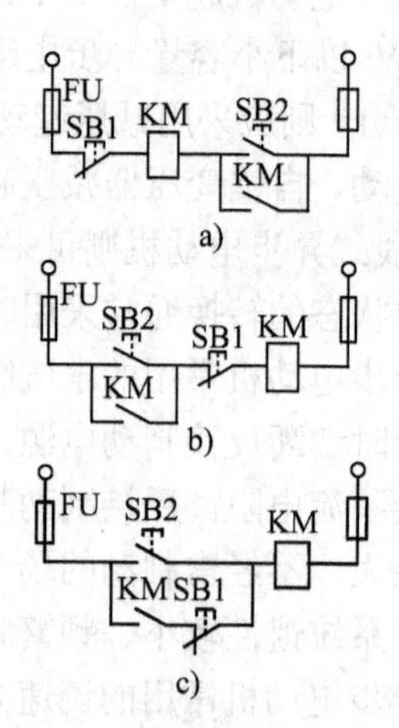

图 8-29　电动机单向运行控制电路

3．试设计一采取两地操作的既可点动又可连续运行的控制电路。

4．电动机点动控制与连续运转的区别是什么？试画出几种既可点动又可连续运行的控制电路。

5. 画出接触器和按钮双重互锁的控制电路。

6. 按时间原则控制的机床自动间歇润滑控制电路如图 8-30 所示（主电路略），试分析其工作原理，并说明转换开关 SA 和按钮 SB 的作用。

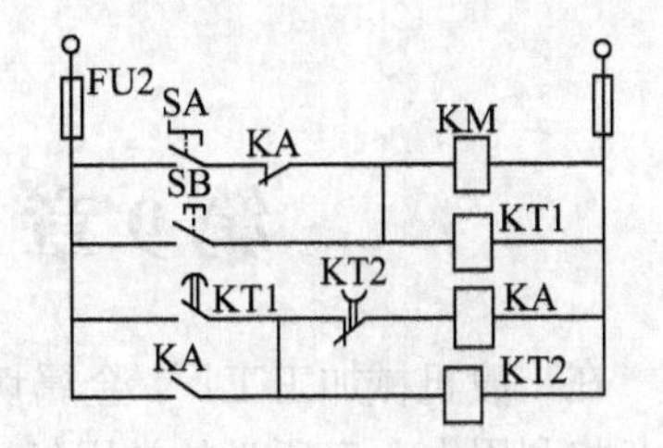

图 8-30 电动机自动间歇润滑控制电路

7. 为了限制电动机点动调整时的冲击电流，试设计它的电气控制线路。要求正常运行时为直接起动，而点动调整时需串入限流电阻。

8. 有两台电动机 M1 和 M2，要求它们可以分别起动和停止，也可以同时起动和停止。试设计其控制电路。

9. 试设计两台电动机的顺序起停控制电路，要求如下：

（1）M1 和 M2 皆为单向运行，且 M1 可实现两地控制。

（2）起动时，M1 起动后 M2 方可起动；停车时，M2 停车后 M1 方可停车。

（3）两台电动机均可实现短路保护和过载保护。

10. 三台笼型异步电动机起动时，M1 先起动，经 10s 后 M2 自行起动，运行 30s 后 M1 停止，同时 M3 自行起动，再运行 60s 后三台电动机同时自动停止。

11. 试设计三台三相笼型异步电动机的控制电路，要求起动时三台电动机同时起动，停车时依次相隔 10s 停车。

12. 试设计一装卸料小车的运行控制电路，其动作程序如下：

（1）小车若在原位，则停留 2min 装料后自动起动前进，运行到终点后自动停止。

（2）在终点停留 2min 卸料后自行起动返回，运行到原位后自动停止。

（3）要求能在前进或后退途中任意位置都能停止或再次起动。

（4）要求控制电路具有短路保护、过载保护和限位保护。

13. 按下按钮 SB，电动机 M 正转，松开按钮 SB，电动机 M 反转，过 1min 后电动机自动停止运转，试设计其控制电路。

14. 三相异步电动机反接制动控制电路设计中应注意什么问题？

15. 试设计一时间原则控制的电动机可逆运行能耗制动控制电路。

16. 试设计一双速异步电动机的控制电路，要求电动机以△联结低速起动，经延时后自动换接为YY联结的高速运行。

17. 试设计某机床主轴电动机控制电路，要求如下：

（1）可正反转运行，并可实现反接制动控制。

（2）正反转皆可进行点动调整。

（3）可实现短路保护和过载保护。

（4）有安全工作照明及电源信号指示。

第9章 常用机床的电气控制

在一般机械加工工厂，金属切削机床约占全部设备的60%以上，是机械加工的主要设备。本章将利用上一章所学的常用低压电器及其基本控制电路的知识，从几种常用典型机床的电气控制入手，重点分析机床电气控制电路的工作原理及机床上机械、液压、电气三者的配合，同时对常用机床控制线路的常见故障及排除方法做了简要阐述。

9.1 普通车床的电气控制

车床是机械加工中使用最广泛的一种机床。在各种车床中普通车床是应用最多的一种，主要用来车削工件的外圆、内圆、端面和螺纹等，并可以装上钻头、铰刀等进行加工。下面以C650-2型普通车床为例来进行分析。

9.1.1 主要结构及运动形式

C650-2型普通车床主要结构如图9-1所示。

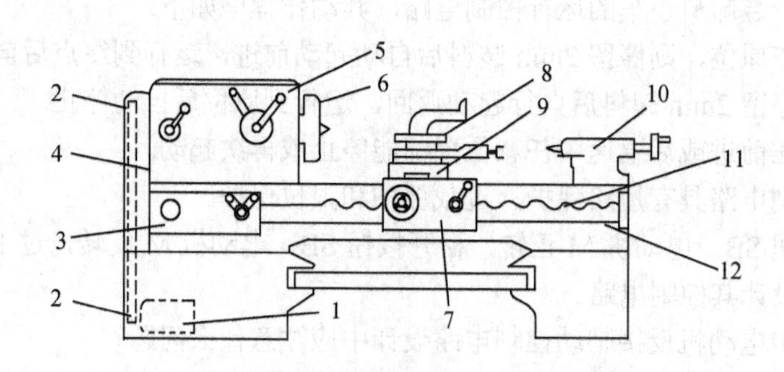

图9-1 C650-2型普通车床结构示意图

1—电动机 2—带轮 3—进给箱 4—挂轮架 5—主轴箱 6—卡盘
7—溜板箱 8—刀架 9—横溜板 10—尾架 11—丝杠 12—光杠

普通车床具有切削运动与辅助运动，其中切削运动包括主运动和进给运动，而切削运动以外的其他运动皆为辅助运动。

切削的主运动为主轴通过卡盘带动工件的旋转运动；进给运动是溜板带动刀架的纵向或横向直线运动，其中纵向运动是指相对操作者作向左或向右的运动，横向运动是指相对于操作者作向前或向后的运动；辅助运动包括刀架的快速移动、工件的夹紧与松开等。

车削加工时，因被加工工件的材料、性质、形状、大小及工艺要求等不同，且刀具种类也不同，所以要求切削速度也不同，这就要求主轴有较大的调速范围。车床大多采用机械方法调速，变换主轴箱外的手柄位置，可以改变主轴的转速。

电力拖动要求如下。

正常车削加工时一般不需反转，但加工螺纹时需反转退刀，且工件旋转速度与刀具的进给速度要保持严格的比例关系，为此主运动与进给运动由一台电动机来拖动。

车削加工时，刀具与工件的温度较高，需设一冷却泵电动机，拖动冷却泵供给切削液，实现刀具与工件的冷却。此电动机单方向旋转即可，且和主轴电动机有必要的联锁保护。

为提高工作效率，减少辅助时间，刀架的快速移动由一台单独的进给电动机拖动。

由此，对于普通车床，电气控制要求如下。

1）主轴电动机 M1 要求正、反转控制，采用机械方法调速，从经济性和可靠性出发，采用笼型异步电动机拖动。

2）M1 的容量为 20kW，可直接起动，采用电气反接制动实现快速停车。

3）冷却泵电动机 M2 只需单方向旋转，且应在主轴电动机 M1 起动之后方可选择是否起动，M1 停止时，M2 应立即停止。

4）为方便对刀操作主轴设有点动控制。

5）采用电流表检测电动机负载情况。

9.1.2 控制电路分析

图 9-2 为 C650-2 型车床电气控制电路图。

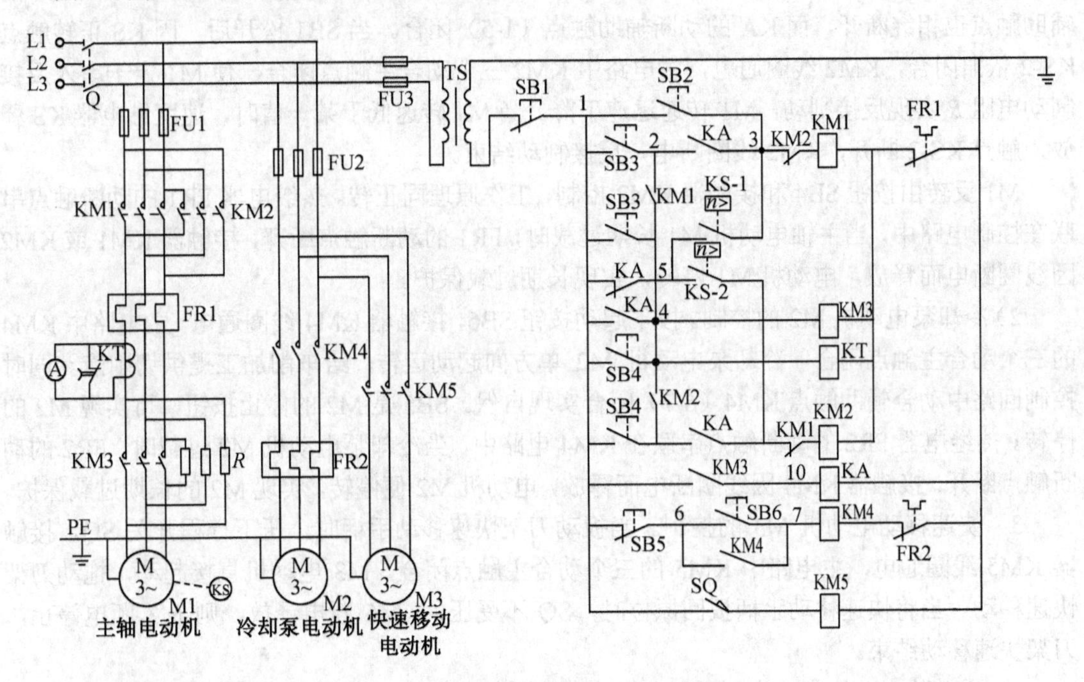

图 9-2 C650-2 型普通车床电气控制电路图

1. 主电路分析

主轴电动机 M1 的正转（反转）由接触器 KM1（KM2）的三个动合主触点的接通和断开来控制。电动机 M1 的容量不大，所以采用直接起动。*R* 为反接制动电阻，起动及正常工作时，由接触器 KM3 的三个动合主触点将其短接。速度继电器 KS 用于 M1 的反接制动中，熔断器 FU1 作 M1 的短路保护。冷却泵电动机 M2 的运转和停止由接触器 KM4 的三个动合主触点控制。快速移动电动机 M3 的运转和停止由接触器 KM5 的三个动合主触点控制。熔断器 FU2 作 M2 和 M3 的短路保护。热继电器 FR1 和 FR2 分别作 M1 和 M2 的长期过载保护。而快速移动电动机 M3 是短时工作的，所以不需要过载保护。电流表 A 与时间继电器 KT 作为主轴电动机 M1 的负载检测及保护环节，用电流表检测主轴电动机定子电流，为防止起动电流的冲击，将时间继电器 KT 的通电延时断开的动断触点与电流表并联，为此 KT 延时时间应稍长于 M1 的起动时间，当 M1 制动停车时，按下停止按钮 SB1，KT 线圈断电释放，使 KT 触点瞬时闭合，将电流表短接，不会受到反接制动电流的冲击。

2．控制电路分析

控制电路由熔断器 FU3 作短路保护。

1）主轴电动机的控制。按下正向起动按钮 SB3，接触器 KM3 线圈通电，主电路中 KM3 的三个动合主触点闭合，短接起动电阻 *R*，为 M1 全压起动做准备。动合辅助触点 KM3（1-10）闭合，使中间继电器 KA 线圈通电，触点 KA（2-3）闭合，于是接触器 KM1 线圈带电，主电路中 KM1 的三个动合主触点闭合，主轴电动机 M1 正向全压起动。同时触点 KA（1-4）闭合，触点 KM1（2-4）闭合，使 KM1 进行自保，保证 SB3 按钮松开后主轴电动机 M1 能继续转动。此时，速度继电器 KS 的正转触点 KS-2 闭合。按一下停止按钮 SB1，KM1、KM3、KA 线圈依次断电释放，主电路中 KM1、KM3 的动合主触点断开，控制电路中 KM1、KM3、KA 的辅助触点也相继断开，而 KA 的动断辅助触点（1-5）闭合。当 SB1 松开后，因 KS 正转触点 KS-2 依旧闭合，KM2 线圈通电，主电路中 KM2 三个动合主触点闭合，使 M1 定子串入反接制动电阻 *R* 实现反接制动，M1 转速迅速下降。当 M1 转速低于某一值时，速度继电器 KS 释放，触点 KS-2 断开，KM2 线圈断电，反接制动结束。

M1 反转由按钮 SB4 和接触器 KM2 控制，工作原理同正转。热继电器 FR1 的动断触点串联在控制电路中，当主轴电动机 M1 长期过载时，FR1 的动断触点断开，接触器 KM1 或 KM2 因线圈断电而释放，电动机 M1 停转，实现长期过载保护。

2）冷却泵电动机 M2 的控制。按下起动按钮 SB6，接触器 KM4 线圈通电，主电路中 KM4 的三个动合主触点闭合，冷却泵电动机 M2 单方向起动运转，给车削加工提供切削液。同时控制回路中动合辅助触点 KM4（6-7）闭合实现自保。SB5 是 M2 的停止按钮，可实现 M2 的停转。热继电器 FR2 的动断触点串联在 KM4 电路中，当冷却泵电动机 M2 过载时，FR2 的动断触点断开，接触器 KM4 因线圈断电而释放，电动机 M2 便停转，实现 M2 的长期过载保护。

3）快速移动电动机 M3 的控制。当扳动刀架快速移动手柄时，压下行程开关 SQ，接触器 KM5 线圈通电，主电路中 KM5 的三个动合主触点闭合，M3 电动机直接起动，拖动刀架快速移动。当将快速移动手柄扳回原位时，SQ 不受压，KM5 断电释放，则 M3 断电停止，刀架快速移动结束。

4）主轴的点动控制。为便于对刀操作，由按钮 SB2 和接触器 KM1 组成点动控制电路。按下 SB2，KM1 线圈通电，主电路中 KM1 的动合主触点闭合，主轴电动机 M1 串电阻 *R* 减压起动，低速运行，获得单方向的低速点动，便于对刀操作。

9.1.3 常见故障及排除

1．主轴电动机不能起动

1）M1 主电路熔断器 FU1 和控制电路熔断器 FU3 熔体熔断，应更换。

2）热继电器 FR1 已动作过，动断触点未复位。要判断故障所在位置，还要查明引起热继电器动作的原因，并排除。可能有的原因：长期过载；继电器的整定电流太小；热继电器选择不当。按原因排除故障后，将热继电器复位即可。

3）控制电路接触器线圈松动或烧坏，接触器的主触点及辅助触点接触不良，应修复或更换接触器。

4）起动按钮或停止按钮内的触点接触不良，应修复或更换按钮。

5）各连接导线虚接或断线。

6）主轴电动机损坏，应修复或更换。

2. 主轴电动机断相运行

按下起动按钮，电动机发出嗡嗡声不能正常起动，这是电动机断相造成的，此时应立即切断电源，否则易烧坏电动机。可能的原因如下。

1）电源断相。

2）熔断器有一相熔体熔断，应更换。

3）接触器有一对主触点没接触好，应修复。

3. 主轴电动机起动后不能自锁

故障原因是控制电路中自锁触点接触不良或自锁电路接线松开，修复即可。

4. 按下停止按钮主轴电动机不停止

1）接触器主触点熔焊，应修复或更换接触器。

2）停止按钮动断触点被卡住，不能断开，应更换停止按钮。

5. 冷却泵电动机不能起动

1）按钮 SB6 触点不能闭合，应更换。

2）熔断器 FU2 熔体熔断，应更换。

3）热继电器 FR2 已动作过，未复位。

4）接触器 KM4 线圈或触点已损坏，应修复或更换。

5）冷却泵电动机已损坏，应修复或更换。

6. 快速移动电动机不能起动

1）行程开关 SQ 已损坏，应修复或更换。

2）接触器 KM5 线圈或触点已损坏，应修复或更换。

3）快速移动电动机已损坏，应修复或更换。

9.2 磨床的电气控制

磨床是对工件表面进行高精度加工的一种精密机床，它利用砂轮对工件的表面进行磨削加工，从而使工件表面的形状、精度和光洁度等都达到工艺要求。磨床的种类很多，可分为平面磨床、外圆磨床、内圆磨床、球面磨床、齿轮磨床、螺纹磨床等，其中平面磨床应用最为普遍。平面磨床又可以分为：立轴矩台平面磨床、卧轴矩台平面磨床、立轴圆台平面磨床、卧轴圆台平面磨床。

下面以 M7475B 立轴圆台平面磨床为例进行分析。

9.2.1 主要结构及运动形式

平面磨床是一种磨削工件平面的机床，它既可用砂轮圆周进行磨削加工，也可用砂轮端面进行磨削加工。M7475B 立轴圆台平面磨床是利用砂轮端面进行磨削加工的磨床，主要由床身、工作台、电磁吸盘、立柱、砂轮箱（又称为磨头）与滑座等组成。主运动是砂轮的旋转，进给运动是圆形工作台带动工件转动，辅助运动是磨头的升降及台面的左右移动。工件由电磁吸盘吸持在工作台上，若干个小工件可同时吸持在工作台上进行加工。

9.2.2 电力拖动要求

1）砂轮电动机 M1 的容量为 25kW，因容量较大，为了降低起动电流，采用Y-△减压起动。开关 Q 兼作 M1 的短路保护，热继电器 FR1 为 M1 的过载保护。

2）工作台旋转电动机 M2 为双速电动机，快速时定子绕组作YY联结，慢速时定子绕组作△联结。M2 用熔断器 FU1 作短路保护，用热继电器 FR2 作过载保护。

3）工作台移动电动机 M3 需进行正反转，用热继电器 FR3 作过载保护。

4）磨头升降电动机 M4 也需进行正反转，用热继电器 FR4 作过载保护。

5）冷却泵电动机 M5 单向旋转即可，用热继电器 FR5 作过载保护。M3、M4、M5 共用一组熔断器 FU2 作短路保护。

6）M7475B 型立轴圆台磨床电气控制电路由两部分组成。一部分是交流继电—接触器控制电路，控制电力拖动部分；另一部分为电子控制电路，控制电磁吸盘的励磁与退磁。

7）机床具有信号灯指示装置，HL1 为电源信号灯，HL2 为砂轮起动信号灯，HL3 为砂轮停止信号灯，HL4 为励磁信号灯，HL5 为去磁信号灯，EL 为照明信号灯。

9.2.3 控制电路分析

图 9-3 为 M7475B 型立轴圆台平面磨床电气控制电路图。

1．交流继电－接触器控制电路分析

合上电源开关 Q，引入三相交流电源。按下起动按钮 SB1，电源接通，此时机床的电气电路处于带电状态。

（1）零电压保护　工作台旋转电动机 M2 和冷却泵电动机 M5 都由手动开关进行操作控制，为实现零电压保护，设置了零电压继电器 KA，原理如下：电源断电后重新恢复供电时，若无 KA ，可能产生电动机自行起动而造成事故。而设置了零电压继电器 KA 后，电源断电时 KA 断电释放，其动合触点断开控制电路，电源恢复供电时，必须重新按下起动按钮 SB1，KA 带电吸合并自保后才能再次接通控制电路，实现零电压保护。

（2）砂轮电动机 M1 的控制　按下 M1 的起动按钮 SB2，触点 SB2（4-5）断开，接触器 KM2 处于断电状态，主电路中 KM2 动断辅助触点闭合，将 M1 电动机定子绕组联结成Y。同时，接触器 KM1 线圈通电并自保，时间继电器 KT 线圈通电，则主电路中 KM1 动合主触点闭合，电动机 M1 在Y联结下减压起动。延时一段时间后 KT 动断触点（4-8）延时断开，使 KM1 线圈断电释放，触点 KM1（5-6）闭合，KT 动合触点（7-4）延时闭合，使接触器 KM2 线圈通电，主电路中 KM2 触点动作，将电动机 M1 定子绕组联结成△。控制电路中触点 KM2（7-8）闭合，接触器 KM1 线圈重新通电吸合，M1 在△联结下正常工作。

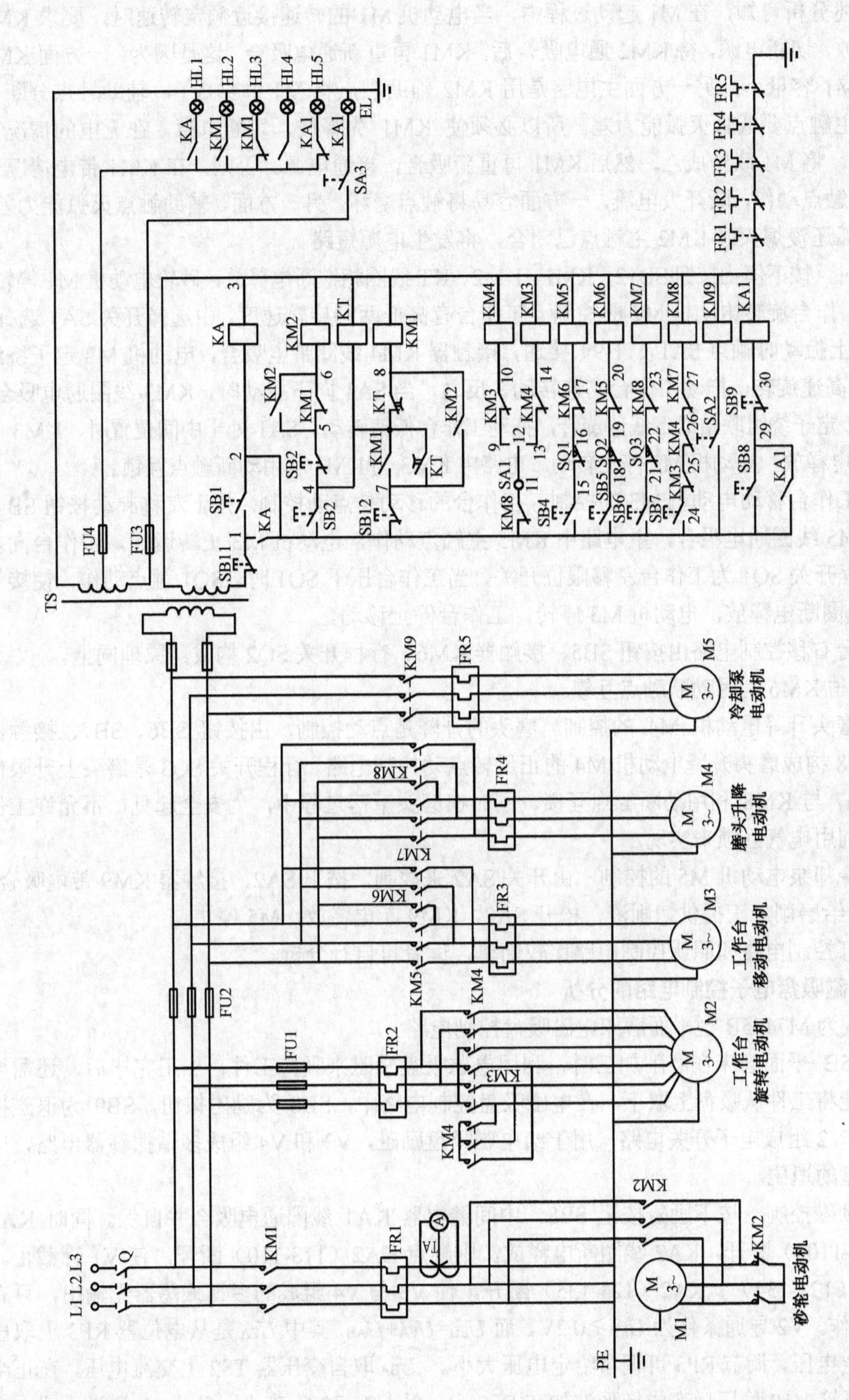

图 9-3 M7475B 型立轴圆台平面磨床电气控制电路图

由上述分析可知，在 M1 起动过程中，当电动机 M1 的转速接近额定转速时，要求 KM1 先断电释放，切断电源，待 KM2 通电吸合后，KM1 再重新通电吸合。这是因为：一方面 KM2 容量比 KM1 容量小；另一方面主电路是用 KM2 辅助触点将 M1 联结成Y，辅助触点分断电流能力较主触点要低且灭弧能力差。所以必须使 KM1 先释放，切断电源，在无电的情况下 KM2 动作，将 M1 联结成△，然后 KM1 再重新吸合，接通电源。否则，在 KM1 带电情况下 KM2 辅助触点动作，断开大电流，一方面容易将触点烧坏，另一方面，辅助触点灭弧能力差，有可能电弧还没熄灭时 KM2 主触点已闭合，将发生电源短路。

停车时，按下停止按钮 SB12，KM1、KM2、KT 线圈相继断电释放，砂轮电动机 M1 停转。

（3）工作台旋转电动机 M2 的控制　工作台有高低两种旋转速度，由选择开关 SA1 选择。当 SA1 向上扳动时触点 SA1（11-9）接通，接触器 KM4 线圈带电吸合，电动机 M2 定子绕组联结成YY高速旋转，拖动工作台高速转动。反之，当 SA1 向下扳动时，KM3 线圈通电吸合，电动机 M2 定子绕组联结成△低速旋转，拖动工作台低速转动。SA1 处于中间位置时，KM3 与 KM4 均断电释放，电动机 M2 停止转动。电路中 KM3 与 KM4 利用动断触点互锁。

（4）工作台移动电动机 M3 的控制　工作台的移动是点动控制。按下左移起动按钮 SB4，接触器 KM5 线圈通电吸合，主电路中 KM5 主触点动作，电动机 M3 正转运行，工作台向左移动。行程开关 SQ1 为工作台左移限位开关，当工作台压下 SQ1 时，SQ1 触点动作，使接触器 KM5 线圈断电释放，电动机 M3 停转，工作台停止移动。

工作台右移控制电路由按钮 SB5、接触器 KM6、行程开关 SQ2 构成，原理同上。

KM5 与 KM6 利用动断触点互锁。

（5）磨头升降电动机 M4 的控制　磨头的升降是点动控制，由按钮 SB6、SB7、接触器 KM7、KM8 构成磨头升降电动机 M4 的正反转点动控制电路。行程开关 SQ3 是磨头上升限位开关。KM7 与 KM8 利用动断触点互锁。同时在磨头下落过程中，为安全起见，不允许工作台转动，利用电气互锁来实现。

（6）冷却泵电动机 M5 的控制　由开关 SA2 来控制。按下 SA2，接触器 KM9 带电吸合，M5 起动，给磨削加工提供切削液，松开 SA2，KM9 断电释放，M5 停止。

信号灯控制电路和照明控制电路比较简单，读者可自行分析。

2．电磁吸盘电子控制电路的分析

图 9-4 为 M7475B 型平面磨床电磁吸盘控制电路。

M7475B 平面磨床在磨削加工时，利用电磁吸盘励磁来吸持工件，加工完毕后，还需要退磁，才能将工件从吸盘上取下。在电磁吸盘控制电路中，SB8 为励磁按钮，SB9 为退磁按钮，V1 和 V2 组成电子开关电路，用于给电磁吸盘励磁，V3 和 V4 组成多谐振荡器电路，用于电磁吸盘的退磁。

（1）励磁控制　按下励磁按钮 SB8，中间继电器 KA1 线圈通电吸合并自保。同时 KA1 触点（110-110a）断开，KA2 线圈断电释放，则触点 KA2（118-110）断开，使 V1 管截止。触点 KA2（121-134）、KA2（123-135）断开，使 V3 与 V4 组成的多谐振荡器无输出，只有 V2 正常工作。V2 导通条件为 $U_{EB} \geqslant 0.2V$，而 $U_{EB}=U_{EA}+U_{AB}$，其中 U_{EA} 是从电位器 RP3 上取出的直流给定电压，调节 RP3 可调节给定电压大小。 U_{BA} 取自变压器 TS2 上交流电压，在正半周，由稳压管 V10 稳压后变成梯形波加在 RP2 上，经 V21 对 C_7 充电，$U_{BA}=U_{C_7}$逐渐上升；在负半周，稳压管 V10 正向导通，压降很小，则 V21 截止，C_7 通过 R_{11} 放电，即 $U_{BA}=U_{C7}$ 为锯齿形电压且大于 0。

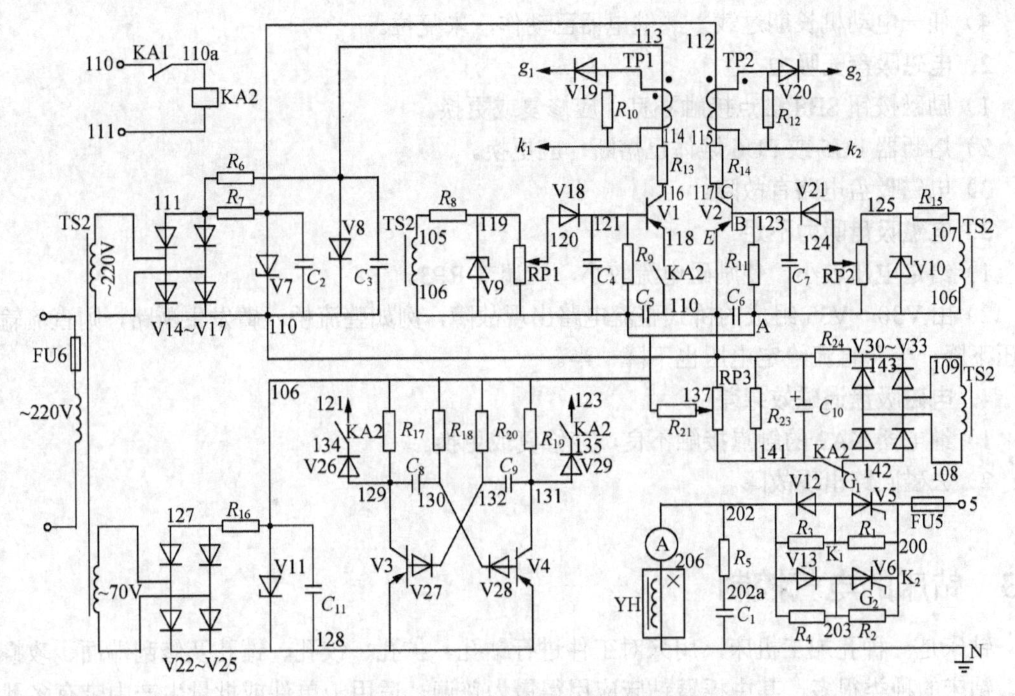

图 9-4　M7475B 型平面磨床电磁吸盘控制电路

$U_{EB}=U_{EA}+U_{AB}=U_{EA}-U_{BA}$，即 $U_{EA}-U_{BA}\geqslant 0.2V$ 时 V2 导通，$U_{EA}-U_{BA}<0.2V$ 时，V2 截止。一般情况下，在 U_{BA} 的峰值及其附近时，V2 截止，U_{BA} 为其他值时，V2 导通。在 V2 开始导通时，通过脉冲变压器 TP2 产生一个触发脉冲，经由 V20 送到晶闸管 V6 的控制极和阴极之间，使 V6 导通，电磁吸盘 YH 通电，V2 截止时，V6 阴极电压极性改变，被关断。即 V2 导通一次，V6 也随着导通一次，在电磁吸盘 YH 线圈中流过单方向脉动电流进行励磁。

调节 RP3 可改变给定电压 U_{EA} 的大小，给定电压增大，V2 导通时间提前，触发脉冲相位前移，V6 导通角增大，电磁吸盘 YH 的平均电流增大，电磁吸盘吸力增大。反之，给定电压 U_{EA} 减小时，电磁吸盘吸力减小。

（2）退磁控制　按下停止按钮 SB9，中间继电器 KA1 线圈断电释放，触点 KA1（110-110a）闭合。继电器 KA2 线圈通电吸合，触点 KA2（118-110）、（121-134）、（123-135）闭合，V3 管和 V4 管等组成的多谐振荡器工作，V3 和 V4 轮流导通，输出振荡电压使 V1 和 V2 轮流截止。因为 V1 和 V2 轮流导通，所以脉冲变压器 TP1 和 TP2 轮流输出触发脉冲，使 V5 和 V6 轮流导通，即电磁吸盘 YH 上电流轮流改变方向。

触点 KA2（141-142）断开，C_{10} 通过 R_{23} 和 RP3 放电，RP3 上电压逐渐降低，即给定电压 U_{EA} 逐渐降低，使电磁吸盘 YH 平均电流逐渐减小，最后消失，退磁过程逐渐完成。

9.2.4　常见故障及排除

1．所有电动机都不起动

1）电源开关 Q 触点接触不良，应修复或更换。

2）起动按钮 SB1 未按下或接触不良，应修复或更换。

3）零压继电器 KA 线圈或触点已损坏，应修复或更换。

4）任一电动机长期过载，热继电器已动作，未复位。

2．电磁吸盘无吸力

1）励磁按钮 SB8 触点接触不良，应修复或更换。

2）熔断器 FU5 或 FU6 熔体已熔断，应更换。

3）电磁吸盘电路有故障。

3．电磁吸盘吸力不足

1）给定电压较小，使励磁电流较小，应调节 RP3。

2）由 V30～V33 组成的桥式整流电路出现故障，例如整流桥一臂发生断路，则直流输出电压下降一半，直流给定电压也下降一半。

4．电磁吸盘退磁效果差

1）继电器 KA2 的触点接触不良，应修复或更换。

2）去磁回路出现故障。

9.3 钻床的电气控制

钻床是一种孔加工机床，用来对工件进行钻孔、扩孔、铰孔、镗孔及修刮端面、攻螺纹等。钻床的种类很多，其中摇臂钻床应用得最为普遍，适用于单件或批量生产中带有多孔大型零件的孔加工，下面以 Z3040 型摇臂钻床为例来进行分析。

9.3.1 主要结构及运动形式

摇臂钻床的主要结构如图 9-5 所示，主要由底座、内立柱、外立柱、摇臂、主轴箱、导轨、工作台等组成。内立柱固定在底座上，在它外面套着空心的外立柱，摇臂的一端套在外立柱上，借助于丝杠，摇臂可沿外立柱上下滑动，但摇臂与外立柱之间不能相对转动，摇臂与外立柱一起可沿内立柱作相对转动。主轴箱安放在摇臂上，可沿导轨水平移动。钻削加工时，主运动为主轴的旋转运动，进给运动为主轴的垂直移动，辅助运动为摇臂在外立柱上的升降运动、摇臂与外立柱一起沿内立柱的转动吸主轴箱在摇臂上的水平移动。

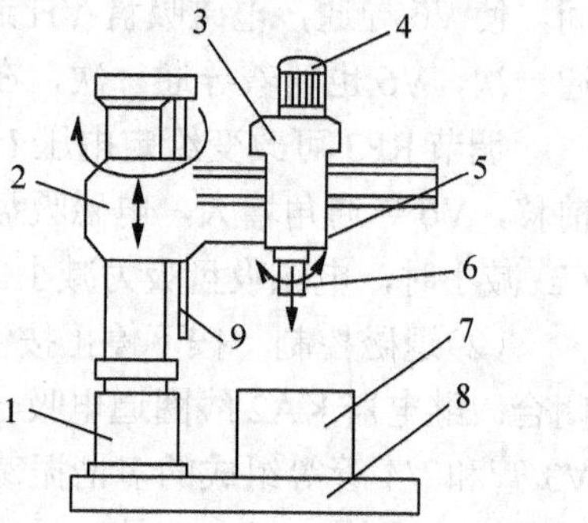

图 9-5 Z3040 型摇臂钻床结构示意图

1—立柱 2—摇臂 3—主轴箱 4—电动机 5—导轨 6—主轴 7—工作台 8—底座 9—丝杠

9.3.2 电力拖动要求

摇臂钻床能够进行多种形式的加工，需有较大的调速范围，一般采用三相笼型异步电动机来拖动，用机械方法调速。

外立柱沿内立柱转动，摇臂升降及主轴箱水平移动之前，需先松开，到达所需位置后，再夹紧，摇臂、外立柱和主轴箱的松紧是依靠液压推动松紧机构同时进行的。

摇臂钻床的运动部件较多，通常设有主轴电动机、摇臂升降电动机、液压电动机及冷却泵电动机。

Z3040型摇臂钻床控制特点如下。

1）电源由隔离开关QS1、QS2引入，隔离开关中的电磁脱扣器可取代熔断器作短路保护。

2）在加工螺纹时，主轴需要正反转。主轴的正反转由液压系统和正反转磨擦离合器来实现，主轴电动机M1只单一方向旋转，热继电器FR1作其长期过载保护。M1因容量较小可直接起动。

3）摇臂升降电动机M2需正、反转，因M2是短时工作，所以不加过载保护。

4）液压泵电动机M3拖动液压泵供出压力油，以实现立柱、摇臂及主轴箱的松开与夹紧，M3需正、反转，热继电器FR2作M3的长期过载保护。

5）摇臂的升降与夹紧放松必须严格按照摇臂松开→摇臂移动→摇臂夹紧的顺序进行，为此要求摇臂升降电动机M2和液压泵电动机M3按要求顺序起动工作。

6）冷却泵电动机M4单方向转动，因容量较小，可用开关直接控制。

7）机床具有信号灯指示装置，HL1为电源信号灯，HL2为立柱、摇臂、主轴箱松开信号灯，HL3为立柱、摇臂、主轴箱夹紧信号灯，HL4为主轴电动机旋转指示灯。

9.3.3 控制电路分析

图9-6为Z3040型摇臂钻床电气控制原理图。

接通隔离开关QS1、QS2，引入三相交流电源。按下总起动按钮SB1，中间继电器KA线圈通电吸合并自保，电源接通，此时机床的电气电路处于带电状态。

机床主电路和信号灯控制电路比较简单，读者可自行分析。我们对控制电路分析如下。

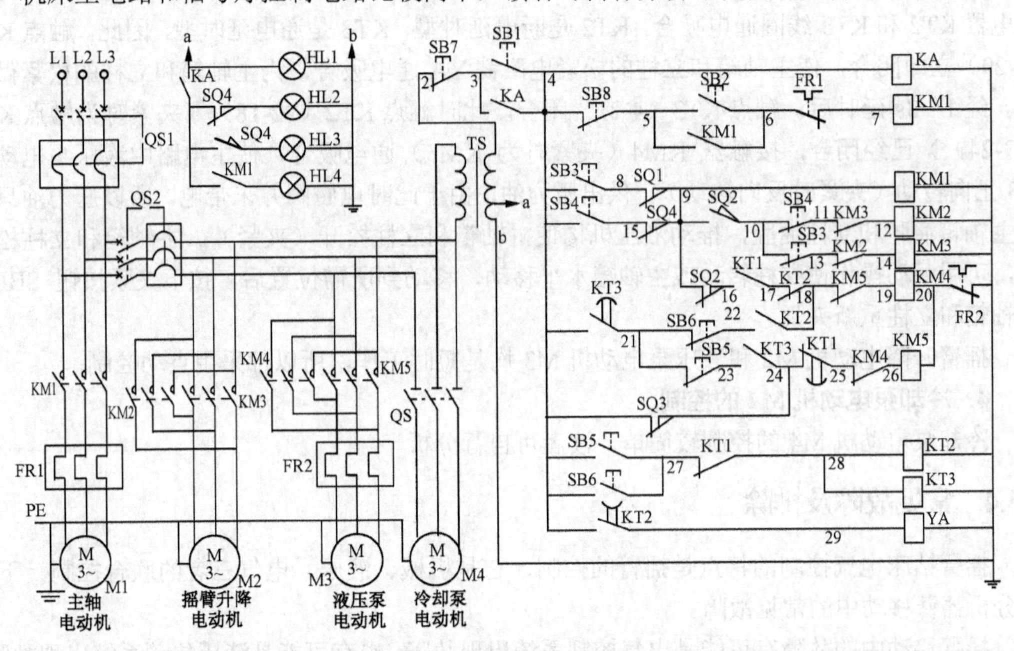

图9-6　Z3040型摇臂钻床电气控制原理图

1．主电动机M1的控制

按下起动接钮SB2，接触器KM1线圈通电吸合并自保，M1单方向转动。过载时，热继电器FR1动作，触点FR1（6-7）断开，使KM1断电释放，M1停转。按钮SB8为主轴电动机的停止按钮。

2．摇臂升降的控制

摇臂升降是和摇臂的夹紧与放松按顺序自动控制的。按下上升按钮 SB3（或下降按钮 SB4），时间继电器 KT1 线圈通电吸合，触点 KT1（16-17）闭合，接触器 KM4 线圈通电吸合，其主触点闭合，使液压泵电动机 M3 正向转动，供出压力油，推动液压机构将摇臂松开。此时液压机构中电磁阀通电，保证压力油仅是进入摇臂油腔。摇臂完全松开后，液压机构中弹簧片压下行程开关 SQ2，触点 SQ2（9-16）断开，使接触器 KM4 线圈断电释放，电动机 M3 停转。同时触点 SQ2（9-10）闭合，接触器线圈 KM2（下降时为 KM3）通电吸合，主电路中电动机 M2 正转（下降时反转），拖动摇臂上升（下降）。当摇臂上升（下降）到所需位置时，松开上升按钮 SB3（或下降按钮 SB4），则时间继电器 KT1 线圈和接触器 KM2 线圈（下降时为 KM3 线圈）均断电释放，电动机 M2 停转，摇臂停止上升（下降）。时间继电器 KT1 为断电延时型，这时触点 KT1（24-25）延时 1～3s 后闭合，接触器线圈 KM5 通电吸合，主电路中电动机 M3 反转，供出压力油，推动液压机构将摇臂夹紧。摇臂完全夹紧后，液压机构中弹簧片压下行程开关 SQ3，触点 SQ3（4-24）断开，使接触器 KM5 线圈断电释放，液压泵电动机 M3 停止转动。这样就完成了摇臂先松开，后移动，再夹紧的整套动作。

为了确保安全，对摇臂升降电动机 M2 的接触器 KM2 和 KM3 实现了电气和机械双重互锁。

行程开关 SQ1 和 SQ4 作摇臂上升和下降的限位开关，保证摇臂在安全区域内升降。

3．主轴箱和立柱松开和夹紧的控制

主轴箱和立柱的松开与夹紧是同时进行的。按下松开按钮 SB5（夹紧按钮 SB6），时间继电器 KT2 和 KT3 线圈通电吸合，KT2 是断电延时型，KT3 是通电延时型，因此，触点 KT2（4-29）立即闭合，使主轴箱和立柱的松紧电磁铁 YA 通电吸合，为主轴箱和立柱的松紧做准备。经 1～3s 延时后，触点 KT3（4-21）闭合，此时触点 KT2（22-18）（夹紧时为触点 KT3（23-24））已经闭合，接触器 KM4（夹紧时为 KM5）通电吸合，使主电路中液压泵电动机 M3 正向转动（夹紧时反向转动），供出压力油，由于此时电磁阀并未带电，所以压力油只进入主轴箱油腔和立柱油腔，推动液压机构使主轴箱和立柱松开（夹紧）。主轴箱和立柱松开后，可用手动操作使立柱转动或主轴箱水平移动，移动到所需位置后，按下夹紧按钮 SB6，主轴箱和立柱重新夹紧。

摇臂升降电动机 M2 和液压泵电动机 M3 均是短时工作，所以都采用点动控制。

4．冷却泵电动机 M4 的控制

冷却泵电动机 M4 的控制较简单，读者可自行分析。

9.3.4 常见故障及排除

摇臂钻床电气控制的特点是摇臂的控制，它是机械、液压、电气三者的联合控制，下面仅分析摇臂移动中的常见故障。

摇臂移动中的故障有可能是电气控制系统出现故障，也有可能是液压传动系统出现故障，在维修时应正确判断。

1．摇臂不能升降

1）三相交流电源相序接反，使液压泵电动机 M3 不是正转而是反转，摇臂不是松开而是夹紧，不能压下行程开关 SQ2，使摇臂不能升降。应重接电源相序。

2）行程开关 SQ2 安装位置不当或发生移动，使摇臂松开后没有压下 SQ2。应调整好 SQ2 位置。

3）液压系统发生故障，摇臂不能完全松开。

4）摇臂升降电动机 M2 不能起动。可能是接触器 KM2 或 KM3 的线圈烧坏或触点接触不良，应修复或更换接触器。

5）摇臂升降电动机 M2 出现故障，应修复或更换电动机。

2. 摇臂升降后夹不紧

1）行程开关 SQ3 位置不准确，在尚未充分夹紧之前就动作，使液压电动机 M3 过早停转。应调整 SQ3 位置。

2）液压系统发生故障。

9.4 铣床的电气控制

铣床在机床设备中占有很大的比重，在数量上仅次于车床，可用来加工平面、斜面、沟槽，装上分度头可以铣切直齿齿轮和螺旋面，装上圆工作台，可铣切凸轮和弧形槽。铣床的种类很多，有卧式铣床、立式铣床、龙门铣床、仿形铣床和各种专用铣床等。下面以 X62W 型卧式万能铣床为例进行分析。

9.4.1 主要结构及运动形式

X62W 万能铣床的主要结构如图 9-7 所示，主要由底座、床身、悬梁、刀杆支架、升降台、溜板、工作台等部分构成。床身固定在底座上，用来安装和连接其他部件，床身内部装有主轴的传动机构和变速操纵机构。在床身前面有垂直导轨，升降台可沿导轨上下移动，进给系统的电动机和变速机构装在升降台内部。溜板可在升降台上面的水平导轨上横向移动。工作台用来安装工件，可沿溜板上面的水平导轨作纵向移动。为了加工螺旋槽，在溜板和工作台之间设有回转盘，可使工作台在水平面上左右转动（通常为±45°）。在床身的顶部有水平导轨，悬梁可沿导轨水平移动，刀杆支架安装在悬梁上，铣刀心轴一端装在主轴上，另一端放在刀杆支架上。刀杆支架在悬梁上、悬梁在床身顶部的水平导轨上均可水平移动，以便安装各种长度的心轴。

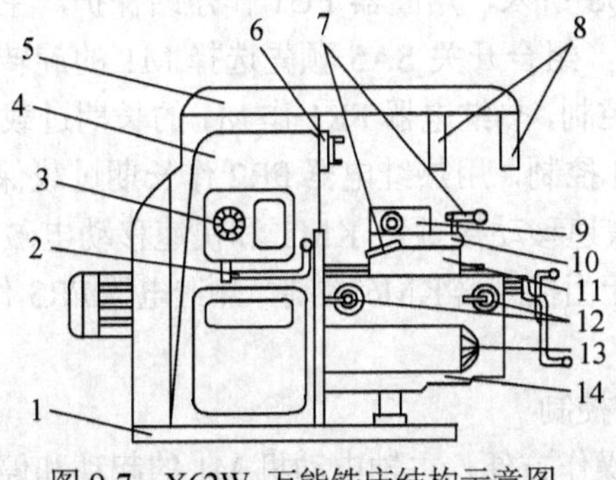

图 9-7 X62W 万能铣床结构示意图

1—底座 2—主轴变速手柄 3—主轴变速盘 4—床身 5—悬梁 6—主轴 7—纵向操纵手柄 8—刀杆支架 9—工作台 10—回转盘 11—横向溜板 12—十字手柄 13—进给变速盘 14—升降台

铣削加工时，主运动为铣刀的旋转运动，进给运动为工件相对于铣刀的移动，辅助运动为工作台在水平方向上移动（包括横向移动和纵向移动）和工作台在垂直方向上的快速调整运动。

9.4.2 电力拖动要求

铣床所用的切削工具为各种各样的铣刀。铣刀是一种多刀多刃刀具，因此铣削加工是一种断续性加工。为了铣削时平稳一些，速度不因多刃不连续的铣削而波动，铣床主轴上装有飞轮，停车时因飞轮惯性较大导致停车时间较长，所以采用电气制动停车，而起动时因空载起动，时间较短，可直接起动。

铣床在铣削加工时，铣刀直径、刀具进刀量、工件材料及加工工艺都不同，因此主轴的转速也不同，即主轴电动机具有一定的调速范围，X62W 型铣床采用齿轮变速箱调速。

铣床的主运动与进给运动没有比例协调要求，通常采用两台电动机单独拖动。在操作顺序上，进给运动一定要在铣刀旋转之后才能进行，在铣刀停止旋转之前，停止进给，否则将损坏刀具或机床。

铣削加工一般有顺铣和逆铣两种形式，为了适应顺铣和逆铣两种铣削方式的需要，主轴电动机应能正、反转。一旦铣刀选定后，铣削方向即确定，所以主轴电动机在工作过程中不需要变换方向，常在主电动机电路中用换相开关预选主轴转动方向。进给运动工作台上下、左右、前后都能移动，所以进给电动机也应能正、反转。从安全角度考虑，同一时间内只允许有一个方向的进给运动，为此，工作台的移动由一台进给电动机拖动，用运动方向选择手柄来选择运动方向，用进给电动机的正、反转来实现上或下、左或右、前或后的运动。在使用圆工作台时，原工作台的上下、左右、前后几个方向的运动都不允许进行。

为使变速时变速齿轮易于啮合，减小齿轮端面的冲击，变速时电动机应有低速冲动环节，即变速时电动机能稍微转动一下。

由于铣床运动较多，故应有必要的联锁保护和限位保护。

9.4.3 控制电路分析

图 9-8 为 X62W 型卧式万能铣床的电气控制电路图。

1．主电路分析

三相交流电源由开关 QS 引入，熔断器 FU1 作短路保护。主轴电动机 M1 的起动由接触器 KM1 的动合主触点控制，组合开关 SA5 预先选择 M1 的旋转方向，制动时，采用不对称串电阻反接制动，由 KM2 控制，热继电器 FR1 作 M1 的长期过载保护。进给电动机 M2 的正、反转由接触器 KM3 和 KM4 控制，用热继电器 FR2 作长期过载保护，工作台的快速移动也由进给电动机 M2 拖动，用快速移动接触器 KM5 和快速移动电磁铁 YA 控制。冷却泵电动机 M3 单方向旋转，起动和停止由接触器 KM6 控制，热继电器 FR3 作其长期过载保护。

2．控制电路分析

（1）主轴电动机 M1 的控制

1）主轴的起动。为了操作方便，主轴电动机 M1 的起动和停止可在两地操作，一处在工作台的前面，另一处在床身侧面，SB1、SB2 是起动按钮，SB3、SB4 是停止按钮，起动前，换向开关 SA5 选择主轴转动方向。按下 SB1（或 SB2），接触器 KM1 线圈通电吸合并自保，主轴电动机 M1 旋转，拖动主轴转动。同时速度继电器 KS 触点闭合，为接触器 KM2 线圈通电做准备。

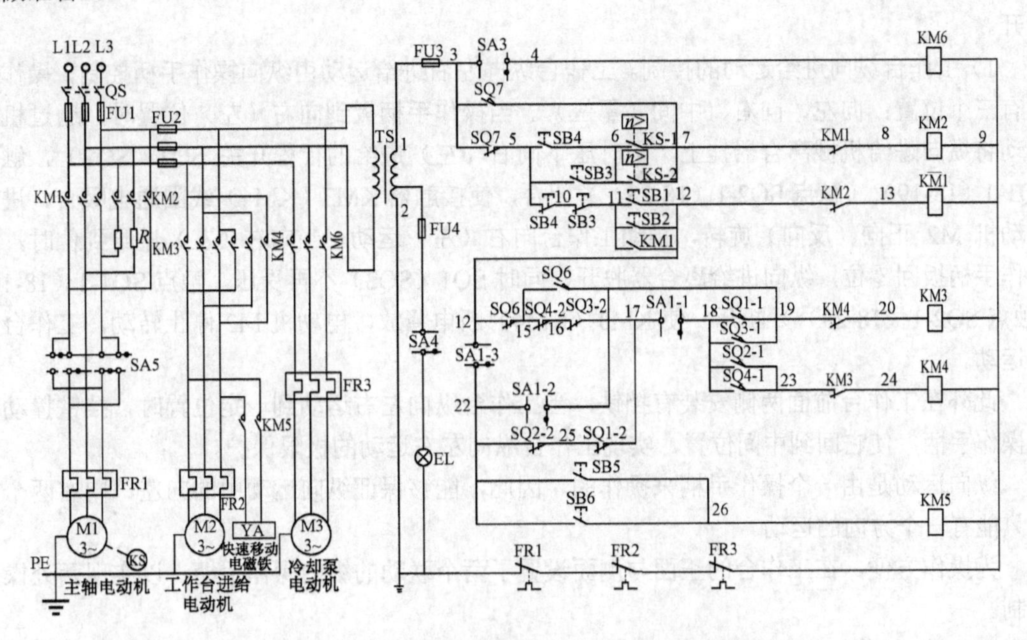

图 9-8　X62W 型卧式万能铣床电气控制电路图

2）主轴的制动停车。按下停止按钮 SB3（或 SB4），KM1 线圈断电释放，KM2 线圈通电吸合，于是主轴电动机 M1 串电阻反接制动。当转速降至较低时，速度继电器 KS 触点断开，KM2 线圈断电释放，反接制动结束，M1 自然停车。需注意：① 停止按钮要按到底，否则只能将动断触点断开而不能将动合触点闭合，反接制动环节没有接入，处于自由停车状态；②反接制动是点动控制，只有速度继电器 KS 触点断开后，才应该松开停车按钮，否则反接制动时间太短，制动效果差。

3）主轴的变速冲动。主轴变速时，先将主轴变速手柄压下，转动主轴变速盘到所需位置，然后迅速将主轴变速手柄推回原位。变速手柄推回过程中，将压下行程开关 SQ7，KM2 线圈瞬间通电吸合，电动机 M1 瞬间点动，使变速齿轮顺利滑入啮合位置，手柄复位后 SQ7 复位，变速完成。在推回变速手柄时，动作要迅速，以免压合 SQ7 时间过长，M1 转速升得过高，发生碰齿将齿轮打坏。当瞬时点动未能实现齿轮啮合时，可以重复进行变速手柄的操作，直至齿轮实现良好的啮合。

主轴变速也可在主轴转动时进行，因为在压合 SQ7 时，其动断触点断开，使 KM1 线圈断电释放，M1 停转，然后 KM2 线圈才通电吸合。变速完成后需重新起动电动机，主轴将在新选转速下转动。

（2）进给电动机 M2 的控制

进给移动时，工作台的进给方向有左、右的纵向进给，前、后的横向进给和上、下的垂直进给，从安全的角度考虑，同一时间只允许有一个方向的进给运动，由进给操作手柄控制进给方向。同时，为防止主轴未转动，工作台运动而将工件送进，造成刀具或工件损坏，故要求设置主轴开动后方可起动进给电动机的顺序联锁。

图中 SA1 为圆工作台选择开关，设有“接通”和“断开”两个位置，共有三对触点，当不需要圆工作台运动时，将开关置于“断开”位置，此时触点 SA1-1、SA1-3 闭合，SA1-2 断开。

1）工作台纵向进给运动的控制。工作台纵向左右进给运动由纵向操作手柄控制，操作手柄有三个位置：向左、向右、中间（零位）。当操作手柄扳到向右（左）位置时，通过机械传动将纵向进给机械离合器挂上，同时压下向右（左）进给的行程开关 SQ1（SQ2），触点 SQ1-1（18-19）（触点 SQ2-1（18-23））闭合，使接触器 KM3（KM4）线圈通电吸合，进给电动机 M2 正向（反向）旋转，推动工作台向右（左）运动。当向右（左）进给到位时，将操作手柄扳回零位，纵向进给离合器脱开，同时 SQ1（SQ2）不再受压，触点 SQ1-1（18-19）（触点 SQ2-1（18-23））断开，使 KM3（KM4）断电释放，电动机 M2 停止转动，工作台停止运动。

此外在工作台前面两侧安装有挡铁，当工作台纵向左右运动到一定位置时，挡铁撞动纵向操作手柄，使它回到中间位置，实现工作台纵向左右运动的极限保护。

纵向运动是由一个操作手柄来操作的，因此，能够保证纵向运动中的向左、向右两个方向只能有一个方向的运动。

为操作方便，在工作台的正面与侧面设置了两个联动的纵向操作手柄，以实现两处操作控制。

2）工作台横向及垂直进给运动的控制。由工作台横向及升降操作十字手柄控制，十字操作手柄有五个位置：上、下、前、后、中间（零位）。行程开关 SQ3 控制向下和向前移动，SQ4 实现向上和向后移动。将操作手柄扳到向上（向下）位置时，通过手柄的联动机构将垂直运动的机械离合器挂上，同时压下向上（向下）进给的行程开关 SQ4（SQ3），触点 SQ4-1（SQ3-1）闭合，SQ4-2（SQ3-2）断开，使接触器 KM4（KM3）线圈通电吸合，电动机 M2 反转（正转），拖动工作台向上（向下）运动。上升（下降）到预定位置后，将手柄扳到中间位置（零位），行程开关 SQ4（SQ3）复位，接触器 KM4（KM3）断电释放，使电动机停止转动，垂直运动机械离合器脱开，工作台向上（向下）运动结束。

在工作台的上、下安装有两块挡铁，当工作台上下垂直运动到一定位置时，挡铁撞动操作手柄，使其回到中间位置，实现工作台垂直运动的终端保护。

工作台横向向前、向后的控制同垂直运动，读者可自行分析。

工作台的上、下、前、后控制是由一个操作手柄完成的，所以能够保证上、下、前、后四个方向只能有一个方向运动。

工作台的横向、垂直运动与纵向运动的联锁是通过电气联锁完成的。当扳动纵向操作手柄时 SQ1 或 SQ2 受压动作，将支路 22-17 断开；若再扳动横向与垂直操作手柄， SQ3 或 SQ4 受压动作，支路 15-17 断开，使接触器 KM3 和 KM4 无法通电，电动机 M2 不能转动。这就保证了不允许同时操作两个操作手柄，从而实现了纵向、横向、垂直六个运动方向的联锁。

3）工作台快速移动的控制。工作台在三个方向上的快速移动也是由进给电动机 M2 拖动的，由快速移动按钮 SB5 或 SB6 两处控制。当工作台正在进行工作进给时按下 SB5 或 SB6，按触器 KM5 线圈通电吸合，主电路中快速移动电磁铁 YA 带电，通过机械传动装置将快速离合器接合，使工作台按原运动方向作快速移动。松开 SB5 或 SB6 时 KM5、YA 相继断电释放，快速移动结束，工作台仍按原进给速度与方向作工作进给，即工作台快速移动是点动控制。

4）进给变速冲动。进给变速冲动是由进给变速手柄配合进给变速行程开关 SQ6 实现的。进给变速前应先起动主轴电动机 M1，使接触器 KM1 吸合，触点 KM1（11-12）闭合，为变速冲动做准备。进给变速工作原理同主轴变速冲动相同，读者可自行分析。

5）圆工作台的控制。圆工作台是机床的附件，在铣削圆弧和凸轮等曲线时，可在工作台上安装圆工作台，由进给电动机 M2 拖动回转。

开动圆工作台前，将转换开关 SA1 扳到“接通”位置，则触点 SA1-1 断开，SA1-2 闭合，SA1-3 断开。同时，工作台的两个进给操作手柄全部扳到中间零位，保证行程开关 SQ1、SQ2、SQ3、SQ4 处于原位。按下起动按钮 SB1 或 SB2，KM1 通电吸合，主轴电动机 M1 起动，触点 KM1（11-12）闭合，经（12-15-17-25-22-19）回路 KM3 通电吸合，M2 起动旋转，使圆工作台转动，且只能单方向转动。松开 SB3 或 SB4、KM1、KM3 相继断电释放，圆工作台停止转动。

如果有一个进给操作手柄不在零位，则因行程开关动断触点断开，使 KM3 不能吸合，M2 不能起动，圆工作台也就不能转动，实现了圆形工作台和长方形工作台的联锁控制。

（3）冷却泵电动机 M3 的控制

由转换开关 SA3、接触器 KM6 控制。将 SA3 扳到“接通”位置，接触器 KM6 线圈通电吸合，M3 起动单方向旋转，拖动冷却泵供出切削液。

（4）照明电路

变压器 TS 将 380V 的交流电压降到 36V 安全电压，供照明用。由转换开关 SA4 控制照明灯 EL。

9.4.4 常见故障及排除

1. 主轴电动机不能起动

1）控制电路熔断器 FU3 熔体熔断，应更换。

2）主轴换向开关 SA5 在停止位置。

3）按钮 SB1、SB2、SB3、SB4 的触点接触不良，应修复或更换。

4）主轴变速行程开关 SQ7 的动断触点接触不良，应修复或更换。

5）接触器 KM1 线圈或触点已损环，应修复或更换。

6）热继电器 FR1 或 FR2 已动作，尚未复位。

2. 主轴不能制动

接触器 KM2 线圈或触点已损环，应修复或更换。

3. 主轴不能变速冲动

主轴变速冲动行程开关 SQ7 位置移动或损坏，应修复。

4. 工作台不能进给

1）主轴电动机 M1 未起动，应起动 M1。

2）熔断器 FU3 熔体熔断，应更换。

3）接触器 KM3 或 KM4 线圈烧坏或主触点接触不良，应修复或更换。

4）行程开关 SQ1、SQ2、SQ3、SQ4 的动断触点接触不良，应修复或更换。

5）进给变速行程并关 SQ6 的动断触点接触不良，应修复或更换。

6）热继电器 FR3 已动作，未复位。

5. 进给不能变速冲动

1）进给操作手柄不是都在零位。

2）进给变速行程开关 SQ6 位置移动或损坏，应修复。

6. 工作台不能快速移动

1）快速移动按钮 SB5 或 SB6 触点接触不良或损坏，应修复或更换。

2）接触器 KM5 线圈或触点损坏，应修复或更换。

3）快速移动电磁铁 YA 损坏。

9.5 镗床的电气控制

镗床是一种精密加工机床，用来镗孔、钻孔、扩孔和铰孔等，主要用来加工精确度高的孔以及各孔间距离和各孔轴心线要求较为精确的零件。按结构和用途分，镗床可分为卧式镗床、立式镗床、坐标镗床、金钢镗床和专用镗床等，其中卧式镗床和坐标镗床应用较为普遍，坐标镗床加工精度高，适合于加工高精度坐标孔距的多孔工件。卧式镗床是一种通用性很广的机床，除了镗孔外，还可以进行钻、扩、铰孔、车削内外螺纹、车削外圆柱面和端面、铣削平面等。下面以 T68 卧式镗床为例来进行分析。

9.5.1 主要结构及运动形式

T68 卧式镗床的结构如图 9-9 所示，主要由床身、前后立柱、镗头架、工作台、尾架等部分组成。在床身的一端固定有前立柱，前立柱的垂直导轨上装有镗头架，镗头架可沿导轨垂直移动，镗头架中装有主轴部件、主轴变速箱、进给箱及操纵机构等部件。刀具固定在镗轴前端的锥形孔里，或装在花盘的刀具溜板上。在床身的另一端装有后立柱，后立柱可沿床身导轨作纵向的左右移动。后立柱的垂直导轨上安放有尾架，用来支撑镗杆的末端，尾架随镗头架同时升降，保证两者的轴心在同一直线上。下溜板可沿床身中部的导轨作纵向的左右移动，上溜板可沿下溜板上的导轨作横向的前后移动，工作台相对于上溜板可作回转运动。

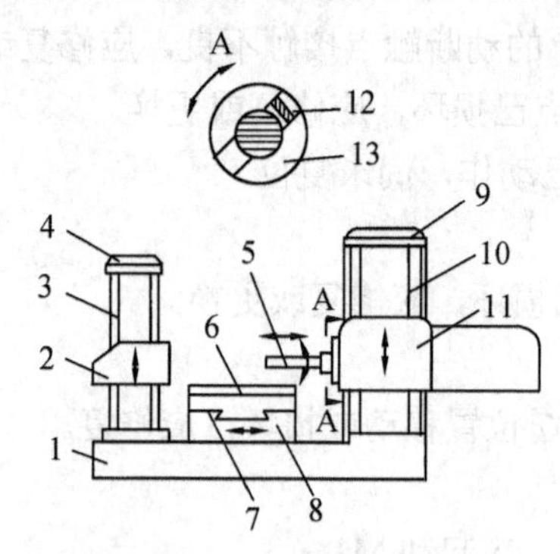

图 9-9　T68 卧式镗床结构示意图

1—床身　2—尾架　3—导轨　4—后立柱　5—镗轴　6—工作台　7—上溜板
8—下溜板　9—前立柱　10—导轨　11—镗头架　12—刀具溜板　13—花盘

在工作时，镗轴一面旋转一面沿轴向作进给运动，而花盘只能旋转，装在其上的刀具溜板可作垂直于主轴轴线方向的径向进给运动。镗轴和花盘主轴分别由各自的传动链传动，因此镗轴与花盘可独自旋转，也可以不同转速同时旋转。

由上可知镗床工作时，主运动是镗轴和花盘的旋转运动；进给运动是镗轴的轴向移动、花盘上刀具溜板的径向移动、工作台的横向移动和纵向移动、镗头架的垂直进给；辅助运动是工作台的旋转、后立柱的纵向移动和尾架的垂直移动。

9.5.2 电力拖动要求

镗床工艺范围广、运动多，为了适应各种工件加工工艺的要求，主轴的转速及进给量都应有足够的调节范围，T68 卧式镗床采用机电联合调速，即用变速箱进行机械调速，用交流双速电动机完成电气调速。调速既可在开车前进行，也可在工作过程中进行，为了缩短机床辅助时间，常在加工过程中进行变速操作。

卧式镗床的主运动和进给运动由一台电动机拖动，要求实现正反转且有点动调整控制，制动要求准确，迅速，为此设有电气制动环节。

为了缩短调整工件和刀具间相对位置的时间，镗床各部分还可以用快速移动电动机来拖动。

由于镗床运动较多，故应有必要的联锁保护以及过载和限位保护。

为便于变速时齿轮的顺利啮合应设有低速冲动环节。

9.5.3 控制电路分析

图 9-10 为 T68 型卧式镗床控制电路图。

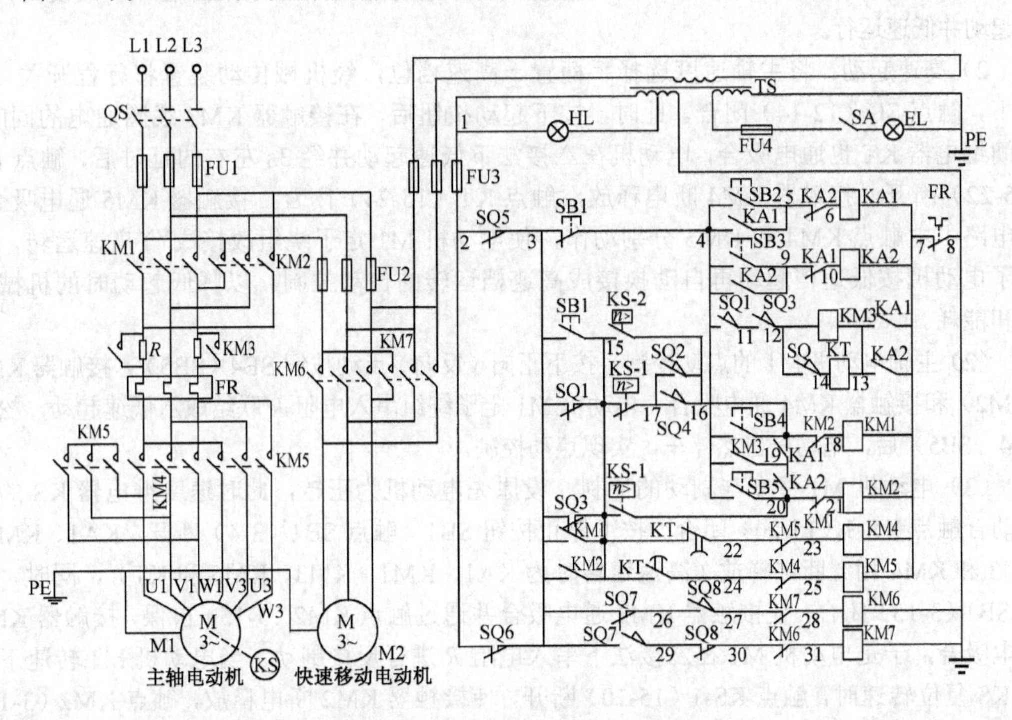

图 9-10 T68 型卧式镗床控制电路图

1．主电路分析

三相交流电源由开关 QS 引入，熔断器 FU1 作短路保护。主电动机 M1 的正反转由接触器 KM1 和 KM2 控制，接触器 KM3 的主触点和制动电阻 R 并联，当 M1 起动和运行时，KM3 通电吸合，将电阻 R 短接，使 R 不起作用，反接制动时 KM3 断电释放，主电路中有两相串入电阻 R 进行制动停车。主电动机 M1 是双速电动机，用接触器 KM4 和 KM5 的主触点控制定子绕组联结来选择高、低转速。当接触器 KM5 通电吸合时，定子绕组为YY联结，主轴电动机为高速；当接触器 KM4 通电吸合时，定子绕组为△联结，主轴电动机为低速。M1 由热继电器 FR 作长期过载保护。

快速移动电动机 M2 用熔断器 FU2 作短路保护，用接触器 KM6 和 KM7 进行正反转控制，因 M2 是短时工作，所以不加过载保护。

2．控制电路分析

（1）主电动机 M1 的正反向起动控制过程：

1）低速起动。将主轴速度选择手柄置于低速档位，经机械传动使高、低速行程开关 SQ 处于释放状态，其触点 SQ（12-14）断开。按下正转（反转）起动按钮 SB2（SB3），中间继电器 KA1（反转为 KA2）线圈通电吸合并自保。变速行程开关 SQ1 和 SQ3 在未进行变速时均被压下，触点 SQ1（4-11）、SQ3（11-12）闭合，使接触器 KM3 通电吸合，KM3 主触点动作短接电阻 R，保证主电动机 M1 在全压下起动。同时触点 KM3（4-19）闭合，触点 KA1（16-19）（反转时为触点 KA2（19-20））闭合，使接触器 KM1（反转时为 KM2）线圈通电吸合，触点 KM1（反转为 KM2）（3-15）闭合，使接触器 KM4 通电吸合。这样，主电路中 KM1（反转为 KM2）、KM3 和 KM4 主触点闭合，电动机 M1 在△接法下正向（或反向）全压起动并低速运行。

2）高速起动。将主轴速度选择手柄置于高速档位，经机械传动装置将行程开关 SQ 压下，触点 SQ（12-14）闭合。此时，按下起动按钮后，在接触器 KM3 线圈通电的同时，时间继电器 KT 也通电吸合，电动机在△接法下低速起动并经 3s 左右的延时后，触点 KT（15-22）断开，接触器 KM4 断电释放，触点 KT（15-24）闭合，接触器 KM5 通电吸合，主电路中主触点 KM4 和 KM5 分别动作，使电动机 M1 定子绕组改接成YY高速运转，实现了电动机按低速档起动再自动换接成高速档运转的自动控制，以降低起动时的机械冲击和能耗。

（2）主轴电动机 M1 的点动控制　按下正向（反向）点动按钮 SB4（SB5），接触器 KM1（KM2）和接触器 KM4 通电吸合，电动机 M1 定子绕组串入电阻 R 联结成△低速起动，松开 SB4（SB5）后，电动机自然停车，实现点动控制。

（3）电动机 M1 停车与制动的控制　设原先电动机为正转，此时速度继电器 KS 的正向动合触点 KS-1（15-20）闭合。按下停止按钮 SB1，触点 SB1（3-4）断开，KA1、KM1、KM3 和 KM4 相继断电释放（高速运转时为 KA1、KM1、KM3、KM5 和 KT），同时，触点 SB1（3-15）闭合，使接触器 KM2 通电吸合并通过触点 KM2（3-15）自保，接触器 KM4 通电吸合，于是电动机 M1 在△接法下串入电阻 R 进行反接制动。当电动机 M1 转速下降到 KS 复位转速时，触点 KS-1（15-20）断开，使接触器 KM2 断电释放，触点 KM2（3-15）断开，使接触器 KM4 断电释放，于是主电路中 KM2 和 KM4 主触点断开，切断电动机 M1 的三相电源，反接制动结束，电动机 M1 自由停车至零。

由以上分析可知，在进行停车操作时，务必将停止按钮 SB1 按到底，否则触点 SB1（3-15）不能闭合，电动机 M1 只是自由停车，而无反接制动。

(4)主轴和进给的变速控制及变速时的连续低速冲动控制　T68 型镗床主轴及进给变速是通过变速操纵盘以改变传动链的传动比来实现的。为便于齿轮的啮合，主轴电动机 M1 运行在连续低速工作状态。变速不但在停车时可以进行，在电动机运转时也可进行。

我们以电动机 M1 正转时的主轴变速为例来进行分析。

主轴变速时，先拉出主轴变速操纵盘的操作手柄，行程开关 SQ1 不再被压，触点 SQ1（4-11）断开，接触器 KM3 和时间继电器 KT 断电释放，而触点 KM3（4-19）断开使接触器 KM1 也随之断电释放，电动机 M1 处于自然停车状态。同时触点 SQ1（3-15）闭合，此时在惯性作用下转速仍旧很高，速度继电器 KS 正向触点 KS-1（15-17）断开，KS-1（15-20）闭合，保证了 KM1 断电释放，KM2 通电吸合。而不论原先 M1 是高速还是低速运转，都因 KT 的断电而使 KM4 通电吸合，KM5 断电释放，使电动机定子绕组接成△，于是电动机 M1 串电阻反接制动，转速迅速下降。

然后转动变速操纵盘到所需的转速，将变速操纵手柄推回原位。如果齿轮顶住手柄而推合不上时，将压下行程开关 SQ2，触点 SQ2（17-16）闭合。当电动机 M1 转速下降到 KS 复位转速时，触点 KS-1（15-20）断开，触点 KS-1（15-17）闭合，使 KM1 通电吸合，KM2 断电释放，电动机 M1 定子绕组联结成△，串电阻 *R* 正向起动，转速重新上升。转速上升到 KS 动作转速时，又使 KS-1（15-20）闭合，触点 KS1（15-17）断开，KM1 断电释放，KM2 通电吸合，M1 串电阻反接制动，转速迅速下降。转速下降到 KS 复位转速时，M1 又正向起动。这样间隙地起动和反接制动，使主电动机 M1 处于低速运转状态，有利于变速齿轮的啮合。当齿轮啮合好后，变速操纵手柄就可以推回原位，行程开关 SQ1 被压下，SQ2 不受压，接触器 KM3 通电吸合，从而使接触器 KM1 也通电吸合，电动机 M1 便在新的转速下重新起动运转。

进给变速时的工作情况与主轴变速相同，只不过此时操作的是进给变速手柄，与其联动的行程开关是 SQ3、SQ4，详细过程请读者自行分析。

（5）快速移动电动机 M2 的控制　机床各部件的快速移动，由快速移动操作手柄控制，各运动部件及其运动方向的选择由手柄操纵。快速操作手柄有“正向”“反向”“停止”三个位置，手柄在“正向”（反向）位置时，压下行程开关 SQ7（SQ8），接触器 KM6（KM7）通电吸合，使快速移动电动机 M2 正转（反转），拖动机床进给机构快速正向（反向）移动。当快速移动控制手柄置于“停止” 位置时，行程开关 SQ7 和 SQ8 均不受压，接触器 KM6 和 KM7 均处于断电释放状态，M2 停转，快速移动结束。

（6）联锁保护　T68 型镗床运动部件较多，为防止机床或刀具损坏，保证主轴进给和工作台进给不能同时进行，用行程开关 SQ5 和 SQ6 来进行联锁保护。行程开关 SQ5 和 SQ6 的动断触点并联后串接在控制电路中，当工作台和镗头架自动进给手柄扳到自动进给位置时，行程开关 SQ5 被压下，其动断触点断开；当主轴和花盘刀架自动进给手柄扳到自动进给位置时，行程开关 SQ6 被压下，其动断触点断开。于是控制电路被切断，机床不能工作，实现了联锁保护。

3．照明电路

照明灯 EL 和控制电路信号灯 HL 的控制电路较简单，读者可自行分析。

9.5.4 常见故障及排除

1. 主轴电动机 M1 只有高速档而无低速档，或只有低速档而无高速档

1）时间继电器 KT 出现故障，应修复或更换。

2）行程开关 SQ 位置移动或触点出现故障，使 SQ 始终处于通或断的状态。若 SQ 常通，则电动机 M1 只有高速，否则只有低速。

2. 主轴不能变速或无变速冲动

1）主轴变速行程开关 SQ1 位置移动或触点出现故障，不能复位，应修复或更换。

2）行程开关 SQ2 位置移动或触点出现故障，使主轴变速手柄推合不上时，没有压下 SQ2，应修复或更换。

3）速度继电器损坏，其动合触点不能闭合，使反接制动接触器不能通电吸合，应修复或更换。

3. 进给不能变速或无变速冲动

这一故障的原因与主轴变速故障的原因基本相同，应检查行程开关 SQ3、SQ4 和速度继电器 KS。

4. 主轴和工作台不能工作进给

1）主轴和工作台的两个手柄都扳到自动进给位置。

2）行程开关 SQ7 和 SQ8 位置移动或撞坏，使其动断触点都不能闭合，应修复或更换。

9.6 小结

本章对几种典型机床的电气线路和故障排除进行了分析和讨论，从分析一般生产机械的电气控制方法入手，培养学生在实际工作中学会抓住各机床电气控制的特点，掌握分析电气原理图和诊断排除故障的方法。

分析机床电气控制线路时要求对该机床的基本结构、运动形式、工艺要求等有全面的了解。在明确其对电气控制要求的基础上，首先分析主电路，看机床由几台电动机拖动，其作用、拖动特点及保护环节分别是什么；然后分析控制电路，可将控制电路“化整为零”，因为控制电路再复杂也是由若干个基本控制环节组成的，应逐个分析每台电动机的每一个控制环节，并注意各环节之间的联锁、互锁与保护；之后再分析机床中的其他线路，如照明电路与信号电路等；最后总结出机床电气控制的特点。

C650-2 型普通车床主要介绍了各电动机的基本起停线路。

M7475B 型立轴圆台平面磨床的主要特点是电磁吸盘控制。

Z3040 型摇臂钻床主要介绍了摇臂的松开→移动→夹紧的自动控制，尤其是机、电、液的相互配合。

X62W 型万能铣床的主要特点是主轴及进给的变速冲动以及机械操作手柄进行机械挂档的同时和行程开关一起实现电气联动控制，并具有完善的联锁与保护环节。

T68 型卧式镗床主要介绍了双速电动机的控制环节及变速时的连续低速冲动等。

9.7 习题

1．C650-2 型车床电气控制具有哪些保护环节？

2．C650-2 型车床时间继电器 KT 的作用是什么？其通电延时时间有何要求？

3．M7475B 型平面磨床电气控制中，砂轮电动机 M1 采取Y-△减压起动，为什么 KM1 先切断三相交流电源，待 M1 定子绕组联结成△后再重新接通三相交流电源？

4．M7475B 型平面磨床励磁电路中，电位器 RP3 的作用是什么？

5．M7475B 型平面磨床的工作台转动与磨头的下降是否可以同时进行？为什么？如何实现？

6．M7475B 型平面磨床励磁电路的桥式整流电路中，如果有一个二极管因烧坏而断开，将会如何？

7．当 M7475B 型平面磨床工件磨削完毕，为使工件容易从工作台上取下，应使电磁吸盘去磁，此时应如何操作，电路工作情况如何？

8．简述 Z3040 型摇臂钻床摇臂上升时的电路工作情况。

9．Z3040 型摇臂钻床在工作时，摇臂升降后不能完全夹紧，试分析故障原因。

10．Z3040 型摇臂钻床控制电路中行程开关 SQ1、SQ2、SQ3、SQ4 的作用分别是什么？结合电路工作情况说明。

11．Z3040 型摇臂钻床电路中，电磁阀的作用是什么？何时动作？

12．Z3040 型摇臂钻床电路中，有哪些联锁与保护？

13．在 X62W 型铣床电路中，行程开关 SQ1、SQ2、SQ3、SQ4 的作用分别是什么？它们与机械手柄有何联系？

14．X62W 型铣床电气控制有哪些联锁与保护？它们是如何实现的？

15．X62W 型铣床可否既能在主轴停车时又能在主轴旋转时进行主轴变速？为什么？

16．X62W 型铣床的电气原理图如图 9-8 所示，试分析下列故障的原因：

（1）工作台向左、向右、向前、向下进给都正常，没有向上、向后进给。

（2）主轴电动机不能进行变速冲动。

（3）垂直与横向进给正常，无纵向进给。

17．简述 T68 型镗床快速进给的控制过程。

18．T68 型镗床控制电路中时间继电器 KT 有何作用？其延时长短有何影响？

19．T68 型镗床与 X62W 型铣床变速冲动有何相同点与不同点？

20．T68 型镗床能低速起动，但不能高速运行，故障的原因是什么？

第10章　桥式起重机的电气控制

常用的起重运输机械有桥式起重机、电梯、传送带运输机、电动搬运车等。由于桥式起重机具有一定的广泛性和典型性，本章介绍桥式起重机的电气控制，着重分析凸轮控制器和主令控制器的工作原理和特点。

10.1　桥式起重机概述

起重机是一种用来提升和下放重物并使重物在短距离内水平移动的起重设备。起重设备有多种形式，有桥式、塔式、门式、旋转式和缆索式等。

不同形式的起重机应用于不同场合。如车站货场使用门式起重机；建筑工地使用塔式起重机；码头、港口使用旋转式起重机；生产车间使用桥式起重机。桥式起重机又称为“天车”或“行车”，它是一种横架在固定跨间上空用来吊运各种重物的设备。按起吊装置不同，又可分吊钩桥式起重机、电磁盘桥式起重机和抓斗桥式起重机，以吊钩桥式起重机应用最广。

10.1.1　桥式起重机的结构及运动情况

图10-1所示是桥式起重机的结构示意图。

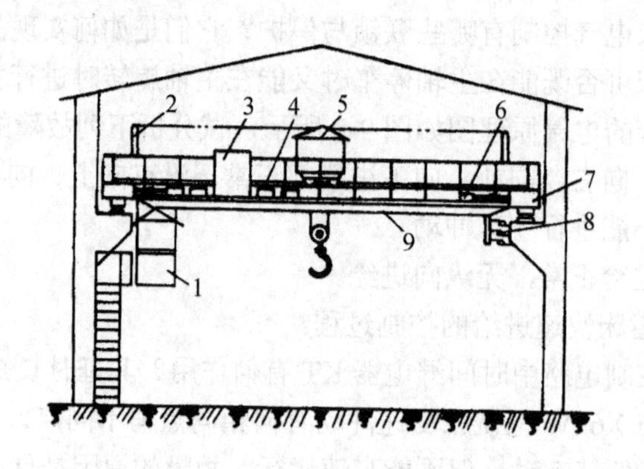

图10-1　桥式起重机示意图

1—驾驶室　2—辅助滑车架　3—交流磁力控制屏　4—电阻箱
5—起重小车　6—大车拖动电动机　7—端梁　8—主滑线　9—主梁

桥式起重机主要有大车（又称为桥架）、装有提升机构的小车、大车移动机构、操纵室、小车导电装置（辅助滑线）、起重机总电源导电装置（主滑线）等部分组成。

大车的轨道敷设在沿车间两侧的立柱上，大车可在轨道上沿车间长度方向移动；大车上有小轨道供小车沿车间宽度移动；吊钩装在小车上，对于15t及以上的起重机通常有主钩和副钩两套提升机构，主钩用来提升重物，副钩除了可提升轻物外，在它额定负载范围内也可协同主钩倾转或翻倒工件用，但不允许两钩同时提升两个物体，每个吊钩在单独工作时均只能起吊不超过额定重量的重物，当两个吊钩同时工作时，物体重量不允许超过主钩起吊重量。

10.1.2　桥式起重机的供电特点

桥式起重机的电源为380V，由公共的交流电源供给。由于起重机在工作时是经常移动的，同时大车与小车之间、大车与厂房之间都存在着相对运动，因此要采用可移动的电源设备供电。一种是采用软电缆供电，主要用于小型起重机；另一种是采用滑触线和集电刷供电。主滑触线是沿着平行于大车轨道的方向铺设在车间厂房的一侧。三相交流电源经主滑触线与滑动的集电刷，引进起重机驾驶室内的保护控制柜上，再从保护控制柜引出两相电源至控制器，另一相称为电源的公共相，它直接从保护控制柜接到各电动机的定子接线端。另外，为了便于供电及各电器设备之间连接，在桥架的另一侧装设了辅助滑触线。

滑触线通常用角钢、圆钢、V型钢、或工字钢等刚性导体制成。

10.1.3　桥式起重机对电力拖动的要求

起重机为周期性断续工作方式，因此电动机经常处于起动、制动、正反转状态，负载变化不规则，经常承受过载和机械冲击，且工作环境恶劣，为了提高起重机的生产率与安全性，故对其电力拖动提出如下要求。

1）为满足起重机的工作要求，起重用电动机多选用封闭式、绝缘等级较高的异步电动机，在结构上，转子长度与直径之比较大。

2）要有合理的升降速度。空载、轻载要求速度快，从而减少辅助工时；重载时要求速度慢。

3）具有一定的调速范围。普通起重机调速范围为3:1，对要求较高的起重机，其调速范围可达（5～10）:1。

4）具有适当的低速区。当提升重物开始或下降重物至预定位置之前，要求低速，故在30%额定速度内应分成几档，以便灵活操作。

5）提升的第一档作为预备档，主要是为了消除传动间隙和张紧钢丝绳，避免过大机械冲击。预备级的起动转矩一般限制在额定转矩的一半以下。

6）负载下放时，根据负载大小，提升电动机既可工作在电动状态，也可工作在倒拉反接制动状态或再生发电制动状态，以满足不同下降速度的要求。

7）为保证安全可靠的工作，不仅需要机械抱闸的机械制动，还应具有电气制动，从而减轻机械抱闸的负担。

8）有完善可靠的电气保护环节。

10.1.4　起重用电动机的工作状态

对于移动机构拖动的电动机，其负载总是反抗性负载，故电动机工作在正、反向电动状态。

而对于提升机构，其负载除了较小的摩擦力外，主要是重物和吊钩，为位能性负载。故拖动电动机根据工作情况不同，运行状态也不一样。

1．提升重物时电动机的工作状态

提升重物时，电动机承受两个阻转矩，重物自重产生的位能性转矩 T_L 和传动系统存在的摩擦转矩 T_f 。当电动机电磁转矩 T 克服这两个阻转矩时，重物将被提升，如图 10-2 所示。当 $T = T_L + T_f$ 时，电动机稳定运行在机械特性 a 点处，以 n_a 转速提升重物，电动机工作在电动状态。

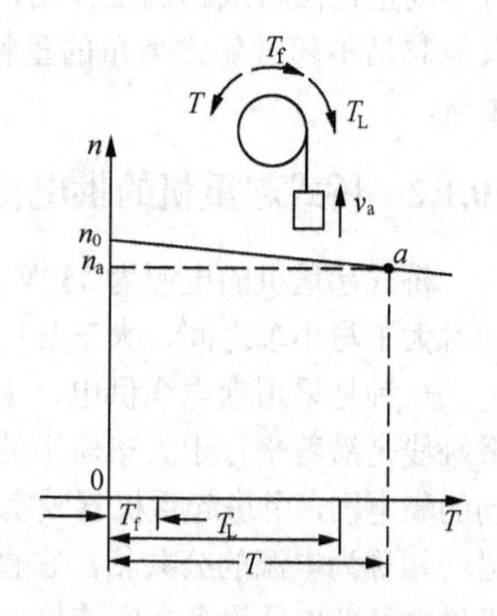

图 10-2　提升重物时电动机的工作状态

2．下降重物时电动机的工作状态

（1）反转电动状态　当空钩或轻载下放重物时，由于负载的位能转矩 T_L 小于摩擦力转矩 T_f ，此时电动机必须产生一个向下的电磁转矩 T 使重物或空钩下放。如图 10-3a 所示，T 与 T_L 方向一致，当 $T + T_L = T_f$ 时，电动机将稳定运行在机械特性的 a 点，以 n_a 速度下放。此时电动机工作在反转电动机状态，又称为强力下放重物。

（2）再生发电制动状态　当重物下放时，若电动机按反转接线，此时电磁转矩 T 方向与位能转矩 T_L 方向相同，这时电动机向下加速，当 $n = n_0$ 时，$T = 0$，但电动机在 T_L 作用下仍加速，使 $n > n_0$，于是电动机的电磁转矩向下方向与 T_L 方向相反，而成阻转矩，当 $T + T_f = T_L$ 时，电动机稳定运行在图 10-3b 中的 b 点上，以高于电动机同步转速的速度 $-n_b$ 稳定下降，此时电动机工作在再生发电制动状态。

（3）倒拉反接制动状态　当负载较重时，为获得低速下降，可采用倒拉反接制动下放。这时电动机正转接线，产生向上的电磁转矩 T，T 与 T_L 方向相反，成为阻碍重物下放的制动转矩，如图 10-3c 所示，当 $T + T_f = T_L$ 时，电动机稳定运行在机械特性曲线 c 点上，以 $-n_c$ 转速下放。

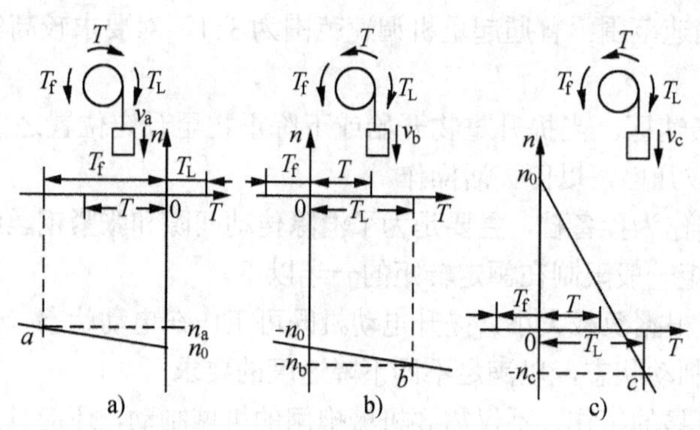

图 10-3　下降重物时电动机的三种工作状态

a) 反转电动状态　b) 再生发电制动状态　c) 倒拉反接制动状态

10.1.5　起重机的电气保护

为了保证安全可靠的工作，起重机电气控制一般具有下列保护与联锁：电动机过载保护；短路保护；失电压保护；控制器的零位联锁；终端保护；舱盖、端梁、栏杆门安全开关保护。

电动机过载和短路保护：对于绕线转子异步电动机采用过电流继电器进行保护，其中瞬动的过电流继电器只能用作短路保护，而反时限特性的过电流继电器不仅具有短路保护，还具有过载保护作用。对于笼型异步电动机采用熔断器或空气开关作短路保护。

控制器零位联锁：为保证只有当主令或凸轮控制器手柄置于“零”位时，才能接通控制电路，一般将控制器仅在零位闭合的触点与该机构失电压保护作用的零电压继电器或线路接触器的线圈相串联，并用该继电器或接触器的触点作自锁，实现零位联锁保护。

10.2 凸轮控制器控制电路

凸轮控制器是一种大型手动控制电器，是起重机上重要的操作设备之一，用来直接操作与控制电动机的正反转、调速、起动与制动。

图 10-4 为用凸轮控制器来控制起重机的平移或提升机构的控制原理图。

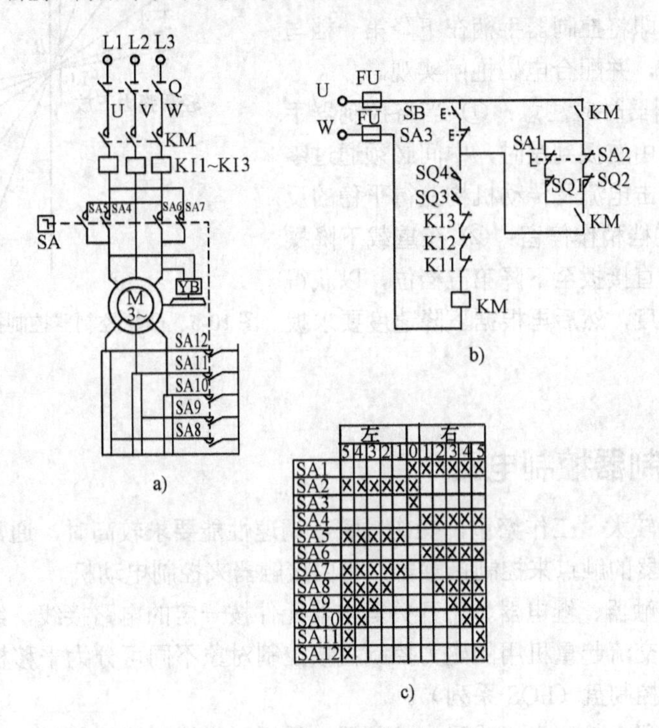

	左						右				
	5	4	3	2	1	0	1	2	3	4	5
SA1						×	×	×	×	×	×
SA2	×	×	×	×	×	×					
SA3						×					
SA4							×	×	×	×	×
SA5	×	×	×	×	×						
SA6							×	×	×	×	×
SA7	×	×	×	×	×						
SA8	×	×	×	×				×	×	×	×
SA9	×	×	×						×	×	×
SA10	×	×								×	×
SA11	×										×
SA12	×										×

图 10-4 凸轮控制器控制原理图

a) 主电路 b) 控制电路 c) 凸轮控制器控制原理图

凸轮控制器左、右各有 5 个档位，12 个触点。其在每个位置的触点闭合表如图 10-4c 所示。由图可见，凸轮控制器 SA 在零位时有 9 对动合触点，3 对动断触点，其中 4 对动合触点（SA4～SA7）用于电动机正反转控制，另外 5 对（SA8～SA12）用于接入与切除电动机转子不对称电阻，3 对动断触点用来实现零位保护，并配合两个运动方向的行程开关 SQ1、SQ2 来实现限位保护。

控制电路中过电流继电器 KI1～KI3 作电动机过电流保护；紧急事故开关 SQ3 作事故保护；操纵室顶端舱口开关 SQ4 作大车顶上无人且舱口关好才可开车的安全保护；

电磁制动器 YB 当其线圈通电时，依靠电磁力将制动器松开，当断电时，制动器将电动机刹住。

在提升重物时，控制器第一档位为预备级，第二至第五档位通过控制器触点分别切除电动机转子中的电阻，使电动机速度逐级升高，此时电动机工作在正向电动状态。其机械特性如图 10-5 所示的“上 1～上 5”。

在重载下放时，电动机工作在发电制动状态，其下降特性与上升特性对称，如图 10-5 所示的“下 1～下 5”，电动机对应的稳态工作点分别为 $A1$～$A5$ 点。若轻载或空载下放，电动机处于反转电动状态，对应的稳态工作点为 B 点。

由以上分析可知，该控制电路不能获得空载或重载时的低速下降，为了得到下降时准确的定位，须采用点动操作，即将控制器手柄在下降第一档与零位之间来回操作，并配合电磁抱闸实观。

操作凸轮控制器时应注意：① 当将控制器手柄由左扳到右，或由右扳到左时，中间必须通过零位，为减小反向冲击电流及传动机构获得平稳的反向过程，应在零位档稍作停留；② 在重载下降操作时，应先将手柄直接扳至下降第五档位，以获得重载下降的最低速度，然后再根据下降速度要求扳至所需的档位。

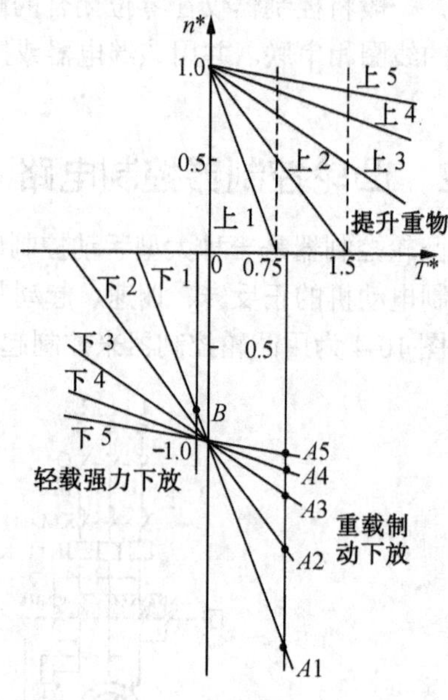

图 10-5　凸轮控制器控制提升电动机机械特性

10.3　磁力控制器控制电路

当电动机容量较大，工作繁重，操作频繁，调速性能要求较高时，通常采用主令控制器操作。由主令控制器的触点来控制接触器，再由接触器来控制电动机。

将控制用的接触器、继电器、刀开关等电器元件按一定的电路接线，组装在一块盘上，称作磁力控制盘。交流起重机用的磁力控制盘按控制对象不同可分为平移机构控制盘（PQY 系列）和升降机构控制盘（PQS 系列）。

主令控制器与磁力控制盘组成磁力控制器。采用磁力控制器控制时，只有尺寸较小的主令控制器装在驾驶室内，其余电器设备均安装在桥架上的控制盘中，具有操作轻便，维护方便，工作可靠，调速性能好的优点。但缺点是所用电器设备多，投资大且线路复杂，主要用于起重机主钩提升机构。

图 10-6 为提升机构磁力控制器控制的系统电路图。主令控制器 SA 有上、下各 6 个档位，12 对触点。其在每个位置的触点闭合表如图 10-6b 所示。通过这 12 对触点的闭合与断开，来控制电动机定子与转子电路的接触器，实现电动机工作状态的改变，拖动吊钩按不同的速度上升和下降。KM1、KM2 为控制电动机正反转的接触器，KM3 为制动用的接触器，KM4、KM5 为反接制动用的接触器，KM6～KM9 为控制电动机速度用的接触器。最后转子中有一段常串电阻，用来软化机械特性。

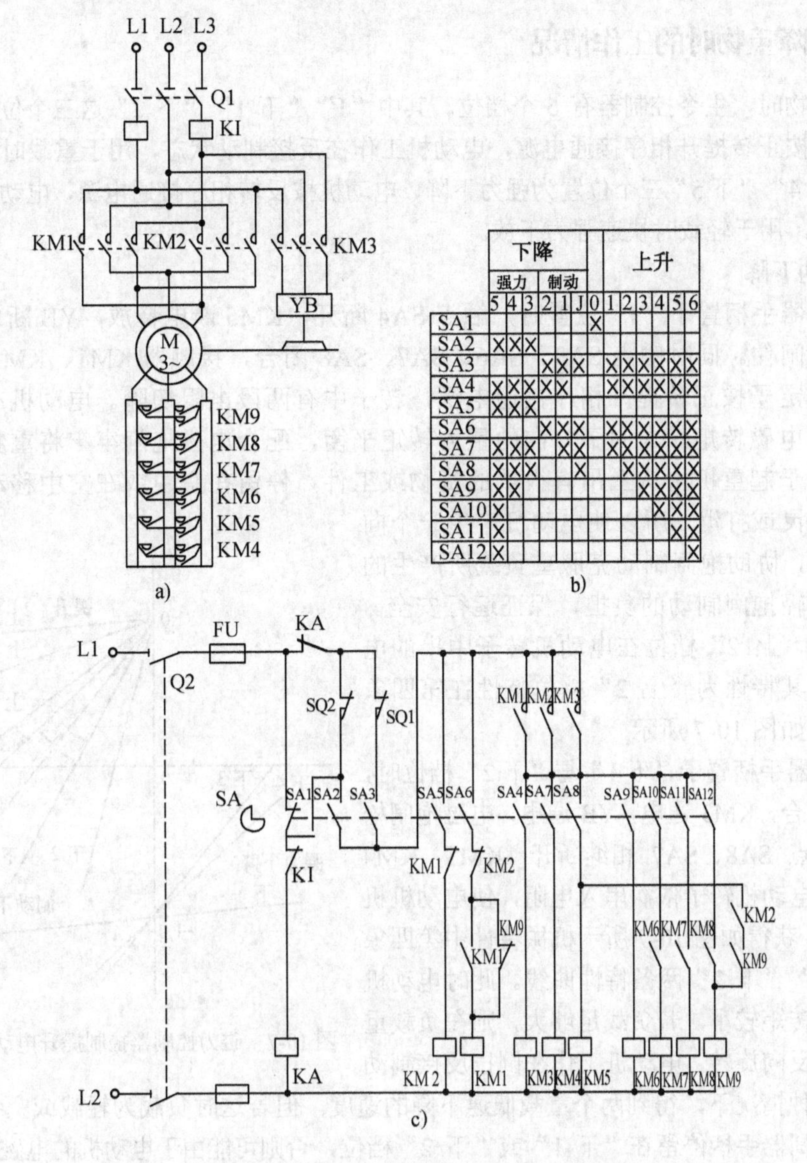

	下降							上升					
	强力			制动									
	5	4	3	2	1	J	0	1	2	3	4	5	6
SA1							×						
SA2	×	×	×										
SA3				×	×	×		×	×	×	×	×	×
SA4	×	×	×	×	×			×	×	×	×	×	×
SA5	×	×	×										
SA6				×	×	×		×	×	×	×	×	×
SA7	×	×	×		×	×		×	×	×	×	×	×
SA8	×	×	×			×			×	×	×	×	×
SA9	×	×								×	×	×	×
SA10	×										×	×	×
SA11	×											×	×
SA12	×												×

图 10-6　提升机构磁力控制器控制系统电路图

a) 主电路　b) 主令控制器触点闭合表　c)控制电路

10.3.1　提升重物时的工作情况

“提升”有 6 个档位。当主令控制器手柄扳到“上 1”档位时，控制器触点 SA3、SA4、SA6、SA7 闭合，接触器 KM1、KM3 和 KM4 通电吸合，电动机按正转相序接通电源，制动电磁铁 YB 通电，电磁抱闸松开，此时短路一段转子电阻，电动机工作在图 10-7 所示“上 1”的机械特性上，一般吊不起重物，处于起动预备级。当主令控制器手柄依次扳到上“2、3、4、5、6”档位时，控制器触点 SA8～SA12 也依次闭合，接触器 KM5～KM9 相继通电吸合，逐级短路转子中各级电阻，获得如图 10-7 中“上 2”～“上 6”的机械特性，得到 5 种提升速度。

10.3.2　下降重物时的工作情况

下降重物时，主令控制器有 6 个档位。其中“J”“下 1”“下 2”这三个位置为制动下降，电动机按正转提升相序接通电源，电动机工作在反接制动状态，用于重载时低速下放。“下 3”“下 4”“下 5”三个位置为强力下降，电动机按反转相序接通电源，电动机工作在反向电动状态，用于轻载时快速强力下放。

1．制动下降

当控制器手柄置于“J”位置时，触点 SA4 断开，KM5 断电释放，YB 断电，电磁抱闸将电动机闸住。同时触点 SA3、SA6、SA7、SA8 闭合，接触器 KM1、KM4、KM5 通电，电动机定子按正转提升相序接通电源，转子中有两段电阻切除。电动机产生一个提升方向上的电磁转矩，与向下方向的重力转矩平衡，配合电磁抱闸牢牢将重物闸住。这种操作常用于起重机主钩上吊有很重的货物或工件，停留在空中或在空中移动时，防止抱闸制动失灵或打滑，所以使电动机产生一个向上的提升力，协助抱闸制动克服重负载所产生的下降力，减轻抱闸制动的负担，保证运行安全。“J”档位与“上 2”档位在电动机转子中串的电阻相同，故其特性为“上 2”档位特性在第四象限的延伸，如图 10-7 所示。

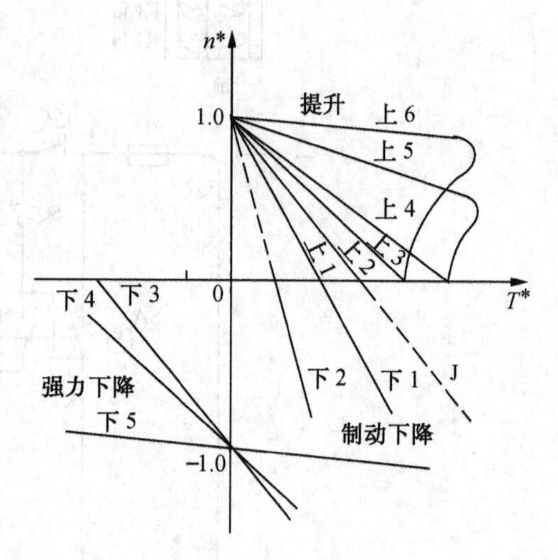

图 10-7　磁力控制器控制提升电动机机械特性

当控制器手柄置于“下 1”与“下 2”档位时，触点 SA4 闭合，KM3 通电，YB 通电，电磁抱闸松开；同时触点 SA8、SA7 相继断开，KM5、KM4 相继断电，电动机转子依次串入电阻，使电动机机械特性变软，获得如图 10-7 所示机械特性中第四象限的“下 1”“下 2”两条特性曲线。此时电动机产生的电磁转矩较小，若负载足够大，则在负载重力作用下作反向旋转，电动机工作在倒拉反接制动状态。在两种情况下，得到两个重载低速下降的速度。但若这时负载为轻载或空钩时，切不可将主令控制器手柄停留在“下 1”或“下 2”档位，否则可能由于电动机的电磁转矩大于负载转矩，使电动机工作在正向电动状态，重物反而上升。

2．强力下降

当手柄置于“下 3”档位时，触点 SA2、SA4、SA5、SA7、SA8 闭合，接触器 KM2～KM5 通电，YB 通电，电磁抱闸松开，电动机转子中两段电阻切除，定子按反转相序接通电源，此时电动机工作在反向电动状态，强迫重物下降。

置于“下 4”“下 5”档位时，是在“下 3”档位的基础上，触点 SA9 与 SA10～SA12 相继闭合，接触器 KM6 与 KM7～KM9 相继通电，切除电动机转子中的电阻。由于“下 3”“下 4”“下 5”档位与“上 2”“上 3”“上 6”档位转子中串的电阻情况相对应，故机械特性也相对应，区别在于一个在第一象限，一个在第三象限，如图 10-7 所示。这样起重机获得轻载时的三种强力下放速度。

10.3.3 电路的联锁与保护

1）由强迫下降过渡到制动下降，为避免出现高速下降的保护。当主令控制器手柄在强力下降“下 5”档位时，因负载过大使下降速度过快，此时需要把主令控制器的手柄扳回到“下 2”或“下 1”制动状态的档位，以控制下降速度。为避免在转换过程中可能发生过高的下降速度，在接触器 KM9 电路中通常用 KM9 的动合触点自锁，这时由“下 5”档位扳回“下 4”与“下 3”档位过程中，虽然触点 SA12 断开，但经 SA8、KM2、KM9 触点仍使接触器 KM9 通电，电动机转子中始终只串一段电阻（软化电阻），使电动机仍工作在强力下降“下 5”特性上，不会加速下降，实现由强力下降比较平稳地过渡到制动下降。

2）保证只有在转子电路中有一定电阻的情况下，才能进行反接制动。串联于接触器 KM1 线圈支路中的动合触点 KM1 与动断触点 KM9 并联，主要作用是当接触器 KM2 线圈断电释放后，只有当接触器 KM9 线圈断电释放的情况下，接触器 KM1 线圈才允许通电并自锁，这就保证了只有在转子电路中保持一定的附加电阻的前提下，才能进行反接制动，以防止反接制动时造成直接起动而产生过大的冲击电流。

3）在控制器“下 1”～“下 5”档位时，为确保 YB 通电，将抱闸松开。为此在 KM3 控制电路中设置了由动合触点 KM1、KM2、KM3 的并联电路。

4）短路转子电阻的顺序联锁。由 KM6～KM8 的动合触点串接于下一级接触器 KM7～KM9 中。

5）完善的保护。电压继电器 KA 与主令控制器触点 SA1 实现零电压与零电位保护；过电流继电器 KI1 实现过电流保护；行程开关 SQ1、SQ2 实现限位保护。

10.4 桥式起重机控制电路

10.4.1 20/5t 桥式起重机电气线路分析

常见的桥式起重机有 5t、10t 单钩及 15/3t、20/5t 双钩等，本节以 20/5t（重级）桥式起重机为例，分析起重机设备的电气控制电路。

20/5t（重级）通用吊钩桥式起重机电气控制电路如图 10-8 所示。图中 M5 为主钩电动机，由主令控制器 SA4 配合磁力控制盘（PQR）控制；M1 为副钩电动机，由凸轮控制器 SA1 控制；M2 为小车电动机，由凸轮控制器 SA2 控制；由于桥式起重机的大车桥架跨度较大，故在两侧装置两个主动轮，采用两台相同规格的电动机 M3、M4，由凸轮控制器 SA3 控制。各机构电气控制原理如前所述。

桥式起重机的电源为 380V，由公共的交流电源供给，由于起重机在工作时是经常移动的，同时，大车与小车之间、大车与厂房之间都存在着相对运动，因此，要采用可移动的电源设备供电。一种是采用软电缆供电，软电缆可随大、小车的移动而伸展和叠卷，多用于小型起重机；另一种常用的方法是采用滑触线和集电刷供电。三根主滑触线沿着平行于大车轨道的方向敷设在车间厂房的一侧。三相交流电源经由三根主滑触线与滑动的集电刷引进到起重机驾驶室内的保护控制柜上，再从保护控制柜引出两相电源至凸轮控制器，另一相称为电源的公用相，它直接从保护控制柜接到各电动机的定子接线端。

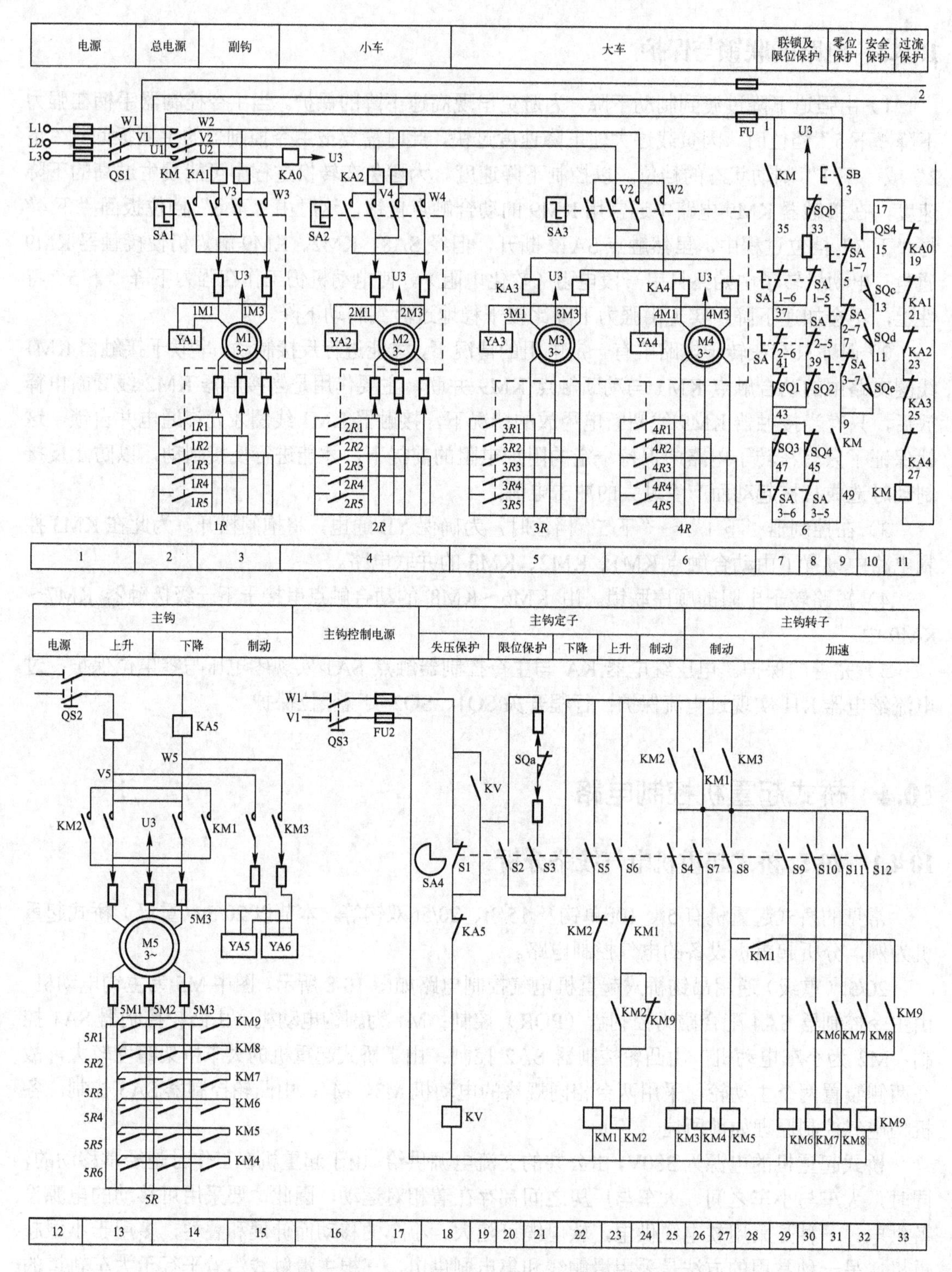

图 10-8　20/5t 交流桥式起重机电气控图制电路图

整个起重机的保护环节是由交流保护控制柜（GQR）和交流磁力控制屏（PQR）来实现的。控制电路分别用熔断器 FU1 和 FU2 作为短路保护；总电源及每台电动机均采用过电流继电器 KA0、KAl、KA2、KA3、KA4、KA5 作过载保护；为了保障维修人员的安全，在驾驶室舱门盖上装有安全开关 SQc；在横梁两侧栏杆门上分别装有安全开关 SQd 和 SQe；当发生紧急情况时操作人员能立即切断电源，防止事故扩大。在保护柜上还装有一只单刀单掷的紧急开关 QS4。上述各开关在电路中均为动合触点并与副钩、小车、大车的过电流继电器及总过电流继电器的动断触点相串联，当驾驶室舱门或横梁栏杆门开启时，主接触器 KM 线圈不能得电运行或运行时断电释放，这样起重机的全部电动机都不能起动运行，以保证人身安全。

电源总开关 QSl、熔断器 FUl 和 FU2、主接触器 KM、紧急开关 QS4 及过电流继电器 KA0～KA5 都装在保护柜上。保护柜、凸轮控制器及主令控制器均装在驾驶室内，便于司机操作。

起重机各移动部分均采用限位开关作为行程限位保护，分别为主钩上升限位开关 SQa、副钩上升限位开关 SQb、小车横向限位开关 SQl 和 SQ2、大车纵向限位开关 SQ3 和 SQ4。利用移动部件上的挡铁压开限位开关将电动机断电并制动，以保证行车安全。

起重机设备上的移动电动机和提升电动机均采用电磁制动器抱闸制动，分别为副钩制动电磁铁 YAl、小车制动电磁铁 YA2、大车制动电磁铁 YA3 和 YA4、主钩制动电磁铁 YA5 和 YA6。其中 YAl～YA4 为两相电磁铁，YA5 和 YA6 为三相电磁铁。当电动机通电时，电磁铁也得电松开制动器，电动机可以自由旋转。当电动机断电时，电磁铁也断电，电动机被制动器所制动。特别是正在运行时突然停电，可以保证安全。

为了便于供电及各设备之间的连接，在桥架的一侧装设了辅助滑线，本控制电路共有 21 根，如图 10-9 所示。其中主钩部分 10 根，3 根连接主钩电动机的定子绕组接线端；3 根连接转子绕组与转子电阻；2 根连接制动器；2 根连接上升行程开关。副钩部分 6 根，3 根连接副钩电动机的转子绕组与转子电阻；2 根连接定子绕组接线端与凸轮控制器；另 1 根连接上升行程开关。小车部分 5 根，3 根连接小车电动机的转子绕组与转子电阻；2 根连接小车定子绕组的接线端与凸轮控制器。

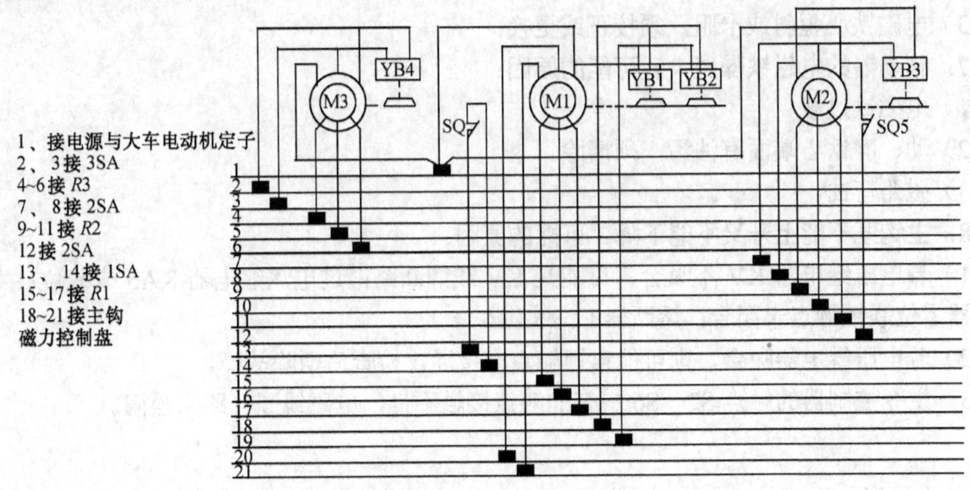

图 10-9　20/5t（重级）桥式起重机辅助滑线接线图

10.4.2　桥式起重机常见故障分析

1. 电动机不能起动。可能的原因：

1）熔断器 FU1 熔断或主接触器 KM 线圈断路。

2）紧急开关 QS4 或安全开关 SQc、SQd、SQe 未合上。合上即可。

3）各凸轮控制器手柄没在零位，SA1-7、SA2-7、SA3-7 触点分断。把它们分别置于零位。

4）过电流继器 KA0～KA4 动作后未复位。

2．接触器 KM 吸合后，过电流继电器 KA0～KA4 立即动作。可能的原因：

1）各凸轮控制器、主令控制器电路接地。

2）电动机 M1～M5 绕组接地。

3）电磁制动器 YA1～YA6 线圈接地。

3．当电源接通扳动凸轮控制器手柄后，电动机不转动。可能的原因：

1）凸轮控制器触头接触不良，必须清除垃圾，保持触点接触良好。

2）滑线与集电电刷接触不良。

3）电动机定子绕组或转子绕组断路，须修理或更换。

4）电磁制动器线圈断路或制动器未放松，检查后消除故障。

4．扳动凸轮控制器后，电动机运行，但不能输出额定功率且转速明显降低。可能的原因：

1）线路压降太大。

2）制动器未全部松开，须让其恢复。

3）转子电路中的电阻未全部切除，须检查凸轮控制器及主令控制器电气或机械故障。

5．凸轮控制器扳动过程中火花过大。可能的原因：

1）动、静触点接触不良，须修理或更换。

2）控制容量过载。

6．电磁制动器线圈过热。可能的原因：

1）电磁线圈电压与线路电压不符。

2）制动器的工作条件与电磁线圈特性不符，须更换。

3）电磁铁心歪斜或卡阻，须校正或更换。

7．制动器的电磁铁噪声大。可能的原因：

1）电磁铁过载。

2）动、静铁心端面有油污，须清除。

3）磁路弯曲。

8．主钩既不能上升又不能下降。可能的原因：

1）若电压继电器 KV 不吸合，可能是 KV 线圈断路；过电流继电器 KA5 未复位；主令控制器零位联锁触点未闭合；熔断器 FU2 熔断。

2）若电压继电器吸合，则可能自锁触点未接通，检查后消除故障。

3）主令控制器的触点 S2～S6 中有的触点接触不良，电磁线圈开路未松闸。

10.5 小结

桥式起重机是一种应用比较广泛且电气控制比较典型的起重运输设备。为了满足起重机重复短时工作制及调速要求，起重用电动机通常采用绕线式异步电动机。在提升重物时，电动机工作在正转电动状态；下放重物时，根据负载情况的不同，工作状态也不同，可工作在反转电动状态、再生发电制动状态和倒拉反接制动状态。

凸轮控制器、主令控制器都是手动控制电器，用来直接或间接操作与控制电动机的正反转、调速、起动与制动。凸轮控制器控制电路简单，维修方便，广泛用于中小型起重机的平移和小型起重机提升机构的控制中；主令控制器一般与磁力控制盘配合，具有操作轻便，工作可靠，调速性能好等优点，主要用于大、中型起重机的提升机构的控制中。

起重机要求运行安全，为此通常设置多种联锁和保护环节。保护包括：过电流保护、欠电压保护、零电位保护、限位保护、舱门保护、紧急事故保护等。

10.6 习题

1．桥式起重机主要有哪些部分组成?各部分运动形式如何?

2．桥式起重机的电气控制有哪些控制特点？

3．起重机上采用了各种电气控制，为何还必须设有机械制动?

4．起重机在下放重物时，电动机有哪几种工作状态?分别对应于什么负载及下降要求?

5．说明凸轮控制器控制与主令控制器控制的异同处。

6．在图 10-4 凸轮控制器控制电路中，若要下放一重负载，凸轮控制器应如何操作？为什么？

7．在图 10-6 磁力控制器控制电路中，下降重物时主令控制器的 6 个档位、电动机分别工作在什么状态？每种状态下重物下降情况如何？

8．在图 10-8 起重机控制电路中，采用了哪些联锁与保护?分别由哪些器件来实现?

第11章　继电器控制系统的设计

学习了继电接触器典型控制环节和一些生产机械的电气控制之后，应能对生产机械整个电气控制线路进行分析与设计，更为重要的是应能举一反三，对一些生产机械进行电力装备的设计并提供一套完整的技术资料。本章以生产机械电力装置设计的基本原则及内容为主线，叙述电力拖动方案的确定、继电接触器系统设计的一般要求、电气控制电路的设计以及生产机械电气设备的施工设计等，从而掌握继电接触器控制系统的设计、安装和调试。

11.1　生产机械电力装置设计的基本原则及内容

生产机械的机械结构、加工工艺、操作方式与其电气化程度密切相关，因此，生产机械电力装置的设计应与机械及液压传动的设计密切配合，同步进行。同时，在生产机械电力装置的设计中，应树立工程实践的观点，最大限度地满足生产机械及工艺流程对电气控制的要求，在满足控制要求的前提下，力求电气控制系统经济实用、安全可靠、性能先进、使用及维修方便等。

生产机械电力装置设计的基本内容有：

1）确定电力拖动方案，选择拖动电动机。

2）确定电气控制方案，设计电气控制电路图。

3）选择电器元件，制定电器元件一览表。

4）进行生产机械电气设备的施工设计。

11.2　电力拖动方案的确定

确定电力拖动方案时，首先应根据生产机械工艺要求及结构来选择电力拖动方式，确定电动机的数量，然后根据生产机械调速要求及工作环境等来选择拖动电动机，使电动机能得到充分合理的利用。

11.2.1　拖动方式的选择

电力拖动方式分单电动机拖动与多电动机拖动两种。当生产机械各运动机构的速度有严格的比例要求时，宜选用单电动机拖动方式，但单电动机拖动方式需要生产机械有较复杂的机械传动机构，传动效率低。为了使生产机械总体结构得到简化，提高工作效率，降低制造成本，电力拖动方式的发展趋向于多电动机拖动，即生产机械的各运动机构除必须的内在联系外，分别由单独电动机进行拖动。

11.2.2　拖动电动机的选择

电动机的选择包括电动机种类、结构型式、额定转速、额定电压及额定功率的选择。

1．电动机种类的选择

应根据生产机械调速要求选择电动机的种类。

（1）对于不要求电气调速的生产机械　当不需要电气调速和起动、制动次数不频繁时，应采用结构简单、运行可靠的笼型异步电动机；对于负载静转矩很大或带飞轮的生产机械，为满足起动要求及充分利用飞轮的作用而采用绕线转子异步电动机；当负载很平稳、容量大且起动制动次数很少时，为充分发挥同步电动机效率高、可提高电网功率因数的优点，应优先采用同步电动机。

（2）对于要求电气调速的生产机械　对于只需要几种转速，但不要求调节速度的生产机械，一般采用双速或多速笼型异步电动机；对于需要较大起动转矩和恒功率调速的生产机械，应采用直流串励电动机；对于起动、制动要求较高且需平滑调速的生产机械，可采用带调速装置的交流电动机或直流电动机；当调速范围较大时常用机械与电气联合调速。

（3）电动机调速性质应与负载特性相适应　电动机调速性质是指电动机在整个调速范围内转矩、功率与转速的关系，是容许恒功率输出还是恒转矩输出。为使电动机获得充分合理的使用，要使电动机的调速性质与生产机械的负载特性相适应。否则，若采用不对应调速，即恒转矩负载采用恒功率调速或恒功率负载采用恒转矩调速，都将使电动机额定功率增大 D 倍（D 为调速范围），且使部分转矩未得到充分利用。所以，选择调速方案时，要使电动机的调速性质与生产机械的负载特性相适应。

2．电动机结构型式的选择

GB/T 5226.1—2008《机床电气设备通用技术条件》中规定：电气设备应适应于其预期使用的实际环境和运行条件。

1）在正常环境条件下，一般采用防护式电动机；在人员及设备安全有保证的前提下，也可采用开启式电动机。

2）在空气中存在较多粉尘的场所，宜用封闭式电动机。

3）在湿热带地区或比较潮湿的场所，应尽量选用湿热带型电动机，若用普通型电动机，应采取相应的防潮措施。

4）在露天场所，宜选用户外型电动机，若有防护措施也可采用封闭型或防护型电动机。

5）在高温车间，应根据周围环境温度，选用相应绝缘等级的电动机，并加强通风，改善电动机的工作条件，提高电动机的工作容量。

6）在有爆炸危险及有腐蚀性气体的场所，应相应地选用隔爆型及防腐型电动机。

3．电动机额定转速的选择

对于额定功率相同的电动机，额定转速越高电动机成本越低，越经济，但电动机转速越高，传动机构转速比越大，传动机构越复杂。因此，应综合考虑电动机的工作特点及生产机械结构两方面多种因素来确定电动机的额定转速。

4．电动机额定电压的选择

电动机额定电压应与供电电源电压相一致。

11.3　继电—接触器控制系统设计的一般要求

继电—接触器电气控制系统是生产机械电力装置设计的重要组成部分，因此正确设计控制电路，合理选择电器元件，对生产机械的正确及安全工作来说至关重要。设计线路时，应在满足生产机械工艺要求的前提下，保障人身和设备的安全；保证机床和电气设备的可靠性；便于机床及其电气设备的使用和维修。

11.3.1 电气控制系统应满足生产机械的工艺要求

生产机械的基本结构、运动情况、实际加工工艺要求等决定了电气控制系统的控制方案。因此，在设计前必须对上述内容有充分的了解，然后才能设计控制方式、起动、制动、正反转及调速等控制环节，同时，还要设置必要的保护联锁环节，照明灯及信号灯控制电路等，以保证生产机械工艺要求的实现。

11.3.2 控制和信号电路的电源和保护

对于具有 5 个以上电磁线圈（例如：接触器、继电器、电磁阀等）或电柜外还具有控制器件或仪表的机床，必须采用分离绕组的变压器给控制和信号电路供电，并应接在电源切断开关的负载侧，最好是接在两条相线之间。当机床有几个控制变压器时，每个变压器尽可能只给机床一个单元的控制电路供电。只有这样，才能使得不工作的那个控制电路不会危及人身、机床和工件的安全。如果电源具有接地中线时，在不要求专门保护措施情况下，可以把控制电路直接接到电源上，在此情况下，控制电路必须连接在相线和接地中线之间。直接与电源连接的控制和信号电路，和由控制和信号变压器供电的电路，必须有短路保护。控制和信号电路不需要过载保护。

11.3.3 控制电路电压的优选值

对于电磁线圈 5 个以下的电气设备控制电路可以直接接到电源上，即接在两相线之间或相线与中线之间。这种控制电路电压不作规定，由电源电压而定。

由变压器供电的交流控制电路，二次电压为：24V 或 48V，50Hz。对于触点外露在空气中的电路，由于电压过低而使电路工作不可靠时，应采用 48V 或更高的电压：110V（优越值）和 220V，50Hz。

直流控制电路的电压为：24V、48V、110V、220V。

只能使用低电压的电子电路和电子装置可以采用其他的低电压。

由于大型机床线路长，串联的触点多，压降大，故不推荐使用 24V 或 48V。

11.3.4 保证电气控制电路工作的可靠性

1）电器元件必须满足机床工业的需要，在制造厂所规定的范围内使用，并符合有关国家标准中的规定。必须优先采用相同牌号，货源充足的元件。在工作时电器元件应可靠、稳定，符合环境温度、海拔高度、大气污染等环境条件的要求。

2）电器元件在实际运行中，从线圈的通电到触点的动作有一段吸引时间；从线圈的断电到触点的动作有一段释放时间，这些统称为电器元件的动作时间。要求电器元件的动作时间要小（需延时的除外），不影响电路的正常工作。

3）电器元件的线圈和触点要正确连接。

每个电磁动作器件的线圈、信号灯或向信号灯供电的变压器的一次线圈，必须连在线圈和控制电路的另一边之间。

如果保护继电器的触点与被它所控制的器件线圈之间的导线是在同一个电柜或壁龛内，则该保护继电器的触点可以连在控制电路接地边和线圈之间。

凡触点不同于上述接法且能使外部控制部件（触轮、卷线机构、多路插件等）简化时，可以接在线圈和控制电路另一边之间，但必须设法避免出现故障时所产生的危险。

在实际接线中，应将线圈并联后接到其额定电压值电路上，即使是两个型号相同的交流接触器 KM1、KM2 的线圈也不能采用串联后接在两倍线圈额定电压的交流电源上，如图 11-1 所示。因串联电路中电压按阻抗大小正比分配，而电器动作有先有后，若 KM1 先动作，则 KM1 磁路气隙减小，使 KM1 线圈电感量增大，阻抗加大，分配到的电压增大，这样 KM2 线圈电压低于其额定电压而不能吸合；同时，电路电流增大，有可能将接触器线圈烧毁，影响电路正常工作。

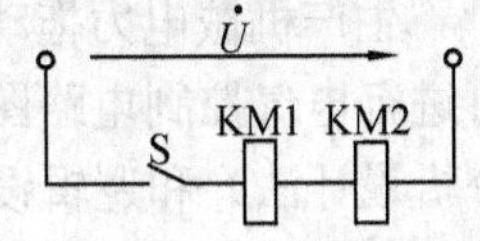

图 11-1　错误的线圈连接

在直流控制电路中，电磁阀、电磁铁等电感较大的电磁线圈不宜与相同电压等级的继电器直接并联工作。如图 11-2a 所示，当触点 KM 断开时，电磁铁 YA 线圈因其电感较大而产生较大的感应电动势，加在中间继电器 KA 的线圈上，使 KA 触点误动作，经过一段时间后 YA 线圈放电，感应电动势降低，继电器 KA 断电释放。为此在 YA 线圈两端并联放电电阻 *R*，并在 KA 线圈支路中串入 KM 动合触点，如图 11-2b 所示，这样就能获取可靠的工作。

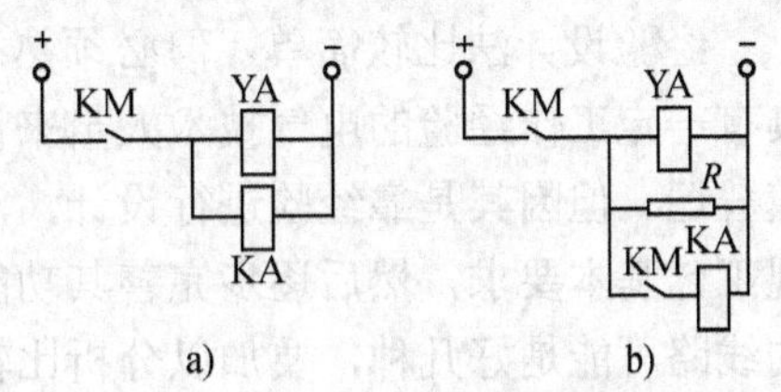

图 11-2　大电感线圈与直流继电器线圈连接

a) 不合理连接法　b) 合理连接

在设计控制电路时，应使分布在线路不同位置的同一电器触点尽量接到同一极性或同一相上，以免当触点断开产生电弧时在两触点间形成飞弧而发生电源短接。图 11-3a 与 11-3b 是行程开关 SQ 的两对触点与电磁线圈的连接电路，两者工作原理相同，但图 11-3a 的可靠性比图 11-3b 差。

在电气控制线路中，应尽量将所有电器的联锁触点接在线圈的左端，线圈的右端直接接到电源，这样，可以减少在线路内产生虚假回路，防止产生寄生电路。

4）在电路中，应考虑电器触点的接通与分断能力，如果触点容量不够，可增加中间继电器或增加触点数目。用多触点并联可增加接通能力，用多触点串联可提高分断能力。

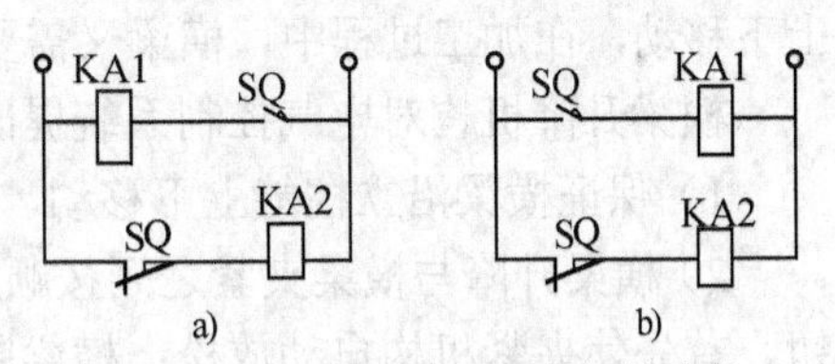

图 11-3　电器元件与触点间的连接

a) 不合理连接　b) 合理连接

5）尽量减少电器元件和触点的数目，所用的电器，触点越少，则越经济，出故障的机会也越少。同时，将电器元件触点的位置进行合理安排，尽量减少导线的数目和缩短导线的长度。

11.3.5　保证电气控制电路工作的安全性

电气控制电路在正常工作和故障情况下，都必须具备保护人身安全，防止电击的能力。同时在有事故情况下，尽量保证电气设备、生产机械的安全，并能有效地制止事故扩大。常用的保护措施有漏电开关保护、过载保护、短路保护、欠电压与失电压保护、过电流保护、过电压保护、联锁保护与行程保护等。

11.3.6 便于操作和维修

电气控制电路应力求操作简单，维修方便，以方便操作与维修人员的工作。

11.4 电气控制电路的设计

生产机械电力拖动方案及拖动电动机确定以后，在明确控制系统设计要求的基础上，就可进行电气控制电路图的设计。电气控制电路的设计方法通常有两种：经验设计法（又称为分析设计法）和逻辑设计法。

11.4.1 经验设计法

经验设计法是根据生产机械的工艺要求和加工过程，选用各种典型的基本控制环节，或将比较成熟的电路按其联锁条件组合起来，加以修改、补充、完善，最后得出最佳方案。若没有典型的控制环节可采用，则按照生产机械的工艺要求逐步进行设计。

经验设计法比较简单，但必须熟悉大量的典型控制电路，并具有丰富的实践经验，对于具有一定工作经验的电气技术人员来说，能够较快地完成设计任务，因此在电气设计中应用较普遍。但因其是靠经验进行设计，没有固定模式，通常是先采用一些典型的基本环节，实现工艺基本要求，然后逐步完善其功能，并加上适当的联锁与保护环节，所以初步设计出来的线路可能是好几种，要加以分析比较，有条件时还应进行模拟试验，发现问题及时修改，最后检验线路的安全和可靠性，确定比较合理、完善的设计方案。

下面以龙门刨床横梁升降电气控制电路图的设计为例来说明经验设计法的方法步骤。

1．横梁升降机构的工艺要求

在龙门刨床上装有横梁机构，刀架装在横梁上，随加工工件大小不同，横梁需要沿立柱上下移动，在加工过程中，横梁又需要保证夹紧在立柱上，不允许松动。

横梁升降机构对电气控制系统提出如下要求：

1）保证横梁沿立柱能上下移动，夹紧机构能实现横梁的夹紧与放松。

2）横梁升降与横梁夹紧之间按顺序进行操作并能自动进行转换。按下横梁上升或下降按钮，首先使夹紧机构自动放松；横梁完全放松后，自动进行升降移动；移到所需位置后，松开按钮，横梁自动夹紧。

3）横梁升降设有限位保护。

4）夹紧电动机设有夹紧力保护，通过过电流继电器 KDC 来实现。

5）横梁夹紧与横梁移动之间及正反向运动之间设有必要的联锁保护。

2．电气控制电路的设计

（1）设计主电路　横梁升降移动和横梁夹紧放松需要两台异步电动机拖动，且都具有正、反转，因此分别用接触器 KM1 和 KM2 控制横梁升降电动机 M1 的正反转，用接触器 KM3 和 KM4 控制横梁夹紧放松电动机 M2 的正反转。因为横梁升降为短时调整运动，所以 M1 可采用点动控制，M2 按工艺要求自动控制。

（2）设计控制电路　横梁上升和下降分别由起动按钮 SB1 和 SB2 控制。按照工艺要求，按下 SB1 或 SB2 后电动机 M2 起动，松开横梁，待横梁完全松开后，经机械传动机构压下行程开关 SQ1，发出横梁松开信号，于是电动机 M2 停转，电动机 M1 起动，拖动横梁移动。当横梁移动到所需位置时，松开按钮，M1 停止工作，M2 反方向运转，拖动夹紧机构将横梁夹紧。夹紧过程中 SQ1 复位，同时当横梁夹紧到一定程度时，M2 主电路电流升高，过电流继电器 KI 动作，切断 M2 电路，横梁移动操作结束。

横梁升降移动时不能进行夹紧工作，可采用电气互锁来实现。

综上所述，可设计出横梁升降电气控制电路草图如图 11-4 所示。

在图 11-4 中，横梁上升按钮 SB1 和下降按钮 SB2 均有两对动合触点，而正规按钮为一对动合触点和一对动断触点，为此引入中间继电器 KA，用按钮的动合触点控制 KA，从而控制横梁的升降移动；用按钮的动断触点来实现横梁升降的互锁。

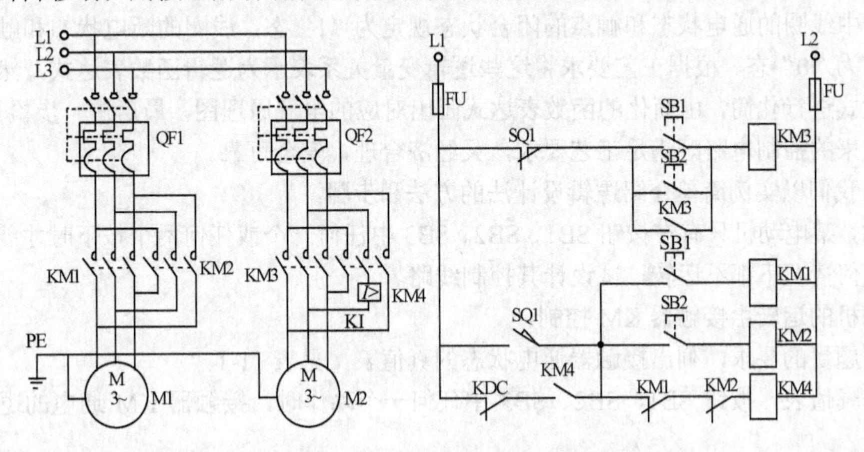

图 11-4　横梁升降电气控制电路设计草图

（3）在电路中还需设置必要的联锁与保护环节　用行程开关 SQ2 实现横梁上升与侧刀架的限位保护；用行程开关 SQ3 与 SQ4 实现横梁上升和下降的限位保护；同时设置横梁上升与下降的互锁；夹紧与放松的互锁；电动机的保护地线（PE 线）。根据上述要求可获得图 11-5 所示的横梁升降电气控制电路。

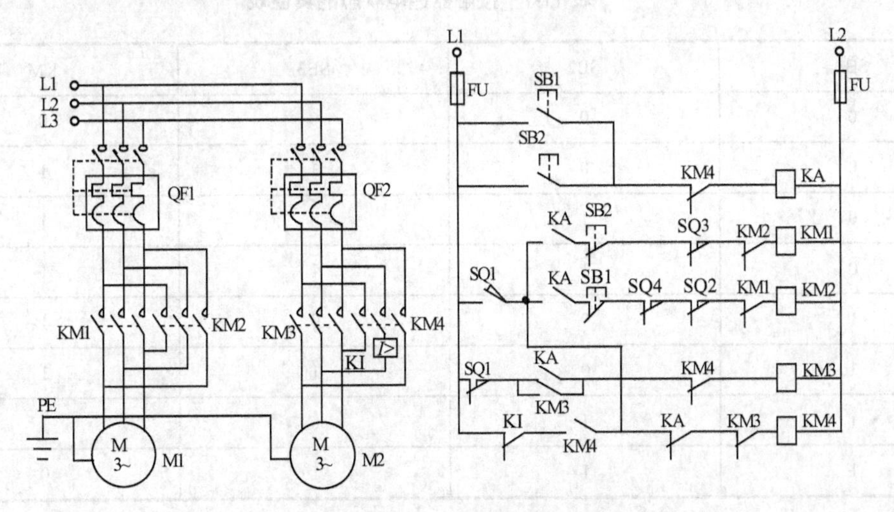

图 11-5　横梁升降电气控制电路

3. 电气控制电路的完善和校核

电气控制电路图设计完成后，应仔细校核，查看是否可以简化以节省触点，节省电器间连接线等，特别应该对照生产工艺要求，再次分析所设计线路是否能逐条实现，线路在误操作时是否会产生事故等。

11.4.2 逻辑设计法

逻辑设计法是利用逻辑代数这一数学工具设计电气控制线路，同时也可以用于线路的简化。采用逻辑设计法设计出来的控制电路既符合工艺要求，又能达到电路简单，工作可靠，经济合理的目的，但这种设计方法比较复杂，难度较大，在一般常规设计中，很少采用。

我们把接触器、继电器等电器元件线圈的通电和断电，触点的闭合和断开，看成是逻辑变量，其中线圈的通电状态和触点的闭合状态规定为“1”态；线圈的断电状态和触点的断开状态规定为“0”态。根据工艺要求将这些逻辑变量关系表示为逻辑函数表达式，然后对逻辑函数表达式进行化简，由简化的函数表达式画出对应的电气原理图，最后进一步检查、完善，使设计出来的控制电路既满足工艺要求，又经济合理，安全可靠。

下面我们以实例简单介绍逻辑设计法的方法和步骤。

例如，某电动机只有在按钮SB1、SB2、SB3中任何一个或任何两个按下时才能运转，而在其他任何情况下都不运转，试设计其控制线路。

电动机的运转由接触器KM控制。

根据题目的要求，列出接触器通电状态的真值表，见表11-1。

根据真值表，按钮SB1、SB2、SB3中任何一个动作时，接触器KM通电的逻辑函数式为

$$KM=SB1\cdot\overline{SB2}\cdot\overline{SB3}+\overline{SB1}\cdot SB2\cdot\overline{SB3}+\overline{SB1}\cdot\overline{SB2}\cdot SB3$$

按钮SB1、SB2、SB3中任何两个动作时，接触器KM通电的逻辑函数关系式为

$$KM=SB1\cdot SB2\cdot\overline{SB3}+SB1\cdot\overline{SB2}\cdot SB3+\overline{SB1}\cdot SB2\cdot SB3$$

表11-1 接触器通电状态的真值表

SB1	SB2	SB3	KM
0	0	0	0
0	0	1	1
0	1	0	1
0	1	1	1
1	0	0	1
1	0	1	1
1	1	0	1
1	1	1	0

因此，接触器 KM 通电的逻辑函数关系式为

$$
\begin{aligned}
KM= & SB1\cdot\overline{SB2}\cdot\overline{SB3}+\overline{SB1}\cdot SB2\cdot\overline{SB3}+\overline{SB1}\cdot\overline{SB2}\cdot SB3+SB1\cdot \\
& SB2\cdot\overline{SB3}+SB1\cdot\overline{SB2}\cdot SB3+\overline{SB1}\cdot SB2\cdot SB3
\end{aligned}
$$

利用逻辑代数基本公式进行化简

$$
\begin{aligned}
KM= & \overline{SB1}\cdot(\overline{SB2}\cdot SB3+SB2\cdot\overline{SB3}+SB2\cdot SB3)+SB1\cdot \\
& (\overline{SB2}\cdot\overline{SB3}+\overline{SB2}\cdot SB3+SB2\cdot\overline{SB3}) \\
= & \overline{SB1}\cdot[SB3\cdot(\overline{SB2}+SB2)+SB2\cdot\overline{SB3}]+ \\
& SB1\cdot[\overline{SB3}\cdot(\overline{SB2}+SB2)+\overline{SB2}\cdot SB3] \\
= & \overline{SB1}\cdot(SB3+SB2\cdot\overline{SB3})+SB1\cdot(\overline{SB3}+\overline{SB2}\cdot SB3) \\
= & \overline{SB1}\cdot(SB2+SB3)+SB1\cdot(\overline{SB3}+\overline{SB2})
\end{aligned}
$$

根据简化的逻辑函数关系式，可绘制如图 11-6 的电气控制线路。

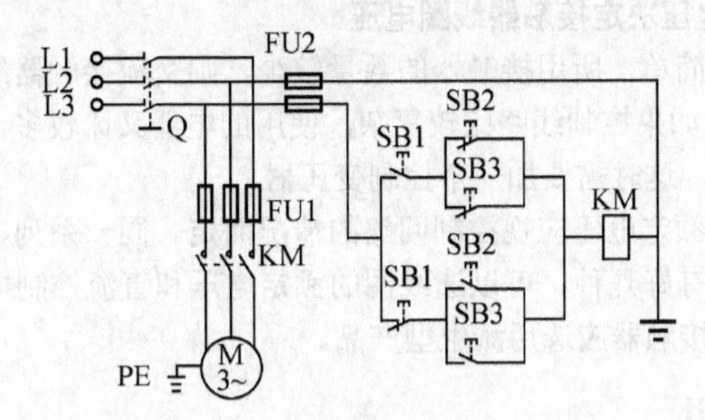

图 11-6　电气控制电路

11.5　常用控制电器的选用

各种控制电器的正确选用，是继电接触器电气控制电路能安全、可靠工作的先决条件和重要保证。下面，我们仅对常用控制电器的选择作简单介绍。

11.5.1　接触器的选用

为了保证正常工作，必须根据以下原则正确选择接触器，使接触器的技术参数满足被控制线路的要求。

1．选择接触器的类型

根据接触器所控制负载的工作任务来选择相应使用类别的接触器。也就是说，交流负载应选用交流接触器，直流负载应选用直流接触器。如果控制系统中主要是交流负载，直流电动机或直流负载的容量较小，也可都选用交流接触器来控制，但触点的额定电流应选得大一些。

交流接触器使用类别有 AC-0～AC-4 五类。

AC-0 类用于感性负载或阻性负载，接通和分断额定电压和额定电流。

AC-1 类用于起动和运转中断开绕线转子电动机。在额定电压下，接通和分断 2.5 倍额定电流。

AC-2 类用于起动、反接制动、反向与频繁通断绕线转子电动机。在额定电压下，接通和分断 2.5 倍额定电流。

AC-3 类用于起动和运转中断开笼型异步电动机。在额定电压下接通 6 倍额定电流，在 0.17 倍额定电压下分断额定电流。

AC-4 类用于起动、反接制动、反向与频繁通断笼型异步电动机。在额定电压下接通和分断 6 倍额定电流。

若电动机承担一般任务，其控制接触器可选 AC-3 类；若承担重任务，应选取 AC-4 类。后一情形如选用了 AC-3 类，则应降级使用。

2．根据接触器控制对象的功率和操作情况，确定接触器的容量等级

接触器主触点的额定电压应不小于负载的额定电压；主触点的额定电流应不小于负载电路的额定电流，也可根据所控制电动机的最大功率进行选择。

3．根据控制回路电压决定接触器线圈电压

如果控制线路比较简单，所用接触器的数量较少，则交流接触器线圈的额定电压一般直接选用 380V 或 220V。如果控制线路比较复杂，使用的电器又比较多，为了安全起见，线圈的额定电压可选低一些，这时需要加一个控制变压器。

直流接触器线圈的额定电压应视控制回路的情况而定。同一系列、同一容量等级的接触器，其线圈的额定电压有好几种，可以选线圈的额定电压和直流控制电路的电压一致。对于特殊环境条件下工作的接触器应选用派生型产品。

11.5.2 继电器的选用

1．电磁式电压、电流和中间继电器的选用

继电器是组成各种控制系统的基础元件，在选用时应综合考虑继电器的适用性、功能特点、使用环境、工作制、额定工作电压及额定工作电流等因素，做到选用适当合理，保证系统正常而可靠的工作。

选用时，可按被控制或被保护对象的工作要求来选择继电器的种类；根据灵敏度或精度要求来选择适当的系列；由安装地点的周围环境温度、海拔、相对温度、污染等级、冲击及振动等条件，确定继电器的结构特征和防护类别；由被控负载的要求来选择额定工作电压和额定工作电流。

2．时间继电器

时间继电器按其延时方式分为通电延时型和断电延时型，应根据控制电路对延时触点的要求来选择延时方式。

对延时要求较高时，宜采用电动机式或晶体管式时间继电器，否则，宜采用价格较低的电磁式或气囊式时间继电器；电源电压波动大的场合，宜采用气囊式或电动机式；而电源频率波动大的场合，不宜采用电动机式时间继电器；环境温度变化较大的场合不宜采用气囊式和晶体管式时间继电器。

3．热继电器的选用

热继电器主要用作电动机的过载保护。选用热继电器时应遵照下列一些原则。

1）一般情况下可选用两相结构的热继电器。对于电源电压显著不平衡、多台电动机且功率差别比较显著、Y-△ (或△-Y)联结的电源变压器一次侧断线、电动机定子绕组一相断线等情况，宜选用三相结构的热继电器。

2）定子绕组Y联结的电动机，可使用不带断相保护的三相热继电器，而定子绕组作△联结的电动机，应采用有断相保护装置的热继电器作过载和断相保护。

3）根据被保护电动机的实际起动时间选取6倍额定电流下具有相应可返回时间的热继电器。一般热继电器的可返回时间大约为6倍额定电流下动作时间的50%～70%。

4）热继电器整定电流范围的中间值为电动机的额定电流。

5）对于重载重复短时工作的电动机（例如起重机电动机），不宜采用双金属片式热继电器，可用过电流继电器（延时动作型）作过载和短路保护。

11.5.3 熔断器的选用

熔断器的选择主要包括熔断器类型、额定电压、额定电流与熔体额定电流的确定。

1）熔断器的类型应根据负载保护特性和短路电流大小，各类熔断器的适用范围来选用。

2）熔断器的额定电压应不小于线路的额定电压。

3）熔断器的额定电流应不小于熔体的额定电流。

4）熔体额定电流的选择。

① 对于照明电路和电热电路等阻性负载，熔断器可用作过载保护和短路保护，熔体的额定电流应稍大于或等于负载的额定电流。

② 对于有起动冲击电流的电动机负载，熔断器只宜作短路保护而不能作过载保护。

单台电动机

$$I_{NF}=(1.5\sim2.5)I_{NM}$$

式中 I_{NF}——熔体额定电流（A）；

I_{NM}——电动机额定电流。

多台电动机共用一个熔断器保护

$$I_{NF}=(1.5\sim2.5)I_{NMmax}+\Sigma I_{NM}$$

式中 I_{NMmax}——容量最大一台电动机的额定电流（A）；

ΣI_{NM}——其余各台电动机额定电流之和。

轻载起动及起动时间较短时，式中系数取1.5；重载起动及起动时间较长时，式中系数取2.5。

5）熔断器的保护特性，应与保护对象的过载特性有良好的配合，使在整个曲线范围内获得可靠的保护。同时，熔断器的极限分断能力应大于或等于所保护电路可能出现的短路电流值，这样才能得到可靠的短路保护。

11.5.4 其他控制电器的选用

1. 控制按钮的选用

应根据用途、使用场合、所需触点对数等来选择按钮的型号及颜色。

GB/T 5226.1—2008《机床电气设备通用技术条件》中规定按钮颜色的含义及典型应用见表11-2。

表 11-2　按钮颜色及其含义

颜　色	含　义	说　明	应 用 示 例
红	紧急	危险或紧急情况时操作	急停 紧急功能起动
黄	异常	异常情况时操作	干预制止异常情况
绿	正常	起动正常情况时操作	
蓝	强制性	要求强制动作的情况下操作	复位功能
白	—	—	起动/接通（优先） 停止/断开
灰	未赋予 特定含义	除急停以外的一般功能的起动	起动/接通 停止/断开
黑	—	—	起动/接通 停止/断开（优先）

2．指示灯的颜色及其含义

具体规定见表 11-3。

表 11-3　指示灯颜色及其含义

颜　色	含　义	说　明	操作者的动作
红	紧急	危险情况	立即动作去处理危险情况（如断开机械电源，发出危险状态报警并保持机械的清除状态）
黄	异常	异常情况 紧急临界情况	监视和（或）干预（如重建需要的功能）
绿	正常	正常情况	任选
蓝	强制性	指示操作者需要动作	强制性动作
白	无确定 性质	其他情况，可用于红、黄、绿、蓝色的应用有疑问时	监视

3．行程开关的选用

行程开关可按下列要求进行选用。

1）根据应用场合及控制对象选择，有一般用途行程开关和起重设备用行程开关。

2）根据安装环境选择防护型式，如开启式或保护式。

3）根据控制回路的电压和电流选择行程开关系列。

4）根据机械行程开关的传力与位移关系选择合适的头部型式。

11.6　生产机械电气设备的施工设计

继电—接触器控制系统在完成电气控制电路的设计及电器元件的选择后，就应进行电气设备的施工设计。电气设备施工设计的内容主要包括绘制电器布置图和绘制电气控制装置的安装接线图。

11.6.1　绘制电器布置图

电器布置图主要是用来表明电气原理图中所有电器的实际位置，为生产机械电气控制设备的制造、安装提供必要的资料。图中各电器代号应与有关电路图和电器清单上所用的元器件代号相同。

国家标准 GB/T 5226.1—2008《机械电气安全 机械电气设备 第 1 部分：通用技术条件》中规定：尽可能把电气设备组装在一起，使其成为一台或几台控制装置。只有那些必须安装在特定位置上的器件，如按钮、手动控制开关、位置传感器（限位开关）、离合器、电动机等，才允许分散安装在机床的其他部位。

大型机床各个部分可以有其独立的控制装置。

将发热元件（如电阻器）安放在控制柜中，必须使柜中所有元件的温升在其容许极限内。对于散热大的元件，如电动机的起动电阻器等，必须隔开安装，必要时可采用风冷。

由上述规定，根据机床的操作要求和电气原理图，确定需要哪些电气控制装置，如控制柜、操纵台或悬挂操纵箱；然后确定在机床床身以外的电气设备，如电机组、起动电阻箱、操纵台等电器的分布位置；确定装在机床床身上的电动机和电器元件、操纵面板、悬挂操纵箱、分线盒的安装位置和布局等。

所有电器必须安装成便于更换，位置妥当，使得不需要搬动它们或其连线就能识别。需要检测工作情况，或者经常需要更换的器件，应安装成不需拆除其他设备或机床的零件就能检测或更换。

所有器件的接线端子和互连端子，必须位于维修站台之上至少 0.2m 处，以便装拆导线。

安排器件时，必须遵守规定的间隔和爬电距离，并考虑到有关的维修条件。

电柜和壁龛中的裸露、无电弧的带电零件与电柜或壁龛导体壁板之间必须留有适当的间隙。对于 250V 以下的电压，间隙不小于 15mm；对于 250V～500V 的电压，间隙不小于 25mm。

电柜内电器的安排：

为了便于维修或调整，电柜内电器元件必须位于维修台之上 0.4～2m 之间。

按照用户技术要求制作的电气装置，最少留有 10%的备用面积，以供对控制装置进行改进或局部修改时用。

除手动控制开关、信号和测量器件外，电柜门上不得安装任何器件。

由电源电压直接供电的电器装在一起，并与由控制电压供电的电器分开。

电源开关最好装在电柜内上方，其操作手柄应装在电柜前后或侧面，并且在其上方最好不安装其他电器。否则，应把电源开关用绝缘材料盖住，防止电击。

控制器件的安排：

控制器件应尽可能地安装在干燥和清洁的地方，便于维护和检修，并避免装卸材料或其他移动设备对其损害。

控制器件应安装在维修台上至少 0.2m 的高处。但此要求不适用于位置传感器的脚踏控制开关。

手控开关的手柄必须安装在操作者在工作位置上容易摸到的范围内，并不得低于操作者站台之上的 0.5m。手柄必须安装成操作者不需要靠近机床运动部件或者其他的危险部分，就能摸到。

对应的“起动”和“停止”按钮应相邻安装。“停止”按钮必须在“起动”按钮的下边或左边。当用两个“起动”按钮控制相反方向时，“停止”按钮可以装在它们之间。

遵循上述规定，并通过实物排列来确定各电器元件的位置，即可绘制出电器元件布置图。

11.6.2 绘制电气控制装置的接线图

电气控制装置的接线图是按照电器元件的实际位置和实际接线绘制的，它清楚表明了电气设备外部元件的相对位置及它们之间的电气连接，为安装电气设备、电器元件之间进行配线及检修电器故障等提供了必要的依据。

绘制电气控制装置接线图的原则是：

1）接线图的绘制应符合 GB/T 6988.1—2008《电气技术用文件的编制 第 1 部分：规则》的规定。

2）各电器元件的图形符号，文字符号均应以电气控制原理图为准，并且要保持一致。

3）同一电器元件各部件必须画在一起，而且各部件的位置尽量符合实际情况。

4）接线图中各电器元件的位置应与实际安装位置一致。

5）不在同一控制柜或配电屏上的电器元件的电气连接必须通过接线端子板进行。

6）当控制电路和信号电路进入电柜导线超过 10 根，必须经接线端子板连接。

7）应详细标明配线用的各种导线的型号、规格、截面积及连接导线的根数，标明所穿管子型号、规格等，并标明电源的引入点。

11.6.3 电力装备的配线及施工

1. 不同电路应采用不同颜色的导线进行配线

交流或直流动力电路：黑色；

交流控制电路：红色；

直流控制电路：蓝色；

联锁控制电路（与外边控制电路连接，且当电源开关断开仍带电时）：桔黄色或黄色；

与保护导线连接的电路：白色；

保护导线：黄绿双色；

动力电路的中线和中间线：浅蓝色；

备用线：与备用对象电路导线颜色一致。

弱电电路可采用不同颜色的花线，以区别不同电路的作用，颜色可自由选择。

2. 配线要求

截面积等于或大于 $0.5mm^2$ 的导线必须是软线，$0.5mm^2$ 以下的硬线只可用在固定安装的不动部件之间。当有些端子不适合连接细的软导线时，可以在导线端头穿上铜套管并压紧。

所有的导线，从一个端子至另一个端子的走线必须是连接的，中间不许有接头。

不同电路的导线可以并排敷设，也可以穿在同一线管内，或处于同一个电缆之中。如果它们的工作电压不同，则必须用合适的绝缘层隔开；对于处在同一护套内的导线，绝缘必须符合其中最高电压的要求。

电柜内部配线要求：

1）电气设备一般设计成能从电柜的正面修改配线。

2）电柜内的线槽装线不要超过其容量的 70%，以便装配和维修。

3）控制柜常用的配线方式有三种：板前配线，板后交叉配线与行线槽配线。可根据电柜情况选择。

电柜外部配线要求：

1）电柜外部的全部配线（除有适当保护的电缆外）必须一律装在导线通道内，使导线有适当的机械保护，能防止液体、铁屑和灰尘的侵入。

2）导线通道应有裕量，允许以后增加导线（动力线除外）。

3）导线通道不得有锐边，粗糙面和尖螺纹，以免损伤电线绝缘。

4）若用钢管，其管壁厚度应大于 1mm；若用其他材料，壁厚必须具有上述钢管等效的强度。

5）所有穿管导线，在其两端头必须标明线号，以便查找和维修的进行。

6）安装在同一机械保护管路中的导线束应留出备用导线。

3．导线截面积

导线的截面积必须能承受在正常工作条件下流过的最大稳定电流，并要考虑到环境条件。具体数值可参照 GB/T 5226.1—2008 中规定选取，见表 11-4。

表 11-4　铜导线的最小截面积

位置	用途	电线电缆型式				
		单芯		多芯		
		5 或 6 类软线	硬线（1 类）或绞线（2 类）	双芯屏蔽线	双芯无屏蔽线	三芯或三芯以上
（保护）外壳外部配线	配线电路，固定布线	1.0	1.5	0.75	0.75	0.75
	动力电路，受频繁运动的支配	1.0	—	0.75	0.75	0.75
	控制电路	1.0	1.0	0.2	0.5	0.2
	数据通信	—	—	—	—	0.08
外壳内部配线	动力电路（固定连接）	0.75	0.75	0.75	0.75	0.75
	控制电路	0.2	0.2	0.2	0.2	0.2
	数据通信	—	—	—	—	0.08

11.6.4　检查、调整与试验

电气控制装置安装完成后，在投入运行前必须根据电气原理图、电器元件布置图及电气控制装置的接线图，进行认真细致的检查，试验与调整，确保安全和可靠工作，并符合工艺和设计要求。

11.7　电气控制电路测绘

机械设备的电气控制原理图是安装、调试、使用和维修设备的重要依据。维修电工人员在工作中有时会遇到原有机床的电气线路图遗失或损坏，这种会对电气设备及电气控制线路的检修带来很多不便。另外有些机械设备的实际电气线路与图样标注不符，也有的图样表达不够清楚、绘图不够规范等，有时也会遇到不熟悉的机械设备需进行修理或电气改造工作，所以维修电工应该掌握根据实物测绘机床的电气线路的方法。

11.7.1 电气测绘的步骤

1）测绘前要熟悉机床的主要结构及加工工艺，归纳主要运动形式。

2）从运动形式归纳总结各个控制环节工作原理及其作用。由于机床的电气控制与机械结构间的配合十分密切，因此在测绘时，应判明机械和电气的联锁关系。

3）对机床进行实际操作，熟悉机床电器元件的安装位置、配线情况以及操作手柄处于不同位置时，位置开关的工作状态及运动部件的工作情况。

4）以主要安装面为主视图，首先按实物测绘设备的电气位置图，然后测绘设备的电气安装接线图，最后根据电气接线图和绘图原则绘制电气原理图。

11.7.2 电气测绘的方法

测绘机械设备电气线路图的一般方法是：电气位置图—电气接线图—电气原理图法。此种方法是绘制电气线路原理图的最基本方法，它简便、直观，容易掌握。具体步骤如下。

1．将所有的电器元件处于不受外力作用或不通电状态。

2．找到并打开机床的电气控制柜（箱），按实物画出设备的电气位置图。

3．绘出所有内部电气接线示意图，在所有接线端子处标记好线号，画出设备的电气安装接线图。

4．根据电气接线图和绘图原则绘出电气原理图。

测绘工作，实际上也是一个学习和掌握新知识、新技能的过程，因为各种机械设备使用的电器元件不尽相同，尤其是电器产品不断更新换代。所以，对新电器元件的了解和掌握，以及平时熟悉电气安装图对测绘工作是大有好处的。

11.7.3 电气测绘的注意事项

1．电气控制电路位置图

位置图是用来表明控制电路中所有元器件的实际安装位置的。电气控制电路位置图主要由电器位置图、控制柜和控制板电路位置图、操纵台和悬挂操纵箱电路位置图等组成。

1）图中各个元器件的符号应和相关电路原理图及其清单上的符号保持一致，在各个元器件之间还应留有导线槽的位置。

2）监视器件布置在电柜仪表板上，测量仪表布置在仪表板上部，指示灯布置在仪表板下部。

3）体积大或较重的电器元件安装在电柜下方，发热元件安放在电柜的上方。强电、弱电应分开，弱电部分应加屏蔽和隔离，以防强电及外界干扰。

4）电器布置应考虑整齐、美观、对称，尽量使外形与结构尺寸相同的电器元件安装在一起，便于安装、配线且布置整齐美观。

5）对用于相邻柜间连接用的接线柱，接线柱应布置在柜的两侧；用于与柜外部接线的接线柱，接线柱应布置在柜的下半部且不得低于200mm。

2. 电气控制电路接线图

电气控制电路接线图是用来反映电器元件的接线位置和接线关系的，它是根据电器元件的布置应该安全合理、经济等原则来安排的。它为电器设备的安装、电器元件之间的电气连接、检修提供依据。

1）电器元件用规定图形和文字符号绘制，同一电器元件各部分必须画一起。

2）各电器元件的位置应与实际位置保持一致，文字符号、元件连接顺序、线路号码都必须与控制电路原理图一致，并按原理图的电气连接关系进行接线。

3）走向相同的多根导线可用单线表示。

4）电气连接关系用线束来表示，连接导线应注明导线规范（规格、型号、数量、穿线管的尺寸等）。

5）控制电路和信号电路进入电柜的导线超过十根，必须提供端子板或连接器件，动力电路和测量电路可以直接接到电器的端子上。

端子板上各接点按接线号顺序排列，并将动力线、交流控制线、直流控制线分类排开。

11.8 小结

本章介绍了继电—接触器控制系统的设计过程，包括设计的基本原则、内容及一般要求、电气控制线路的设计、控制电器的选择以及电气控制设备的施工设计等。

电气原理图的设计方法有经验设计法和逻辑设计法两种。经验设计法是指利用典型的控制环节，加以修改、补充、完善，最后得出最佳方案。若无典型的控制环节可采用，则按照生产机械的工艺要求逐步进行设计。逻辑设计法将各种电器元件看成是逻辑变量，利用逻辑函数化简，得到最简单的逻辑表达式，并画出对应的电气原理图。经验设计法比较简单，但设计出来的线路可能有好几种，要加以分析比较，最后确定比较合理、完善的设计方案，在实际生产中常选用这种方法。逻辑设计法能收到较好的设计效果，但设计方法比较复杂，所以很少采用。电器布置图和安装接线图应按照国家标准规定进行设计。

实际设计中，要学会运用手册，合理选择电动机、电器元件、配线导线等，在满足生产机械工艺要求的前提下，做到运行安全可靠，操作维修方便，设备投资费用节省。

电气控制电路测绘是对电气设备进行维护和维修的重要环节，一般方法是：电气位置图→电气接线图→电气原理图法。

11.9 习题

1．有一台 5kW 作空载起动的电动机，用熔断器作短路保护。试选择熔断器型号和熔体的额定电流等级。

2．电气控制系统的线路图有哪几种？各有什么用途？

3．试设计可以从两地控制一台电动机，实现点动工作和连续运转工作的控制线路。

4．两个相同的交流电磁线圈能否串联使用？为什么？

5．试设计电气控制线路。要求：第一台电动机起动 10s 后，第二台电动机自动起动；运行 5s 后，第一台电动机停止，同时第三台电动机自动起动；运行 15s 后，电动机全部停止。

6．某电动机只有在继电器 KA1、KA2、KA3 中任何一个或任何两个动作时才能运转，而在其他条件下都不运转。试用逻辑设计法设计控制线路。

参 考 文 献

[1] 顾绳谷. 电机及拖动基础（上、下册）[M]. 4 版. 北京：机械工业出版社，2011.

[2] 胡幸鸣. 电机及拖动基础[M]. 3 版. 北京：机械工业出版社，2014.

[3] 李发海. 电机与拖动基础[M]. 4 版. 北京：清华大学出版社，2012.

[4] 邵群涛. 电机及拖动基础[M]. 2 版. 北京：机械工业出版社，2011.

[5] 李光中，周定颐. 电机及电力拖动[M]. 4 版. 北京：机械工业出版社，2013.

[6] 卢恩贵. 电机及电力拖动[M]. 北京：清华大学出版社，2011.

[7] 郭汀. 电气图形符号文字符号便查手册[M]. 北京：化学工业出版社，2010.

[8] 刘玉. 工厂电气控制技术[M]. 北京：冶金工业出版社，2011.

[9] 肖洪流. 工厂电气控制技术[M]. 北京：化学工业出版社，2013.

[10] 方承远，张振国. 工厂电气控制技术[M]. 3 版. 北京：机械工业出版社，2011.